京大の理系数学
25ヵ年 ［第12版］

本庄　隆 編著

JN045987

教学社

は じ め に

　本書は京都大学の1998年度から2022年度までの入試問題を分類収録し，解法を付したものです。選抜入試としての評価・検討に必要な基礎的データ（各問の正答率や得点分布，合格者平均と不合格者平均およびその差など）は，京大に限らず日本の大学では公開されていませんので，それらをもとにした分析は付すことはできませんでした。これらが作成されているかどうかはわかりませんが，いくつかの特定大学について，一部予備校が受験生に依頼した再現答案の分析データによれば，大学によっては合否の弁別が十分につかない出題がなされることがよくあります。それは最後まで考え，正しい論理に配慮した根拠記述を作成するには，難度や記述量が試験時間・出題数に照らして無理のあるセットの場合です。幸い，京大の数学の問題は概ね良く自制が利いていて，解いた後に爽やかさが感じられるといわれます。受験を控えたみなさんが本書を活用して京大の問題の質・レベルをできるだけ早めに経験しておくことをお勧めします。これは大変重要なことですので，是非，本書を手もとにおいて活用されることを期待します。また，高1，高2生のみなさんにとっても，授業内容の理解を深めるのに役立つ良問も多くあり，本書はそのような活用にも役立つように構成されています。

　さて，日本の教育システムは育成よりも選抜に著しく偏重し，入試のために驚くほどの費用と時間を費やします。それらは本来，大学においては教育力の向上に，中等教育においては学習指導要領と大学レベルの間にある重要で美しいテーマの学習に向けられるべきです。米国や国際バカロレアの教育課程では，高校課程に大学初年級のアドバンストコースを用意し，その履修状況を入学の参考にしたり，また，評価を目的とする数学の試験では，専門家が制限時間内で解ける量の半分程度が妥当とされる一種の基準があるとも聞きます。日本の，多くの中高入試や大学入試では，その逆といってもいい状態ですから大変です。このような入試が受験生に与える強迫的な観念や焦燥感は，学問的な感動や興味・関心とは正反対のものです。結果として数学嫌いが増えるのなら不幸なことです。みなさんは焦ることなく，数学的な誠実さと計算を大切にして，論理とアイデアを楽しみ，推敲の効いた丁寧な思索と記述を続けてください。それが最も確実な道なのです。このことを忘れずに，本書に収録された問題を解くことを通して，良い結果が得られることを心からお祈りいたします。

本庄　隆

本書の構成

◆収録問題：1998 年度から 2022 年度までの 25 年間（前期）の全問を収録しました。

◆分　類：できるだけ高校 1 年次からの利用が可能になるように，原則として学習指導要領に基づく教育課程の配列に準じました。後に学習する分野の知識を用いる解法があるとしても，それらを前提としない解法があり得る問題はより早い分野に取り入れてあります。ただし問題設定に未習事項が用いられている場合には，それらについて習熟してから取り組むようにしてください。

◆レベル分け：まずまずの記述に要する時間が 20〜30 分以内の問題（得点率 8 割以上）をレベル A，30〜40 分前後の問題（同 6 割前後）をレベル B，40〜50 分前後の問題（同 4 割前後）をレベル C としました。心身ともに集中のできる状態で取り組み，計算ミスなどがそれほどない経過（あまりないかもしれませんが）で解いた場合を想定しました。受験生と接する機会の多い筆者の経験から，想定した受験生は，平均的な合格者のレベルとしています。入学試験では異常な緊張状態にありますから，レベル A が B に，レベル B が C に化すことは常です。呼吸を整えてリラックスして取り組みましょう。多くの受験生を見ると，学部や他教科との兼ね合いにもよりますが，レベル A・B を解くとほぼ合格しているようですし，学部によってはレベル A のみの正答とレベル B での部分点で合格ということもよくあります。レベル C は実際にはわずかの部分点にとどまることが多く，試験時間と問題数を考慮すると，レベル C のいくつかはいわゆる合否に影響を与えない問題です。

◆ポイント：解法の糸口を簡単に付したものです。実際に自分で解かずに，これだけを見てもわかりにくいことが多いので，まずは自分で十分に考えてください。

◆解　法：分類テーマに従い，教育課程の学習順序からみて，前提となる知識が少なくて済む解法を尊重しました。また，根拠記述に配慮したものにしました。複数の解法を提示してある場合は，原則として愚直であっても自然と思われる方向の解法を先に取り上げました。もっとも，何が自然かは人により異なることも多いので，まずは自分の解法で解決がつくようにしてください。ただし，別な解法も学ぶか，自分の解法のみに固執するかで着想の幅は大いに違ってきますから，自分の解法以外のものもよく検討してください。ここに挙げた解法よりも良い解法を得られたみなさんのお便りや質問を頂けることを期待します。

◆注　：簡単な補足や部分的な別処理などを記してあります。

◆研　究：その問題に関連する事項で，教育課程で取り上げられていないもの・発展的なものについてできるだけ証明を付した解説を試みました。

◆付　録：整数，空間の幾何についての基礎事項をまとめました。

（編集部注）本書に掲載されている入試問題の解答・解説は，出題校が公表したものではありません。

目　次

解 答 編

§1　整　数

1　2022年度〔3〕　　　　　　　　　　　　Level B

ポイント　［解法1］　x^4+2 を x^2+2 で割ると，$x^4+2=(x^2+2)(x^2-2)+6$ なので，$n^4+2=(n^2+2)(n^2-2)+6$ となることを用いる。これにより，n^2+2 と n^4+2 の最大公約数は6の約数に限ることから，A_n も1，2，3，6のいずれかに限る。n^2+2，n^4+2，n^6+2 を mod 6 で考える。

［解法2］　整数 a，b の最大公約数を $g(a,b)$，整数 a，b，c の最大公約数を $g(a,b,c)$ と書くと，$g(a,b)=g(a,c)=G$ ならば，$g(a,b,c)=G$ であることを示し，これを利用する。また，整数 a，b，c，d に対して，$a=bc+d$ が成り立つとき，$g(a,b)=g(b,d)$ であること（互除法）を用いる。以上のもとで，$A_n=g(n^2+2,6)$ となるので，n^2+2 を mod 6 で考える。

解法1

$n^4+2=(n^2+2)(n^2-2)+6$ より，n^2+2 と n^4+2 の最大公約数は6の約数に限るので，A_n も1，2，3，6のいずれかに限る。以下，法を6とする合同式で考える。

(i)　$n\equiv0$ のとき
$$n^2+2\equiv n^4+2\equiv n^6+2\equiv2$$
よって，n^2+2，n^4+2，n^6+2 は2で割り切れるが，6で割り切れないので
$$A_n=2$$

(ii)　$n\equiv\pm1$ のとき
$$n^2+2\equiv n^4+2\equiv n^6+2\equiv3$$
よって，n^2+2，n^4+2，n^6+2 は3で割り切れるが，6で割り切れないので
$$A_n=3$$

(iii)　$n\equiv\pm2$ のとき
$$n^2+2\equiv n^4+2\equiv n^6+2\equiv0$$
よって，n^2+2，n^4+2，n^6+2 は6で割り切れるので
$$A_n=6$$

(iv)　$n\equiv3$ のとき
$$n^2+2\equiv n^4+2\equiv n^6+2\equiv5$$
よって，n^2+2，n^4+2，n^6+2 は2でも3でも（6でも）割り切れないので
$$A_n=1$$

§1

以上から $\begin{cases} A_n = 2 & (n \equiv 0 \text{ のとき}) \\ A_n = 3 & (n \equiv \pm 1 \text{ のとき}) \\ A_n = 6 & (n \equiv \pm 2 \text{ のとき}) \\ A_n = 1 & (n \equiv 3 \text{ のとき}) \end{cases}$ ……(答)

解法 2

以下，整数 a, b の最大公約数を $g(a, b)$，整数 a, b, c の最大公約数を $g(a, b, c)$ と書くと

$g(a, b) = g(a, c) = G$ ならば，$g(a, b, c) = G$ である　……(＊)

(＊)の証明：$g(a, b, c) = G'$ として，$G' = G$ であることを示す。

G は a, b, c の公約数なので，$G \leqq G'$ である。

G' は a, b, c の公約数なので，特に，a, b の公約数でもあり，したがって，$G' \leqq G$ である。

ゆえに，$G = G'$ である。((＊)の証明終)

さらに，整数 a, b, c, d に対して，$a = bc + d$ が成り立つとき

$g(a, b) = g(b, d)$

であること（互除法）を用いる。

いま，$n^4 + 2 = (n^2 + 2)(n^2 - 2) + 6$ より

$g(n^4 + 2, n^2 + 2) = g(n^2 + 2, 6)$　……①

また，$n^6 + 2 = (n^2 + 2)(n^4 - 2n^2 + 4) - 6$ より

$g(n^6 + 2, n^2 + 2) = g(n^2 + 2, 6)$　……②

①，②と(＊)より，$A_n = g(n^2 + 2, 6)$ となる。

以下，法を6とする合同式で考える。

(i)　$n \equiv 0$ のとき，$n^2 + 2 \equiv 2$ より　　$A_n = 2$

(ii)　$n \equiv \pm 1$ のとき，$n^2 + 2 \equiv 3$ より　　$A_n = 3$

(iii)　$n \equiv \pm 2$ のとき，$n^2 + 2 \equiv 0$ より　　$A_n = 6$

(iv)　$n \equiv 3$ のとき，$n^2 + 2 \equiv 5$ より　　$A_n = 1$

以上から $\begin{cases} A_n = 2 & (n \equiv 0 \text{ のとき}) \\ A_n = 3 & (n \equiv \pm 1 \text{ のとき}) \\ A_n = 6 & (n \equiv \pm 2 \text{ のとき}) \\ A_n = 1 & (n \equiv 3 \text{ のとき}) \end{cases}$ ……(答)

〔注〕　[解法2] の(＊)は証明なしで用いても可と思われるが，念のため証明も記してある。

2 2021 年度〔6〕問1 　　　　　　　　　　　Level A

ポイント　$n = pq$（p, q は 2 以上の整数）として矛盾を導く。$3^{pq} - 2^{pq}$ の因数分解を考える。

解 法

$3^n - 2^n$ が素数なのに n が素数でないような 2 以上の整数 n が存在するとする。そのような n は

$$n = pq \quad （p, q は 2 以上の整数）$$

と書けて

$$
\begin{aligned}
3^n - 2^n &= 3^{pq} - 2^{pq} \\
&= (3^p)^q - (2^p)^q \\
&= (3^p - 2^p)\{(3^p)^{q-1} + (3^p)^{q-2} \cdot (2^p) + (3^p)^{q-3} \cdot (2^p)^2 + \cdots + (2^p)^{q-1}\}
\end{aligned}
$$

ここで，$p \geq 2$ なので

$$3^p - 2^p = (3 - 2)(3^{p-1} + 3^{p-2} \cdot 2 + \cdots + 3 \cdot 2^{p-2} + 2^{p-1}) \geq 3 + 2 = 5$$

また，$p \geq 2$, $q \geq 2$ なので

$$(3^p)^{q-1} + (3^p)^{q-2} \cdot (2^p) + (3^p)^{q-3} \cdot (2^p)^2 + \cdots + (2^p)^{q-1} \geq 3^p + 2^p \geq 13$$

よって，$3^n - 2^n$ は 2 以上の 2 つの整数の積となり，$3^n - 2^n$ が素数であることと矛盾する。

ゆえに，$3^n - 2^n$ が素数ならば n も素数である。　　　　　　　　　　　（証明終）

3 2020 年度　〔4〕 Level B

ポイント mod 3 で考えて $(m, n) \equiv (0, 1), (0, 2), (1, 1), (1, 2), (2, 1),$ $(2, 2)$ の各場合で $f(m, n)$ の値に含まれる素因数 3 の個数の最大値を求める。このとき，例えば，$(m, n) \equiv (0, 2)$ の場合には $m = 3m_1$, $n = 3n_1 + 2$ として式変形を行う。さらに必要に応じて $m_1 = 3m_2 + 1$, $n_1 = 3n_2$ 等として計算を進める。ていねいな場合分けを行う。

解法

以下，合同式はすべて法を 3 とする。

m, n は整数 $(1 \leq m \leq 30, 1 \leq n \leq 30)$ で，n は 3 で割り切れないから

$$m^3 \equiv \begin{cases} 0 & (m \equiv 0) \\ 1 & (m \equiv 1), \\ 2 & (m \equiv 2) \end{cases} \quad n^2 + n \equiv \begin{cases} 2 & (n \equiv 1) \\ 0 & (n \equiv 2) \end{cases}$$

より

$$f(m, n) = m^3 + n^2 + n + 3 \equiv \begin{cases} 0 & (m \equiv 0, n \equiv 2 ; m \equiv 1, n \equiv 1) \\ 1 & (m \equiv 1, n \equiv 2 ; m \equiv 2, n \equiv 1) \\ 2 & (m \equiv 0, n \equiv 1 ; m \equiv 2, n \equiv 2) \end{cases}$$

したがって，$(m, n) \equiv (0, 1), (1, 2), (2, 1), (2, 2)$ のとき

$$A(m, n) = 0$$

(I) $(m, n) \equiv (0, 2)$ のとき

$m = 3m_1 \ (m_1 = 1, 2, 3, \cdots, 10)$, $n = 3n_1 + 2 \ (n_1 = 0, 1, 2, \cdots, 9)$

とおくと

$$f(m, n) = 3(9m_1{}^3 + 3n_1{}^2 + 5n_1 + 3)$$
$$= 3\{3(3m_1{}^3 + n_1{}^2 + n_1 + 1) + 2n_1\}$$

(i) $n_1 \equiv 1, 2$ のとき，$3(3m_1{}^3 + n_1{}^2 + n_1 + 1) + 2n_1$ は 3 で割り切れないから

$$A(m, n) = 1$$

(ii) $n_1 \equiv 0$ のとき，$n_1 = 3n_2 \ (n_2 = 0, 1, 2, 3)$ とおくと

$$f(m, n) = 3^2(3m_1{}^3 + 9n_2{}^2 + 5n_2 + 1)$$
$$= 3^2\{3(m_1{}^3 + 3n_2{}^2 + n_2) + 2n_2 + 1\}$$

(ア) $n_2 \equiv 0, 2$ のとき，$3(m_1{}^3 + 3n_2{}^2 + n_2) + 2n_2 + 1$ は 3 で割り切れないから

$$A(m, n) = 2$$

(イ) $n_2 \equiv 1$ のとき，$n_2 = 1$ で

$$f(m, n) = 3^3(m_1{}^3 + 5)$$

- $m_1 \equiv 0,\ 2$ のとき，$m_1{}^3 + 5$ は 3 で割り切れないから

    $A(m,\ n) = 3$

- $m_1 \equiv 1$ のとき，$m_1 = 3m_2 + 1\ (m_2 = 0,\ 1,\ 2,\ 3)$ とおくと

    $f(m,\ n) = 3^4(9m_2{}^3 + 9m_2{}^2 + 3m_2 + 2)$

    $\qquad\qquad = 3^4\{3(3m_2{}^3 + 3m_2{}^2 + m_2) + 2\}$

    $3(3m_2{}^3 + 3m_2{}^2 + m_2) + 2$ は 3 で割り切れないから

    $A(m,\ n) = 4$

(Ⅱ)　$(m,\ n) \equiv (1,\ 1)$ のとき

$m = 3m_1 + 1\ (m_1 = 0,\ 1,\ 2,\ \cdots,\ 9),\ n = 3n_1 + 1\ (n_1 = 0,\ 1,\ 2,\ \cdots,\ 9)$ とおくと

$\quad f(m,\ n) = 3(9m_1{}^3 + 9m_1{}^2 + 3m_1 + 3n_1{}^2 + 3n_1 + 2)$

$\qquad\qquad = 3\{3(3m_1{}^3 + 3m_1{}^2 + m_1 + n_1{}^2 + n_1) + 2\}$

$3(3m_1{}^3 + 3m_1{}^2 + m_1 + n_1{}^2 + n_1) + 2$ は 3 で割り切れないから

$\quad A(m,\ n) = 1$

(Ⅰ), (Ⅱ)より

$\quad A(m,\ n)$ の最大値は　　4　……(答)

最大値を与えるような $(m,\ n)$ は

$\quad m = 3m_1 = 3(3m_2 + 1)\quad (m_2 = 0,\ 1,\ 2,\ 3)$

$\quad n = 3n_1 + 2 = 3 \cdot 3n_2 + 2 = 3 \cdot 3 \cdot 1 + 2 = 11$

であるから，$A(m,\ n)$ の最大値を与えるような $(m,\ n)$ は

$\quad (m,\ n) = (3,\ 11),\ (12,\ 11),\ (21,\ 11),\ (30,\ 11)$　……(答)

4

ポイント $f(n+1)-f(n)$ を計算すると $f(n+1)$ と $f(n)$ の偶奇が異なることがわかる。偶数の素数は 2 のみなので $|f(n)|=2$ または $|f(n+1)|=2$ となる。

解 法

$$f(n+1)-f(n) = (n+1)^3 - n^3 + 2\{(n+1)^2 - n^2\} = 3n^2 + 7n + 3 \equiv 1 \pmod{2}$$

より，$f(n+1)$ と $f(n)$ の偶奇は異なる。偶数の素数は 2 のみなので，$|f(n)|=2$ または $|f(n+1)|=2$ が必要。

(i) $f(n)=2$ のとき

  $n^3 + 2n^2 = 0$ から $n^2(n+2)=0$ となり $n=0,\ -2$

  • $n=0$ のとき $f(n+1)=f(1)=5$

  • $n=-2$ のとき $f(n+1)=f(-1)=3$

  となり，$|f(n+1)|$ は素数である。

(ii) $f(n)=-2$ のとき

  $n^3 + 2n^2 + 4 = 0$ から n は偶数でなければならない。

  $n=2k$（k は整数）とおくと，$8k^3 + 8k^2 + 4 = 0$ から

      $2k^2(k+1) = -1$

  この左辺は偶数，右辺は奇数なので不適。

(iii) $f(n+1)=2$ のとき

  $(n+1)^3 + 2(n+1)^2 = 0$ から $(n+1)^2(n+3)=0$ となり $n=-1,\ -3$

  • $n=-1$ のとき $f(n)=f(-1)=3$

  • $n=-3$ のとき $f(n)=f(-3)=-7$

  となり，$|f(n)|$ は素数である。

(iv) $f(n+1)=-2$ のとき

  $(n+1)^3 + 2(n+1)^2 + 4 = 0$ から $n+1$ は偶数でなければならず，$n+1=2k$（k は整数）とおくと，(ii)と同様に不適となる。

以上より $n=-3,\ -2,\ -1,\ 0$ ……(答)

〔注〕 はじめから，$n=2k,\ 2k+1$（k は整数）の場合分けで考えることもできる。

5 2018年度　〔2〕（文理共通）   Level A

ポイント ［解法1］　n を3で割ったときの余りで分類して，与式を変形する。

［解法2］　与式を $(n^3-n)-(6n-9)$ とみて，さらに変形する。

解法 1

整数 n は，整数 k を用いて，$n=3k$，$3k\pm1$ のいずれかで表される。

$$N=n^3-7n+9$$

とおくと

(i)　$n=3k$ のとき

$$N=27k^3-21k+9=3(9k^3-7k+3)$$

$9k^3-7k+3$ は整数であるから，N は3の倍数である。

(ii)　$n=3k\pm1$ のとき

$$N=(3k\pm1)^3-7(3k\pm1)+9$$
$$=27k^3\pm27k^2+9k\pm1-21k\mp7+9$$
$$=3(9k^3\pm9k^2-4k+3\mp2)　（複号同順）$$

$9k^3\pm9k^2-4k+3\mp2$ は整数であるから，N は3の倍数である。

(i)，(ii)より，N は3の倍数である。

よって，n^3-7n+9 は3の倍数で，これが素数となるとき

$$n^3-7n+9=3$$
$$n^3-7n+6=0$$
$$(n-1)(n-2)(n+3)=0$$

ゆえに　　$n=-3,\ 1,\ 2$ ……(答)

解法 2

$$n^3-7n+9=(n-1)n(n+1)-3(2n-3)　（n は整数）$$

ここで，$(n-1)n(n+1)$ は連続する3整数の積であるから3の倍数，$2n-3$ は整数であるから，$3(2n-3)$ も3の倍数である。

（以下，［解法1］に同じ）

6

2017 年度 〔3〕（文理共通（一部）） Level B

ポイント ［解法1］ $q=1$ のときは $\tan 2\beta$ の値が存在しないので，$\tan(\alpha+2\beta)$ について加法定理を用いることができないことに注意し，加法定理によらない処理で p の値を考える。$q \geqq 2$ のときは加法定理と倍角の公式から，p を q の有理式で表す。p が自然数であることから，q の範囲についての必要条件を求め，その範囲の自然数 q の値に絞って考える。

［解法2］ （$q \geqq 2$ のとき，p と q の不定方程式を求めるところまでは ［解法1］ に同じ）

$p=1$ と $p \geqq 2$ のときの場合分けで考え，$p \geqq 2$ のときは q についての2次不等式 $2(q^2-q-1) \cdot 2 \leqq 2(q^2-q-1)p$ から q の値の範囲を絞る。

解 法 1

(i) $q=1$ のとき

$\tan\beta=1$ より，$\beta=\dfrac{\pi}{4}+n\pi$（$n$ は整数）となり

$$\tan(\alpha+2\beta)=\tan\left(\alpha+\dfrac{\pi}{2}+2n\pi\right)=-\dfrac{1}{\tan\alpha}=-p$$

これと，$\tan(\alpha+2\beta)=2$ より $p=-2$

これは p が自然数であることに反する。

(ii) $q \geqq 2$ のとき

$0<\dfrac{1}{q}\leqq\dfrac{1}{2}$ より，$\tan^2\beta=\left(\dfrac{1}{q}\right)^2 \neq 1$ であるから

$$\tan 2\beta=\dfrac{2\tan\beta}{1-\tan^2\beta}=\dfrac{\dfrac{2}{q}}{1-\dfrac{1}{q^2}}=\dfrac{2q}{q^2-1}$$

$\tan(\alpha+2\beta)=2$ より

$$\dfrac{\tan\alpha+\tan 2\beta}{1-\tan\alpha\tan 2\beta}=2$$

$$\dfrac{\dfrac{1}{p}+\dfrac{2q}{q^2-1}}{1-\dfrac{1}{p}\cdot\dfrac{2q}{q^2-1}}=2$$

$$q^2-1+2pq=2\{p(q^2-1)-2q\}$$

$$2(q^2-q-1)p=q^2+4q-1 \quad \cdots\cdots ①$$

ここで，$q^2-q-1=q(q-1)-1 \geqq 2 \cdot 1-1=1>0$ であるから

$$p = \frac{q^2+4q-1}{2(q^2-q-1)} = \frac{1}{2} + \frac{5q}{2(q^2-q-1)} = \frac{1}{2} + \frac{5}{2\left(q-1-\dfrac{1}{q}\right)}$$

q，$-\dfrac{1}{q}$ は q の増加関数なので，$q-1-\dfrac{1}{q}$ も q の増加関数であり，したがって，p は q の減少関数である。よって，$q \geqq 7$ のとき

$$p \leqq \frac{1}{2} + \frac{5}{2\left(7-1-\dfrac{1}{7}\right)} = \frac{1}{2} + \frac{35}{82} < 1$$

これを満たす自然数 p は存在しない。よって，自然数 p が存在するためには，$2 \leqq q \leqq 6$ でなければならない。

①の左辺は偶数，$4q-1$ は奇数であるから，q^2 は奇数である。よって，q は奇数である。

①より

$q=3$ のとき，$10p=20$ より $\quad p=2$

$q=5$ のとき，$38p=44$ より $\quad p=\dfrac{22}{19}$

ゆえに $\quad (p, q)=(2, 3)$

(i)，(ii)より，求める p，q の組は $\quad (p, q)=(2, 3)$ ……(答)

〔注〕 $q \geqq 7$ のとき $p<1$ になるが，これは $q \geqq 2$ で $\dfrac{q^2+4q-1}{2(q^2-q-1)}<1$ を解くと，$3+\sqrt{10}<q$ となることからもわかる。

解法 2

（①までは［解法1］に同じ）

$p=1$ のとき

①より $\quad q^2-6q-1=0 \quad$ よって $\quad q=3 \pm \sqrt{10}$

これは，q が自然数であることに反する。

$p \geqq 2$ のとき

$q \geqq 2$ より $\quad q^2-q-1=q(q-1)-1 \geqq 2 \cdot 1-1=1>0$

これと $p \geqq 2$ および①より

$$2(q^2-q-1) \cdot 2 \leqq 2(q^2-q-1)p = q^2+4q-1$$

$$3q^2-8q-3 \leqq 0 \quad (3q+1)(q-3) \leqq 0$$

よって $\quad -\dfrac{1}{3} \leqq q \leqq 3$

q は自然数で $q \geqq 2$ であるから $\quad q=2, 3$

①より

$q=2$ のとき，$2p=11$ より　　　$p=\dfrac{11}{2}$

$q=3$ のとき，$10p=20$ より　　　$p=2$

p は自然数で $p \geqq 2$ であるから　　$(p, \ q)=(2, \ 3)$

(i), (ii)より，求める p, q の組は　　$(p, \ q)=(2, \ 3)$　……(答)

7

2016 年度　〔2〕　　　　　　　　　　　　　　Level　B

ポイント　p, q の偶奇が異なることに着目する。$q=2$ として考え，$p \equiv \pm 1$
(mod 3) であるときを検討する。

解 法

　p, q の偶奇が一致すると，$p^q + q^p$ は偶数となるが，偶数の素数は 2 だけであり，
$p>1$，$q>1$ より $p^q + q^p > 2$ であるから，$p^q + q^p$ は素数にならない。
　よって，$p^q + q^p$ が素数になるのは，p, q の一方が奇数，他方が偶数のときである。p,
q の対称性より，$q=2$ としてよく，奇数 p に対して，$p^2 + 2^p$ と表される素数を求めた
らよい。
(ⅰ)　$p=3$ のとき

$$p^2 + 2^p = 3^2 + 2^3 = 17$$

　となり，これは素数である。
(ⅱ)　$p>3$ のとき
　p は素数であることより，3 の倍数ではないから

$$p \equiv \pm 1 \pmod 3$$

　である。このとき

$$p^2 \equiv (\pm 1)^2 = 1 \pmod 3$$

　となり，また，p は奇数であるから

$$2^p = (3-1)^p \equiv (-1)^p = -1 \pmod 3$$

　以上より

$$p^2 + 2^p \equiv 1 - 1 = 0 \pmod 3$$

　となり，$p^2 + 2^p$ は 3 の倍数である。ところが，3 の倍数の素数は 3 だけであり，
$p>3$ より $p^2 + 2^p > 3$ であるから，$p^2 + 2^p$ は素数にならない。
(ⅰ)，(ⅱ)より

　　$p^q + q^p$ と表される素数は 17 である。　……(答)

〔注〕　(ⅱ)を，合同式を用いないで，次のように解いてもよい。
　$p>3$ のとき，p は 3 の倍数ではないから，$p=3m \pm 1$（m は自然数）とおける。このと
き

$$p^2 = (3m \pm 1)^2 = 3(3m^2 \pm 2m) + 1$$
$$= 3M + 1 \quad (M \text{は整数}) \quad \cdots\cdots①$$

　また，二項定理より

$$2^p = (3-1)^p$$
$$= 3^p + {}_pC_1 3^{p-1} \cdot (-1) + {}_pC_2 3^{p-2} \cdot (-1)^2 + \cdots + {}_pC_{p-1} 3 \cdot (-1)^{p-1} + (-1)^p$$

$$= 3N - 1 \quad (N \text{ は整数}) \quad \cdots\cdots ②$$

①，②より

$$p^2 + 2^p = 3M + 1 + 3N - 1 = 3(M + N)$$

となり，$p^2 + 2^p$ は 3 の倍数である。（以下，[解法] に同じ）

8　2015 年度〔5〕　　　　　　　　　　　Level B

ポイント　[解法1]　$f(x)$ を $g(x)$ で割ったときの商を $px+q$, 余りを r とおき,
$A_n = \dfrac{f(n+1)}{g(n+1)} - \dfrac{f(n)}{g(n)}$ を計算し, $\lim\limits_{n\to\infty} A_n$ を考える。

[解法2]　さらに, $A_{n+1} - A_n$ を計算し, $\lim\limits_{n\to\infty}(A_{n+1} - A_n)$ を考える。

解 法 1

$f(x)$ を $g(x)$ で割ったときの商を $px+q$, 余りを r（定数）とすると,
$f(x) = (px+q)g(x)+r$ であり

$$\frac{f(n)}{g(n)} = pn+q+\frac{r}{g(n)} \quad \cdots\cdots①$$

$A_n = \dfrac{f(n+1)}{g(n+1)} - \dfrac{f(n)}{g(n)}$ とおくと, すべての n に対して $\dfrac{f(n)}{g(n)}$ が整数であるので, A_n は整数であり（＊）, ①から

$$A_n = \left\{p(n+1)+q+\frac{r}{g(n+1)}\right\} - \left\{pn+q+\frac{r}{g(n)}\right\}$$

$$= p + \frac{r\{g(n)-g(n+1)\}}{g(n+1)g(n)} = p - \frac{rd}{g(n+1)g(n)} \quad \cdots\cdots②$$

ここで, $g(x) = dx+e$, $d>0$ より, $\lim\limits_{n\to\infty} g(n) = \infty$ なので

$$\lim_{n\to\infty} \frac{rd}{g(n+1)g(n)} = 0$$

よって, ②から, $\lim\limits_{n\to\infty} A_n = p$ であり, ある正の整数 N があって, $n \geq N$ なら,
$|p - A_n| < \dfrac{1}{2}$ である。

したがって, $m \geq N$, $n \geq N$ である任意の整数 m, n に対して

$$|A_m - A_n| = |(A_m-p)+(p-A_n)| \leq |p-A_m| + |p-A_n| < 1 \quad \cdots\cdots③$$

となる。（＊）から, A_m, A_n は整数であり, ③から, $A_m = A_n$ となる。

よって, $A_N = A_{N+1} = \cdots = p$ であり, ②から, $n \geq N$ なら, $\dfrac{rd}{g(n+1)g(n)} = 0$ である。

これと $d \neq 0$ から, $r = 0$ であり, $f(x)$ は $g(x)$ で割り切れる。　　　　（証明終）

解法 2

（②までは［解法 1］に同じ）

$$A_{n+1} - A_n = -\frac{rd}{g(n+2)g(n+1)} + \frac{rd}{g(n+1)g(n)} = \frac{rd\{g(n+2) - g(n)\}}{g(n+2)g(n+1)g(n)}$$

$$= \frac{2rd^2}{g(n+2)g(n+1)g(n)} \quad \cdots\cdots④$$

$g(x) = dx + e$, $d > 0$ より，$\lim_{n\to\infty} g(n) = \infty$ なので

$$\lim_{n\to\infty} \frac{2rd^2}{g(n+2)g(n+1)g(n)} = 0$$

よって，$\lim_{n\to\infty}(A_{n+1} - A_n) = 0$ となるが，（＊）より，A_{n+1}, A_n は整数であるから，十分大きな整数 n に対して $A_{n+1} - A_n = 0$ である。

したがって，④から，十分大きな整数 n に対して

$$\frac{2rd^2}{g(n+2)g(n+1)g(n)} = 0$$

となり，$d \neq 0$ から，$r = 0$ である。

ゆえに，$f(x)$ は $g(x)$ で割り切れる。　　　　　　　　　　　　（証明終）

〔注〕　［解法 1］，［解法 2］とも，極限に関する次の性質を用いている。

　　数列 $\{a_n\}$ が収束し，$\lim_{n\to\infty} a_n = \alpha$ であるとき，n を十分大きくとれば，a_n はいくらでも α に近づく。このことを厳密に表すと，ε をどのように小さい正の数だとしても，ある N より大きい n に対して（十分大きい n に対して）

　　　　$\alpha - \varepsilon < a_n < \alpha + \varepsilon$　　（つまり，$|a_n - \alpha| < \varepsilon$）

　　が成立するということである。

9 2014 年度 〔5〕 Level B

ポイント まず $a \equiv 1$, $b \equiv -1 \pmod 3$ で考える。

[解法 1] $a+b=27l$ (l は自然数) となることと, $a^2+b^2 \geqq \dfrac{(a+b)^2}{2}$ であることから,

a^2+b^2 の最小値とそのときの a, b を求める。

[解法 2] $a^2+b^2 = \dfrac{1}{2}\{(a+b)^2 + (a-b)^2\} \geqq \dfrac{1}{2}(27^2+1)$ を利用し, 等号が成立すると

きの a, b の値を考える。

解法 1

以下, $\mathrm{mod}\,3$ で考える。条件から, $a \equiv \pm 1$, $b \equiv \pm 1$ であるが, 複号同順のとき,
$a^3+b^3 \equiv \pm 2$ となり, 条件に反する。よって, まず, $a \equiv 1$, $b \equiv -1$ として考える。こ
のとき

$\qquad a=3m+1$, $b=3n-1$ ($m \geqq 0$, $n \geqq 1$, m, n は整数) ……①

とおけて

$\qquad a^3+b^3 = (3m+1)^3 + (3n-1)^3$

$\qquad\qquad\quad = 27(m^3+n^3) + 27(m^2-n^2) + 9(m+n)$

$\qquad\qquad\quad = 9(m+n)\{3m^2 - 3mn + 3n^2 + 3m - 3n + 1\}$

この最後の因数 ({ } 内) は 3 で割り切れないので, $m+n$ ($\geqq 1$) が 9 の倍数であ
り

$\qquad m+n=9l$ (l は自然数)

とおくと, ①から

$\qquad a+b = 3(m+n) = 27l$ ……②

また, $2(a^2+b^2) - (a+b)^2 = a^2+b^2 - 2ab = (a-b)^2 \geqq 0$ および②より

$\qquad a^2+b^2 \geqq \dfrac{(a+b)^2}{2} \geqq \dfrac{729}{2}l^2$ ($l \geqq 1$)

このとき, $l=1$ における最小値があればそれが求める値であるので

$\qquad a^2+b^2 \geqq \dfrac{729}{2} = 364.5$

これを満たす整数 a^2+b^2 の最小値として 365 が考えられる。

実際, $a^2+b^2=365$ かつ $a \equiv 1$, $b \equiv -1$ かつ $a+b=27$ を満たす a, b として, $(a,\ b)$
$=(13,\ 14)$ のみがある。ゆえに, $a \equiv -1$, $b \equiv 1$ の場合も考えて, a^2+b^2 の最小値は

$\qquad (a,\ b) = (13,\ 14)$, $(14,\ 13)$ のときの $13^2 + 14^2 = 365$ ……(答)

解法 2

（②までは［解法1］に同じ）

$$a^2 + b^2 = \frac{1}{2}\{(a+b)^2 + (a-b)^2\} = \frac{1}{2}\{729l^2 + (a-b)^2\} \quad （②より） \quad \cdots\cdots③$$

ここで，$a \equiv -1$，$b \equiv 1$ から，$a \neq b$ なので

$$(a-b)^2 \geqq 1 \quad \cdots\cdots④$$

また，$l^2 \geqq 1$ なので

$$729l^2 \geqq 729 \quad \cdots\cdots⑤$$

③，④，⑤から，$a^2 + b^2$ は $l = 1$ かつ $|a-b| = 1$ のとき，最小値 365 をとる。

$l = 1$ のとき，$a + b = 27$ なので，$a + b = 27$ かつ $|a-b| = 1$ かつ $a \equiv -1$，$b \equiv 1$ を解いて，$(a, b) = (13, 14)$ となる。ゆえに，$a \equiv -1$，$b \equiv 1$ の場合も考えて，$a^2 + b^2$ の最小値は

$$(a, b) = (13, 14),\ (14, 13) \text{ のときの } 13^2 + 14^2 = 365 \quad \cdots\cdots（答）$$

〔注1〕　［解法1］の不等式 $a^2 + b^2 \geqq \dfrac{(a+b)^2}{2}$ は，コーシー・シュワルツの不等式を用いて

$$(1 \cdot a + 1 \cdot b)^2 \leqq (1^2 + 1^2)(a^2 + b^2) \quad \text{すなわち} \quad 2(a^2 + b^2) \leqq (a+b)^2$$

からも得られる。

また，相加・相乗平均の関係 $\dfrac{a+b}{2} \geqq \sqrt{ab}$ から得られる $\dfrac{(a+b)^2}{2} \geqq 2ab$ を用いて

$$a^2 + b^2 = (a+b)^2 - 2ab \geqq (a+b)^2 - \frac{(a+b)^2}{2} = \frac{(a+b)^2}{2}$$

として見つけることもできる。

さらに，［解法2］で用いた $a^2 + b^2 = \dfrac{1}{2}\{(a+b)^2 + (a-b)^2\}$ からも得られる。

逆に，［解法2］で用いたこの式は［解法1］の $2(a^2 + b^2) - (a+b)^2 = a^2 + b^2 - 2ab$ $= (a-b)^2$ からも得られるので，これらの2式は実質同じものである。どのように用いるかで以後の式処理にバリエーションが出る。

〔注2〕　［解法1］の最後のところの $a^2 + b^2 = 365$ かつ $a \equiv 1$，$b \equiv -1$ かつ $a + b = 27$ を満たす a，b を見出すには次表などを書いてみると見つけやすい。

a	1	4	7	10	13	16	19
a^2	1	16	49	100	169	256	361

b	2	5	8	11	14	18
b^2	4	25	64	121	196	324

これとは別に，$l = 1$ から，$m + n = 9$ であることを用いて，①より，$m \leqq 6$，$n \leqq 6$ となり，$(m, n) = (6, 3)$，$(5, 4)$，$(4, 5)$，$(3, 6)$ から，$(a, b) = (19, 8)$，$(16, 11)$，$(13, 14)$，$(10, 17)$ となるので，これらの4通りに絞って探してもよい。あるいは次のようにもできる。

$n = 9 - m$ なので

$$a^2 + b^2 = (3m+1)^2 + (3n-1)^2 = (3m+1)^2 + (26-3m)^2 = 18m^2 - 150m + 677$$

これと，$a^2 + b^2 = 365$ から

$$3m^2 - 25m + 52 = 0 \qquad \text{すなわち} \qquad (3m - 13)(m - 4) = 0$$

$$\therefore \quad m = 4$$

したがって，$n = 5$ となり，$(a, \ b) = (13, \ 14)$ である。

さらに，次のように考えてもよい。

$a^2 + b^2 \geqq \dfrac{729}{2} l^2$ から，$l = 1$ のときの最小値があればそれが求める最小値なので，②から，

$b = 27 - a$ として

$$a^2 + b^2 = a^2 + (27 - a)^2 = 2\left(a - \dfrac{27}{2}\right)^2 + \dfrac{729}{2}$$

これが最小の整数となる $a \, (\equiv 1)$ を考えて，$a = 13$ を得る。

10 2013 年度 〔3〕 Level A

ポイント　x^n を x^2-2x-1 で割ったときの商を $Q_n(x)$，余りを a_nx+b_n とおき，数学的帰納法による。

解 法

自然数 n に対して，x^n を x^2-2x-1 で割ったときの商を $Q_n(x)$，余りを a_nx+b_n とおいて

命題「a_n, b_n は整数で，a_n と b_n をともに割り切る素数は存在しない」

……（＊）

を n についての数学的帰納法で示す。ただし，商と余りの一意性は前提とする。

(i) $n=1$ のとき

$x=(x^2-2x-1)\cdot 0+x$ より　　$a_1=1$, $b_1=0$

よって，$n=1$ に対して，（＊）は成り立つ。

(ii) ある自然数 n に対して，（＊）が成り立つと仮定すると

$x^n=(x^2-2x-1)Q_n(x)+a_nx+b_n$

において，a_n, b_n は整数で，a_n と b_n をともに割り切る素数は存在しない。

$x^{n+1}=(x^2-2x-1)\{xQ_n(x)\}+a_nx^2+b_nx$

$=(x^2-2x-1)\{xQ_n(x)\}+a_n\{(x^2-2x-1)+(2x+1)\}+b_nx$

$=(x^2-2x-1)\{xQ_n(x)+a_n\}+(2a_n+b_n)x+a_n$

したがって　　$\begin{cases} a_{n+1}=2a_n+b_n & \cdots\cdots① \\ b_{n+1}=a_n & \cdots\cdots② \end{cases}$

ここで，帰納法の仮定から，a_n, b_n は整数なので，a_{n+1}, b_{n+1} は整数である。

今，a_{n+1} と b_{n+1} をともに割り切る素数が存在したとする。その素数を p とすると，$a_{n+1}=p\alpha$, $b_{n+1}=p\beta$（α, β は整数）とおけて，①，②から

$a_n=b_{n+1}=p\beta$

$b_n=a_{n+1}-2a_n=a_{n+1}-2b_{n+1}=p\alpha-2p\beta=p(\alpha-2\beta)$

したがって，p は a_n, b_n をともに割り切る素数である。これは帰納法の仮定に矛盾する。

ゆえに，a_{n+1} と b_{n+1} をともに割り切る素数は存在しない。

以上，(i)，(ii)より，すべての自然数 n に対して，命題（＊）が成り立つ。　　（証明終）

　〔注〕　一般に整数 l, m の最大公約数を $gcd(l, m)$ と記すと，①，②以降は次のような記述も可能である。

　　①と互除法により

$gcd(a_{n+1}, a_n)=gcd(a_n, b_n)$

である。

これと，②より

$$gcd\,(a_{n+1},\ b_{n+1}) = gcd\,(a_n,\ b_n)$$

である。

よって

$$gcd\,(a_{n+1},\ b_{n+1}) = gcd\,(a_n,\ b_n) = \cdots = gcd\,(a_1,\ b_1) = gcd\,(1,\ 0) = 1$$

ゆえに，すべての自然数 n に対して，a_n と b_n をともに割り切る素数は存在しない。

11

ポイント　(1) 背理法による。

(2) $P(x)$ を x^3-2 で割った余りを ax^2+bx+c（a, b, c は有理数）とおき，$a\omega^2+b\omega+c=0$（$\omega=\sqrt[3]{2}$ として）であることから，まず $a\neq0$ として矛盾を導く。

解　法

(1) $\sqrt[3]{2}$ が無理数でない，すなわち有理数であるとすると

$$\sqrt[3]{2}=\frac{m}{n}\quad（m, n は互いに素な自然数）$$

とおける。両辺を 3 乗すると

$$2=\frac{m^3}{n^3}\quad よって\quad m^3=2n^3$$

右辺は偶数だから，m は偶数である。そこで $m=2k$（k は自然数）とおく。これを上式に代入すると

$$8k^3=2n^3\quad よって\quad n^3=4k^3$$

右辺は偶数だから，n は偶数である。以上より m, n とも偶数となり，m, n が互いに素であることと矛盾する。よって，$\sqrt[3]{2}$ は無理数である。　　　　　（証明終）

〔注1〕　m, n が互いに素であることを仮定しないで次のように示すこともできる。

$m^3=2n^3$ において，両辺に現れる素因数 2 の個数を比べると，左辺には「3 の倍数」個（0 個も含め）現れ，右辺には「3 の倍数 +1」個現れる。これは（素因数分解の一意性に）矛盾。ゆえに，$\sqrt[3]{2}$ は有理数ではない。

(2) $P(x)$ を x^3-2 で割ったときの商を $Q(x)$，余りを ax^2+bx+c（a, b, c は有理数になる）とすると

$$P(x)=(x^3-2)Q(x)+ax^2+bx+c\quad\cdots\cdots①$$

この式に $x=\sqrt[3]{2}$（$=\omega$ と表す）を代入すると

$$P(\omega)=(\omega^3-2)Q(\omega)+a\omega^2+b\omega+c$$

$P(\omega)=0$, $\omega^3=2$ より

$$a\omega^2+b\omega+c=0\quad\cdots\cdots②$$

ここで $a\neq0$ と仮定すると

$$\omega^2=-\frac{b}{a}\omega-\frac{c}{a}\quad（=p\omega+q とおく。p, q は有理数である）\quad\cdots\cdots③$$

両辺に ω をかけると

$$2=p\omega^2+q\omega\quad（\because\quad\omega^3=2）$$
$$=p(p\omega+q)+q\omega\quad（\because\quad③）$$

$$= (p^2 + q)\,\omega + pq$$

したがって　　　$(p^2 + q)\,\omega + pq - 2 = 0$　……④

ここで，もし $p^2 + q \neq 0$ とすると，④より

$$\omega = \frac{2 - pq}{p^2 + q}\quad(\text{右辺は有理数})$$

となり，ω が無理数であることに反するから

$$p^2 + q = 0$$　……⑤

である。よって，④より

$$pq - 2 = 0$$　……⑥

⑤より　　$q = -p^2$　　これを⑥に代入すると

$$-p^3 - 2 = 0\quad (-p)^3 = 2\quad -p = \sqrt[3]{2} = \omega$$

$-p$ は有理数，ω は無理数だから，これは矛盾である。したがって，$a = 0$ でなければならない。このとき，②より

$$b\omega + c = 0$$

ここで $b \neq 0$ とすると $\omega = -\dfrac{c}{b}$ となり，ω が無理数であることと矛盾する。よって，$b = 0$ となり，したがって $c = 0$ である。

ゆえに，①より

$$P(x) = (x^3 - 2)\,Q(x)$$

となり，$P(x)$ は $x^3 - 2$ で割り切れる。　　　　　　　　　　（証明終）

〔注2〕　一般に α, β を有理数，ω を無理数とするとき，「$\alpha\omega + \beta = 0$ ならば $\alpha = \beta = 0$」……（＊）　ということを用いると，(2)の［解法］中の $2 = (p^2 + q)\,\omega + pq$ から，$(p^2 + q)\,\omega + (pq - 2) = 0$ なので，p, q が有理数であることより，$p^2 + q = 0$ かつ $pq = 2$ となる。これより $(-p)^3 = 2$ となり，$-p = \sqrt[3]{2}$ となるというように記述を省略化できるが，［解法］では（＊）も導きながら記述している。

〔注3〕　(2)では $2 = p\omega^2 + q\omega$ から，③を用いてさらに次数下げを行い，$\omega^3 = 2 = (p^2 + q)\,\omega + pq$ とするところがポイントである。代数方程式の解を用いた式では次数下げ（n 次方程式の解の n 次以上の式は解の $n-1$ 次以下の式で表されるということ）が本質的であることを念頭におくことが大切。

研究　$a\omega^2 + b\omega + c = 0$ を満たす有理数 a, b, c が $a = b = c = 0$ に限られることを，「ω^2, ω, 1 は有理数係数のもとで 1 次独立である」という。

　　これはちょうど，空間をなす（同一平面上にない）3 つのベクトル $\vec{p}$, $\vec{q}$, $\vec{r}$ が，実数係数のもとで 1 次独立であることと，本質的に同じ意味を持っている。すなわち，$\vec{p}$, $\vec{q}$, $\vec{r}$ が 1 次独立であれば

$$a\vec{p} + b\vec{q} + c\vec{r} = \vec{0}$$

を満たす実数 a, b, c は $a = b = c = 0$ しかないのである。

　　たとえば，もし $a \neq 0$ であるとすると

$$\vec{p} = -\frac{b}{a}\vec{q} - \frac{c}{a}\vec{r}$$

となるが，1次独立であるかぎり，このように，あるベクトルが他の2つのベクトルの実数倍の和となることはないのである（$\vec{q}$ と $\vec{r}$ で作られる平面上に $\vec{p}$ はのっていない）。それが $\vec{p}$, $\vec{q}$, $\vec{r}$ が1次独立であることの本質である。

　ω^2, ω, 1 についても，これと同じことがいえて，たとえば ω^2 を $\omega^2 = p\omega + q \cdot 1$ のように，ω と1の有理数倍の和として表すことはできないのである（ω と1で作られる空間の中に ω^2 はない）。このことが，本問の背景になっている。

12 2010年度 乙〔5〕 Level B

ポイント (1) 2^{n+2} で割り切れるが，2^{n+3} では割り切れない数は，$2^{n+2}p$ （p は奇数）
と表すことができる。数学的帰納法による。

(2) $m=2^k p$（p は正の奇数，k は m に含まれる素因数2の個数）とおく。
$3^m-1=3^{2^k p}-1=(3^{2^k})^p-1$ となる。これをさらに変形して(1)を用いる。

解法

(1) 数学的帰納法で示す。

$n=1$ のとき，$a=2$ だから

$$3^a-1=3^2-1=8=2^3$$

となり，これはたしかに 2^{1+2} で割り切れるが，2^{1+3} では割り切れない。

よって，$n=1$ のとき，成立する。

$n=k$（$k\geqq1$）で成り立つと仮定する。

このとき，$3^{2^k}-1$ は 2^{k+2} で割り切れるが，2^{k+3} では割り切れないから

$$3^{2^k}-1=2^{k+2}p \quad （p \text{ は奇数}）$$

とおける。

$$3^{2^k}=2^{k+2}p+1 \quad \cdots\cdots①$$

であるから，$n=k+1$ のとき

$$\begin{aligned}
3^{2^{k+1}}-1=3^{2^k\cdot2}-1&=(3^{2^k})^2-1\\
&=(2^{k+2}p+1)^2-1 \quad （①より）\\
&=2^{2k+4}p^2+2^{k+3}p\\
&=2^{k+3}(2^{k+1}p^2+p)
\end{aligned}$$

p は奇数だから，$2^{k+1}p^2+p$ は奇数である。よって，$2^{k+3}(2^{k+1}p^2+p)$ は 2^{k+3} で割り切れるが，2^{k+4} では割り切れない。

ゆえに，与えられた命題は $n=k+1$ でも成り立つ。

以上より，すべての自然数 n で題意は成立する。 （証明終）

(2) 正の偶数 m は，$m=2^k p$（k は自然数，p は正の奇数）と表現できる。そのとき

$$\begin{aligned}
3^m-1=3^{2^k p}-1&=(3^{2^k})^p-1\\
&=(3^{2^k}-1)\{(3^{2^k})^{p-1}+(3^{2^k})^{p-2}+\cdots+3^{2^k}+1\}
\end{aligned}$$

上式において，{ } 内は，奇数を p 個（奇数個）加えたものだから，奇数である。
また，(1)より，$3^{2^k}-1$ は 2^{k+2} で割り切れるが，2^{k+3} では割り切れない。ゆえに，
3^m-1 の素因数2の個数は $k+2$ である。

一方，条件より，3^m-1 は 2^m で割り切れるので 3^m-1 の素因数2の個数は m 以上で

ある。

よって　　$m \leq k+2$　すなわち　$2^k p \leq k+2$　……②

である。これを満たす p と k を求める。まず、②が成り立つためには

$$2^k \leq k+2$$

が必要である。ところが、これは $k \geq 3$ では成り立たない。すなわち、$k \geq 3$ では、$2^k > k+2$　……③ が成り立つ。これを、数学的帰納法で示す。

$k=3$ のとき

$$2^k = 2^3 = 8, \quad k+2 = 5$$

となり、③が成り立つ。

$k=i$ $(i \geq 3)$ で③が成り立つとすると、$k=i+1$ のとき

$$2^{i+1} = 2 \cdot 2^i > 2(i+2) = 2i+4 > (i+1)+2$$

となり、$k=i+1$ でも③が成り立つ。よって、$k \geq 3$ では、③が成り立つ。

よって、②を満たす k は、$k=1$, 2 のみである。

$k=1$ のとき、②は $2p \leq 3$ となり、これを満たす奇数 p は 1 のみである。
このとき、$m=2$ である。

$k=2$ のとき、②は $4p \leq 4$ となり、これを満たす奇数 p は 1 のみである。
このとき、$m=4$ である。

以上より、条件を満たす m は $m=2$, 4 のみである。　　　　　　（証明終）

〔注1〕　(1)の証明中の①以降の式変形は次のようにしてもよい。

$$3^{2^{k+1}} - 1 = 3^{2^k \cdot 2} - 1$$
$$= (3^{2^k})^2 - 1$$
$$= (3^{2^k} + 1)(3^{2^k} - 1)$$
$$= (2^{k+2}p + 2)(2^{k+2}p)$$
$$= 2^{k+3}p(2^{k+1}p + 1)$$

〔注2〕　$2^k p \leq k+2$ を満たす k, p の求め方を2つ示しておく。

＜その1＞　$f(k) = 2^k p - k - 2$ とおく。$f(k) \leq 0$ となる k と p を求めればよい。

$$f(k+1) - f(k) = 2^{k+1}p - k - 3 - (2^k p - k - 2)$$
$$= 2^k p - 1 > 0 \quad (\because \ k \geq 1, \ p \geq 1)$$

ゆえに、$f(k)$ は単調増加である。また

$$f(3) = 8p - 5 > 0 \quad (\because \ p \geq 1)$$

よって、$k \geq 3$ には、$f(k) \leq 0$ となる k, p は存在しない。$k=1$, 2 のときの p は、$f(k) \leq 0$ に $k=1$, 2 を代入して求めればよい（[解法] と同様）。

＜その2＞　$k \geq 3$ のとき

$$2^k p = (1+1)^k p$$
$$= (1 + {}_kC_1 + {}_kC_2 + \cdots + {}_kC_k)p$$
$$> \left(1 + k + \frac{k(k-1)}{2}\right)p \quad (\because \ k \geq 3)$$
$$\geq (k+4)p \quad \left(k \geq 3 \ \text{より} \ \frac{k(k-1)}{2} \geq 3 \ \text{だから}\right)$$

$$> k+2 \quad (\because \quad p \geqq 1)$$

となって，$2^k p \leqq k+2$ は成立しない。ゆえに，k は 1 または 2 に限られる。そのときの p の値は，$k=1$，2 を $2^k p \leqq k+2$ に代入して求められる。

13

ポイント $1 \leqq a \leqq p^n$ を満たす整数 a が素因数 p をちょうど k 個（$1 \leqq k \leqq n$）含むための条件を求める。

解 法

$n=1$ のとき，$(p^n)!=p!$ は素数 p でちょうど 1 回割り切れる。

$n \geqq 2$ のとき，n 以下の任意の正の整数 k と p^n 以下の任意の正の整数 a に対して

「a は素因数 p をちょうど k 個含む」

$\iff$ 「a は p^k の倍数であるが p^{k+1} の倍数ではない」

が成り立つ。

このような整数 a の個数は

$$\begin{cases} 1 \leqq k \leqq n-1 \text{ のとき，} \dfrac{p^n}{p^k} - \dfrac{p^n}{p^{k+1}} = p^{n-k} - p^{n-k-1} \text{〔個〕} \\[3mm] k = n \text{ のとき，} \dfrac{p^n}{p^n} = 1 \text{〔個〕} \end{cases}$$

よって，求める回数すなわち $(p^n)!$ の素因数 p の総数は

$$1 \cdot (p^{n-1} - p^{n-2}) + 2(p^{n-2} - p^{n-3}) + 3(p^{n-3} - p^{n-4}) + \cdots$$
$$+ (n-2)(p^2 - p) + (n-1)(p-1) + n$$

$$= p^{n-1} + p^{n-2} + p^{n-3} + \cdots + p^2 + p + 1$$

$$= \dfrac{p^n - 1}{p - 1} \quad \cdots\cdots \text{(答)}$$

（これは $n=1$ でも成り立つ）

〔注〕 下図で考えるとわかりやすい。

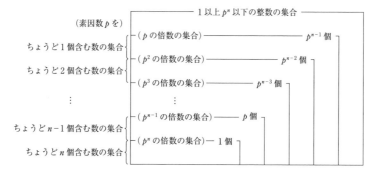

14

2009 年度　乙〔6〕

Level　C

ポイント　全解法において，背理法と数学的帰納法が多用される。特に(2)の後半の発想は難しく，以下のようにいくつかの解法が考えられる。

[解法 1]　a_{2^l} と b_{2^l}（l は任意の自然数）が互いに素であることを導き，これを利用する。

[解法 2]　連立漸化式から $\{a_n\}$ のみ，あるいは $\{b_n\}$ のみの漸化式を導き，これを利用する。

[解法 3]　連立漸化式と合同式を用いた式処理による。

[解法 4]　二項定理と合同式を用いた式処理による。

解法 1

一般に整数 m が整数 n の約数のとき，$m\,|\,n$ と書くことにする。

(1)　　$a_2 + b_2\sqrt{2} = (a + b\sqrt{2})^2 = a^2 + 2b^2 + 2ab\sqrt{2}$

a_2, b_2, a, b は有理数，$\sqrt{2}$ は無理数なので

$$a_2 = a^2 + 2b^2 \quad \cdots\cdots ①, \quad b_2 = 2ab \quad \cdots\cdots ②$$

①で，a^2 は奇数，$2b^2$ は偶数なので a_2 は奇数である。

よって，a_2 と b_2 が互いに素ではないと仮定すると $p\,|\,a_2$ ……③ かつ $p\,|\,b_2$ ……④ となる奇素数 p が存在する。

②，④と p が奇素数であることから　　$p\,|\,a$ または $p\,|\,b$

　・$p\,|\,a$ とすると，①，③から，$p\,|\,b$ となり，a と b が互いに素に矛盾。

　・$p\,|\,b$ とすると，①，③から，$p\,|\,a$ となり，a と b が互いに素に矛盾。

ゆえに，a_2 と b_2 は互いに素でなければならない。　　　　　　　　（証明終）

(2)(I)　すべての自然数 n に対して，a_n が奇数であることを示す。

(ⅰ)　$a_1 = a$ で，a は奇数であるから，a_1 は奇数である。

(ⅱ)　ある自然数 k に対して，a_k が奇数であると仮定する。

$$(a + b\sqrt{2})^{k+1} = (a_k + b_k\sqrt{2})(a + b\sqrt{2})$$
$$= aa_k + 2bb_k + (ab_k + ba_k)\sqrt{2}$$

より

$$a_{k+1} = aa_k + 2bb_k \quad \cdots\cdots ⑤, \quad b_{k+1} = ab_k + ba_k \quad \cdots\cdots ⑥$$

a と a_k が奇数なので，⑤より a_{k+1} は奇数

(ⅰ)，(ⅱ)から，数学的帰納法により，すべての自然数 n に対して，a_n は奇数である。

（証明終）

(Ⅱ)　すべての自然数 n に対して，a_n と b_n が互いに素であることを示す。

まず，「すべての自然数 l に対して，a_{2^l} と b_{2^l} が互いに素である」 ……(＊)

ことを示す。

(i) (1)より，a_2 と b_2 は互いに素である。

(ii) ある自然数 k に対して，a_{2^k} と b_{2^k} が互いに素であると仮定する。

$$a_{2^{k+1}} + b_{2^{k+1}}\sqrt{2} = (a + b\sqrt{2})^{2^{k+1}} = \{(a + b\sqrt{2})^{2^k}\}^2 = (a_{2^k} + b_{2^k}\sqrt{2})^2$$

であるので，(I)と a_{2^k} と b_{2^k} が互いに素であることから，(1)と同様に $a_{2^{k+1}}$ と $b_{2^{k+1}}$ は互いに素である。

(i)，(ii)から，数学的帰納法により(＊)が成り立つ。

次に，ある自然数 i に対して，a_i と b_i が互いに素ではないと仮定すると，$p|a_i$ かつ $p|b_i$ となる奇素数 p が存在するが

$$a_{i+1} = aa_i + 2bb_i, \quad b_{i+1} = ab_i + ba_i$$

なので，$p|a_{i+1}$ かつ $p|b_{i+1}$ となる。

これを繰り返すと，i 以上のすべての自然数 m に対して，a_m と b_m は互いに素ではないことになるが，$2^l \geqq i$ となる自然数 l が存在するので，これは(＊)に矛盾する。

ゆえに，すべての自然数 n に対して，a_n と b_n は互いに素である。　　　　(証明終)

解法 2

＜(2)　(II)の連立漸化式による別証明＞

$$a_{k+1} = aa_k + 2bb_k \quad \cdots\cdots⑤, \quad b_{k+1} = ab_k + ba_k \quad \cdots\cdots⑥$$

⑤×a−⑥×$2b$ より　　　$aa_{k+1} - 2bb_{k+1} = (a^2 - 2b^2)a_k$ ……⑦

⑥×a−⑤×b より　　　$ab_{k+1} - ba_{k+1} = (a^2 - 2b^2)b_k$ ……⑧

今，「a_k と b_k が互いに素であるのに，a_{k+1} と b_{k+1} が互いに素ではないような自然数 k が存在する」 ……(＊＊)と仮定する。

$p|a_{k+1}$ かつ $p|b_{k+1}$ となる奇素数 p が存在するので，a_k と b_k が互いに素であることと⑦，⑧から　　　$p|a^2 - 2b^2$ ……⑨

一方，連立漸化式⑤，⑥の⑤から　　　$2bb_{k+1} = a_{k+2} - aa_{k+1}$

これと⑥から　　　$a_{k+2} - aa_{k+1} = 2abb_k + 2b^2a_k$

これと⑤から　　　$a_{k+2} - aa_{k+1} = aa_{k+1} - a^2a_k + 2b^2a_k$

よって　　　$a_{k+2} = 2aa_{k+1} + (2b^2 - a^2)a_k$

したがって　　　$a_{k+1} = 2aa_k + (2b^2 - a^2)a_{k-1}$ ……⑩

また，連立漸化式⑤，⑥の⑥から　　　$ba_{k+1} = b_{k+2} - ab_{k+1}$

これと⑤から　　　$b_{k+2} - ab_{k+1} = abа_k + 2b^2b_k$

これと⑥から　　　$b_{k+2} - ab_{k+1} = ab_{k+1} - a^2b_k + 2b^2b_k$

よって　　　$b_{k+2} = 2ab_{k+1} + (2b^2 - a^2)b_k$

したがって　　　$b_{k+1} = 2ab_k + (2b^2 - a^2)b_{k-1}$ ……⑪

⑨, ⑩, ⑪, $p\,|\,a_{k+1}$ および $p\,|\,b_{k+1}$ から

$$p\,|\,2aa_k \quad \text{かつ} \quad p\,|\,2ab_k$$

ここで，p は奇素数で，a_k と b_k が互いに素であることから　　$p\,|\,a$

これと⑨から，$p\,|\,b$ となり，これは a と b が互いに素であることに矛盾する。

ゆえに，仮定（＊＊）は誤りとなり，「a_k と b_k が互いに素であるならば，a_{k+1} と b_{k+1} は互いに素である」ことになる。

今，$a_1=a$ と $b_1=b$ は互いに素であるから，数学的帰納法により，すべての自然数 n に対して，a_n と b_n は互いに素である。　　　　　　　　　　　（証明終）

解法 3

＜(2)　(Ⅱ)の合同式を用いた証明＞

（⑨までは［解法2］に同じ）

以下，自然数 $x,\ y$ が p で割って同じ余りをもつとき（つまり，$x-y$ が p で割り切れるとき）$x\equiv y$ と表すことにする。

このとき

　(ア)　$x\equiv y$ ならば，任意の自然数 w に対して，$wx\equiv wy$　……⑩

　(イ)　自然数 w が（素数）p で割り切れないとき，$wx\equiv wy$ ならば $x\equiv y$　……⑩′

が成り立つ。

⑨より　　$a^2\equiv 2b^2$　……⑪

⑥の k を $k-1$ に置きかえた式を⑤に代入して

$$\begin{aligned}
a_{k+1}&=aa_k+2b\,(ba_{k-1}+ab_{k-1})\\
&=aa_k+2b^2a_{k-1}+2abb_{k-1}\\
&\equiv aa_k+a^2a_{k-1}+2abb_{k-1}　（⑩, ⑪より）\\
&=a\,(a_k+aa_{k-1}+2bb_{k-1})\\
&=a\,(a_k+a_k)　（⑤の k を $k-1$ に置きかえた式より）\\
&=2aa_k
\end{aligned}$$

すなわち　　$a_{k+1}\equiv 2aa_k$　……⑫

まったく同様にして

$$\begin{aligned}
b_{k+1}&=b\,(aa_{k-1}+2bb_{k-1})+ab_k\\
&=aba_{k-1}+2b^2b_{k-1}+ab_k\\
&\equiv aba_{k-1}+a^2b_{k-1}+ab_k　（⑩, ⑪より）\\
&=a\,(ba_{k-1}+ab_{k-1}+b_k)\\
&=a\,(b_k+b_k)\\
&=2ab_k
\end{aligned}$$

すなわち　　$b_{k+1}\equiv 2ab_k$　……⑬

$p|a_{k+1}$ かつ $p|b_{k+1}$ より $a_{k+1}\equiv b_{k+1}$ だから，⑫，⑬より

$$2aa_k\equiv 2ab_k$$

よって，p が奇数であることと⑩′より

$$aa_k\equiv ab_k$$

ここで，a が p で割り切れないとすると，⑩′より

$$a_k\equiv b_k$$

これは a_k と b_k が互いに素であることに矛盾する。

ゆえに $p|a$ でなければならない。

（以下，［解法2］に同じ）

解法 4

<(2)　(II)の二項定理による証明>

　$(a+b\sqrt{2})^n=a_n+b_n\sqrt{2}$ より $(a-b\sqrt{2})^n=a_n-b_n\sqrt{2}$ も成り立ち，両式の辺々をかけて

$$(a^2-2b^2)^n=a_n{}^2-2b_n{}^2$$

ここで，a_n と b_n が互いに素でないと仮定すると，a_n と b_n はある奇素数 p を公約数としてもつ。

このとき，$a_n{}^2-2b_n{}^2$ は p の倍数となるから，上式より，a^2-2b^2 は p の倍数であり（［解法3］と同様，「$\equiv$」という記号を使うことにする）

$$a^2\equiv 2b^2$$

一方，$(a+b\sqrt{2})^n$ を二項定理で展開したときの奇数番目の項と偶数番目の項に着目すると

$$a_n=a^n+{}_nC_2a^{n-2}\cdot 2b^2+\cdots+{}_nC_{2k}a^{n-2k}\cdot 2^kb^{2k}+\cdots$$

$$=\sum_{k=0}^{N}{}_nC_{2k}a^{n-2k}(2b^2)^k\quad\left(n \text{ の偶奇に応じて，}N=\frac{n}{2}\text{ または }\frac{n-1}{2}\right)$$

$$b_n={}_nC_1a^{n-1}b+{}_nC_3a^{n-3}\cdot 2b^3+\cdots+{}_nC_{2k+1}a^{n-2k-1}\cdot 2^kb^{2k+1}+\cdots$$

$$=\sum_{k=0}^{N'}{}_nC_{2k+1}a^{n-2k-1}(2b^2)^kb\quad\left(n \text{ の偶奇に応じて，}N'=\frac{n}{2}-1\text{ または }\frac{n-1}{2}\right)$$

ここで，$a^2\equiv 2b^2$ であるから

$$a_n\equiv\sum_{k=0}^{N}{}_nC_{2k}a^{n-2k}a^{2k}=\sum_{k=0}^{N}{}_nC_{2k}a^n=a^n\sum_{k=0}^{N}{}_nC_{2k}$$

$$b_n\equiv\sum_{k=0}^{N'}{}_nC_{2k+1}a^{n-2k-1}a^{2k}b=\sum_{k=0}^{N'}{}_nC_{2k+1}a^{n-1}b=a^{n-1}b\sum_{k=0}^{N'}{}_nC_{2k+1}$$

p は a_n と b_n の公約数であるから $a_n\equiv b_n\equiv 0$ であり

$$a^n\sum_{k=0}^{N}{}_nC_{2k}\equiv 0,\quad a^{n-1}b\sum_{k=0}^{N'}{}_nC_{2k+1}\equiv 0\quad\cdots\cdots⑭$$

ここで，もし $a\equiv 0$ とすると，$a^2\equiv 0$ より $2b^2\equiv 0$，p は奇数だから，$b^2\equiv 0$ すなわち

$b \equiv 0$ となる。これは a と b が互いに素であることに反する。よって，$a \not\equiv 0$ である。同様に，$b \not\equiv 0$ である。ゆえに，⑭より

$$\sum_{k=0}^{N} {}_n\mathrm{C}_{2k} \equiv 0, \quad \sum_{k=0}^{N'} {}_n\mathrm{C}_{2k+1} \equiv 0$$

でなければならない。両式の和をとると

$$\sum_{k=0}^{n} {}_n\mathrm{C}_k \equiv 0$$

すなわち $\quad (1+1)^n \equiv 0$

よって $\quad 2^n \equiv 0$

すなわち，$p \mid 2^n$ であり，2^n が奇素数 p を素因数にもつことになり矛盾。

ゆえに，a_n と b_n は互いに素である。 （証明終）

15

ポイント　第 1 式から d を他の文字で表し，$bc-ad$（$=p$）を因数分解する。その後は，p が奇素数であることと与えられた不等式から，まず a を p で表す。

解 法

$$a+b+c+d=0 \quad \cdots\cdots①, \quad p=bc-ad \quad \cdots\cdots②, \quad a\geqq b\geqq c\geqq d \quad \cdots\cdots③$$

①より　　$d=-a-b-c$

これを②に代入すると

$$p=bc+a(a+b+c)=(a+b)(a+c)$$

p は素数であり，また $a+b\geqq a+c$ だから，上式より

$$a+b=p, \ a+c=1 \quad または \quad a+b=-1, \ a+c=-p$$

である。ここで，$a+b<0$ のときは，③より $c+d<0$ となり，①に反するから

$$a+b=p, \ a+c=1$$

でなければならない。このとき

$$b=-a+p, \ c=-a+1, \ d=-a-b-c=a-p-1 \quad \cdots\cdots④$$

これらを③の条件に当てはめると

$a\geqq b$ より　　$a\geqq -a+p$　　$\therefore \ a\geqq \dfrac{p}{2}$

$c\geqq d$ より　　$-a+1\geqq a-p-1$　　$\therefore \ a\leqq \dfrac{p}{2}+1$

よって　　$\dfrac{p}{2}\leqq a\leqq \dfrac{p}{2}+1$

p は奇数だから，上式を満たす整数 a は，$a=\dfrac{p+1}{2}$ である。これを④に代入することにより

$$b=-\dfrac{p+1}{2}+p=\dfrac{p-1}{2}, \quad c=-\dfrac{p+1}{2}+1=-\dfrac{p-1}{2}, \quad d=\dfrac{p+1}{2}-p-1=-\dfrac{p+1}{2}$$

すなわち　　$(a, \ b, \ c, \ d)=\left(\dfrac{p+1}{2}, \ \dfrac{p-1}{2}, \ -\dfrac{p-1}{2}, \ -\dfrac{p+1}{2}\right)$ ……(答)

16 2006 年度 〔4〕 Level A

ポイント 3以外の素数 n は $n=3k\pm1$ （k は自然数）と表されることを利用する。

解 法

$n=3$ のとき，$n^2+2=11$ となり，たしかに n，n^2+2 とも素数である。n が 3 以外の素数のときは，n は 3 の倍数ではないから，$n=3k\pm1$ （k は自然数）とおくことができる。このとき

$$n^2+2=(3k\pm1)^2+2$$
$$=9k^2\pm6k+3=3(3k^2\pm2k+1)$$

となり，n^2+2 は 3 の倍数である。また，$n\geqq2$ だから $n^2+2>3$ である。

よって，n^2+2 は 3 より大きい 3 の倍数となり，素数ではない。

ゆえに，n と n^2+2 がともに素数になるのは $n=3$ の場合に限られる。 （証明終）

17

ポイント　左辺を因数分解，右辺を素因数分解し，考えられるすべての場合を調べる。

解　法

$$a^3 - b^3 = (a-b)(a^2 + ab + b^2), \quad 217 = 7 \cdot 31$$

また

$$a^3 - b^3 = 217 > 0, \quad a^2 + ab + b^2 = \left(a + \frac{b}{2}\right)^2 + \frac{3}{4}b^2 \geqq 0$$

となるから，$a > b$ である。

$$
\begin{aligned}
(a^2 + ab + b^2) - (a - b) &= a^2 + (b-1)a + b^2 + b \\
&= \left\{a + \frac{1}{2}(b-1)\right\}^2 - \frac{1}{4}(b-1)^2 + b^2 + b \\
&= \left\{a + \frac{1}{2}(b-1)\right\}^2 + \frac{3}{4}(b+1)^2 - 1 \\
&\geqq -1
\end{aligned}
$$

よって，次の 2 通りの場合が考えられる。

(i)　$(a - b, \ a^2 + ab + b^2) = (1, \ 217)$

(ii)　$(a - b, \ a^2 + ab + b^2) = (7, \ 31)$

ここで　　$a^2 + ab + b^2 - (a - b)^2 = 3ab$

したがって

(i) $\iff (a - b, \ ab) = (1, \ 72) \iff (a + (-b), \ a \cdot (-b)) = (1, \ -72)$

　　よって，a，$-b$ は $x^2 - x - 72 = 0$ の 2 解である。

　　　　$(x - 9)(x + 8) = 0$　　$\therefore$　$x = 9, \ -8$

　　ゆえに　　　$(a, \ b) = (9, \ 8), \ (-8, \ -9)$

(ii) $\iff (a - b, \ ab) = (7, \ -6) \iff (a + (-b), \ a \cdot (-b)) = (7, \ 6)$

　　よって，a，$-b$ は $x^2 - 7x + 6 = 0$ の 2 解である。

　　　　$(x - 6)(x - 1) = 0$　　　$\therefore$　$x = 6, \ 1$

　　ゆえに　　　$(a, \ b) = (6, \ -1), \ (1, \ -6)$

以上(i)，(ii)より

　　　　$(a, \ b) = (-8, \ -9), \ (9, \ 8), \ (6, \ -1), \ (1, \ -6)$　　……(答)

〔注1〕 $(a^2+ab+b^2)-(a-b)\geqq-1$ に気付かない場合にはさらに次の2通りを考えることになる。

$$(a-b,\ a^2+ab+b^2)=(31,\ 7),\quad (a-b,\ a^2+ab+b^2)=(217,\ 1)$$

いずれの場合も2次方程式を解くことになるが，ともに判別式が負となり不適である。

〔注2〕 ［解法］では連立方程式の同値変形によって単純化し，さらに2解の和と積に注目して2次方程式を立てたが，$a=b+1$ を $a^2+ab+b^2=217$ に代入するなどして a, b を求める方法でもよい。

研究 本問は素因数分解（の一意性）に基づいて解決するもっとも簡単なタイプの不定方程式である。不定方程式としてもうひとつ基本的なものは，たとえば

$$21x-8y=7 \quad\cdots\cdots(*)$$

のような形のものである。この場合にはこれを満たす特別の値，たとえば $x=3$, $y=7$ を利用する。すなわち，（*）から

$$21\cdot3-8\cdot7=7$$

を辺々引いて

$$21(x-3)-8(y-7)=0\qquad 21(x-3)=8(y-7)$$

21 と 8 は互いに素であるから

$$x-3=8t,\quad y-7=21t\quad (t\text{ は整数})$$

となり，これより

$$x=8t+3,\quad y=21t+7\quad (t\text{ は整数})$$

ここで（*）を満たす具体的な値は特殊解とよばれる。他の特殊解を用いると一般の x, y を与える式は見かけ上異なる形で与えられることになるが，値の組の全体は同じものとなる。また，この例の 21 と 8 のように互いに素な数が係数の場合には特殊解は 21, 21・2, 21・3, …, 21・7 を次々と 8 で割っていくと必ず余りが 7 となるものがあること（理由は a, b が互いに素な自然数のとき，b, $2b$, $3b$, …, ab を a で割ったときの余りはすべて異なることによる）から丹念に調べることで必ず見出すことができる。さらに $ax+by=c$ において a と b が互いに素ではない場合には，これを満たす解が存在するならば左辺は a と b の最大公約数 d で割り切れるから，c も d で割り切れなければならず，両辺を d で割ると

$$a'x+b'y=c'\quad (a' \text{ と } b' \text{ は互いに素})$$

となり，上で扱った場合に帰着する。また，d で c が割り切れない場合にはこの不定方程式を満たす整数解は存在しない。

18

ポイント $n = 0,\ 1$ に対して条件式が成り立つための k の条件から k の必要条件を求め，これが十分条件でもあることを述べる。

解 法

$$a_{n+k} = a_n \iff i^{f(n+k)} = i^{f(n)}$$
$$\iff i^{f(n+k)-f(n)} = 1$$
$$\iff f(n+k) - f(n)\ \text{が 4 の倍数}$$
$$\iff k(k-1) + 2kn\ \text{が 8 の倍数} \quad \cdots\cdots\text{①}$$

であるから，任意の整数 n に対して①が成り立つための正の整数 k の条件を求める。
特に $n = 0$ のときには，①は

「$k(k-1)$ が 8 の倍数となる」 $\cdots\cdots$②

ことと同値であり，$n = 1$ のときには，①は

「$k(k+1)$ が 8 の倍数となる」 $\cdots\cdots$③

ことと同値である。

k が奇数のときは②，③より，$k-1$ も $k+1$ も 8 の倍数でなければならないが，それぞれから $k = 8m + 1,\ k = 8l + 7$ （$m,\ l$ は整数）となり，これは矛盾となる。したがって，k は偶数となり，$k-1$ は奇数となるので，②より，k は 8 の倍数でなければならない。
逆にこのとき，①が任意の整数 n に対して成り立つことは明らかである。
ゆえに，求める k の値は

$k = 8l$ （l は任意の正整数） $\cdots\cdots$(答)

19

　Level　B

ポイント　$p=2$ のときは明らか。$p \geqq 3$ のとき，虚部＝0 として矛盾を導く。二項定理を用いる。

[解法 1]　虚部＝0 の式から b^{p-1} が p の倍数であることを導く。次いで a, b が p を因数にもつことを導く。

[解法 2]　虚部＝0 の式から b^{p-1} が a の倍数であることを導く。次いで $a=b=1$ を示し，$a+bi$ の偏角を利用して矛盾を導く。

解 法 1

(i)　$p=2$ のとき
$$(a+bi)^2 = a^2 - b^2 + 2abi$$
となり，$ab \neq 0$ より $(a+bi)^2$ は実数にならない。

(ii)　p が 3 以上の素数（したがって奇数）のとき
$$(a+bi)^p = a^p + {}_pC_1 a^{p-1} bi + {}_pC_2 a^{p-2} (bi)^2 + \cdots + (bi)^p$$
$$= \{a^p - {}_pC_2 a^{p-2} b^2 + \cdots + (-1)^{\frac{p-1}{2}} {}_pC_{p-1} ab^{p-1}\}$$
$$+ \{{}_pC_1 a^{p-1} b - {}_pC_3 a^{p-3} b^3 + \cdots + (-1)^{\frac{p-3}{2}} {}_pC_{p-2} a^2 b^{p-2} + (-1)^{\frac{p-1}{2}} b^p\} i$$

したがって，$(a+bi)^p$ が実数であると仮定すると
$$_pC_1 a^{p-1} b - {}_pC_3 a^{p-3} b^3 + \cdots + (-1)^{\frac{p-3}{2}} {}_pC_{p-2} a^2 b^{p-2} + (-1)^{\frac{p-1}{2}} b^p = 0$$
$$\therefore \quad pa^{p-1} - {}_pC_3 a^{p-3} b^2 + \cdots + (-1)^{\frac{p-3}{2}} {}_pC_{p-2} a^2 b^{p-3} + (-1)^{\frac{p-1}{2}} b^{p-1} = 0 \quad \cdots\cdots ①$$

一般に p が素数のとき，$1 \leqq k \leqq p-1$ ならば ${}_pC_k$ は p の倍数である。

$$\left(\begin{array}{l} {}_pC_k \cdot k! = p(p-1)\cdots\cdots(p-k+1) \\ \text{この右辺は素因数 } p \text{ をもつ。} \\ 1 \leqq k \leqq p-1 \text{ であるから } k! \text{ に素因数 } p \text{ はあらわれない。} \\ \text{よって，素因数分解の一意性から，} {}_pC_k \text{ は } p \text{ を素因数にもつ。} \end{array}\right)$$

よって，①の $(-1)^{\frac{p-1}{2}} b^{p-1}$ 以外は素数 p の倍数となり，b^{p-1} も p の倍数である。p は素数なので b は p の倍数となる。$p \geqq 3$ より①の pa^{p-1} 以外は b^2 の倍数なので p^2 の倍数となる。よって，pa^{p-1} も p^2 の倍数である。p は素数なので a は p の倍数となる。以上から，a と b は素数 p を公約数にもち，a と b が互いに素であることに反する。ゆえに，$(a+bi)^p$ は実数ではない。

(証明終)

解法 2

(ii)　（①までは［解法1］に同じ）

①の左辺において，$(-1)^{\frac{p-1}{2}}b^{p-1}$ 以外の項はすべて a の倍数だから，b^{p-1} は a の倍数でなければならない。ところが与えられた条件より a と b は互いに素だから，$a=1$ である。$a=1$ を①に代入すると

$$p - {}_pC_3 b^2 + \cdots + (-1)^{\frac{p-3}{2}} {}_pC_{p-2} b^{p-3} + (-1)^{\frac{p-1}{2}} b^{p-1} = 0 \quad \cdots\cdots②$$

$p \geqq 3$ より，②の左辺において，p 以外の項はすべて b^2 の倍数だから，p は b^2 の倍数（すなわち，b^2 は p の約数）でなければならない。ところが p は素数だから，$b=1$ である。

以上より，$a=b=1$ となるが，そのとき $a+bi$（$=1+i$）の偏角は $\dfrac{\pi}{4}$ だから，$(a+bi)^p$ の偏角は $\dfrac{p}{4}\pi$ となり，p が奇数であることより，$\dfrac{p}{4}\pi \neq n\pi$（$n$ は整数）である。これは $(a+bi)^p$ が実数であると仮定したことに反する。よって，p が 3 以上の素数のとき，$(a+bi)^p$ は実数にならない。

以上(i)，(ii)より，p，a，b が与えられた条件を満たすとき，$(a+bi)^p$ は実数ではない。

（証明終）

20

1999 年度 〔5〕　　　　　　　　　　　　　　　　　　　　**Level C**

ポイント　(1)　$q\sqrt{2}+r\sqrt{3}=-p$ の両辺を 2 乗する。

(2)　背理法による。$f(1)=l$, $f(1+\sqrt{2})=m$, $f(\sqrt{3})=n$ とおき，3 式から b, a を消去し，(1)が適用できる式を得た後，矛盾を導く。

解 法

(1)　　　$p+q\sqrt{2}+r\sqrt{3}=0$　……①　　(p, q, r は有理数)

よって　　　$q\sqrt{2}+r\sqrt{3}=-p$

両辺を 2 乗して整理すると　　　$2qr\sqrt{6}=p^2-2q^2-3r^2$

ここで，$qr\neq0$ とすると　　　$\sqrt{6}=\dfrac{p^2-2q^2-3r^2}{2qr}$

p, q, r は有理数であるから右辺は有理数であるが，左辺は無理数であり矛盾。

よって　　　$qr=0$

(i)　$q=0$ のとき，①より

　　　$p+r\sqrt{3}=0$　……②

　　ここで $r\neq0$ とすると $\sqrt{3}=-\dfrac{p}{r}$ となるが，左辺は無理数，右辺は有理数であるから矛盾。

　　よって，$r=0$ となり，②から　　　$p=0$

(ii)　$r=0$ のとき，①より

　　　$p+q\sqrt{2}=0$　……③

　　ここで $q\neq0$ とすると $\sqrt{2}=-\dfrac{p}{q}$ となるが，左辺は無理数，右辺は有理数であるから矛盾。

　　よって，$q=0$ となり，③から　　　$p=0$

以上(i)，(ii)より

　　　$p=q=r=0$　　　　　　　　　　　　　　　　　　　　（証明終）

(2)　$f(1)$, $f(1+\sqrt{2})$, $f(\sqrt{3})$ がすべて有理数であるとし，順に l, m, n とおく。

$$\begin{cases} l=a+b+1 & \cdots\cdots④ \\ m=(1+\sqrt{2})a+b+3+2\sqrt{2} & \cdots\cdots⑤ \\ n=\sqrt{3}a+b+3 & \cdots\cdots⑥ \end{cases}$$

④−⑤を整理して

　　　$(l-m+2)+(a+2)\sqrt{2}=0$　……⑦

④－⑥を整理して

$$(l-n+2)+(\sqrt{3}-1)\,a=0 \quad \cdots\cdots ⑧$$

⑦×$\sqrt{2}$ より

$$(l-m+2)\sqrt{2}+2a+4=0 \quad \cdots\cdots ⑨$$

⑧×$(\sqrt{3}+1)$ より

$$(l-n+2)(\sqrt{3}+1)+2a=0 \quad \cdots\cdots ⑩$$

⑨－⑩より

$$(l-m+2)\sqrt{2}+(-l+n-2)\sqrt{3}+(2-l+n)=0$$

$l-m+2$, $-l+n-2$, $2-l+n$ は有理数であるから, (1)により

$$\begin{cases} l-m+2=0 \\ -l+n-2=0 \quad \cdots\cdots ⑪ \\ 2-l+n=0 \cdots\cdots ⑫ \end{cases}$$

⑪－⑫より $-4=0$

となり, 矛盾が生じる。

ゆえに, $f(1)$, $f(1+\sqrt{2})$, $f(\sqrt{3})$ の少なくとも1つは無理数である。 (証明終)

21 1998 年度 〔2〕 Level A

ポイント (1) $f(a)=2^n m$ とおける。m の偶奇で場合分けをする。a^2+7 が偶数であるから a は奇数である。

(2) 数学的帰納法による。$n=1,\ 2,\ 3$ のときを先に確認しておく。$n \geqq 3$ では(1)を利用する。

解 法

(1) 与えられた条件より，$f(a)=a^2+7=2^n m$（m は自然数）とおくことができる。

(i) m が偶数のとき，$2^n m$ は 2^{n+1} の倍数となるから，$f(a)$ は 2^{n+1} の倍数である。

(ii) m が奇数のとき

$$f(a+2^{n-1})=(a+2^{n-1})^2+7=a^2+7+2^n a+2^{2n-2}$$
$$=2^n m+2^n a+2^{2n-2}=2^n(m+a+2^{n-2})$$

ここで，$f(a)=a^2+7$ は与えられた条件により偶数だから，a は奇数である。したがって，$m+a$ は偶数である。また，$n \geqq 3$ より $n-2 \geqq 1$ であり，2^{n-2} も偶数である。よって，$m+a+2^{n-2}$ は偶数となり，$2^n(m+a+2^{n-2})$ は 2^{n+1} の倍数である。

ゆえに，m が奇数のときは，$f(a+2^{n-1})$ が 2^{n+1} の倍数となる。

以上(i)，(ii)より，$f(a)$ と $f(a+2^{n-1})$ の少なくとも一方は 2^{n+1} の倍数である。

(証明終)

(2) $f(1)=1^2+7=8$ は $2^1,\ 2^2,\ 2^3$ の倍数だから，$n=1,\ 2,\ 3$ に対しては，条件を満たす自然数 a_n が存在する（$a_1=a_2=a_3=1$ とすればよい）。次に，$n=k$（$k \geqq 3$）に対して，$f(a_k)$ が 2^k の倍数となるような自然数 a_k が存在すると仮定すると，(1)より，$f(a_k)$ または $f(a_k+2^{k-1})$ のいずれかは必ず 2^{k+1} の倍数だから，$n=k+1$ に対しても，$f(a_{k+1})$ が 2^{k+1} の倍数となるような自然数 a_{k+1} が存在する（a_{k+1} は a_k または a_k+2^{k-1} のいずれか）。

以上から，数学的帰納法により，任意の自然数 n に対して，$f(a_n)$ が 2^n の倍数となるような自然数 a_n が存在する。

(証明終)

22

ポイント　格子点の個数は軸に平行な直線ごとに数える。
ガウス記号 $[x]$ の性質 $x-1<[x]\leqq x$ を用いる。

解法

この放物線の方程式は $y=cx(x-2a)$ とおくことができる。これが点 $(a,\ m)$ を通ることから

$$m=-a^2c$$

$$\therefore\quad c=-\frac{m}{a^2}$$

よって，放物線の方程式は

$$y=-\frac{m}{a^2}(x-2a)x$$

したがって

$$S_m=-\int_0^{2a}\frac{m}{a^2}(x-2a)x\,dx=\frac{1}{6}\cdot\frac{m}{a^2}(2a-0)^3=\frac{4am}{3}\quad\cdots\cdots①$$

次に，$0\leqq k\leqq 2a$ なる任意の整数 k に対して，直線 $x=k$ 上にあって，与えられた領域に属する格子点の個数を l_k とすると，l_k は $0\leqq y\leqq -\dfrac{m}{a^2}(k-2a)k$ を満たす整数 y の個数だから

$$l_k=\left[-\frac{m}{a^2}(k-2a)k\right]+1\quad\cdots\cdots②$$

（$[x]$ は実数 x を超えない最大の整数）

一般に実数 x に対して $x-1<[x]\leqq x$ が成り立つから，②より

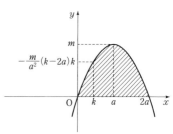

$$-\frac{m}{a^2}(k-2a)k<l_k\leqq -\frac{m}{a^2}(k-2a)k+1$$

よって

$$\sum_{k=0}^{2a}\left\{-\frac{m}{a^2}(k-2a)k\right\}<L_m\leqq\sum_{k=0}^{2a}\left\{-\frac{m}{a^2}(k-2a)k+1\right\}$$

ここで

$$\sum_{k=0}^{2a}(2a-k)k=2a\cdot\frac{2a(2a+1)}{2}-\frac{1}{6}\cdot 2a(2a+1)(4a+1)=\frac{1}{3}a(4a^2-1)$$

であるから

$$\frac{m}{3a}(4a^2-1)<L_m\leqq\frac{m}{3a}(4a^2-1)+2a+1\quad\cdots\cdots③$$

①, ③より

$$\frac{4a^2-1}{4a^2} < \frac{L_m}{S_m} \leqq \frac{4a^2-1}{4a^2} + \frac{3}{4}\left(\frac{2a+1}{am}\right)$$

ここで

$$\lim_{m\to\infty} \frac{3}{4}\left(\frac{2a+1}{am}\right) = 0$$

であるから

$$\lim_{m\to\infty} \frac{L_m}{S_m} = 1 - \frac{1}{4a^2} \quad \cdots\cdots(\text{答})$$

§2 図形と計量・図形と方程式

23 2021年度 〔5〕 Level B

§2

ポイント (1) Aは線分BCを弦とするある円の弧上にある。この円が△ABCの外接円となる。外心をKとすると，$\angle BKC = \dfrac{2}{3}\pi$ と△BCKがBK＝CK，BC＝$2\sqrt{3}$ の二等辺三角形であることを利用する。

(2) △ABCの垂心Hは $\overrightarrow{OH} = \overrightarrow{OA} + \overrightarrow{OB} + \overrightarrow{OC}$ で定まる点である（Oは△ABCの外心）。これより，辺BCの中点をMとすると，$\overrightarrow{AH} = 2\overrightarrow{OM}$ となるので，HはAを $2\overrightarrow{OM}$ だけ平行移動した点である。このことを利用する。

解法

(1) 点Aから線分BCを見込む角が一定の値 $\dfrac{\pi}{3}$ であるから，

Aは線分BCを弦とするある円の弧上にある。

この円が△ABCの外接円となる。外心をKとする。

中心角と円周角の関係から

$$\angle BKC = 2\angle BAC = \frac{2}{3}\pi$$

よって，△BCKは

$$BK = CK, \quad BC = 2\sqrt{3}, \quad \angle BKC = \frac{2}{3}\pi$$

の二等辺三角形である。

したがって，辺BCの中点をMとすると，KM＝1となる。

このことと，Kが辺BCの垂直二等分線（y軸）上にあることから

$$K(0, 0) \quad または \quad K(0, -2)$$

となる。ここで，Aのy座標が正であることから，K$(0, 0)$となる。

ゆえに，求める外心の座標は　$(0, 0)$ ……(答)

〔注1〕 正弦定理から，外接円の半径が2となることを用いてもよい。

(2) (1)から，外接円の中心は原点Oである。

$\overrightarrow{OH} = \overrightarrow{OA} + \overrightarrow{OB} + \overrightarrow{OC}$ で定まる点Hを考えると

$$\overrightarrow{OH} - \overrightarrow{OA} = \overrightarrow{OB} + \overrightarrow{OC}$$

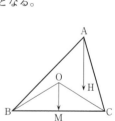

$$\overrightarrow{\mathrm{AH}}=2\overrightarrow{\mathrm{OM}}\quad\cdots\cdots\text{①}$$

いま，$\overrightarrow{\mathrm{OM}}\neq\vec{0}$ より $\overrightarrow{\mathrm{OM}}\perp\overrightarrow{\mathrm{BC}}$ であるから，$\overrightarrow{\mathrm{AH}}\perp\overrightarrow{\mathrm{BC}}$ となる。

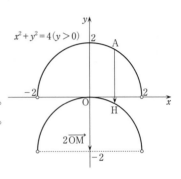

同様に，辺 AB，CA の中点をそれぞれ N，L とすると

$$\overrightarrow{\mathrm{CH}}=2\overrightarrow{\mathrm{ON}},\quad\overrightarrow{\mathrm{BH}}=2\overrightarrow{\mathrm{OL}}$$

ここで，$\overrightarrow{\mathrm{ON}}\neq\vec{0}$ または $\overrightarrow{\mathrm{OL}}\neq\vec{0}$ がつねに成り立つので

$$\overrightarrow{\mathrm{ON}}\perp\overrightarrow{\mathrm{AB}}\text{ または }\overrightarrow{\mathrm{OL}}\perp\overrightarrow{\mathrm{CA}}$$

となり，$\overrightarrow{\mathrm{CH}}\perp\overrightarrow{\mathrm{AB}}$ または $\overrightarrow{\mathrm{BH}}\perp\overrightarrow{\mathrm{CA}}$ がつねに成り立つ。

よって，H は △ABC の垂心である。

このとき，①から

　　H は A を $2\overrightarrow{\mathrm{OM}}$ だけ平行移動した点である。

A の軌跡は(1)より半円 $x^2+y^2=4$ $(y>0)$ である。

また，$2\overrightarrow{\mathrm{OM}}=(0,\ -2)$ であるから，この半円を y 軸の負の方向に 2 だけ平行移動したものを考えて，H の軌跡は

　　円 $x^2+(y+2)^2=4$ $(y>-2)$ $\quad\cdots\cdots$(答)

〔注2〕 H の軌跡は，次のように A，H の座標を設定して求めてもよい。
A$(a,\ b)$，H$(x,\ y)$ とおくと，$\overrightarrow{\mathrm{OH}}=\overrightarrow{\mathrm{OA}}+\overrightarrow{\mathrm{OB}}+\overrightarrow{\mathrm{OC}}$ から，$(x,\ y)=(a,\ b-2)$ となり，$a=x,\ b=y+2$ である。これを $a^2+b^2=4$ $(b>0)$ に代入して，$x^2+(y+2)^2=4$ $(y>-2)$ となる。

〔注3〕 $\overrightarrow{\mathrm{AH}}=2\overrightarrow{\mathrm{OM}}$ から H は A を $2\overrightarrow{\mathrm{OM}}$ だけ平行移動した点であるという視点はあまり知られていないかもしれないが，垂心を捉える上で有用なものである。同様に，$\overrightarrow{\mathrm{CH}}=2\overrightarrow{\mathrm{ON}}$，$\overrightarrow{\mathrm{BH}}=2\overrightarrow{\mathrm{OL}}$ から，H は C を $2\overrightarrow{\mathrm{ON}}$，B を $2\overrightarrow{\mathrm{OL}}$ だけ平行移動した点でもある。

〔注4〕 $\overrightarrow{\mathrm{OH}}=\overrightarrow{\mathrm{OA}}+\overrightarrow{\mathrm{OB}}+\overrightarrow{\mathrm{OC}}$ で定まる点 H が △ABC の垂心であることは，$\overrightarrow{\mathrm{AH}}\cdot\overrightarrow{\mathrm{BC}}=(\overrightarrow{\mathrm{OB}}+\overrightarrow{\mathrm{OC}})\cdot(\overrightarrow{\mathrm{OC}}-\overrightarrow{\mathrm{OB}})=|\overrightarrow{\mathrm{OC}}|^2-|\overrightarrow{\mathrm{OB}}|^2=0$ などを用いて示すこともできる。教科書や参考書ではこれが普通であるが，[解法]のように，$\overrightarrow{\mathrm{AH}}=2\overrightarrow{\mathrm{OM}}$，$\overrightarrow{\mathrm{BH}}=2\overrightarrow{\mathrm{OL}}$，$\overrightarrow{\mathrm{CH}}=2\overrightarrow{\mathrm{ON}}$ を利用すると，内積を用いずに幾何的に示すことができる。これもあまり知られていないが，垂心を視覚的に捉えることができて簡潔である。ただし，O が M，N，L のいずれかに一致する場合（△ABC が直角三角形のとき）もあるので，気を付けなければならない。これは $\overrightarrow{\mathrm{AH}}\cdot\overrightarrow{\mathrm{BC}}=0$ が成り立っても $\overrightarrow{\mathrm{AH}}=\vec{0}$ のときは $\overrightarrow{\mathrm{AH}}\perp\overrightarrow{\mathrm{BC}}$ とはいえず，この場合には，$\overrightarrow{\mathrm{BH}}\cdot\overrightarrow{\mathrm{CA}}=0$ と $\overrightarrow{\mathrm{CH}}\cdot\overrightarrow{\mathrm{AB}}=0$ を用いなければならないことと同様である。

24

ポイント (1) 三角形の内心は，内角の二等分線の交点であることを利用する。

(2) [解法1] ∠A が一定のとき，BC の長さと∠BPC の大きさはAの位置によらない定数である。このとき，△ABC が鋭角三角形であることに注意して，図形的に点Pの軌跡を考える。rは内心Pと辺 BC の距離である。

[解法2] $r = \mathrm{BP}\sin\angle\mathrm{PBC}$ であることから，r を∠PBC の三角関数で表し，その取りうる値の範囲を求める。

解法 1

(1) BP，CP はそれぞれ∠B，∠C の二等分線であるから

$$\angle\mathrm{BPC} = \pi - (\angle\mathrm{PBC} + \angle\mathrm{PCB})$$

$$= \pi - \frac{1}{2}(\angle\mathrm{B} + \angle\mathrm{C})$$

$$= \pi - \frac{1}{2}(\pi - \angle\mathrm{A})$$

$$= \pi - \frac{1}{2}\left(\pi - \frac{\pi}{3}\right)$$

$$= \frac{2}{3}\pi \quad \cdots\cdots(答)$$

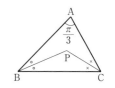

(2) △ABC に正弦定理を用いて

$$\frac{\mathrm{BC}}{\sin\dfrac{\pi}{3}} = 2\cdot1 \quad より \qquad \mathrm{BC} = 2\sin\frac{\pi}{3} = \sqrt{3}$$

また，△ABC の外接円 K の中心をOとすると，円周角の定理と(1)の結果から

$$\angle\mathrm{BPC} = \angle\mathrm{BOC} \left(= \frac{2}{3}\pi\right) \quad \cdots\cdots(*)$$

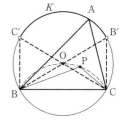

さらに直線 BO，CO と円 K の交点のうちB，Cでない点をそれぞれB′，C′とすると，∠C′BC = ∠B′CB = $\dfrac{\pi}{2}$ である。BC の長さは一定 $(\sqrt{3})$ なので，辺 BC を固定して点Aを動かすと，△ABC が鋭角三角形であるから，点Aは円 K の劣弧 $\overgroup{\mathrm{B'C'}}$（両端を除く）上を動く。

$\triangle C'BC$, $\triangle B'CB$ の内心をそれぞれ P_1, P_2 とすると，点Aが劣弧 $\overset{\frown}{B'C'}$（両端を除く）上を動くとき，（*）から，点Pは$\triangle OBC$の外接円の劣弧 $\overset{\frown}{P_2P_1}$（両端を除く）上すべてを動く。点O，P_1 から辺BCにそれぞれ垂線 OH，P_1H_1 を下ろす。

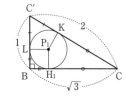

$$OH = \sqrt{OB^2 - BH^2} = \sqrt{1^2 - \left(\frac{\sqrt{3}}{2}\right)^2} = \frac{1}{2}$$

$$C'B = \sqrt{CC'^2 - BC^2} = \sqrt{2^2 - (\sqrt{3})^2} = 1$$

よって，$\triangle C'BC$ の面積を2通りに考えて

$$\begin{cases} \triangle C'BC = \frac{1}{2}P_1H_1 \cdot (C'B + BC + CC') = \frac{1}{2}(3+\sqrt{3})\,P_1H_1 \\ \qquad\qquad\qquad\qquad\qquad\qquad (P_1 は \triangle C'BC の内心より) \\ \triangle C'BC = \frac{1}{2}C'B \cdot BC = \frac{1}{2}\sqrt{3} \end{cases}$$

したがって　$P_1H_1 = \dfrac{\sqrt{3}}{3+\sqrt{3}} = \dfrac{\sqrt{3}-1}{2}$

r は内心Pと辺BCの距離に等しく，直線OHに関する対称性を考えて

$$P_1H_1 < r \leq OH$$

すなわち　$\dfrac{\sqrt{3}-1}{2} < r \leq \dfrac{1}{2}$　……（答）

〔注〕 $\angle C'BC = \dfrac{\pi}{2}$ の直角三角形において，内接円と辺BC，CC'，C'Bとの接点をそれぞれ H_1，K，L とおくと

$$BL + C'L + BH_1 + CH_1 = BC' + BC = 1 + \sqrt{3}$$

また

$$BL = BH_1,\quad CH_1 = CK,\quad C'K = C'L$$

であるから

$$2BL + C'K + CK = 1 + \sqrt{3}$$
$$2BL + CC' = 1 + \sqrt{3}$$
$$2BL = \sqrt{3} - 1 \quad (\because\ CC' = 2)$$

よって　$P_1H_1 = BL = \dfrac{\sqrt{3}-1}{2}$

としてもよい。

解 法 2

(2)　$\triangle ABC$ に正弦定理を用いて

$$\frac{BC}{\sin\frac{\pi}{3}} = 2 \cdot 1 \quad \text{より} \quad BC = 2\sin\frac{\pi}{3} = \sqrt{3}$$

$\angle\mathrm{PBC}=\beta$, $\angle\mathrm{PCB}=\gamma$ とすると，$\triangle\mathrm{ABC}$ が鋭角三角形より

$$0<\beta=\frac{1}{2}\angle\mathrm{B}<\frac{\pi}{4},\ \ 0<\gamma=\frac{1}{2}\angle\mathrm{C}<\frac{\pi}{4}$$

これと

$$\beta=\pi-\angle\mathrm{BPC}-\gamma=\pi-\frac{2}{3}\pi-\gamma=\frac{\pi}{3}-\gamma\quad\cdots\cdots(\mathcal{T})$$

より　　$\dfrac{\pi}{12}<\beta<\dfrac{\pi}{4}$　$\cdots\cdots(\mathcal{A})$

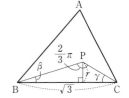

$\triangle\mathrm{PBC}$ に正弦定理を用いて

$$\frac{\mathrm{BP}}{\sin\gamma}=\frac{\sqrt{3}}{\sin\frac{2}{3}\pi}\quad\text{より}\qquad\mathrm{BP}=2\sin\gamma\quad\cdots\cdots(\dot{\mathcal{D}})$$

r は内心 P と辺 BC の距離であり，$(\dot{\mathcal{D}})$から

$$\begin{aligned}r&=\mathrm{BP}\sin\beta\\&=2\sin\beta\sin\gamma\\&=-\{\cos(\beta+\gamma)-\cos(\beta-\gamma)\}\end{aligned}$$

ここで，$(\mathcal{T})$より　　$\beta+\gamma=\dfrac{\pi}{3}$

また，$\gamma=\pi-\dfrac{2}{3}\pi-\beta=\dfrac{\pi}{3}-\beta$ より　　$\beta-\gamma=2\beta-\dfrac{\pi}{3}$

であるから

$$r=\cos\left(2\beta-\frac{\pi}{3}\right)-\frac{1}{2}\quad\cdots\cdots(\mathcal{I})$$

$(\mathcal{A})$より，$-\dfrac{\pi}{6}<2\beta-\dfrac{\pi}{3}<\dfrac{\pi}{6}$ であるから　　$\dfrac{\sqrt{3}}{2}<\cos\left(2\beta-\dfrac{\pi}{3}\right)\leqq1$

したがって，$(\mathcal{I})$より

$$\frac{\sqrt{3}-1}{2}<r\leqq\frac{1}{2}\quad\cdots\cdots(\text{答})$$

25

ポイント　隣り合う 2 つの内角が 90° の場合と，1 組の対角が 90° の場合で考える。適切な角 θ を用いて，面積を $\tan\theta$ で表し，相加・相乗平均の関係を利用する。

解法

(i)隣り合う 2 つの内角が 90° である場合と，(ii)1 組の対角が 90° である場合を考えると十分である。

(i)の場合，右図のように四角形の頂点を A，B，C，D とし，円と辺の接点を H，I，J，K とする。また，円の中心を O，四角形の面積を S，

$\angle\mathrm{JOK} = 2\theta \left(0 < \theta < \dfrac{\pi}{2}\right)$ とする。

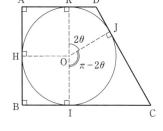

OD は $\angle\mathrm{JOK}$ の二等分線なので

$$\angle\mathrm{DOJ} = \angle\mathrm{DOK} = \theta$$

OC は $\angle\mathrm{IOJ}$ の二等分線なので

$$\angle\mathrm{COI} = \angle\mathrm{COJ} = \frac{\pi}{2} - \theta$$

よって

$$\mathrm{DJ} = \mathrm{DK} = \tan\theta,\quad \mathrm{CI} = \mathrm{CJ} = \tan\left(\frac{\pi}{2} - \theta\right) = \frac{1}{\tan\theta}$$

さらに，四角形 AHOK と四角形 BIOH は 1 辺の長さが 1 の正方形である。ゆえに

$$S = (\text{四角形 AHOK}) + (\text{四角形 BIOH}) + (\text{四角形 CIOJ}) + (\text{四角形 DJOK})$$

$$= 2 + 2\left(\frac{1}{2}\cdot 1\cdot\frac{1}{\tan\theta}\right) + 2\left(\frac{1}{2}\cdot 1\cdot\tan\theta\right)$$

$$= 2 + \tan\theta + \frac{1}{\tan\theta}$$

(ii)の場合も右図から，(i)と同様に考えて

$$S = 2 + \tan\theta + \frac{1}{\tan\theta}$$

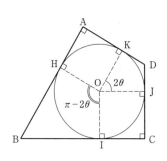

となる。ここで，$0 < \theta < \dfrac{\pi}{2}$ より，$\tan\theta > 0$ であり，相加・相乗平均の関係より

$$S \geqq 2 + 2\sqrt{\tan\theta\cdot\frac{1}{\tan\theta}} = 4$$

等号は，$\tan\theta = \dfrac{1}{\tan\theta}$ かつ $0 < \theta < \dfrac{\pi}{2}$ すなわち，$\theta = \dfrac{\pi}{4}$ のとき（四角形 ABCD が正方形のとき）に成り立つので

　　　面積の最小値は　　4　……(答)

〔注〕　次のような考え方もできる（略解）。

（i)の場合，CI = CJ = a，DJ = DK = b とおくと，$S = 2 + a + b$ である。

また，△COJ∽△ODJ（2 角相等）から，$a : 1 = 1 : b$ となり，これより，$ab = 1$ である。よって，相加・相乗平均の関係から

　　　$S = 2 + a + b \geqq 2 + 2\sqrt{ab} = 4$

等号は $a = b = 1$ のとき（四角形 ABCD が正方形のとき）に成り立つので，S の最小値は 4 となる。

(ii)の場合も，△BIO∽△OJD から同様である。

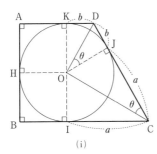

(i)

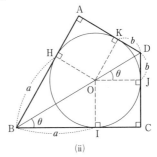

(ii)

26 2012年度 〔5〕（文理共通(一部)） Level B

ポイント (p) 外接円を考え，中心角を利用する。

(q) 共通の外接円の中で，具体的な長さと角を考えて反例を考える。

解法

(p) 正しい。

（証明） 正 n 角形の3つの頂点A，B，Cにおいて

$$\angle BAC = 60°$$

であるとする。正 n 角形の外接円の中心をOとすると，中心角と円周角の関係より

$$\angle BOC = 2\angle BAC = 120°$$

である。また，BとCの間に頂点が $k-1$ 個（k は自然数）あるとすれば

$$\angle BOC = k \cdot \frac{360°}{n}$$

である。したがって

$$k \cdot \frac{360°}{n} = 120° \qquad n = 3k$$

よって，n は3の倍数である。 （証明終）

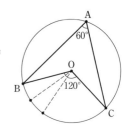

(q) 正しくない。

（反例） 半径1の円に内接する正六角形 ABCDEF を考える。△ABC と△ABD において

$$AC = \sqrt{3}, \ AD = 2$$

$$BC = 1, \ BD = \sqrt{3}$$

よって AC＜AD かつ BC＜BD

であるが $\angle C = \angle D \ (= 30°)$

ゆえに，$\angle C ＞ \angle D$ は成り立たない。

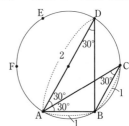

〔注〕 （反例は具体的なものを提示する。ただし，これについては以下のように一般的な根拠が考えられる。）

右図のように，円周上に 3 点 A，B，D を ∠ABD が鈍角となるようにとる。次に，点 C を $\overset{\frown}{BD}$（点 A を含まない方）上にとる。

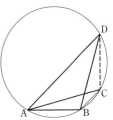

このとき，△ACD において ∠ACD（＝∠ABD）は鈍角だから，AD が最大辺となり

AC＜AD

が成り立つ。また，△BCD において，∠BCD（＞∠ACD）は鈍角だから，同様に

BC＜BD

が成り立つ。ところが，∠ACB と ∠ADB は共通の弧に対する円周角だから，∠ACB＝∠ADB であって，∠ACB＞∠ADB とはならない。

27

ポイント　〔解法1〕　△ABP の外接円が直線 $y=x$ に点Pで接するようなPを求める。方べきの定理の逆を用いる。

〔解法2〕　直線 AP, BP が x 軸の正の向きとなす角をそれぞれ α, β $\left(-\dfrac{\pi}{2}<\beta<\alpha<\dfrac{\pi}{2}\right)$ とすると，$\tan\angle APB = \tan(\alpha-\beta)$ となることを用いる。

解法 1

$P_0(1, 1)$ とすると，$OP_0^2 = OA \cdot OB \ (=2)$ であるから，方べきの定理の逆により，△ABP$_0$ の外接円は直線 $y=x$ に点P$_0$で接する。半直線 $y=x \ (x>0)$ 上の P$_0$ 以外の点Pは，この外接円の外部にあり，かつ直線 AB に関して P$_0$ と同じ側にあるので，$\angle AP_0B > \angle APB$ である。

よって，$\angle AP_0B$ が最大の角である。A$(0, 1)$，B$(0, 2)$，P$_0(1, 1)$ であるから，△ABP$_0$ は $\angle A=90°$ の直角三角形であり，$\angle AP_0B = 45° \left(=\dfrac{\pi}{4}\right)$ である。

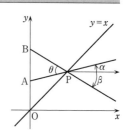

ゆえに，$\angle APB$ の最大値は　　$\dfrac{\pi}{4}$　……(答)

解法 2

$P(x, x)$ とし，直線 AP, BP が x 軸の正の向きとなす角をそれぞれ α, $\beta \left(-\dfrac{\pi}{2}<\alpha<\dfrac{\pi}{2}, \ -\dfrac{\pi}{2}<\beta<\dfrac{\pi}{2}\right)$ とする。

$\tan\alpha$, $\tan\beta$ はそれぞれ直線 AP, BP の傾きだから

$$\tan\alpha = \frac{x-1}{x} = 1 - \frac{1}{x}, \quad \tan\beta = \frac{x-2}{x} = 1 - \frac{2}{x}$$

$x>0$ より，$1-\dfrac{1}{x}>1-\dfrac{2}{x}$ であるから，$\alpha>\beta$ である。

$\angle APB = \theta$ とすると，$\theta = \alpha - \beta$ となり

$$0 < \theta < \pi \quad ……①$$

$$\tan\theta = \tan(\alpha-\beta) = \frac{\tan\alpha - \tan\beta}{1 + \tan\alpha\tan\beta}$$

$$= \frac{\dfrac{x-1}{x} - \dfrac{x-2}{x}}{1 + \dfrac{x-1}{x} \cdot \dfrac{x-2}{x}} = \frac{1}{2\left(x + \dfrac{1}{x}\right) - 3}$$

ここで，$x > 0$ だから，相加・相乗平均の関係より

$$2\left(x + \frac{1}{x}\right) - 3 \geqq 2 \cdot 2\sqrt{x \cdot \frac{1}{x}} - 3 = 1$$

等号は，$x = \dfrac{1}{x}$ すなわち $x = 1$ のとき成立する。

よって，$0 < \tan\theta \leqq 1$ となり，①から　　$0 < \theta \leqq \dfrac{\pi}{4}$

ゆえに，θ の最大値は　　$\dfrac{\pi}{4}$　……（答）

〔注1〕　半直線 $y = x$ $(x > 0)$ に限らず，原点を端点とする半直線 l（y 軸に重ならないもの）上に $\mathrm{OP_0}^2 = \mathrm{OA \cdot OB}$ となる点 $\mathrm{P_0}$ をとると，l 上の他の点 P に対して $\angle \mathrm{AP_0B}$ $> \angle \mathrm{APB}$ が成り立つことが［解法1］の論法で示される。

〔注2〕　本問では
$$\begin{aligned}
\overrightarrow{\mathrm{PA}} \cdot \overrightarrow{\mathrm{PB}} &= x^2 + (1-x)(2-x) \\
&= 2x^2 - 3x + 2 \\
&= 2\left(x - \frac{3}{4}\right)^2 + \frac{7}{8} > 0
\end{aligned}$$

より，$0 < \theta < \dfrac{\pi}{2}$ となることから，$\tan\theta$ の大小と θ の大小が一致することがわかることにも注意しておきたい。

〔注3〕　$\overrightarrow{\mathrm{PA}} = (-x,\ 1-x)$，$\overrightarrow{\mathrm{PB}} = (-x,\ 2-x)$ より
$$\cos\theta = \frac{\overrightarrow{\mathrm{PA}} \cdot \overrightarrow{\mathrm{PB}}}{|\overrightarrow{\mathrm{PA}}| \cdot |\overrightarrow{\mathrm{PB}}|} = \frac{x^2 + (1-x)(2-x)}{\sqrt{x^2 + (1-x)^2} \cdot \sqrt{x^2 + (2-x)^2}}$$

となる。これを微分して $\cos\theta$ が最小になる（θ が最大になる）x を求めればよいが，この計算はなかなか大変である（最後まで計算してみれば，$\cos\theta$ は $x = 1$ で最小になることがわかる）。

28 2010 年度　乙〔4〕　　　　　　　　　　　　　　　　Level　A

ポイント　鋭角三角形に留意する。

[解法 1]　正弦定理と加法定理による。
[解法 2]　正弦定理と第 1 余弦定理による。
[解法 3]　正弦定理と第 2 余弦定理による。

解法 1

　図のように，長さ a, b, $\sqrt{3}$ の辺の対角をそれぞれ α, β, γ とする。

外接円の半径は 1 だから，正弦定理より

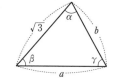

$$\frac{a}{\sin\alpha} = \frac{b}{\sin\beta} = \frac{\sqrt{3}}{\sin\gamma} = 2$$

$$\therefore \quad \sin\alpha = \frac{a}{2} \quad \cdots\cdots① , \quad \sin\beta = \frac{b}{2} \quad \cdots\cdots② , \quad \sin\gamma = \frac{\sqrt{3}}{2} \quad \cdots\cdots③$$

γ は鋭角だから，③より $\gamma = 60°$ となり　　$\alpha + \beta = 120°$

また，α は鋭角だから，①より

$$\cos\alpha = \sqrt{1 - \sin^2\alpha} = \sqrt{1 - \frac{a^2}{4}} = \frac{1}{2}\sqrt{4 - a^2} \quad \cdots\cdots④$$

よって，②より

$$b = 2\sin\beta = 2\sin(120° - \alpha)$$
$$= 2\left(\frac{\sqrt{3}}{2}\cos\alpha + \frac{1}{2}\sin\alpha\right)$$
$$= \frac{1}{2}\sqrt{3(4 - a^2)} + \frac{a}{2} \quad (①,④ より)$$
$$= \frac{1}{2}\{a + \sqrt{3(4 - a^2)}\} \quad \cdots\cdots(答)$$

解法 2

（④までは [解法 1] に同じ）

図のように点 A，B，C をとり，B から辺 AC に垂線 BH を下ろす。鋭角三角形なので H は辺 CA 上にあり

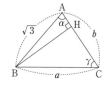

$$b = \text{AH} + \text{HC} = \sqrt{3}\cos\alpha + a\cos\gamma$$
$$= \frac{\sqrt{3}}{2}\sqrt{4 - a^2} + \frac{a}{2} \quad (④, \gamma = 60° より)$$

$$= \frac{1}{2}\{a + \sqrt{3(4-a^2)}\} \quad \cdots\cdots(\text{答})$$

解 法 3

長さ $\sqrt{3}$ の辺の対角を θ とすると，正弦定理より $\sin\theta = \frac{\sqrt{3}}{2}$ である。

$0 < \theta < 90°$ より $\theta = 60°$ であり，余弦定理より

$$\sqrt{3}^2 = a^2 + b^2 - 2ab\cos 60°$$

$$b^2 - ab + a^2 - 3 = 0 \quad \cdots\cdots①$$

鋭角三角形なので，[解法2] の図を用いて

$$b = \text{AC} > \text{CH} = a\cos 60° = \frac{a}{2}$$

これと①より

$$b = \frac{a + \sqrt{a^2 - 4(a^2-3)}}{2} = \frac{1}{2}\{a + \sqrt{3(4-a^2)}\} \quad \cdots\cdots(\text{答})$$

$$（\text{ここで } 1 < a < 2 \text{ より } 4 - a^2 > 0 \text{ である。})$$

〔注1〕　[解法2] の $b = a\cos C + c\cos A$ 等を第 1 余弦定理といい，[解法3] の $c^2 = a^2 + b^2 - 2ab\cos C$ 等を第 2 余弦定理という。

　　　どちらも鋭角三角形に限らず成り立つ式であるが，鋭角三角形では [解法2] のように AC の長さを AC＝AH＋HC と和の形にできることが本問では有効に働いている。

〔注2〕　本問で $1 < a < 2$ という条件が設定されている理由は，1 つの辺が $\sqrt{3}$ で，しかも半径 1 の円に内接する三角形が鋭角三角形になるためには，$1 < a < 2$ が必要だからである。つまり，$1 < a < 2$ が満たされないと，三角形は鋭角三角形にならないのである。

　　　以下に，その根拠を記しておく。

　　　[解法1] で導いたように，$\alpha + \beta = 120°$ であることと，$0 < \alpha < 90°$，$0 < \beta < 90°$ より

$$30° < \alpha < 90°, \quad 30° < \beta < 90°$$

すなわち

$$\frac{1}{2} < \sin\alpha < 1, \quad \frac{1}{2} < \sin\beta < 1$$

一方，$\frac{a}{2} = \sin\alpha$, $\frac{b}{2} = \sin\beta$ であるから

$$1 < a < 2, \quad 1 < b < 2$$

となる。

〔注3〕　[解法3] の $b > \frac{a}{2}$ は鋭角三角形であることから，次のようにしても導くことができる。

$$b^2 + \sqrt{3}^2 - a^2 > 0$$

①より，$a^2 = ab - b^2 + 3$ をこれに代入して，整理すると

$$2b^2 > ab \quad \text{すなわち} \quad b > \frac{a}{2}$$

29 2009 年度　甲〔2〕 　　　　　　　　　　Level A

ポイント　$\angle A_1 OA_2 = \theta$ とおくと $\angle A_2 OA_5 = 3\theta$ となるので，$0 < 3\theta < \pi$，$\pi < 3\theta < 2\pi$，$2\pi < 3\theta < 3\pi$ で場合分けして $\triangle A_2 OA_5$ の面積を立式する。

解 法 1

$OA_1 = a$，　$OA_2 = b$，　$\angle A_1 OA_2 = \theta$ $(0 < \theta < \pi)$ と
すると

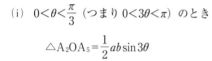

$$\triangle A_1 OA_2 = \frac{1}{2}ab\sin\theta$$

(ⅰ)　$0 < \theta < \dfrac{\pi}{3}$（つまり $0 < 3\theta < \pi$）のとき

$$\triangle A_2 OA_5 = \frac{1}{2}ab\sin 3\theta$$

(ⅱ)　$\dfrac{\pi}{3} < \theta < \dfrac{2}{3}\pi$（つまり $\pi < 3\theta < 2\pi$）のとき

$$\triangle A_2 OA_5 = \frac{1}{2}ab\sin(2\pi - 3\theta) = -\frac{1}{2}ab\sin 3\theta$$

(ⅲ)　$\dfrac{2}{3}\pi < \theta < \pi$（つまり $2\pi < 3\theta < 3\pi$）のとき

$$\triangle A_2 OA_5 = \frac{1}{2}ab\sin(3\theta - 2\pi) = \frac{1}{2}ab\sin 3\theta$$

(a)　$0 < \theta < \dfrac{\pi}{3}$，$\dfrac{2}{3}\pi < \theta < \pi$ のとき

$$\frac{\triangle A_2 OA_5}{\triangle A_1 OA_2} = \frac{\sin 3\theta}{\sin\theta} = \frac{3\sin\theta - 4\sin^3\theta}{\sin\theta} = 3 - 4\sin^2\theta$$

$0 < \sin^2\theta < 1$ より，$-1 < 3 - 4\sin^2\theta < 3$ であり

・$3 - 4\sin^2\theta = 1$ のとき，$\sin\theta = \dfrac{1}{\sqrt{2}}$ より　　$\theta = \dfrac{\pi}{4}$，$\dfrac{3}{4}\pi$

・$3 - 4\sin^2\theta = 2$ のとき，$\sin\theta = \dfrac{1}{2}$ より　　$\theta = \dfrac{\pi}{6}$，$\dfrac{5}{6}\pi$

これらは $0 < \theta < \dfrac{\pi}{3}$，$\dfrac{2}{3}\pi < \theta < \pi$ を満たす。

(b)　$\dfrac{\pi}{3} < \theta < \dfrac{2}{3}\pi$ のとき

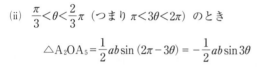

$$\frac{\triangle A_2 OA_5}{\triangle A_1 OA_2} = \frac{-\sin 3\theta}{\sin\theta} = \frac{-3\sin\theta + 4\sin^3\theta}{\sin\theta} = -3 + 4\sin^2\theta$$

$0 < \sin^2\theta \leqq 1$ より，$-3 \leqq -3 + 4\sin^2\theta \leqq 1$ であり

$-3 + 4\sin^2\theta = 1$ のとき，$\sin\theta = 1$ より $\theta = \dfrac{\pi}{2}$

これは $\dfrac{\pi}{3} < \theta < \dfrac{2}{3}\pi$ を満たしている。

以上より

$$\angle A_1 O A_2 = \dfrac{\pi}{6},\ \dfrac{\pi}{4},\ \dfrac{\pi}{2},\ \dfrac{3}{4}\pi,\ \dfrac{5}{6}\pi \quad \cdots\cdots(答)$$

解法 2

((ⅰ)〜(ⅲ)までは［解法1］に同じ)

$\triangle A_2 O A_5 = \dfrac{1}{2}ab|\sin 3\theta|$ であるから

$$\dfrac{\triangle A_2 O A_5}{\triangle A_1 O A_2} = \dfrac{|\sin 3\theta|}{\sin\theta} = \dfrac{|3\sin\theta - 4\sin^3\theta|}{\sin\theta} = |3 - 4\sin^2\theta|$$

これが正の整数になる条件は，$3 - 4\sin^2\theta$ が0以外の整数になることである。

ここで，$0 < \sin^2\theta \leqq 1$ であるから，$-1 \leqq 3 - 4\sin^2\theta < 3$ となり

$$3 - 4\sin^2\theta = -1,\ 1,\ 2$$

$$\sin^2\theta = 1,\ \dfrac{1}{2},\ \dfrac{1}{4}$$

$$\sin\theta = 1,\ \dfrac{1}{\sqrt{2}},\ \dfrac{1}{2}$$

ゆえに $\theta = \dfrac{\pi}{6},\ \dfrac{\pi}{4},\ \dfrac{\pi}{2},\ \dfrac{3}{4}\pi,\ \dfrac{5}{6}\pi \quad \cdots\cdots(答)$

30 2009年度 乙〔2〕 Level C

［解法1］ (i)「Pが内心 $\Longrightarrow$ 6点が同一円周上」を示すには，円周角と中心角の関係を用いて，A′，B′，C′は△ABCの外接円の周上にあることを示す。このためには，例えば四角形ABA′Cが△ABCの外接円に内接することなどを導く。

(ii)「Pが内心 $\Longleftarrow$ 6点が同一円周上」を示すには，A′が△ABCの外接円の $\overset{\frown}{BC}$ の中点となることを利用して，Pが△ABCの内心Iと一致することを導く。このためには，例えばPもIも△BCPの外接円と△BCPの外接円の交点となることなどを導く。

［解法2］ (ii)を示すのに6点のまわりにできる多くの角の間の関係式を用い，P≠Iとして矛盾を導く。

解法1

△ABC，△BCP，△CAP，△ABPの外接円をそれぞれ C_0，C_1，C_2，C_3とする。

(i) Pが△ABCの内心であるとする。

$$\angle BA'P = 2\angle BCP \quad (円 C_1 の中心角と円周角の関係)$$
$$= \angle BCA \quad (CP は \angle BCA の二等分線)$$

同様に $\quad \angle CA'P = \angle CBA$

よって

$$\angle BAC + \angle BA'C = \angle BAC + \angle BA'P + \angle CA'P$$
$$= \angle BAC + \angle BCA + \angle CBA = 180°$$

したがって，四角形ABA′Cは円 C_0 に内接し，A′は円 C_0 上にある。

同様にB′，C′も円 C_0 上にあるので，A，B，C，A′，B′，C′は同一円周上（円 C_0 上）にある。

(ii) A，B，C，A′，B′，C′が同一円周上（円 C_0 上）にあるとする。

A′は C_0 上にあり，△ABCの外部の点であることと，Pが△ABCの内部の点であることから，A′は△BCPの外部にある。

したがって，△BCPは鈍角三角形であり，∠PBC，∠PCBは鋭角（△ABCは鋭角三角形）なので，∠BPC>90°である。よって，A′は辺BCに関してPと反対側にある。

また，A′B＝A′Cより，A′は円 C_0 の $\overset{\frown}{BC}$（Aを含まない方）の中点である。

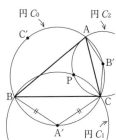

一方，△ABC の内心を I とし，△BCI の外心を A″ とすると，(i)の証明により A″ は円 C_0 にあり，しかも A″B = A″C である。

よって，A″ は円 C_0 の $\overgroup{BC}$（A を含まない方）の中点である。

ゆえに，A′ = A″ となり，I は円 C_1 上の点である。また，もとより P も円 C_1 上の点である。

同様に P，I は円 C_2 上の点であるから，どちらも円 C_1 と円 C_2 の交点である。

円 C_1 と円 C_2 の交点はたかだか 2 個であるが，その 1 つは点 C であり，これは P にも I にも一致しない（P，I とも △ABC の内部）。

よって，P と I は残りの交点でなければならず一致する。

ゆえに，P は △ABC の内心である。

以上(i)，(ii)より，A，B，C，A′，B′，C′ が同一円周上にあるための必要十分条件は P が △ABC の内心であることである。 (証明終)

解法 2

((i)の証明は ［解法 1］ に同じ)

(ii) A，B，C，A′，B′，C′ が同一円周上にあるとし，その円を E とする。

∠BAP = a, ∠CAP = a', ∠ABP = b, ∠CBP = b, ∠BCP = c', ∠ACP = c とおく。

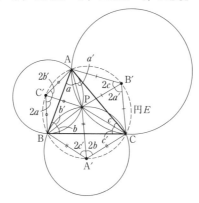

A′ を中心とする円の $\overgroup{CP}$ および $\overgroup{BP}$ に対する中心角と円周角の関係から

∠CA′P = $2b$, ∠BA′P = $2c'$

B′ を中心とする円，C′ を中心とする円で同様に

∠CB′P = $2a'$, ∠AB′P = $2c$

∠AC′P = $2b'$, ∠BC′P = $2a$

このとき，円に内接する四角形の対角の和は 180° なので

四角形 ABA′C において   ∠BA′C + ∠BAC = 180°

四角形 ABCB′ において   ∠AB′C + ∠ABC = 180°

四角形 AC′BC において　　∠AC′B + ∠ACB = 180°

よって
$$\begin{cases} 2b + 2c' + a + a' = 180° & \cdots\cdots① \\ 2c + 2a' + b + b' = 180° & \cdots\cdots② \\ 2a + 2b' + c + c' = 180° & \cdots\cdots③ \end{cases}$$

△ABC の内角の和より　　$a + a' + b + b' + c + c' = 180°$　$\cdots\cdots④$

① − ④，② − ④，③ − ④ より

　　$a - a' = b - b' = c - c'$　$\cdots\cdots(*)$

ここで，P が内心 I に一致しないとする。

P が △ABI 上（辺 AB と点 I を除く）にあるとき

　　「$a - a' \leqq 0$ かつ $b - b' > 0$」　または

　　「$a - a' < 0$ かつ $b - b' \geqq 0$」

となるので($*$)と矛盾する（右図）。

P が △BCI 上（辺 BC と点 I を除く）にあるとき，P
が △CAI 上（辺 CA と点 I を除く）にあるときも同
様に($*$)と矛盾する。

ゆえに，P は内心に一致しなければならない。

　　　　　　　　　　　　　　　　　　　（証明終）

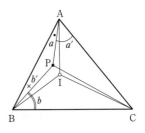

31

2008 年度　甲〔3〕　（文理共通）　　　　　　　　　　Level　A

ポイント　　角の二等分線と辺の比の関係を用いる。この関係にもちこむには相似，中線定理，余弦定理，座標設定などによるさまざまな解法が考えられる。

解　法　1

△AMC と△ACN において，仮定より

$$\begin{cases} AM : AC = 1 : 2 \\ AC : AN = 1 : 2 \\ \angle A \text{ は共通} \end{cases}$$

よって，△AMC∽△ACN となり，相似比は 1 : 2 なので

CM : CN = 1 : 2

また，仮定より　　MB : NB = 1 : 2

よって　　CM : CN = MB : NB

ゆえに，CB は∠MCN の二等分線となり

∠BCM = ∠BCN　　　　　　　　　（証明終）

解　法　2

＜中線定理による＞

AB = AC = 2a とおくと　　AM = BM = a, BN = 2a

中線定理から

$$AC^2 + BC^2 = 2(CM^2 + AM^2) \quad \cdots\cdots ①$$
$$AC^2 + CN^2 = 2(BC^2 + AB^2) \quad \cdots\cdots ②$$

①より　　$CM^2 = \dfrac{1}{2}(2a^2 + BC^2)$

②より　　$CN^2 = 4a^2 + 2BC^2 = 2(2a^2 + BC^2)$

よって，$CM^2 : CN^2 = 1 : 4$ となり　　CM : CN = 1 : 2

（以下，〔解法1〕に同じ）

解　法　3

＜余弦定理による＞

AB = AC = a, ∠BAC = θ とする。△AMC に対する余弦定理より

$$CM^2 = \left(\frac{a}{2}\right)^2 + a^2 - 2 \cdot \frac{a}{2} \cdot a\cos\theta = \frac{a^2}{4}(5 - 4\cos\theta)$$

$$\mathrm{CM} = \frac{a}{2}\sqrt{5-4\cos\theta} \quad \cdots\cdots①$$

△ANC に対する余弦定理より

$$\mathrm{CN}^2 = (2a)^2 + a^2 - 2\cdot 2a\cdot a\cos\theta = a^2(5-4\cos\theta)$$

$$\mathrm{CN} = a\sqrt{5-4\cos\theta} \quad \cdots\cdots②$$

①，②より　　$\mathrm{CM} : \mathrm{CN} = 1 : 2$

（以下，［解法1］に同じ）

解法 4

＜座標設定による＞

　座標平面上で A$(2, 0)$，B$(0, 0)$，M$(1, 0)$，N$(-2, 0)$ としても一般性を失わない。

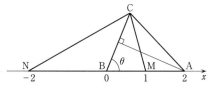

△ABC は AB＝AC の二等辺三角形なので，∠ABC＝θ とすると BC＝$2\cdot 2\cos\theta$ となるから，C$(4\cos^2\theta, 4\cos\theta\sin\theta)$ すなわち C$(2\cos2\theta+2, 2\sin2\theta)$ である。
よって

$$\mathrm{CM}^2 = (2\cos2\theta+1)^2 + 4\sin^2 2\theta$$

$$= 4\cos2\theta+5$$

$$\mathrm{CN}^2 = (2\cos2\theta+4)^2 + 4\sin^2 2\theta$$

$$= 4(4\cos2\theta+5)$$

したがって，$\mathrm{CM}^2 : \mathrm{CN}^2 = 1 : 4$ となり　　$\mathrm{CM} : \mathrm{CN} = 1 : 2$

（以下，［解法1］に同じ）

32　　2007 年度　甲〔4〕　　　　　　　　　　　　　Level A

ポイント　同一の点Hで交わることは，三角形の合同を用いる。Hが垂心であること
を示すには円周角を用いる。

[解法 1]　上記の方針による。

[解法 2]　前半部分を角の二等分線と比の関係とチェバの定理の逆を用いて示す。

解法 1

　まず，3 直線 AA′，BB′，CC′ が 1 点で交わることを
示す。

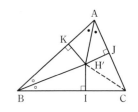

∠A，∠B のそれぞれの二等分線の交点を H′ とし，H′
から辺 BC，CA，AB にそれぞれ垂線 H′I，H′J，H′K を
下ろす。直角三角形 AH′K と AH′J は斜辺と 1 つの鋭角
が等しいから合同であり

$$H′K = H′J \quad \cdots\cdots①$$

同様に　　$H′K = H′I$　……②

①，②から　　$H′I = H′J$

よって

$$△CH′I ≡ △CH′J \quad (斜辺 CH′ と他の 1 辺の相等)$$

∴　$∠H′CI = ∠H′CJ$

すなわち，CH′ は∠Cの二等分線であり，直線 CC′ に一致する。

よって，3 直線 AA′，BB′，CC′ は 1 点Hで交わる。

次に

$$∠CAB = 2α, \quad ∠ABC = 2β, \quad ∠BCA = 2γ$$

とすると，円周角の性質より

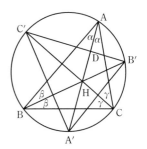

$$∠A′C′C = ∠A′AC = α$$

$$∠B′C′C = ∠B′BC = β$$

$$∠C′A′A = ∠C′CA = γ$$

よって

$$∠A′C′C + ∠B′C′C + ∠C′A′A = α + β + γ = 90°$$

したがって，AA′ と B′C′ の交点をDとすると

$$∠A′DC′ = 180° - 90° = 90° \quad すなわち \quad AA′⊥B′C′$$

同様に，BB′⊥C′A′，CC′⊥A′B′ も成り立つ。

よって，Hは△A′B′C′ の垂心である。　　　　　　　　　　　（証明終）

解法 2

<前半部分の証明>

　直線 AA′ と直線 BC の交点を P，直線 BB′ と直線 AC の
交点を Q，直線 CC′ と直線 AB の交点を R とする。また，
BC = a，CA = b，AB = c とする。

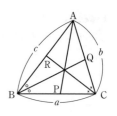

角の二等分線と比の関係から

$$\begin{cases} \text{BP} : \text{PC} = c : b \\ \text{CQ} : \text{QA} = a : c \\ \text{AR} : \text{RB} = b : a \end{cases}$$

よって　　$\dfrac{\text{AR}}{\text{RB}} \cdot \dfrac{\text{BP}}{\text{PC}} \cdot \dfrac{\text{CQ}}{\text{QA}} = \dfrac{b}{a} \cdot \dfrac{c}{b} \cdot \dfrac{a}{c} = 1$

ゆえに，チェバの定理の逆により，3 直線 AA′，BB′，CC′ は 1 点 H で交わる。

（以下，[解法1] に同じ）

〔注〕　頂角の二等分線が同一の点で交わることは内心の存在証明であり，教科書にある基
　　　本事項であるが，この証明自体を問う問題として解答するのがよい。また，円周角を利
　　　用して，先に AA′⊥B′C′，BB′⊥C′A′，CC′⊥A′B′ を示し，三角形の各頂点から対辺に下
　　　ろした垂線は 1 点で交わることを既知として，前半部分も示したことにする記述も考え
　　　られるが，やはり [解法1] にあるような順序が出題の意図に沿うものであろう。

33

ポイント [解法1] (1) $BC^2+CA^2-AB^2>0$ を示す。

(2) 中線定理と三角不等式を利用し，$AB=AC$ の場合に帰着させた後，OM の長さ（O は円の中心）のみを変数とした式処理による。

[解法2] (2) 「最大値を与える三角形の存在」を利用する論法による。

[解法3] (1) 余弦定理を利用する。

(2) 正弦定理を利用する。

[解法4] (1) 外心を始点とするベクトルの内積を利用する。

(2) 重心のベクトル表示を利用する。

[解法5] (1) 座標平面の利用。

解法 1

$BC=a$, $CA=b$, $AB=c$ とおく。

(1) 条件より $a^2+b^2+c^2>8$

   $\therefore$ $a^2+b^2-c^2>8-2c^2=2(2+c)(2-c)$ ……①

一方，$\triangle ABC$ は直径2の円に内接しているから

     $0<c\leqq2$ $\therefore$ $(2+c)(2-c)\geqq0$ ……②

①，②より $a^2+b^2-c^2>0$ $\therefore$ $a^2+b^2>c^2$

よって，$\angle C$ は鋭角である。同様に$\angle B$，$\angle A$ も鋭角である。ゆえに$\triangle ABC$ は鋭角三角形である。   (証明終)

(2) 辺 BC の中点を M，円の中心を O とおく。Mを通る直径の両端のうち，O に関してMと反対側にある方を A' とおく。ただし，$M=O$ のときにはどちらの方を A' としてもよい。

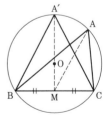

     $A'M=A'O+OM=AO+OM\geqq AM$

よって，中線定理から

     $AB^2+AC^2=2(AM^2+BM^2)\leqq2(A'M^2+BM^2)=A'B^2+A'C^2$

したがって，はじめから $AB=AC$ であるような$\triangle ABC$ について

     $AB^2+BC^2+CA^2\leqq9$ ……③

であることを示すことで十分である。$OM=t$ $(0\leqq t<1)$ とおくと

     $AB^2+BC^2+CA^2=2AB^2+BC^2=2(BM^2+AM^2)+4BM^2$

                $=2AM^2+6BM^2=2(1+t)^2+6(1-t^2)$

$$= 8 - 4t^2 + 4t = -4\left(t - \frac{1}{2}\right)^2 + 9 \leqq 9$$

等号は $t = \dfrac{1}{2}$, すなわち $BC = \sqrt{3}$ のときに限り成り立つ。　　　　　　（証明終）

このとき，$AB^2 + CA^2 = 9 - BC^2$ と $AB = CA$ から

$$2AB^2 = 9 - \sqrt{3}^2 = 6 \qquad \therefore \quad AB = CA = \sqrt{3}$$

ゆえに，$AB = BC = CA$ となり，$\triangle ABC$ は正三角形である。 ……(答)

解法 2

(2)　(③までは〔解法1〕に同じ)

$BC = 2a$ とおくと　　　$AB^2 = AC^2 = (1 + \sqrt{1-a^2})^2 + a^2$

であるから，③の左辺は a の連続関数である。これを $f(a)$ とおくと

$$f(a) = 2(1 + \sqrt{1-a^2})^2 + 6a^2$$

閉区間 $0 \leqq a \leqq 1$ で考えると，閉区間上の連続関数は最大値をとるから，$f(a)$ は閉区間 $0 \leqq a \leqq 1$ で最大値をとる。

$$f(0) = 8, \quad f\left(\frac{\sqrt{3}}{2}\right) = 9, \quad f(1) = 8$$

であるから，$f(a)$ の最大値は $0 < a < 1$ で与えられる。

よって，$f(a)$ の最大値を与える $\triangle ABC$ が存在する。

この三角形を $\triangle A_0 B_0 C_0$ として，これが正三角形であることを示す。

ただし $A_0 B_0 = A_0 C_0$ である。

もしも $\triangle A_0 B_0 C_0$ が正三角形ではないとすると，$A_0 B_0 \neq B_0 C_0$ である。

このとき，円に内接する二等辺三角形で $A_0 C_0$ を底辺とする $\triangle A_0 B_1 C_0$ が存在して

$$A_0 B_1{}^2 + B_1 C_0{}^2 + C_0 A_0{}^2 > A_0 B_0{}^2 + B_0 C_0{}^2 + C_0 A_0{}^2$$

であることが，前半と同様に導かれる。これは $\triangle A_0 B_0 C_0$ のとり方に反する。

ゆえに，$\triangle A_0 B_0 C_0$ は正三角形でなければならない。このとき

$$A_0 B_0 = B_0 C_0 = C_0 A_0 = \sqrt{3}$$

であるから，確かに③の左辺 $= 9$ である。　　　　　　　　　　　　（証明終）

〔注1〕　この種の論法のポイントは最大値の存在（最大値を与える三角形の存在）である。円に内接する三角形で面積が最大であるのは正三角形であるということの証明も，面積が最大となる三角形の存在を確認した上で同様の論理で示すことができる。

〔注2〕　設問(2)を前提とすると，コーシー・シュワルツの不等式から次式を得る。

$$(AB + BC + CA)^2 \leqq (1^2 + 1^2 + 1^2)(AB^2 + BC^2 + CA^2) \leqq 3 \cdot 9$$

$$\therefore \quad AB + BC + CA \leqq 3\sqrt{3}$$

等号成立は $AB = BC = CA\ (=\sqrt{3})$，すなわち正三角形のときに限る。

$AB + BC + CA \leqq 3\sqrt{3}$ であることは次のように示すこともできる。

正弦定理から，$AB = 2\sin C$，$BC = 2\sin A$，$CA = 2\sin B$ なので

$$AB + BC + CA = 2\,(\sin A + \sin B + \sin C)$$

$$\underset{(\mathcal{P})}{\le} 2\cdot 3\sin\frac{A+B+C}{3} = 2\cdot 3\sin 60° = 3\sqrt{3}$$

等号成立は $A = B = C\,(=60°)$ のとき，すなわち正三角形のときである。

[(ア)の証明]

$0 \le \theta \le \pi$ において，$\sin\theta$ は上に凸であるから，$\theta < \alpha \le \beta < \pi$ なる任意の α，β と正の実数 m，n に対して $(f(\theta) = \sin\theta$ とおく)

$$\frac{nf(\alpha) + mf(\beta)}{m+n} \le f\!\left(\frac{n\alpha + m\beta}{m+n}\right)$$

が成り立つ（等号成立は $\alpha = \beta$ のときに限る）。よって

$$\frac{f(A)+f(B)+f(C)}{3} = \frac{2\!\left(\dfrac{f(A)+f(B)}{2}\right)+f(C)}{1+2} \le \frac{2f\!\left(\dfrac{A+B}{2}\right)+f(C)}{1+2}$$

$$\le f\!\left(\frac{2\dfrac{A+B}{2}+C}{1+2}\right) = f\!\left(\frac{A+B+C}{3}\right)$$

等号成立は $A = B$ かつ $\dfrac{A+B}{2} = C$，すなわち $A = B = C$ のときに限る。　　　（証明終）

ここで用いた不等式を凸不等式という。上に凸な関数 $f(x)$ について，上の証明と同様にして，自然数 n についての帰納法により

$$\frac{f(x_1)+f(x_2)+\cdots+f(x_n)}{n} \le f\!\left(\frac{x_1+x_2+\cdots+x_n}{n}\right)$$

を示すことができる。

入試では $n = 2$，3 の場合がほとんどである。$n = 2$ の場合は凸性の定義そのものであるから，そのまま用いる。$n = 3$ の場合は念のため，上のような証明を付しておくのがよいであろう。

解法 3

(1) $BC = a$，$CA = b$，$AB = c$ とすると，余弦定理と仮定より

$$\cos A = \frac{b^2 + c^2 - a^2}{2bc},\quad a^2 + b^2 + c^2 > 8$$

両式より　　　$\cos A > \dfrac{8 - 2a^2}{2bc} = \dfrac{(2+a)(2-a)}{bc}$　　……①

また，$\triangle ABC$ は直径 2 の円に内接しているから

$$0 < a \le 2 \quad ……②$$

①，②より

$$\cos A > 0 \quad \therefore \quad \angle A < 90°$$

まったく同様に，$\angle B < 90°$，$\angle C < 90°$ も成り立つから，$\triangle ABC$ は鋭角三角形である。

（証明終）

(2)　（AB＝AC の場合を考えるだけでよいことは ［**解法 1・2**］に同じ）

正弦定理より

$$BC = 2\sin A, \quad CA = AB = 2\sin\frac{\pi - A}{2} = 2\cos\frac{A}{2}$$

$$\therefore \quad AB^2 + BC^2 + CA^2$$

$$= 8\cos^2\frac{A}{2} + 4\sin^2 A = 8\left(1 - \sin^2\frac{A}{2}\right) + 4\left(2\sin\frac{A}{2}\cos\frac{A}{2}\right)^2$$

$$= 8 - 8\sin^2\frac{A}{2} + 16\sin^2\frac{A}{2}\left(1 - \sin^2\frac{A}{2}\right) = 8 + 8\sin^2\frac{A}{2} - 16\sin^4\frac{A}{2}$$

$t = \sin^2\dfrac{A}{2}$ とおくと

$$8\left(1 + t - 2t^2\right) = -8\left(2t^2 - t - 1\right) = -16\left(t - \frac{1}{4}\right)^2 + 9 \leqq 9$$

等号は $t = \dfrac{1}{4}$，すなわち $\sin\dfrac{A}{2} = \dfrac{1}{2} \iff A = 60°$，すなわち△ABC が正三角形のとき

に限り成り立つ。　　　　　　　　　　　　　　　　　　　　　　　　　　（証明終）

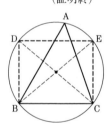

［**注3**］　三角関数を利用する解法にはいろいろな変形が考えられ
るが，上のように，AB＝AC である場合に帰着させた上で処理
するのがよい。

［**注4**］　△ABC が鋭角三角形となるのは，右図より，外心が
△ABC の内部にあるときと同値である。このことから，中心角
を α, β, γ とおいて利用することもできる。

解法 4

円の中心を O とする。

(1)　$\overrightarrow{OA} = \vec{a}$, $\overrightarrow{OB} = \vec{b}$, $\overrightarrow{OC} = \vec{c}$ とおくと，仮定より

$$|\vec{a} - \vec{b}|^2 + |\vec{b} - \vec{c}|^2 + |\vec{c} - \vec{a}|^2 > 8$$

$$6 - 2\left(\vec{a}\cdot\vec{b} + \vec{b}\cdot\vec{c} + \vec{c}\cdot\vec{a}\right) > 8 \quad (\because \ |\vec{a}|^2 = |\vec{b}|^2 = |\vec{c}|^2 = 1)$$

$$\therefore \quad \vec{a}\cdot\vec{b} + \vec{b}\cdot\vec{c} + \vec{c}\cdot\vec{a} < -1 \quad \cdots\cdots①$$

このとき

$$\overrightarrow{AB}\cdot\overrightarrow{AC} = (\vec{b} - \vec{a})\cdot(\vec{c} - \vec{a}) = \vec{b}\cdot\vec{c} - \vec{c}\cdot\vec{a} - \vec{a}\cdot\vec{b} + 1$$

$$> 2\left(1 + \vec{b}\cdot\vec{c}\right) \quad （①より）$$

ここで

$$\vec{b}\cdot\vec{c} = |\vec{b}||\vec{c}|\cos\angle BOC = \cos\angle BOC$$

$$\therefore \quad 1 + \vec{b}\cdot\vec{c} = 1 + \cos\angle BOC \geqq 0$$

ゆえに，$\overrightarrow{AB}\cdot\overrightarrow{AC}>0$ となり，$\angle BAC$ は鋭角である。まったく同様に，$\angle ABC$，$\angle BCA$ も鋭角となり，$\triangle ABC$ は鋭角三角形である。 （証明終）

(2) $\triangle ABC$ の重心を G とすると $\qquad \overrightarrow{OG}=\dfrac{1}{3}(\vec{a}+\vec{b}+\vec{c})$

よって

$$|\overrightarrow{OG}|^2=\frac{1}{9}|\vec{a}+\vec{b}+\vec{c}|^2=\frac{1}{9}\{3+2(\vec{a}\cdot\vec{b}+\vec{b}\cdot\vec{c}+\vec{c}\cdot\vec{a})\}$$

ここで，$|\overrightarrow{OG}|^2\geqq 0$ より $\qquad 2(\vec{a}\cdot\vec{b}+\vec{b}\cdot\vec{c}+\vec{c}\cdot\vec{a})\geqq -3$

ゆえに

$$AB^2+BC^2+CA^2=|\vec{a}-\vec{b}|^2+|\vec{b}-\vec{c}|^2+|\vec{c}-\vec{a}|^2=6-2(\vec{a}\cdot\vec{b}+\vec{b}\cdot\vec{c}+\vec{c}\cdot\vec{a})$$

$$\leqq 6+3=9$$

等号が成立するのは，$|\overrightarrow{OG}|^2=0$ のとき，すなわち重心 G が外心 O に一致するときであり，それは $\triangle ABC$ が正三角形のときである。 （証明終）

解法 5

(1) 外接円の中心を座標平面上の原点にとる。また，3辺の中には外接円の直径でないものが必ず存在するから，それを BC とし，この BC が，x 軸に平行で，かつ y 座標が負である領域にくるように軸をとる。すなわち

$$B(-a,\ -b),\ C(a,\ -b)$$
$$（ただし，a>0,\ b>0）$$

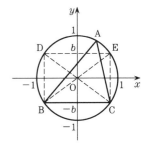

とする。第3の頂点を $A(x,\ y)$ とすると

$$AB^2+BC^2+CA^2$$
$$=(x+a)^2+(y+b)^2+4a^2+(x-a)^2+(y+b)^2$$
$$=2(x^2+y^2)+2(a^2+b^2)+4a^2+4by$$
$$=4(1+a^2+by) \quad\cdots\cdots\text{①}$$
$$(\because\ x^2+y^2=a^2+b^2=1)$$

よって，仮定より $\qquad 4(1+a^2+by)>8$

$\therefore\ y>\dfrac{1-a^2}{b}=b \quad (\because\ 1-a^2=b^2)$

ゆえに，点 A は図の劣弧 $\overset{\frown}{DE}$ 上（端点を除く）にあって，$\triangle ABC$ はたしかに鋭角三角形となる。

$$\left(\begin{array}{l} \because\ \angle BAC=\angle BEC<90° \\ \quad \angle ABC<\angle DBC=90° \\ \quad \angle ACB<\angle ECB=90° \end{array}\right.$$

（証明終）

34 1998 年度〔1〕（文理共通）　Level B

ポイント　(1)　三角形の 3 辺の長さと半径 r の関係式および，与えられた条件を用いる。

(2)　直角を挟む 2 辺の関係式を見出す。相加・相乗平均の関係が利用できるが，等号成立のとき，確かに与えられた条件を満たす直角三角形が存在することを確認すること。

[解法 1]　3 辺の長さと r の関係式を用いる。

[解法 2]　三角形の面積と r の関係を用いる解法で，(2)は [解法 1] に比べ煩雑ではあるが，「r のとり得る範囲を求めよ」というような，より難しい問題設定に対応できる解法として参照することをすすめる。

解 法 1

(1)　右図において，$\mathrm{BC} = a$, $\mathrm{CA} = b$, $\mathrm{AB} = c$ とすると，条件より

$$a + b + c + 2r = 2 \quad \cdots\cdots ①$$

また，$\mathrm{AE} = \mathrm{AF}\,(= r)$，$\mathrm{BF} = \mathrm{BD}$，$\mathrm{CD} = \mathrm{CE}$ より

$$(b - r) + (c - r) = a$$

$$\therefore \quad b + c - a = 2r \quad \cdots\cdots ②$$

① － ② より

$$2a + 2r = 2 - 2r \quad \therefore \quad a = 1 - 2r \quad \cdots\cdots（答）$$

(2)　① と $a = 1 - 2r$ より　$b + c = 1$

b, c は正だから，相加・相乗平均の関係より　$bc \leqq \left(\dfrac{b+c}{2}\right)^2 = \dfrac{1}{4}$

等号が成立するのは $b = c = \dfrac{1}{2}$ のときで，そのとき

$$a = \sqrt{b^2 + c^2} = \frac{\sqrt{2}}{2}, \quad r = \frac{2 - \sqrt{2}}{4}$$

となり，斜辺が $\dfrac{\sqrt{2}}{2}$ の直角三角形に対して確かに条件 $a + b + c + 2r = 2$ は満たされている。したがって，bc の最大値は $\dfrac{1}{4}$ となる。

よって，$\triangle \mathrm{ABC} = \dfrac{1}{2}bc$ の最大値は $\dfrac{1}{8}$ である。　……（答）

解 法 2

(1) $BC = a$ (斜辺)，$CA = b$，$AB = c$ とおき，$s = \dfrac{a+b+c}{2}$ とおくと，$\triangle ABC$ の面積を2通りに考えて

$$\frac{1}{2}bc = sr \quad \cdots\cdots ①$$

また，条件より

$$2s + 2r = 2 \quad \therefore \quad s = 1 - r \quad \cdots\cdots ②$$

$\triangle ABC$ は a を斜辺とする直角三角形なので

$$a^2 = b^2 + c^2$$
$$= (b+c)^2 - 2bc$$
$$= (2s-a)^2 - 4sr \quad (①より)$$
$$= 4s^2 - 4sa + a^2 - 4sr$$

$$\therefore \quad a = s - r$$
$$= 1 - 2r \quad (②より) \quad \cdots\cdots (答)$$

(2)
$$\begin{cases} a+b+c+2r = 2 & \cdots\cdots ③ \\ a^2 = b^2 + c^2 & \cdots\cdots ④ \\ a = 1 - 2r & \cdots\cdots ⑤ \end{cases}$$

を満たす正の実数 a，b，c が存在するための正の実数 r のとり得る値の範囲を求める。⑤を用いると，③，④はそれぞれ $b+c = 1$，$bc = 2r - 2r^2$ と同値となる。b，c は x の2次方程式 $x^2 - x - 2(r^2 - r) = 0$ の2解となるので，これが正の2解をもち，かつ⑤>0 となる r の条件は

$$判別式 = 1 + 8(r^2 - r) \geqq 0, \quad 2解の和 = 1 > 0, \quad 2解の積 = -2(r^2 - r) > 0, \quad r < \frac{1}{2}$$

これより $\quad 0 < r \leqq \dfrac{2-\sqrt{2}}{4}$

この範囲で

$$\triangle ABC = sr$$
$$= (1-r)r \quad (②より)$$

の最大値は $r = \dfrac{2-\sqrt{2}}{4}$ のとき $\dfrac{1}{8}$ である。 $\cdots\cdots$ (答)

§3　方程式・不等式・領域

35　2016年度〔6〕　Level C

ポイント　[解法1]　$x^6 + ax^3 + b = (x^2 + ax + b) \times (x \text{の4次式})$ とおき，両辺の係数を比較する。始めに $b \neq 0$ であることを示しておくと，式処理が楽になる。

[解法2]　$f(x) = (x - \alpha)(x - \beta)$ とおき，$f(x^3) = (x^3 - \alpha)(x^3 - \beta)$ が $(x - \alpha)(x - \beta)$ で割り切れるような α, β を求める。始めに $\alpha \neq \beta$ であることを示しておくと，後の式処理が少し楽になるが，煩雑な場合分けを要する。

[解法3]　$f(x^3)$ を $f(x)$ で割ったときの余りが0であることから a と b の連立方程式を求める。始めに $a \neq 0$, $b \neq 0$ であることを示しておき，場合分けを行う。

解法1

$b = 0$ とすると，$f(x) = x^2 + ax = x(x + a)$ となり，$f(x) = 0$ の解は $x = 0$, $-a$ である。$f(x^3) = x^6 + ax^3 (= g(x)$ とする$)$ が $f(x)$ で割り切れることより，$g(0) = 0$, $g(-a) = 0$ でなければならない。

$g(0) = 0$ は成り立つ。

$$g(-a) = a^6 - a^4 = a^4(a + 1)(a - 1) = 0$$

より $a = 0$, 1, -1 となるが，これは a, b の少なくとも一方が虚数であることに反する。よって，$b \neq 0$ でなければならない。

$b \neq 0$ のとき，$x^6 + ax^3 + b$ が $x^2 + ax + b$ で割り切れることより

$$x^6 + ax^3 + b = (x^2 + ax + b)(x^4 + px^3 + qx^2 + rx + 1)$$

とおける（両辺の定数項が等しいことと $b \neq 0$ より，右辺の右側の因数の定数項は1である）。両辺の x^5, x^4, x^3, x^2, x の係数を比較することより

$$\begin{cases} p + a = 0 & \cdots\cdots① \\ q + ap + b = 0 & \cdots\cdots② \\ r + aq + bp = a & \cdots\cdots③ \\ 1 + ar + bq = 0 & \cdots\cdots④ \\ a + br = 0 & \cdots\cdots⑤ \end{cases}$$

これを解いて a, b を求める。

①より　$p = -a$

ゆえに，②より　$q = a^2 - b$

⑤と $b \neq 0$ より $r = -\dfrac{a}{b}$

これらを③，④に代入する。まず③に代入すると

$$-\frac{a}{b} + a^3 - ab - ab = a$$

よって $a(a^2b - 2b^2 - b - 1) = 0$ ……⑥

次に④に代入すると

$$1 - \frac{a^2}{b} + a^2b - b^2 = 0$$

よって $a^2b^2 - b^3 - a^2 + b = 0$ ……⑦

$a = 0$ のときは，⑦より

$$b^3 - b = 0   よって   b = 0, \ \pm 1$$

となり，a, b とも実数となるから，不適。よって，$a \neq 0$ である。

そのとき，⑥より

$$a^2b - 2b^2 - b - 1 = 0 \quad ……⑧$$

⑦より

$$b^2(a^2 - b) - (a^2 - b) = 0$$
$$(a^2 - b)(b + 1)(b - 1) = 0$$

よって $b = 1, \ -1, \ a^2$

(i) $b = 1$ のとき，⑧に代入すると

$$a^2 - 4 = 0   よって   a = \pm 2$$

 a, b とも実数となるから，不適。

(ii) $b = -1$ のとき，⑧に代入すると

$$a^2 + 2 = 0   よって   a = \pm\sqrt{2}\,i$$

(iii) $b = a^2$ のとき，⑧に代入して a を消去すると

$$b^2 + b + 1 = 0$$

 これを満たす b は，$b^3 = 1$ の1以外の虚数解だから

$$b = \omega, \ \omega^2 \quad \left(ただし, \ \omega = \frac{-1 + \sqrt{3}\,i}{2}\right)$$

 (a) $b = \omega$ のとき

$$a^2 = \omega = \omega^4 \quad (\because \ \omega^3 = 1)   よって   a = \pm\omega^2$$

 (b) $b = \omega^2$ のとき

$$a^2 = \omega^2   よって   a = \pm\omega$$

$\omega = \dfrac{-1 + \sqrt{3}\,i}{2}$ より $\omega^2 = \dfrac{-1 - \sqrt{3}\,i}{2}$ だから，条件を満たす $f(x)$ は

$$f(x) = \begin{cases} x^2 \pm \sqrt{2}\,ix - 1 \\ x^2 \pm \dfrac{-1-\sqrt{3}i}{2}x + \dfrac{-1+\sqrt{3}i}{2} \quad \cdots\cdots(\text{答}) \\ x^2 \pm \dfrac{-1+\sqrt{3}i}{2}x + \dfrac{-1-\sqrt{3}i}{2} \end{cases}$$

解法 2

$f(x) = x^2 + ax + b = 0$ の解を $x = \alpha,\ \beta$ とすると，$f(x) = (x-\alpha)(x-\beta)$ であり

$$a = -(\alpha+\beta),\quad b = \alpha\beta \quad \cdots\cdots①$$

である。また，$f(x^3) = (x^3-\alpha)(x^3-\beta)$ を $g(x)$ とおく。

$\alpha = \beta$ であるとすると

$$f(x) = (x-\alpha)^2$$
$$g(x) = f(x^3) = (x^3-\alpha)^2$$

$g(x)$ が $f(x)$ で割り切れることより，$g(\alpha) = 0$ でなければならず

$$g(\alpha) = (\alpha^3-\alpha)^2 = \alpha^2(\alpha-1)^2(\alpha+1)^2 = 0$$

よって　　$\alpha = 0,\ 1,\ -1\ (=\beta)$

となり，①より $a,\ b$ とも実数となるから，不適。よって，$\alpha \neq \beta$ でなければならない。
このとき，$g(x)$ が $f(x)$ で割り切れるための必要十分条件は $g(\alpha) = g(\beta) = 0$ である。
すなわち

$$(\alpha^3-\alpha)(\alpha^3-\beta) = (\beta^3-\beta)(\beta^3-\alpha) = 0$$

(i)$\alpha^3-\alpha=0,\ \beta^3-\beta=0$ のとき

$$\alpha = 0,\ 1,\ -1 \qquad \beta = 0,\ 1,\ -1$$

$\alpha,\ \beta$ が上のどの組合せになっても，①より $a,\ b$ とも実数となるから，これは不適。

(ii)$\alpha^3-\alpha=0\ \cdots\cdots②,\ \beta^3-\alpha=0\ \cdots\cdots③$ のとき

②より　　$\alpha = 0,\ 1,\ -1$

(ア)$\alpha=0$ のとき，③より

$$\beta^3 = 0 \qquad よって \qquad \beta = 0$$

となり，$\alpha \neq \beta$ に反する。

(イ)$\alpha=1$ のとき，③より

$$\beta^3-1 = 0 \qquad (\beta-1)(\beta^2+\beta+1) = 0$$

$\beta \neq \alpha\ (=1)$ より

$$\beta^2+\beta+1 = 0 \qquad よって \qquad \beta = \frac{-1\pm\sqrt{3}i}{2}$$

このとき，①より

$$a = -\left(1 + \frac{-1 \pm \sqrt{3}\,i}{2}\right) = \frac{-1 \mp \sqrt{3}\,i}{2}$$
$$b = 1 \cdot \frac{-1 \pm \sqrt{3}\,i}{2} = \frac{-1 \pm \sqrt{3}\,i}{2}$$

（複号同順）

(ウ)$\alpha = -1$ のとき，③より

$$\beta^3 + 1 = 0 \qquad (\beta + 1)(\beta^2 - \beta + 1) = 0$$

$\beta \neq \alpha\ (= -1)$ より

$$\beta^2 - \beta + 1 = 0 \qquad よって \qquad \beta = \frac{1 \pm \sqrt{3}\,i}{2}$$

このとき，①より

$$a = -\left(-1 + \frac{1 \pm \sqrt{3}\,i}{2}\right) = \frac{1 \mp \sqrt{3}\,i}{2}$$
$$b = -1 \cdot \frac{1 \pm \sqrt{3}\,i}{2} = \frac{-1 \mp \sqrt{3}\,i}{2}$$

（複号同順）

(iii)$\alpha^3 - \beta = 0$，$\beta^3 - \beta = 0$ のときは，(ii)と α，β が入れ替わっただけだから，a, b の値は(ii)と同じ。

(iv)$\alpha^3 - \beta = 0$，$\beta^3 - \alpha = 0$ のとき，β を消去すると

$$\alpha^9 - \alpha = 0 \qquad \alpha(\alpha^8 - 1) = 0$$

よって $\alpha = 0$, $\cos\dfrac{k}{4}\pi + i\sin\dfrac{k}{4}\pi$ $(k = 0,\ 1,\ 2,\ \cdots,\ 7)$

それぞれに対して

$$\beta = \alpha^3 = 0,\ \cos\frac{3k}{4}\pi + i\sin\frac{3k}{4}\pi \quad (k = 0,\ 1,\ 2,\ \cdots,\ 7)$$

つまり

α	0	1	$\dfrac{1+i}{\sqrt{2}}$	i	$\dfrac{-1+i}{\sqrt{2}}$	-1	$\dfrac{-1-i}{\sqrt{2}}$	$-i$	$\dfrac{1-i}{\sqrt{2}}$
β	0	1	$\dfrac{-1+i}{\sqrt{2}}$	$-i$	$\dfrac{1+i}{\sqrt{2}}$	-1	$\dfrac{1-i}{\sqrt{2}}$	i	$\dfrac{-1-i}{\sqrt{2}}$

①に代入して，a, b の少なくとも一方が虚数になるものを探すと

$$(a,\ b) = (-\sqrt{2}\,i,\ -1),\ (\sqrt{2}\,i,\ -1)$$

以上より，求める $f(x)$ は

$$f(x) = \begin{cases} x^2 + \dfrac{-1 \pm \sqrt{3}\,i}{2}x + \dfrac{-1 \mp \sqrt{3}\,i}{2} & （複号同順）\\[2mm] x^2 + \dfrac{1 \pm \sqrt{3}\,i}{2}x + \dfrac{-1 \pm \sqrt{3}\,i}{2} & （複号同順）\\[2mm] x^2 \pm \sqrt{2}\,ix - 1 \end{cases} \quad \cdots\cdots(答)$$

解 法 3

$f(x^3) = x^6 + ax^3 + b$ を $f(x) = x^2 + ax + b$ で割ると，余りは

$$-a(a^4 - 4a^2b - a^2 + 3b^2 + b)x - b(a^4 - 3a^2b - a^2 + b^2 - 1)$$

となる。よって，割り切れることより

$$\begin{cases} a(a^4 - 4a^2b - a^2 + 3b^2 + b) = 0 & \cdots\cdots① \\ b(a^4 - 3a^2b - a^2 + b^2 - 1) = 0 & \cdots\cdots② \end{cases}$$

$a = 0$ とすると，②に代入することにより

$$b(b^2 - 1) = 0 \qquad よって \qquad b = 0,\ 1,\ -1$$

これは a, b がともに実数となるから，不適。

$b = 0$ とすると，①に代入することにより

$$a(a^4 - a^2) = 0 \qquad よって \qquad a = 0,\ 1,\ -1$$

これも同じく不適。よって，$a \neq 0$，$b \neq 0$ である。

このとき，①，②より

$$\begin{cases} a^4 - 4a^2b - a^2 + 3b^2 + b = 0 & \cdots\cdots③ \\ a^4 - 3a^2b - a^2 + b^2 - 1 = 0 & \cdots\cdots④ \end{cases}$$

③を b について整理し，因数分解すると

$$(b - a^2)(3b - a^2 + 1) = 0$$

(i) $b - a^2 = 0$（つまり $a^2 = b$）のとき，④に代入すると

$$b^2 - 3b^2 - b + b^2 - 1 = 0$$

$$b^2 + b + 1 = 0 \qquad よって \qquad b = \omega,\ \omega^2 \quad \left(ただし，\ \omega = \frac{-1 + \sqrt{3}i}{2} \right)$$

この各々に対して

$$a^2 = \omega \ (= \omega^4),\ \omega^2 \qquad よって \qquad a = \pm\omega^2,\ \pm\omega$$

すなわち $\quad (a,\ b) = (\pm\omega,\ \omega^2),\ (\pm\omega^2,\ \omega)$

(ii) $3b - a^2 + 1 = 0$（つまり $a^2 = 3b + 1$）のとき，④に代入すると

$$(3b + 1)^2 - 3b(3b + 1) - (3b + 1) + b^2 - 1 = 0$$

$$b^2 - 1 = 0 \qquad よって \qquad b = 1,\ -1$$

この各々に対して

$$a^2 = 4,\ -2 \qquad よって \qquad a = \pm2,\ \pm\sqrt{2}i$$

このうち，a, b の少なくとも一方が虚数の組は

$$(a,\ b) = (\pm\sqrt{2}i,\ -1)$$

（以下，[解法2] に同じ）

36

ポイント　$x+y=u$ とおき，条件式から xy を u で表すことで，x，y は u の式を係数とする 2 次方程式の 2 解となる。その実数解条件から，u の範囲が定まる。次いで与えられた式を u で表し，その値域を求める。

解　法

$$x^2+xy+y^2=6 \iff xy=(x+y)^2-6 \quad \cdots\cdots ①$$

$x^2+xy+y^2=6$ を満たす実数 x，y に対して，$x+y=u$　……② とおくと，u は実数であり，u のとりうる値の範囲は①かつ②を満たす実数 x，y が存在するような u の値の範囲である。

$$\begin{cases} ① \\ ② \end{cases} \iff \begin{cases} xy=u^2-6 \quad \cdots\cdots ③ \\ ② \end{cases}$$

$$\iff x,\ y \text{ は，} t \text{ の 2 次方程式 } t^2-ut+u^2-6=0 \quad \cdots\cdots ④ \text{ の 2 解}$$

よって，実数 u のとりうる値の範囲は④が実数解をもつ値の範囲であり，④の判別式を考えて

$$u^2-4(u^2-6) \geqq 0 \quad \text{これより} \quad -2\sqrt{2} \leqq u \leqq 2\sqrt{2} \quad \cdots\cdots ⑤$$

したがって，⑤を満たす実数 u に対する④の 2 解 x，y について，$x^2y+xy^2-x^2-2xy-y^2+x+y$ のとりうる値の範囲を求めるとよい。

$$\begin{aligned} &x^2y+xy^2-x^2-2xy-y^2+x+y \\ &= xy(x+y)-(x+y)^2+(x+y) \\ &= (u^2-6)u-u^2+u \quad (\because\ ③) \\ &= u^3-u^2-5u \end{aligned}$$

$f(u)=u^3-u^2-5u$ とおくと，$f'(u)=3u^2-2u-5=(u+1)(3u-5)$ なので，⑤における $f(u)$ の増減表は，次のようになる。

u	$-2\sqrt{2}$	$\cdots$	-1	$\cdots$	$\dfrac{5}{3}$	$\cdots$	$2\sqrt{2}$
$f'(u)$		$+$	0	$-$	0	$+$	
$f(u)$	$-8-6\sqrt{2}$	↗	3	↘	$-\dfrac{175}{27}$	↗	$-8+6\sqrt{2}$

ここで

$$-\frac{175}{27}=-6-\frac{13}{27} \quad \text{であるから} \quad -8-6\sqrt{2}<-\frac{175}{27}$$

$$3-(-8+6\sqrt{2})=11-6\sqrt{2}=\sqrt{121}-\sqrt{72}>0 \quad \text{より} \quad -8+6\sqrt{2}<3$$

ゆえに

$$-8-6\sqrt{2}\le x^2y+xy^2-x^2-2xy-y^2+x+y\le 3 \quad \cdots\cdots(\text{答})$$

〔注〕 「実数 x, y が条件 $x^2+xy+y^2=6$ を満たしながら動くとき $x^2y+xy^2-x^2-2xy-y^2+x+y$ がとりうる値の範囲」の意味を正確にとらえると［解法］のような理解が望まれる。
一般に複数の文字（実数）についての条件式があるとき，「そのうちの 1 つの文字のとりうる値の範囲とは，それらの条件式を満たす残りの文字が実数で存在するためのその文字の条件として得られる」というのが，厳密なとらえ方である。ただし，次のような理解の仕方でも構わない。

$x^2+xy+y^2=6 \iff xy=(x+y)^2-6 \quad \cdots\cdots(\text{ア})$ より，$x^2+xy+y^2=6$ を満たす実数 x, y に対して，$x+y=u$ とおくと，$xy=u^2-6$ であり，x, y は，t の 2 次方程式 $t^2-ut+u^2-6=0 \quad \cdots\cdots(\text{イ})$ の実数解である。よって，(イ)の判別式から，$u^2-4(u^2-6)\ge 0$ となり，これより $-2\sqrt{2}\le u\le 2\sqrt{2} \quad \cdots\cdots(\text{ウ})$

逆に，(ウ)のとき，(イ)の 2 解を x, y とおくと，解と係数の関係から，$\begin{cases} x+y=u \\ xy=u^2-6 \end{cases}$ となり，(ア)が成り立つ。したがって，(ウ)を満たす実数 u に対する(イ)の 2 解 x, y について，$x^2y+xy^2-x^2-2xy-y^2+x+y$ のとりうる値の範囲を求めるとよい。（以下同様）

37

2008 年度　甲〔4〕　（文理共通）　　　　　　　　　　　　Level A

ポイント　2つの2次方程式の解の判別式を考える。さらに共通解をもつ場合を検討する。

解法 1

$x^2 + ax + 1 = 0$ ……① または $3x^2 + ax - 3 = 0$ ……② の異なる実数解の個数を調べる。

（②の判別式）$= a^2 + 36 > 0$ なので，②はつねに異なる2個の実数解をもつ。

（①の判別式）$= a^2 - 4$ なので，①の異なる実数解の個数は $|a| > 2$ のとき2個，$|a| = 2$ のとき1個，$|a| < 2$ のとき0個である。

①，②が共通解をもつとき，その解を x_0 とすると

$$x_0^2 + ax_0 + 1 = 0 \quad かつ \quad 3x_0^2 + ax_0 - 3 = 0$$

辺々引くと $2x_0^2 - 4 = 0$ なので　　$x_0 = \pm\sqrt{2}$

これを①に代入して

$$2 \pm \sqrt{2}\,a + 1 = 0$$

$$a = \mp \frac{3}{2}\sqrt{2}$$

$a = \dfrac{3}{2}\sqrt{2}$ のとき
$\begin{cases} ①を解いて \quad x = -\sqrt{2},\ -\dfrac{\sqrt{2}}{2} \\[2mm] ②を解いて \quad x = -\sqrt{2},\ \dfrac{\sqrt{2}}{2} \end{cases}$

$a = -\dfrac{3}{2}\sqrt{2}$ のとき
$\begin{cases} ①を解いて \quad x = \sqrt{2},\ \dfrac{\sqrt{2}}{2} \\[2mm] ②を解いて \quad x = \sqrt{2},\ -\dfrac{\sqrt{2}}{2} \end{cases}$

以上より

$|a| < 2$ のとき　　2個

$|a| = 2$ または $|a| = \dfrac{3}{2}\sqrt{2}$ のとき　　3個

$|a| > \dfrac{3}{2}\sqrt{2}$ または $2 < |a| < \dfrac{3}{2}\sqrt{2}$ のとき　　4個

$\left.\vphantom{\begin{matrix}1\\2\\3\\4\\5\end{matrix}}\right\}$ ……（答）

解 法 2

<共通解の扱いについての別な記述>

($x_0 = \pm\sqrt{2}$ を求めるところまでは［解法 1］に同じ）

よって，共通解が存在するならば，それは $\sqrt{2}$ または $-\sqrt{2}$ でなければならない。

$\sqrt{2}$ が共通解であるための条件は①（または②）に $x=\sqrt{2}$ を代入して $a=\dfrac{3}{2}\sqrt{2}$ であり，

$-\sqrt{2}$ が共通解であるための条件は同様にして，$a=-\dfrac{3}{2}\sqrt{2}$ である。

よって，$\sqrt{2}$ と $-\sqrt{2}$ が同時に共通解となることはなく，また $\pm\dfrac{3}{2}\sqrt{2}\neq2$ であるから，

どちらの共通解も①の重解とはならない。

以上より

$$\left.\begin{array}{l} |a|<2 \text{ のとき}\quad\quad 2\text{個} \\[2mm] |a|=2 \text{ または } |a|=\dfrac{3}{2}\sqrt{2} \text{ のとき}\quad\quad 3\text{個} \\[2mm] |a|>\dfrac{3}{2}\sqrt{2} \text{ または } 2<|a|<\dfrac{3}{2}\sqrt{2} \text{ のとき}\quad\quad 4\text{個} \end{array}\right\}\quad\cdots\cdots\text{(答)}$$

〔注〕 ①，②が同時に 2 つの共通解をもつ場合，および，1 つの共通解が①の重解である場合は異なる実数解の個数は 2 となるので，このようなことがあり得ないことを確認したのが［解法 2］の記述である。［解法 1］のように共通解をもつときの①，②の残りの解をすべて求めれば，この確認は不要となる。

38

ポイント $|x^2-2|=|2x^2+ax-1|$ の異なる実数解の個数を求める。

解法

$|x^2-2|=|2x^2+ax-1|$ ……① の異なる実数解の個数を求める。

① $\Longleftrightarrow x^2-2=\pm(2x^2+ax-1)$ であり

$\qquad x^2-2=2x^2+ax-1 \Longleftrightarrow x^2+ax+1=0$ ……②

$\qquad x^2-2=-(2x^2+ax-1) \Longleftrightarrow 3x^2+ax-3=0$ ……③

②，③の判別式をそれぞれ D_1，D_2 とする。

$D_2=a^2+36>0$ なので，③の異なる実数解の個数は 2 個　……（＊）

$D_1=a^2-4$ なので，②の異なる実数解の個数は

$\left.\begin{array}{ll} |a|>2 \text{ のとき} & 2\text{個} \\ |a|=2 \text{ のとき} & 1\text{個} \\ |a|<2 \text{ のとき} & 0\text{個} \end{array}\right\}$ ……（＊＊）

次に，②，③が共通解をもつための a の条件とそのときの共通解の値を求めると，以下のようになる。

$$\begin{cases}②\\③\end{cases} \Longleftrightarrow \begin{cases}②\\③-②\end{cases} \Longleftrightarrow \begin{cases}②\\2x^2-4=0\end{cases} \Longleftrightarrow \begin{cases}②\\x=\pm\sqrt{2}\end{cases}$$

$$\Longleftrightarrow \begin{cases}a=-\dfrac{3\sqrt{2}}{2}\\x=\sqrt{2}\end{cases} \text{ または } \begin{cases}a=\dfrac{3\sqrt{2}}{2}\\x=-\sqrt{2}\end{cases}$$

$\left|\pm\dfrac{3\sqrt{2}}{2}\right|>2$ であるから，（＊），（＊＊）により，①の異なる実数解の個数は

$\left.\begin{array}{ll} |a|>\dfrac{3\sqrt{2}}{2} \text{ または } 2<|a|<\dfrac{3\sqrt{2}}{2} \text{ のとき} & 4\text{個} \\[2mm] |a|=2 \text{ または } |a|=\dfrac{3\sqrt{2}}{2} \text{ のとき} & 3\text{個} \\[2mm] |a|<2 \text{ のとき} & 2\text{個} \end{array}\right\}$ ……（答）

39

ポイント　$Q(x) = 0$ が重解をもたないと仮定して矛盾を導く。

$Q(x) = a(x-\alpha)(x-\beta)$ $(a \neq 0,\ \alpha \neq \beta)$ とおけること，因数定理を用いることで解決する。

[解法1]　上記の方針による。

[解法2]　$\{P(x)\}^2 = (x-\alpha)(x-\beta)R(x)$ とおき，右辺の1次の因数がそれぞれ偶数個あることを用いる。

[解法3]　$P(x)$ を $Q(x)$ で割った余りを $ax+b$ $(a \neq 0$ または $b \neq 0)$ とおき，$(ax+b)^2 = cQ(x)$ となることを導く。

解 法 1

$Q(x) = 0$ が重解をもたないと仮定すると，$Q(x) = 0$ は異なる2解 $\alpha,\ \beta$ をもち

$$Q(x) = a(x-\alpha)(x-\beta),\quad a \neq 0$$

とおける。

$\{P(x)\}^2$ が $Q(x)$ で割り切れることから，適当な整式 $R(x)$ を用いて

$$\{P(x)\}^2 = Q(x)R(x)$$

とおける。このとき

$$\begin{cases} \{P(\alpha)\}^2 = Q(\alpha)R(\alpha) = 0 \\ \{P(\beta)\}^2 = Q(\beta)R(\beta) = 0 \end{cases}$$

よって，$P(\alpha) = P(\beta) = 0$ となり，因数定理と $\alpha \neq \beta$ であることから，適当な整式 $S(x)$ を用いて

$$P(x) = (x-\alpha)(x-\beta)S(x)$$

とおける。

したがって

$$P(x) = a(x-\alpha)(x-\beta) \cdot \frac{1}{a}S(x) \quad (a \neq 0)$$

$$= Q(x) \cdot \frac{1}{a}S(x)$$

よって，$P(x)$ は $Q(x)$ で割り切れることになり，条件に反する。ゆえに $Q(x) = 0$ は重解をもたなければならない。

（証明終）

解 法 2

$Q(x) = a(x-\alpha)(x-\beta)$ とする（ただし，$a \neq 0$）。

$\{P(x)\}^2$ は $Q(x)$ で割り切れるから

$$\{P(x)\}^2 = (x-\alpha)(x-\beta)R(x) \quad (R(x) \text{ は整式}) \quad \cdots\cdots(*)$$

とおける。

ここで，もし $\alpha \neq \beta$ とすると，左辺は整式の 2 乗であるから，右辺は $(x-\alpha)^2(x-\beta)^2$ を因数にもたなければならない。よって

$$\{P(x)\}^2 = (x-\alpha)^2(x-\beta)^2\{S(x)\}^2 \quad (S(x) \text{ は整式})$$

となり，$(*)$ より

$$R(x) = (x-\alpha)(x-\beta)\{S(x)\}^2$$

となる。よって，$(*)$ より

$$P(x) = \pm(x-\alpha)(x-\beta)S(x) = \pm\frac{1}{a}Q(x)S(x)$$

これは，$P(x)$ が $Q(x)$ で割り切れないことに反する。ゆえに，$\alpha = \beta$ である。すなわち　　$Q(x) = a(x-\alpha)^2$

となり，$Q(x) = 0$ は重解をもつ。　　　　　　　　　　　　　　　　　（証明終）

解 法 3

$P(x)$ は 2 次式 $Q(x)$ で割り切れないことから

$$P(x) = Q(x)R(x) + ax + b$$

$$(R(x) \text{ は整式，} a, b \text{ は定数で，} a \neq 0 \text{ または } b \neq 0 \quad \cdots\cdots(*))$$

とおける。よって

$$\{P(x)\}^2 = \{Q(x)R(x)\}^2 + 2(ax+b)Q(x)R(x) + (ax+b)^2$$
$$= Q(x)\left[Q(x)\{R(x)\}^2 + 2(ax+b)R(x)\right] + (ax+b)^2$$

$\{P(x)\}^2$ が $Q(x)$ で割り切れることから

$$(ax+b)^2 = cQ(x) \quad (c \text{ は定数})$$

とおける。ここで $c = 0$ とすると，$a = b = 0$ となり，$(*)$ に反する。よって $c \neq 0$ となり，右辺の次数は 2 である。したがって，$a \neq 0$ であり

$$Q(x) = \frac{a^2}{c}\left(x+\frac{b}{a}\right)^2$$

ゆえに，$Q(x) = 0$ は重解をもつ。　　　　　　　　　　　　　　　　　（証明終）

40

2005 年度　〔1〕（文理共通）　　　　　　　　　　　　Level　A

ポイント　方程式 $y=x^2+ax+b$ と，2 点を結ぶ直線の方程式とから y を消去し，得られる x の 2 次方程式が，$0 \leqq x \leqq 1$ の範囲に実数解をもつための a, b の条件を求める。

〔解法 1〕　$0 \leqq x \leqq 1$ に 1 つの解をもつ場合と 2 つの解をもつ場合に分けて考える。

〔解法 2〕　$0 \leqq x \leqq 1$ での最小値 m，最大値 M について，$m \leqq 0 \leqq M$ となる条件を軸の位置で場合分けして考える。

解 法 1

原点と点 $(1, 2)$ を結ぶ線分は

　　$y=2x$　　$(0 \leqq x \leqq 1)$

この線分と放物線 $y=x^2+ax+b$ が共有点をもつための条件は

　　$x^2+ax+b=2x$　　すなわち　$x^2+(a-2)x+b=0$

が $0 \leqq x \leqq 1$ に少なくとも 1 つの実数解をもつことである。そのための条件は，$f(x)=x^2+(a-2)x+b$ とおいたとき，次の(i)または(ii)となることである。

(i)　$y=f(x)$ のグラフが下図のいずれかになるとき

　　$f(0)f(1)=b(a+b-1) \leqq 0$

　　$\Longleftrightarrow$「$b \leqq 0$ かつ $b \geqq -a+1$」　または　「$b \geqq 0$ かつ $b \leqq -a+1$」

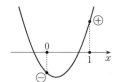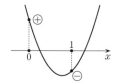

$\left(\begin{array}{l} \oplus は 0 以上, \\ \ominus は 0 以下 \\ を表す \end{array} \right)$

(ii)　$y=f(x)$ のグラフが右図のようになるとき

$$\begin{cases} 軸の条件：0 \leqq \dfrac{-a+2}{2} \leqq 1 \\ f(0)=b \geqq 0 \\ f(1)=a+b-1 \geqq 0 \\ 判別式 D=(a-2)^2-4b \geqq 0 \end{cases}$$

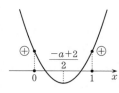

よって

　　$0 \leqq a \leqq 2$　かつ　$b \geqq 0$　かつ　$b \geqq -a+1$　かつ　$b \leqq \dfrac{1}{4}(a-2)^2$

以上，(i)，(ii)それぞれの領域の和集合が求める領域である。

これを図示すると右図斜線部分（境界を含む）となる $\left(\text{直線 } b=-a+1 \text{ と放物線 } b=\dfrac{1}{4}(a-2)^2 \text{ は点 } (0,\ 1) \text{ で接する}\right)$。

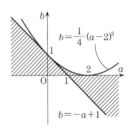

解法 2

（$f(x)=x^2+(a-2)x+b$ とおくところまでは［解法1］に同じ）

$0\leqq x\leqq 1$ における $f(x)$ の最小値を m，最大値を M とおくと，求める条件は

$$m\leqq 0\leqq M$$

放物線 $y=f(x)$ の軸 $x=\dfrac{2-a}{2}$（$=\alpha$ とおく）の位置で場合分けして考える。

(i) $\dfrac{2-a}{2}\leqq 0$ すなわち $a\geqq 2$ のとき

$m=f(0)=b$，$M=f(1)=a+b-1$ より

$$b\leqq 0\leqq a+b-1$$

よって $b\leqq 0$ かつ $b\geqq -a+1$

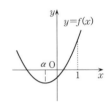

(ii) $0<\dfrac{2-a}{2}\leqq\dfrac{1}{2}$ すなわち $1\leqq a<2$ のとき

$m=f(\alpha)=b-\dfrac{1}{4}(a-2)^2$，$M=f(1)$ より

$$b-\dfrac{1}{4}(a-2)^2\leqq 0\leqq a+b-1$$

よって $b\leqq\dfrac{1}{4}(a-2)^2$ かつ $b\geqq -a+1$

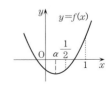

(iii) $\dfrac{1}{2}<\dfrac{2-a}{2}\leqq 1$ すなわち $0\leqq a<1$ のとき

$m=f(\alpha)$，$M=f(0)$ より

$$b-\dfrac{1}{4}(a-2)^2\leqq 0\leqq b$$

よって $b\leqq\dfrac{1}{4}(a-2)^2$ かつ $b\geqq 0$

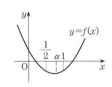

(iv) $1<\dfrac{2-a}{2}$ すなわち $a<0$ のとき

$m=f(1)$，$M=f(0)$ より

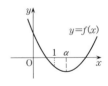

$$a+b-1 \leqq 0 \leqq b$$

よって　　$b \geqq 0$　かつ　$b \leqq -a+1$

以上(ⅰ)〜(ⅳ)より，[**解法1**] と同じ図を得る。

〔**注**〕　[**解法1**] における(ⅰ)，(ⅱ)の場合分けは，排
反な場合分けになっていない。たとえば，右図の
3つのグラフはいずれも，(ⅰ)，(ⅱ)の両方の場合に
含まれている。しかし，求める条件は，「(ⅰ)と(ⅱ)
の和集合」であるから，両者の間に重なりがあっ
てもよいのである。

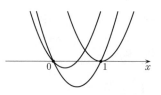

　　[**解法2**] のように放物線の軸の位置での場合
分けによって，$f(x)$ の最小値・最大値に注目すると排反な場合に分けられた領域が得
られる。

41

ポイント　　1 の虚数立方根 ω と因数定理を利用する。

解 法

$x^2+x+1=0$ は共役な虚数解をもつから，それを ω, $\overline{\omega}$ とする。

$$x^3-1=(x-1)(x^2+x+1)$$

よって，ω は 1 の 3 乗根（のうちの虚数解の 1 つ）である。すなわち，ω は

$$\omega^3=1, \quad \omega^2+\omega+1=0$$

を満たす。

$f(x)=(x^{100}+1)^{100}+(x^2+1)^{100}+1$ とおくと

$$\begin{aligned}
f(\omega) &= (\omega^{100}+1)^{100}+(\omega^2+1)^{100}+1 \\
&= (\omega+1)^{100}+(-\omega)^{100}+1 \\
&= (-\omega^2)^{100}+\omega^{100}+1 \\
&= \omega^{200}+\omega^{100}+1 \\
&= \omega^2+\omega+1 \\
&= 0
\end{aligned}$$

また，$f(x)$ は実数係数の多項式であるから

$$f(\overline{\omega})=\overline{f(\omega)}=\overline{0}=0$$

ゆえに，因数定理により，$f(x)$ は $(x-\omega)(x-\overline{\omega})=x^2+x+1$ で割り切れる。

……(答)

〔注〕　一般に，$a_0, \cdots, a_n$ を実数，α を複素数とするとき

$$\begin{aligned}
&\overline{a_0\alpha^n+a_1\alpha^{n-1}+\cdots+a_{n-1}\alpha+a_n} \\
&=\overline{a_0\alpha^n}+\overline{a_1\alpha^{n-1}}+\cdots+\overline{a_{n-1}\alpha}+\overline{a_n} \\
&=\overline{a_0}\,\overline{\alpha}^n+\overline{a_1}\,\overline{\alpha}^{n-1}+\cdots+\overline{a_{n-1}}\,\overline{\alpha}+\overline{a_n} \\
&=a_0(\overline{\alpha})^n+a_1(\overline{\alpha})^{n-1}+\cdots+a_{n-1}\overline{\alpha}+a_n
\end{aligned}$$

これが，$\overline{f(\alpha)}=f(\overline{\alpha})$ の根拠である。

42

2002 年度 〔3〕（文理共通）   Level **A**

ポイント　整数解は 1 または −1 であることの根拠を述べ，場合を分けて考える。整式 $f(x)$ に つ い て，$f(x)=0$ が $x=\alpha$ を 重 解 に も つ た め の 必 要 十 分 条 件 $f(\alpha)=f'(\alpha)=0$ を利用するとよい。

解法

　　整数の解を n とすると　　　$n^4+an^3+bn^2+cn=-1$
この左辺は n で割り切れるので，n は 1 の約数であり　　　$n=\pm1$

(I)　2 つの整数解がともに 1 であるための条件は　　　$f(1)=f'(1)=0$

　　$f(x)=x^4+ax^3+bx^2+cx+1$, $f'(x)=4x^3+3ax^2+2bx+c$ より

　　　　$0=f(1)=a+b+c+2$　……①，　$0=f'(1)=3a+2b+c+4$　……②

　　①，②より　　　$b=-2a-2$, $c=a$　……③

　　このとき　　　$f(x)=(x-1)^2\{x^2+(a+2)x+1\}$

　　$x^2+(a+2)x+1$ が虚数解をもつための条件は　　　$(a+2)^2-4<0$

　　すなわち　　　$a=-3,\ -2,\ -1$

　　これと③より

　　　　$(a,\ b,\ c)=(-3,\ 4,\ -3),\ (-2,\ 2,\ -2),\ (-1,\ 0,\ -1)$

(II)　2 つの整数解がともに −1 であるための条件は　　　$f(-1)=f'(-1)=0$

　　これは，$b=2a-2$, $c=a$ と同値であり，このとき

　　　　$f(x)=(x+1)^2\{x^2+(a-2)x+1\}$

　　(I)と同様にして

　　　　$(a,\ b,\ c)=(1,\ 0,\ 1),\ (2,\ 2,\ 2),\ (3,\ 4,\ 3)$

(III)　2 つの整数解が 1 と −1 であるための条件は　　　$f(1)=f(-1)=0$

　　すなわち　　　$a+b+c+2=0$　かつ　$-a+b-c+2=0$

　　ゆえに　　　$b=-2$, $c=-a$

　　このとき　　　$f(x)=(x+1)(x-1)(x^2+ax-1)$

　　$a^2+4>0$ より，$x^2+ax-1=0$ は虚数解をもたない。

　　よって，条件を満たす整数 a, b, c は存在しない。

以上(I)〜(III)より，求める a, b, c の値は

　　　　$(a,\ b,\ c)=(\pm1,\ 0,\ \pm1),\ (\pm2,\ 2,\ \pm2),\ (\pm3,\ 4,\ \pm3)$　（複号同順）

　　　　　　　　　　　　　　　　　　　　　　　　　　　　　　……(答)

〔注〕　〔解法〕では $x=\alpha$ の重解条件 $f(\alpha)=f'(\alpha)=0$ を利用したが，これを用いずに組み立て除法（割り算）を2回用いるなどして①，②を導くこともできる。

研究　一般に，整数係数の n 次方程式

$$a_n x^n + a_{n-1} x^{n-1} + \cdots + a_1 x + a_0 = 0 \quad (a_n \neq 0)$$

が有理数解をもつときには，その有理数解（既約分数）は必ず，$\dfrac{a_0 \text{ の約数}}{a_n \text{ の約数}}$ の形をしていなければならない。

（証明）

（左辺を $f(x)$ とおく）

有理数解を既約分数で表して $\dfrac{q}{p}$ とする。

$f\left(\dfrac{q}{p}\right) = 0$ より

$$\frac{a_n q^n}{p^n} + \frac{a_{n-1} q^{n-1}}{p^{n-1}} + \cdots + \frac{a_1 q}{p} + a_0 = 0$$

分母を払うと

$$a_n q^n + a_{n-1} p q^{n-1} + \cdots + a_1 p^{n-1} q + a_0 p^n = 0$$

これはさらに，次の2通りの形に表すことができる。

$$q(a_n q^{n-1} + a_{n-1} p q^{n-2} + \cdots + a_1 p^{n-1}) = -a_0 p^n \quad \cdots\cdots ①$$

$$p(a_{n-1} q^{n-1} + \cdots + a_1 p^{n-2} q + a_0 p^{n-1}) = -a_n q^n \quad \cdots\cdots ②$$

①より，$a_0 p^n$ は q で割り切れるが，p と q は互いに素であるから a_0 が q で割り切れる。よって，q は a_0 の約数でなければならない。同様に，②より，p は a_n の約数でなければならない。　　　　　　　　　　　　　　　　　　　　　　　　　　　（証明終）

このことから，最高次の係数が1であるような整数係数の n 次方程式においては，有理数解は必ず整数解になり，しかもそれは定数項の約数になることがわかる。

43

ポイント $x=ti$ が解となるような実数 t が存在するための実数 a の条件を求める。

[解法1] $x=ti$ を与式に代入する。

[解法2] $t=0$ の場合と $t \neq 0$ の場合とに分け，$t \neq 0$ の場合には，与式の左辺が $(x+ti)(x-ti)=x^2+t^2$ で割り切れることが必要十分な条件であることを利用する。

解法1

虚軸上の複素数は実数 t を用いて ti とかけることから

$$(ti)^5+(ti)^4-(ti)^3+(ti)^2-(a+1)ti+a=0 \quad \cdots\cdots ①$$

を満たす実数 t が存在するための実数 a の値を求める。

①より

$$t^4-t^2+a+(t^4+t^2-a-1)ti=0$$

$$\begin{cases} t^4-t^2+a=0 & \cdots\cdots ② \\ t(t^4+t^2-a-1)=0 \end{cases} \quad (\because \ a, \ t \ \text{は実数})$$

(i) $\begin{cases} ② \\ t=0 \end{cases}$ または   (ii) $\begin{cases} ② \\ t^4+t^2-a-1=0 \quad \cdots\cdots ③ \end{cases}$

(i)より $\begin{cases} a=0 \\ t=0 \end{cases}$

(ii)より $\begin{cases} ③ \\ ②+③ \cdots 2t^4-1=0 \end{cases} \Longleftrightarrow \begin{cases} \dfrac{1}{2}+\dfrac{\sqrt{2}}{2}-a-1=0 \\ t^2=\dfrac{\sqrt{2}}{2} \quad (\because \ t \ \text{は実数}) \end{cases}$

$$\Longleftrightarrow \begin{cases} a=\dfrac{-1+\sqrt{2}}{2} \\ t=\pm\dfrac{1}{\sqrt[4]{2}} \end{cases}$$

よって，①を満たす実数 t が存在するための実数 a の値は，0 または $\dfrac{-1+\sqrt{2}}{2}$ である。 ……(答)

解 法 2

虚軸上の複素数は，0 または純虚数である。

(ⅰ) $x=0$ が解になるための a の値は　　$a=0$

(ⅱ) $x=ti$（t は 0 でない実数）が解になる場合，与方程式は実数係数であるから，その共役複素数である $x=-ti$ も解になる。よって，与式が ti を解にもつための条件は，与式の左辺が

$$(x+ti)(x-ti)=x^2+t^2$$

で割り切れることである。実際に割り算をすると，余りは

$$(t^4+t^2-a-1)x+t^4-t^2+a$$

となるから，求める a の条件は

$$\begin{cases} t^4+t^2-a-1=0 \\ t^4-t^2+a=0 \end{cases}$$

を満たす実数 $t \neq 0$ が存在することである。

（以下，［解法 1 ］の(ⅱ)に同じ）

44 2000 年度〔2〕 Level C

ポイント (1) 与えられた直線は a によらない定点を通ることを利用して，$y=\sqrt{x}$ のグラフとの関係を調べる。接する場合の傾きに注目する。

(2) 与えられた方程式は $\dfrac{2}{a}x+1-\dfrac{1}{a}=\pm\sqrt{x}$ と同値であり，(1)の直線と $y=\pm\sqrt{x}$ のグラフが交点をもつ場合は β の位置をグラフで考え，交点をもたない場合は，$|\alpha|=|\beta|$ （共役な虚数の性質）から $|\beta|=\sqrt{|\alpha\beta|}$ という式処理による。

実数も複素数であることに注意。

[解法 1] (1) グラフによる。
[解法 2] (1) 微分法の利用による。

解法 1

(1) $\dfrac{2}{a}=A$ とおくと，$0<a\leqq2$ より $A\geqq1$ である。このとき直線 $y=\dfrac{2}{a}x+1-\dfrac{1}{a}$ の方程式は

$$y=Ax+1-\frac{A}{2} \quad\cdots\cdots①$$

$$\therefore\quad y-1=A\left(x-\frac{1}{2}\right)$$

となり，これは，定点 $\left(\dfrac{1}{2},\ 1\right)$ を通り，傾き A の直線である。ゆえに，$y=\sqrt{x}$ との位置関係は図のようになる。

両者が接するとき（図の(A), (B)）の A の値を求める。

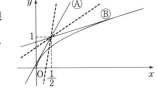

$$y=\sqrt{x}\Longleftrightarrow\begin{cases}x=y^2\\y\geqq0\end{cases}$$

であるから，これと①より

$$y=Ay^2+1-\frac{A}{2}\quad\therefore\quad 2Ay^2-2y+2-A=0$$

判別式を D とすると，接することより $D=0$ であるから

$$\frac{D}{4}=1-2A(2-A)=2A^2-4A+1=0$$

$$\therefore\quad A=\frac{2\pm\sqrt{2}}{2}$$

$0<\dfrac{2-\sqrt{2}}{2}<\dfrac{2+\sqrt{2}}{2}$ より，$A=\dfrac{2+\sqrt{2}}{2}$ が図の④の傾きを表し，$A=\dfrac{2-\sqrt{2}}{2}$ が図の⑧の傾きを表す。ゆえに，$A\geqq1$ という条件を考慮すると，2つのグラフが共有点をもつための A の範囲は

$$A\geqq\dfrac{2+\sqrt{2}}{2} \quad \text{すなわち} \quad \dfrac{2}{a}\geqq\dfrac{2+\sqrt{2}}{2}$$

$$\therefore \quad a\leqq\dfrac{4}{2+\sqrt{2}}=4-2\sqrt{2} \quad (<2)$$

よって，求める a の範囲は $\quad 0<a\leqq4-2\sqrt{2}$ ……(答)

(2) $\quad (2x+a-1)^2=a^2x$ ……②

$$2x+a-1=\pm a\sqrt{x}$$

$$\dfrac{2}{a}x+1-\dfrac{1}{a}=\pm\sqrt{x}$$

(i) $0<a\leqq4-2\sqrt{2}$ のとき

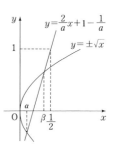

(1)より，$y=\dfrac{2}{a}x+1-\dfrac{1}{a}$（(1)の①）と $y=\pm\sqrt{x}$ のグラフは，右図のような位置に共有点をもち，共有点の x 座標（②の解）は2個とも0以上である。したがって，2つの解を α, β $(0\leqq\alpha\leqq\beta)$ とすると，$|\alpha|\leqq|\beta|$ である。よって $|\beta|(=\beta)$ が最小になるのは，図より，直線と放物線が(1)の図の④のように接するとき，つまり $a=4-2\sqrt{2}$ のときである。このとき，②を変形した

$$4x^2-(a-2)^2x+(a-1)^2=0 \quad ……③$$

は重解 β をもつから，解と係数の関係より，$|\beta|(=\beta)$ の最小値は

$$③の重解=\dfrac{(a-2)^2}{8}=\dfrac{(2-2\sqrt{2})^2}{8}=\dfrac{3-2\sqrt{2}}{2}$$

(ii) $4-2\sqrt{2}<a\leqq2$ のとき

直線①の傾きが(1)の④の傾きより小さく，⑧の傾きより大きいので，直線①と $y=\pm\sqrt{x}$ は交点をもたない。

よって，②（つまり③）は共役な2つの虚数解 α, β をもつから，$|\alpha|=|\beta|$ である。このとき

$$|\beta|=\sqrt{|\alpha|\cdot|\beta|}=\sqrt{|\alpha\beta|}=\sqrt{\left|\dfrac{(a-1)^2}{4}\right|}=\dfrac{|a-1|}{2}$$

$1<4-2\sqrt{2}<a\leqq2$ より

$$|\beta|=\dfrac{|a-1|}{2}>\dfrac{4-2\sqrt{2}-1}{2}=\dfrac{3-2\sqrt{2}}{2}$$

以上(i), (ii)より，$|\beta|$ は $a=4-2\sqrt{2}$ のとき最小になり，その最小値は

$$|\beta|=\frac{3-2\sqrt{2}}{2} \quad \cdots\cdots(答)$$

解法 2

(1) $f(x)=\dfrac{2}{a}x+1-\dfrac{1}{a}-\sqrt{x}$ とするとき，方程式 $f(x)=0$ が $x\geqq0$ に実数解をもつような a の範囲を求める。

$$f'(x)=\frac{2}{a}-\frac{1}{2\sqrt{x}}=\frac{4\sqrt{x}-a}{2a\sqrt{x}}$$

よって，$x\geqq0$ における $f(x)$ の増減表は右のようになる。また

$$\lim_{x\to\infty}f(x)=\lim_{x\to\infty}\frac{2}{a}\sqrt{x}\left(\sqrt{x}-\frac{a}{2}\right)+1-\frac{1}{a}$$
$$=+\infty$$

x	0	$\cdots$	$\dfrac{a^2}{16}$	$\cdots$
$f'(x)$		$-$	0	$+$
$f(x)$	$1-\dfrac{1}{a}$	$\searrow$	最小	$\nearrow$

であるから，$f(x)=0$ が $x\geqq0$ に実数解をもつための条件は，$f\left(\dfrac{a^2}{16}\right)\leqq0$ である。すなわち

$$f\left(\frac{a^2}{16}\right)=\frac{2}{a}\cdot\frac{a^2}{16}+1-\frac{1}{a}-\frac{a}{4}=-\frac{a^2-8a+8}{8a}\leqq0$$

$a>0$ より　　$a^2-8a+8\geqq0$　　$\therefore$　$a\leqq4-2\sqrt{2}$, $4+2\sqrt{2}\leqq a$

$0<a\leqq2$ より　　$0<a\leqq4-2\sqrt{2}$　$\cdots\cdots(答)$

45

ポイント (1) 左辺 − 右辺 > 0 を示す。

(2) $x_1 = 1$, $x_2 = 2$, $\cdots$, $x_n = n$ のときが $\displaystyle\sum_{k=1}^{n}\frac{x_k^2}{k^2+1}$ の考え得る値の最小値であることを背理法と(1)の利用で示す。次いで, $k \geqq 2$ に対して $\dfrac{1}{k^2+1} < \dfrac{1}{k^2-k}$ と部分分数への分解を利用する。

[解法1] (2) $(x_1, x_2, \cdots, x_n)$ の考え得る組の個数は有限 ($n!$ 個) なので, $\displaystyle\sum_{k=1}^{n}\frac{x_k^2}{k^2+1}$ の値を最小にする組が存在する。前半はこのことと背理法を用い, 後半は部分分数への分解を用いる。

[解法2] (2) 前半を数学的帰納法で, 後半を積分利用で示す。帰納法の仮定を正しく用いることに注意する。

解法 1

(1)
$$\left(\frac{b_1^2}{a_0^2+1}+\frac{a_1^2}{b_0^2+1}\right)-\left(\frac{a_1^2}{a_0^2+1}+\frac{b_1^2}{b_0^2+1}\right)=\frac{b_1^2-a_1^2}{a_0^2+1}-\frac{b_1^2-a_1^2}{b_0^2+1}$$
$$=\frac{(b_1^2-a_1^2)(b_0^2-a_0^2)}{(a_0^2+1)(b_0^2+1)}>0$$

$(0<a_0<b_0,\ 0<a_1<b_1\ \text{より}\qquad b_0^2-a_0^2>0,\ b_1^2-a_1^2>0)$

$\therefore\quad \dfrac{b_1^2}{a_0^2+1}+\dfrac{a_1^2}{b_0^2+1}>\dfrac{a_1^2}{a_0^2+1}+\dfrac{b_1^2}{b_0^2+1}$ (証明終)

(2) $n=1$ のとき与式が成り立つことは明らかなので, $n \geqq 2$ のときを考える。x_1, x_2, $\cdots$, x_n は, $1 \leqq x_k \leqq n$ ($1 \leqq k \leqq n$) を満たす互いに異なる自然数であるが, このうち

$$\sum_{k=1}^{n}\frac{x_k^2}{k^2+1} \quad \cdots\cdots①$$

を最小にする $(x_1, x_2, \cdots, x_n)$ の組を $(y_1, y_2, \cdots, y_n)$ とする。このとき $y_i > y_j$ $(i<j)$ となる i と j の組が1組でも存在するとすると, このような i と j について, (1)より

$$\frac{y_i^2}{i^2+1}+\frac{y_j^2}{j^2+1}>\frac{y_j^2}{i^2+1}+\frac{y_i^2}{j^2+1}$$

であるから

$$\sum_{k=1}^{n}\frac{y_k^2}{k^2+1}>\frac{y_1^2}{1^2+1}+\frac{y_2^2}{2^2+1}+\cdots+\frac{y_j^2}{i^2+1}+\cdots+\frac{y_i^2}{j^2+1}+\cdots+\frac{y_n^2}{n^2+1}$$

となり, ①は $(x_1, x_2, \cdots, x_n)=(y_1, y_2, \cdots, y_j, \cdots, y_i, \cdots, y_n)$ のときの方が小

さくなるので，$(y_1, y_2, \cdots, y_i, \cdots, y_j, \cdots, y_n)$ が①を最小にすることと矛盾する。
よって，$y_1 < y_2 < \cdots < y_n$ であるから

$$y_k = k \quad (1 \leq k \leq n)$$

したがって

$$\sum_{k=1}^{n} \frac{x_k^2}{k^2+1} \geq \sum_{k=1}^{n} \frac{y_k^2}{k^2+1} = \sum_{k=1}^{n} \frac{k^2}{k^2+1} = \sum_{k=1}^{n}\left(1 - \frac{1}{k^2+1}\right) = n - \sum_{k=1}^{n} \frac{1}{k^2+1}$$

ここで

$$\sum_{k=1}^{n} \frac{1}{k^2+1} = \frac{1}{2} + \sum_{k=2}^{n} \frac{1}{k^2+1}$$

$$< \frac{1}{2} + \sum_{k=2}^{n} \frac{1}{k^2-k} \quad (k \geq 2 \text{ のとき} \quad 0 < k^2-k < k^2+1)$$

$$= \frac{1}{2} + \sum_{k=2}^{n}\left(\frac{1}{k-1} - \frac{1}{k}\right) = \frac{1}{2} + 1 - \frac{1}{n} < \frac{3}{2}$$

よって　　$\displaystyle\sum_{k=1}^{n} \frac{x_k^2}{k^2+1} \geq n - \sum_{k=1}^{n} \frac{1}{k^2+1} > n - \frac{3}{2} > n - \frac{8}{5}$　　　　　　　（証明終）

解 法 2

(2)　n 個の自然数 $x_1, x_2, \cdots, x_n$ が互いに異なり，$1 \leq x_k \leq n$　$(1 \leq k \leq n)$ を満たすとき，すなわち $\{x_1, x_2, \cdots, x_n\} = \{1, 2, \cdots, n\}$ のとき

$$\sum_{k=1}^{n} \frac{x_k^2}{k^2+1} \geq \sum_{k=1}^{n} \frac{k^2}{k^2+1} \quad \cdots\cdots(*)$$

が成り立つことを，数学的帰納法で証明する。

〔1〕　$n=1$ のときは明らかに（等号が）成り立つ。

〔2〕　$n=l$ (≥ 1) のとき，$\{x_1, \cdots, x_l\} = \{1, \cdots, l\}$ に対して $(*)$ が成り立つと仮定すると

$$\sum_{k=1}^{l} \frac{x_k^2}{k^2+1} \geq \sum_{k=1}^{l} \frac{k^2}{k^2+1} \quad \cdots\cdots(**)$$

この仮定のもとで，$\displaystyle\sum_{k=1}^{l+1} \frac{x_k^2}{k^2+1} \geq \sum_{k=1}^{l+1} \frac{k^2}{k^2+1}$ が $\{x_1, x_2, \cdots, x_l, x_{l+1}\} = \{1, 2, \cdots, l, l+1\}$ に対して成り立つことを示す。

(i)　$x_{l+1} = l+1$ のとき

$$\sum_{k=1}^{l+1} \frac{x_k^2}{k^2+1} = \sum_{k=1}^{l} \frac{x_k^2}{k^2+1} + \frac{x_{l+1}^2}{(l+1)^2+1}$$

$$\geq \sum_{k=1}^{l} \frac{k^2}{k^2+1} + \frac{(l+1)^2}{(l+1)^2+1} \quad (\because \ (**))$$

$$= \sum_{k=1}^{l+1} \frac{k^2}{k^2+1}$$

(ii) $x_{l+1} \neq l+1$ すなわち $x_{l+1} < l+1$ のとき，$x_i = l+1$ となる i $(1 \leq i \leq l)$ が存在し，$x_{l+1} < x_i$, $i < l+1$ であるから，(1)より

$$\frac{x_i^2}{i^2+1} + \frac{x_{l+1}^2}{(l+1)^2+1} > \frac{x_{l+1}^2}{i^2+1} + \frac{x_i^2}{(l+1)^2+1}$$

$$= \frac{x_{l+1}^2}{i^2+1} + \frac{(l+1)^2}{(l+1)^2+1} \quad \cdots\cdots(\ast\ast\ast)$$

$$\therefore \quad \sum_{k=1}^{l+1} \frac{x_k^2}{k^2+1} = \frac{x_1^2}{1^2+1} + \frac{x_2^2}{2^2+1} + \cdots + \frac{x_{i-1}^2}{(i-1)^2+1} + \frac{x_i^2}{i^2+1} + \frac{x_{i+1}^2}{(i+1)^2+1}$$

$$+ \cdots + \frac{x_l^2}{l^2+1} + \frac{x_{l+1}^2}{(l+1)^2+1}$$

$$> \frac{x_1^2}{1^2+1} + \frac{x_2^2}{2^2+1} + \cdots + \frac{x_{i-1}^2}{(i-1)^2+1} + \frac{x_{l+1}^2}{i^2+1} + \frac{x_{i+1}^2}{(i+1)^2+1}$$

$$+ \cdots + \frac{x_l^2}{l^2+1} + \frac{(l+1)^2}{(l+1)^2+1}$$

$$(\because \quad (\ast\ast\ast))$$

$$\geq \sum_{k=1}^{l} \frac{k^2}{k^2+1} + \frac{(l+1)^2}{(l+1)^2+1}$$

$$(\because \ \{x_1,\ x_2,\ \cdots,\ x_{i-1},\ x_{i+1},\ \cdots,\ x_l,\ x_{l+1}\}$$

$$= \{1,\ 2,\ \cdots,\ l\} \ \text{に対して} (\ast\ast) \text{を適用する。})$$

$$= \sum_{k=1}^{l+1} \frac{k^2}{k^2+1}$$

(i)，(ii)より

$$\sum_{k=1}^{l+1} \frac{x_k^2}{k^2+1} \geq \sum_{k=1}^{l+1} \frac{k^2}{k^2+1}$$

となり，$n = l+1$ のときも($\ast$)は成り立つ。

したがって，〔1〕，〔2〕より，任意の自然数 n に対して($\ast$)は成り立つ。

よって

$$\sum_{k=1}^{n} \frac{x_k^2}{k^2+1} \geq \sum_{k=1}^{n} \frac{k^2}{k^2+1}$$

$$= \sum_{k=1}^{n}\left(1 - \frac{1}{k^2+1}\right) = n - \sum_{k=1}^{n} \frac{1}{k^2+1}$$

$$> n - \int_0^n \frac{1}{x^2+1} dx \quad \cdots\cdots ②$$

$$\left(\begin{array}{l} y = \dfrac{1}{x^2+1} \text{ は } x \geq 0 \text{ で単調減少だから，(次図の斜線部分の階段状の面積の和)} \\ < \left(\text{曲線 } y = \dfrac{1}{x^2+1} \quad (0 \leq x \leq n) \text{ と } x \text{軸で挟まれる部分の面積}\right) \text{ となる。} \end{array} \right)$$

ここで，$x = \tan\theta$ とおき，$\tan\theta_n = n$ $\left(0 < \theta_n < \dfrac{\pi}{2}\right)$ とすると

$$\frac{dx}{d\theta} = \frac{1}{\cos^2\theta},$$

x	$0 \to n$
θ	$0 \to \theta_n$

よって

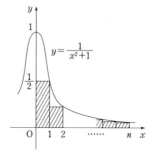

$$y = \frac{1}{x^2+1}$$

$$\int_0^n \frac{1}{x^2+1}\,dx = \int_0^{\theta_n} \frac{1}{\tan^2\theta+1} \cdot \frac{1}{\cos^2\theta}\,d\theta$$

$$= \int_0^{\theta_n} d\theta = \Big[\theta\Big]_0^{\theta_n} = \theta_n$$

したがって，②より

$$\sum_{k=1}^{n} \frac{x_k{}^2}{k^2+1} > n - \theta_n > n - \frac{\pi}{2}$$

$$> n - \frac{8}{5} \quad \left(\because \ \pi = 3.14\cdots < \frac{16}{5}\right)$$

$$\therefore \quad \sum_{k=1}^{n} \frac{x_k{}^2}{k^2+1} > n - \frac{8}{5} \qquad\qquad \text{（証明終）}$$

〔注〕 (2)の証明中で用いた次の命題

「$\{x_1,\ x_2,\ \cdots,\ x_n\} = \{1,\ 2,\ \cdots,\ n\}$（集合として一致する）$\Longrightarrow \displaystyle\sum_{k=1}^{n} \frac{x_k{}^2}{k^2+1} \geqq \sum_{k=1}^{n} \frac{k^2}{k^2+1}$」

において，重要なのは添え字なのではなく，次のようなこの命題の意味である。

「$\dfrac{\boxed{}^2}{1^2+1} + \dfrac{\boxed{}^2}{2^2+1} + \cdots + \dfrac{\boxed{}^2}{n^2+1}$ の n 個の $\boxed{}$ に $1,\ 2,\ \cdots,\ n$ の n 個の数字をどのような

順に 1 つずつ入れても，この和は $\displaystyle\sum_{k=1}^{n} \frac{k^2}{k^2+1}$ 以上である」

［解法 2 ］の帰納法の仮定は，当然この意味で用いられている。なお，この類の不等式の 1 つとして次の並べ替え不等式が有名である。

「$x_1 \geqq x_2 \geqq \cdots \geqq x_n,\ y_1 \geqq y_2 \geqq \cdots \geqq y_n$ に対して

$$\{z_1,\ z_2,\ \cdots,\ z_n\} = \{y_1,\ y_2,\ \cdots,\ y_n\} \Longrightarrow \sum_{k=1}^{n} x_k z_k \leqq \sum_{k=1}^{n} x_k y_k$$」

§4 三角関数・対数関数

46 2022 年度 〔1〕（文理共通） Level A

ポイント $2000 = 2 \cdot 10^3 < 2022 < 2048 = 2^{11}$ を利用する。

解 法

$\log_4 2022 < \log_4 2048$

$\qquad = \log_4 2^{11}$

$\qquad = 11 \log_4 2$

$\qquad = 11 \cdot \dfrac{\log_{10} 2}{\log_{10} 4}$

$\qquad = 11 \cdot \dfrac{\log_{10} 2}{2 \log_{10} 2}$

$\qquad = 11 \cdot \dfrac{1}{2}$

$\qquad = 5.5$

$\log_4 2022 > \log_4 2000$

$\qquad = \dfrac{\log_{10} 2 \cdot 10^3}{\log_{10} 4}$

$\qquad = \dfrac{\log_{10} 2 + 3}{2 \log_{10} 2}$

$\qquad = \dfrac{1}{2} + \dfrac{3}{2 \log_{10} 2}$

$\qquad > 0.5 + \dfrac{3}{0.6022} \quad (\log_{10} 2 < 0.3011 \text{ より})$

$\qquad > 0.5 + 4.9 \quad \left(\dfrac{3}{0.6022} = 4.98 \cdots \text{ より} \right)$

$\qquad = 5.4$

以上から，$5.4 < \log_4 2022 < 5.5$ である。　　　　　　　　　（証明終）

47

2019 年度　〔1〕　問1　　　　　　　　　　Level　A

ポイント　3 倍角・2 倍角の公式を用いて，$\cos\theta$ を $\cos 3\theta$ と $\cos 2\theta$ で表すことで $\cos 2\theta$ の値が求まり θ が定まる。最後のところでただし書きに配慮した記述を行う。

解　法

$$\cos 3\theta = 4\cos^3\theta - 3\cos\theta = \cos\theta\{2(2\cos^2\theta - 1) - 1\}$$
$$= \cos\theta(2\cos 2\theta - 1)$$

$2\cos 2\theta - 1 \neq 0$ とすると

$$\cos\theta = \frac{\cos 3\theta}{2\cos 2\theta - 1}　\cdots\cdots①$$

$\cos 2\theta$ と $\cos 3\theta$ がともに有理数なので①の右辺も有理数である。これは $\cos\theta$ が有理数ではないことに反する。

よって

$$2\cos 2\theta - 1 = 0　すなわち　\cos 2\theta = \frac{1}{2}　（有理数）$$

である。$0 < \theta < \dfrac{\pi}{2}$ より，$0 < 2\theta < \pi$ であるから

$$2\theta = \frac{\pi}{3}　ゆえに　\theta = \frac{\pi}{6}$$

このとき　$\cos 3\theta = \cos\dfrac{\pi}{2} = 0$　（有理数）

また，$\cos\theta = \cos\dfrac{\pi}{6} = \dfrac{\sqrt{3}}{2}$ より　$2\cos\theta = \sqrt{3}$　$\cdots\cdots②$

ここで，3 は素数であるから $\sqrt{3}$ は有理数でない。

$\cos\theta$ が有理数であるとすると，②の左辺も有理数になるが，これは②の右辺が有理数でないことに矛盾する。

よって，$\cos\theta$ は有理数でない。

したがって　$\theta = \dfrac{\pi}{6}$　$\cdots\cdots$（答）

48　2009 年度　甲〔3〕（文理共通）　Level A

ポイント　底を 2 として与式を変形し，$\log_2 x \cdot \log_2 y$ の正負で場合分けを行う。

解法

底を 2 にそろえて与式を整理すると次のようになる。

$$\frac{\log_2 y}{\log_2 x} + \frac{\log_2 x}{\log_2 y} > 2 + \frac{1}{\log_2 x} \cdot \frac{1}{\log_2 y}$$

(i) $\log_2 x \cdot \log_2 y > 0$ のとき

つまり「$x>1$ かつ $y>1$」または「$0<x<1$ かつ $0<y<1$」のとき

$$(\log_2 y)^2 + (\log_2 x)^2 > 2\log_2 x \cdot \log_2 y + 1$$

$$(\log_2 x - \log_2 y)^2 > 1$$

$$\left(\log_2 \frac{x}{y}\right)^2 > 1$$

$$\log_2 \frac{x}{y} < -1 \quad \text{または} \quad 1 < \log_2 \frac{x}{y}$$

$$\frac{x}{y} < \frac{1}{2} \quad \text{または} \quad \frac{x}{y} > 2$$

よって　$y > 2x$　または　$y < \dfrac{x}{2}$

(ii) $\log_2 x \cdot \log_2 y < 0$ のとき

つまり「$x>1$ かつ $0<y<1$」または「$0<x<1$ かつ $y>1$」のとき

(i)と不等号の向きが逆転するから

$$\left(\log_2 \frac{x}{y}\right)^2 < 1$$

$$-1 < \log_2 \frac{x}{y} < 1$$

$$\frac{1}{2} < \frac{x}{y} < 2$$

よって　$y < 2x$　かつ　$y > \dfrac{x}{2}$

以上(i), (ii)より，(x, y) の範囲を図示すると，右図の網かけ部分となる（境界は含まない）。

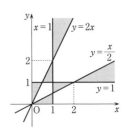

49

ポイント　対数をとって n を上下から評価する。その評価式から，関数 $\dfrac{x}{1-3x}$ を考察する必要が生じる。

解 法

与えられた不等式から

$$10\log_{10}2 < n\log_{10}\frac{5}{4} < 20\log_{10}2 \quad \cdots\cdots①$$

ここで　　$\log_{10}\dfrac{5}{4} = \log_{10}\dfrac{10}{8} = 1 - 3\log_{10}2 \quad (>0)$

よって，①より

$$\frac{10\log_{10}2}{1-3\log_{10}2} < n < \frac{20\log_{10}2}{1-3\log_{10}2} \quad \cdots\cdots②$$

x の関数 $\dfrac{x}{1-3x}$ $\left(0<x<\dfrac{1}{3}\right)$ を考えると，これは $0<x<\dfrac{1}{3}$ で単調増加である（分母，分子とも正で，x が増加すると分母は減少し，分子は増加するから）。
よって

$$\frac{0.301}{1-3\times0.301} < \frac{\log_{10}2}{1-3\log_{10}2} < \frac{0.3011}{1-3\times0.3011}$$

$$\therefore \quad 3.1030\cdots < \frac{\log_{10}2}{1-3\log_{10}2} < 3.1137\cdots$$

ゆえに

$$31.03 < \frac{10\log_{10}2}{1-3\log_{10}2} < 31.14, \quad 62.06 < \frac{20\log_{10}2}{1-3\log_{10}2} < 62.28$$

したがって，②を満たす自然数 n は，$32 \leqq n \leqq 62$ の 31 個である。　……（答）

〔注〕　②で単に $\log_{10}2$ に 0.301 と 0.3011 を代入しただけで n の評価を行ったのでは論理的に不十分となる。関数 $\dfrac{x}{1-3x}$ の単調増加性 $\left(0<x<\dfrac{1}{3}$ において$\right)$ に言及しなければならない。

50

ポイント ［解法1］ $f(\theta)$ を $\cos 2\theta$ についての2次式の形に変形する。
［解法2］ 微分により、増減を調べる。

解法 1

$$f(\theta) = 2\cos^2 2\theta - 1 - 4 \cdot \frac{1 - \cos 2\theta}{2}$$
$$= 2\cos^2 2\theta + 2\cos 2\theta - 3$$
$$= 2\left(\cos 2\theta + \frac{1}{2}\right)^2 - \frac{7}{2}$$

$0 \leq \theta \leq \frac{3}{4}\pi$ より

$$0 \leq 2\theta \leq \frac{3}{2}\pi$$

$$\therefore \quad -1 \leq \cos 2\theta \leq 1$$

よって、$f(\theta)$ は

$$\cos 2\theta = -\frac{1}{2} \quad \text{すなわち} \quad 2\theta = \frac{2}{3}\pi, \ \frac{4}{3}\pi \ \left(\theta = \frac{\pi}{3}, \ \frac{2}{3}\pi\right)$$

のとき最小値 $-\frac{7}{2}$ をとり

$$\cos 2\theta = 1 \quad \text{すなわち} \quad 2\theta = 0 \ (\theta = 0)$$

のとき最大値1をとる。
ゆえに

$$\text{最大値} 1, \ \text{最小値} -\frac{7}{2} \ \cdots\cdots(\text{答})$$

解法 2

$$f'(\theta) = -4\sin 4\theta - 8\sin\theta\cos\theta$$
$$= -8\sin 2\theta\cos 2\theta - 4\sin 2\theta$$
$$= -8\sin 2\theta \cdot \left(\cos 2\theta + \frac{1}{2}\right)$$

$0 \leq \theta \leq \frac{3}{4}\pi$ より $\quad 0 \leq 2\theta \leq \frac{3}{2}\pi$

よって

$$-1 \leq \sin 2\theta \leq 1, \quad -1 \leq \cos 2\theta \leq 1$$

したがって，$f'(\theta) = 0$ となるのは

$\sin 2\theta = 0$ より

$\qquad 2\theta = 0,\ \pi$　すなわち　$\theta = 0,\ \dfrac{\pi}{2}$

$\cos 2\theta = -\dfrac{1}{2}$ より

$\qquad 2\theta = \dfrac{2}{3}\pi,\ \dfrac{4}{3}\pi$　すなわち　$\theta = \dfrac{\pi}{3},\ \dfrac{2}{3}\pi$

よって，$f(\theta)$ の増減表は次のようになる。

θ	0	$\cdots$	$\dfrac{\pi}{3}$	$\cdots$	$\dfrac{\pi}{2}$	$\cdots$	$\dfrac{2}{3}\pi$	$\cdots$	$\dfrac{3}{4}\pi$
$f'(\theta)$	0	$-$	0	$+$	0	$-$	0	$+$	
$f(\theta)$	1	$\searrow$	$-\dfrac{7}{2}$	$\nearrow$	-3	$\searrow$	$-\dfrac{7}{2}$	$\nearrow$	-3

ゆえに

$\qquad \left.\begin{array}{l} \theta = 0 \text{ のとき，最大値 } 1 \\[4pt] \theta = \dfrac{\pi}{3},\ \dfrac{2}{3}\pi \text{ のとき，最小値} -\dfrac{7}{2} \end{array}\right\}$　……(答)

51

ポイント　条件(ii)がはじめから階差になっていることに注目する。

[解法1]　条件(ii)で $n=2$ から n まで代入した $n-1$ 個の式を辺々加える。

[解法2]　条件(ii)から　　$\dfrac{a_k}{a_{k-1}}=\dfrac{k-1}{k+1}$

k に 2 から n まで代入した $n-1$ 個の式を辺々かける。

解法 1

条件(ii)より

$$\sum_{i=2}^{n}(\log a_i - \log a_{i-1}) = \sum_{i=2}^{n}\{\log(i-1) - \log(i+1)\} \quad (n \geqq 2)$$

$$\log a_n - \log a_1 = \log 1 + \log 2 - \log n - \log(n+1)$$

$$\log a_n = \log \frac{2}{n(n+1)} \quad (\text{条件(ⅰ)より} \quad a_1 = 1)$$

$$\therefore \quad a_n = \frac{2}{n(n+1)} = 2\left(\frac{1}{n} - \frac{1}{n+1}\right) \quad (n \geqq 2)$$

これは $n=1$ でも成り立つ。

ゆえに　　$\displaystyle\sum_{k=1}^{n} a_k = 2\sum_{k=1}^{n}\left(\frac{1}{k} - \frac{1}{k+1}\right) = 2\left(1 - \frac{1}{n+1}\right) = \frac{2n}{n+1}$ ……(答)

解法 2

条件(ii)より　　$\log\dfrac{a_k}{a_{k-1}} = \log\dfrac{k-1}{k+1}$　　$\therefore$　$\dfrac{a_k}{a_{k-1}} = \dfrac{k-1}{k+1}$ $(k \geqq 2)$

k に 2 から n まで代入した $n-1$ 個の式を辺々かけて

$$\frac{a_n}{a_1} = \frac{2 \cdot 1}{(n+1)n} \qquad \therefore \quad a_n = \frac{2}{(n+1)n}$$

これは $n=1$ でも成り立つ。

(以下，[解法1] に同じ)

〔注〕　どちらの解法も，$n=1$ での成立は別に確認すること。

§5 平面図形・平面ベクトル

52　2018 年度　〔3〕　　　　　　　　　　　　　　　　　　　Level　B

ポイント　[解法1]　$\angle BAC = \theta$ とおき，正弦定理から4辺を θ と α を用いて表す。また，積和公式で式処理を行う。

[解法2]　$\angle BAC = \theta$ とおき，正弦定理から対角線 AC, BD と辺 BC, DA をそれぞれ α, θ で表し，トレミーの定理から $AB \cdot CD = AC \cdot BD - BC \cdot DA$ を利用する。

[解法3]　$BC = DA = x$, $AB = y$ とおき，$AC = 2\sin\alpha$ から $\triangle ABC$ に余弦定理を用いて，y を x で表し，k を x と $\sin\alpha$ で表す。

解法 1

$\angle BAC = \theta$ とおくと，$0 < \theta < \alpha$ で，条件(ii)より

$$\angle ACB = \pi - (\alpha + \theta), \quad \angle CAD = \alpha - \theta$$

また，条件(i)より，$\angle BCD = \pi - \alpha$ であり

$$\angle ACD = \angle BCD - \angle ACB = \theta$$

また，$\triangle ABC$, $\triangle CDA$ の外接円の半径が1であるから，正弦定理より

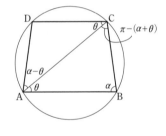

$$\frac{AB}{\sin\{\pi - (\alpha + \theta)\}} = \frac{BC}{\sin\theta} = \frac{CD}{\sin(\alpha - \theta)}$$

$$= \frac{DA}{\sin\theta} = 2$$

よって

$$AB = 2\sin\{\pi - (\alpha + \theta)\} = 2\sin(\alpha + \theta)$$

$$BC = DA = 2\sin\theta$$

$$CD = 2\sin(\alpha - \theta)$$

であるから

$$k = AB \cdot BC \cdot CD \cdot DA = 16\sin(\alpha + \theta)\sin(\alpha - \theta)\sin^2\theta$$

$$= 16 \cdot \left\{-\frac{1}{2}(\cos 2\alpha - \cos 2\theta)\right\} \cdot \frac{1 - \cos 2\theta}{2}$$

$$= 4(\cos 2\theta - \cos 2\alpha)(1 - \cos 2\theta)$$

$$\leqq 4\left\{\frac{(\cos 2\theta - \cos 2\alpha) + (1 - \cos 2\theta)}{2}\right\}^2$$

$$= (1 - \cos 2\alpha)^2 = 4\sin^4\alpha$$

(0<2\theta<2\alpha\le\pi から \cos2\theta-\cos2\alpha>0, 1-\cos2\theta>0 であり，相加・相乗平均の関係）
による。

不等号部分での等号は，$\cos2\theta-\cos2\alpha=1-\cos2\theta$ すなわち $\cos2\theta=\dfrac{1+\cos2\alpha}{2}$ のとき

成り立ち，$\cos2\alpha<\dfrac{1+\cos2\alpha}{2}<1$ から，これを満たす θ $(0<\theta<\alpha)$ は確かに存在す

る。

ゆえに，k の最大値は $4\sin^4\alpha$ である。 ……(答)

〔注〕 $k=4(\cos2\theta-\cos2\alpha)(1-\cos2\theta)$ 以降は $t=\cos2\theta$ とおいて次のように処理してもよい。

$$k=-4(t-\cos2\alpha)(t-1)$$
$$=-4\left(t-\dfrac{1+\cos2\alpha}{2}\right)^2+(1+\cos2\alpha)^2-4\cos2\alpha$$
$$=-4\left(t-\dfrac{1+\cos2\alpha}{2}\right)^2+(1-\cos2\alpha)^2$$
$$=-4\left(t-\dfrac{1+\cos2\alpha}{2}\right)^2+4\sin^4\alpha$$
$$\le4\sin^4\alpha$$

(等号成立については〔解法1〕に同じ)

解法 2

($\angle BAC=\theta$ とおくと，$\angle ACD=\theta$ となるところまでは〔解法1〕に同じ)

正弦定理より

$$\begin{cases} AC=BD=2\sin\alpha & \cdots\cdots① \\ BC=DA=2\sin\theta & \cdots\cdots② \end{cases}$$

トレミーの定理より

$$AB\cdot CD+BC\cdot DA=AC\cdot BD$$
$$AB\cdot CD=AC\cdot BD-BC\cdot DA \quad \cdots\cdots③$$

①，②，③より

$$AB\cdot CD=4\sin^2\alpha-4\sin^2\theta$$

よって

$$k=(AB\cdot CD)\cdot(BC\cdot DA)$$
$$=4(\sin^2\alpha-\sin^2\theta)\cdot4\sin^2\theta$$
$$\le16\left\{\dfrac{(\sin^2\alpha-\sin^2\theta)+\sin^2\theta}{2}\right\}^2$$
$$=4\sin^4\alpha$$

($0<\sin\theta<\sin\alpha$ から相加・相乗平均の関係による。)

不等号部分での等号は，$\sin^2\alpha-\sin^2\theta=\sin^2\theta$ すなわち

$$\sin^2\theta = \frac{1}{2}\sin^2\alpha \qquad \sin\theta = \frac{\sqrt{2}}{2}\sin\alpha$$

となる θ で成り立つ。$0 < \frac{\sqrt{2}}{2}\sin\alpha < \sin\alpha$ であるから，これを満たす θ $(0 < \theta < \alpha)$ は確かに存在する。

ゆえに，k の最大値は $4\sin^4\alpha$ である。 ……(答)

解法 3

$\angle ABC = \angle DAB = \alpha$ で，四角形 ABCD は円に内接するから

$$\angle BCD = \angle CDA = \pi - \alpha$$

より，四角形 ABCD は BC＝DA，AB∥DC の等脚台形である。
BC＝DA＝x，AB＝y とおく。

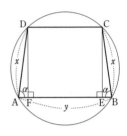

$0 < \alpha \leqq \frac{\pi}{2}$ より，DC≦AB で，頂点 C，D から辺 AB に垂線 CE，DF を下ろすと

$$AF = BE = x\cos\alpha$$
$$CD = EF = y - 2x\cos\alpha$$

また，△ABC の外接円の半径が 1 であるから，正弦定理より

$$AC = 2\sin\alpha$$

△ABC に余弦定理を用いて

$$(2\sin\alpha)^2 = x^2 + y^2 - 2xy\cos\alpha$$
$$y^2 - 2x\cos\alpha \cdot y + x^2 - 4\sin^2\alpha = 0$$

$y > BE = x\cos\alpha$ より

$$y = x\cos\alpha + \sqrt{x^2\cos^2\alpha - (x^2 - 4\sin^2\alpha)}$$
$$= x\cos\alpha + \sqrt{4\sin^2\alpha - x^2(1 - \cos^2\alpha)}$$
$$= x\cos\alpha + \sqrt{(4 - x^2)\sin^2\alpha}$$
$$= x\cos\alpha + \sqrt{4 - x^2}\cdot\sin\alpha \quad \cdots\cdots\text{①} \quad (\because \quad \sin\alpha > 0)$$
$$CD = y - 2x\cos\alpha$$
$$= \sqrt{4 - x^2}\cdot\sin\alpha - x\cos\alpha \quad \cdots\cdots\text{②}$$

①，②より

$$AB \cdot CD = y \cdot CD = (4 - x^2)\sin^2\alpha - x^2\cos^2\alpha = 4\sin^2\alpha - x^2$$

したがって

$$k = AB \cdot CD \cdot BC \cdot DA$$
$$= (4\sin^2\alpha - x^2)x^2$$

$$\leq \left\{ \frac{(4\sin^2\alpha - x^2) + x^2}{2} \right\}^2$$

$$= 4\sin^4\alpha$$

$\left(\begin{array}{l} \angle\text{BAC} < \alpha = \angle\text{ABC} \text{ より } \text{BC} < \text{AC, すなわち } 0 < x < 2\sin\alpha \text{ から } 0 < x^2 < 4\sin^2\alpha \text{ なの} \\ \text{で, 相加・相乗平均の関係による。} \end{array} \right)$

不等号部分での等号は, $x^2 = 2\sin^2\alpha$ すなわち $x = \sqrt{2}\sin\alpha$ のとき成り立ち, $0 < \sqrt{2}\sin\alpha < \sqrt{2} < 2$ から, このような x（$=$BC）を弦の長さとしてとることができるので, k の最大値は $4\sin^4\alpha$ である。 ……(答)

53

2013年度 〔1〕（文理共通）　　　　　　　　　　　　　Level　A

ポイント　EP：PC＝t：$1-t$, FP：PG＝u：$1-u$ とおき, $\overrightarrow{AP}$ を $\overrightarrow{AB}$ と $\overrightarrow{AD}$ の線形和で 2 通りに表現し, t（u）を決定する。次いで, AP：AQ＝1：k, BQ：BC＝1：l とおき, $\overrightarrow{AQ}$ を $\overrightarrow{AB}$ と $\overrightarrow{AD}$ の線形和で 2 通りに表現し, k（l）を決定する。

解　法

$\overrightarrow{AB}=\vec{b}$, $\overrightarrow{AD}=\vec{d}$ とおくと

$$\overrightarrow{AC}=\vec{b}+\vec{d},\quad \overrightarrow{AE}=\frac{1}{2}\vec{b}$$

$$\overrightarrow{AF}=\vec{b}+\frac{2}{3}\vec{d},\quad \overrightarrow{AG}=\frac{1}{4}\vec{b}+\vec{d}$$

である。

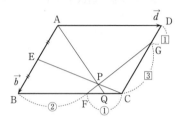

EP：PC＝t：$1-t$, FP：PG＝u：$1-u$ とおくと

$$\overrightarrow{AP}=(1-t)\,\overrightarrow{AE}+t\overrightarrow{AC}$$

$$=(1-t)\frac{1}{2}\vec{b}+t(\vec{b}+\vec{d})$$

$$=\left(\frac{1}{2}+\frac{1}{2}t\right)\vec{b}+t\vec{d}\quad\cdots\cdots①$$

$$\overrightarrow{AP}=(1-u)\,\overrightarrow{AF}+u\overrightarrow{AG}$$

$$=(1-u)\left(\vec{b}+\frac{2}{3}\vec{d}\right)+u\left(\frac{1}{4}\vec{b}+\vec{d}\right)$$

$$=\left(1-\frac{3}{4}u\right)\vec{b}+\left(\frac{2}{3}+\frac{1}{3}u\right)\vec{d}\quad\cdots\cdots②$$

$\vec{b}$, $\vec{d}$ は 1 次独立であるから, ①, ②より

$$\begin{cases}\dfrac{1}{2}+\dfrac{1}{2}t=1-\dfrac{3}{4}u\\[2mm]t=\dfrac{2}{3}+\dfrac{1}{3}u\end{cases}$$

これより, $t=\dfrac{8}{11}$, $u=\dfrac{2}{11}$ となり, ①より

$$\overrightarrow{AP}=\frac{19}{22}\vec{b}+\frac{8}{11}\vec{d}\quad\cdots\cdots③$$

Qは直線 AP 上にあるから, $\overrightarrow{AQ}=k\overrightarrow{AP}$　（k は実数）とかけて, ③より

$$\overrightarrow{AQ}=\frac{19}{22}k\vec{b}+\frac{8}{11}k\vec{d}\quad\cdots\cdots④$$

Qは辺 BC 上にあるから, $\overrightarrow{\text{AQ}} = \vec{b} + l\vec{d}$ $(0 \leq l \leq 1)$ ……⑤ とかけて, ④, ⑤より

$$\begin{cases} \dfrac{19}{22}k = 1 \\[2mm] \dfrac{8}{11}k = l \end{cases}$$

これより, $k = \dfrac{22}{19}$, $l = \dfrac{16}{19}$ となり $\overrightarrow{\text{AQ}} = \dfrac{22}{19}\overrightarrow{\text{AP}}$

ゆえに $\text{AP} : \text{PQ} = 19 : 3$ ……(答)

54

ポイント　線分 AC 上の点 R で $\overrightarrow{DR}\cdot\overrightarrow{OP}=\overrightarrow{DR}\cdot\overrightarrow{OQ}=0$ となるものが存在するための s,
t の条件を求める。

解 法

$$\overrightarrow{OP}=(3,\ 0,\ 4s),\quad \overrightarrow{OQ}=(0,\ 2,\ 4t)$$

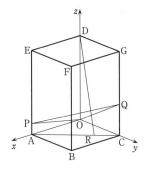

AC を $u:1-u\ (0\leqq u\leqq1)$ に内分する点を R とすると

$$\overrightarrow{OR}=(1-u)\overrightarrow{OA}+u\overrightarrow{OC}=(3-3u,\ 2u,\ 0)$$

$$\overrightarrow{DR}=\overrightarrow{OR}-\overrightarrow{OD}=(3-3u,\ 2u,\ -4)$$

$\overrightarrow{OP}\neq\vec{0},\ \overrightarrow{OQ}\neq\vec{0},\ \overrightarrow{DR}\neq\vec{0}$ であるから

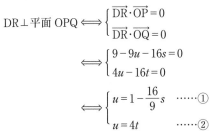

$$\text{DR}\perp\text{平面 OPQ} \Longleftrightarrow \begin{cases} \overrightarrow{DR}\cdot\overrightarrow{OP}=0 \\ \overrightarrow{DR}\cdot\overrightarrow{OQ}=0 \end{cases}$$

$$\Longleftrightarrow \begin{cases} 9-9u-16s=0 \\ 4u-16t=0 \end{cases}$$

$$\Longleftrightarrow \begin{cases} u=1-\dfrac{16}{9}s & \cdots\cdots① \\ u=4t & \cdots\cdots② \end{cases}$$

①かつ②かつ $0\leqq u\leqq1\cdots\cdots③$ を満たす u が存在するための s, t $(0<s<1\cdots\cdots④,$
$0<t<1\cdots\cdots⑤)$ の条件を求める。

①，②から　　$1-\dfrac{16}{9}s=4t$

よって　　$16s+36t=9$　$\cdots\cdots⑥$

④，⑤，⑥から　　$0<t<\dfrac{1}{4}$　$\cdots\cdots⑦$

ゆえに，⑥かつ⑦でなければならない。

逆に，⑥かつ⑦を満たす s, t に対して $u=4t$ とすると，①，②，③を満たす u が得られ，しかも④，⑤も成り立つ。ゆえに，求める条件は⑥かつ⑦である。

すなわち　　$16s+36t=9$　かつ　$0<t<\dfrac{1}{4}$　$\cdots\cdots$(答)

〔注〕　答は「$16s+36t=9$ かつ $0<s<\dfrac{9}{16}$」，あるいは「$16s+36t=9$ かつ $0<s<\dfrac{9}{16}$ かつ $0<t<\dfrac{1}{4}$」でもよい。

55

2008 年度 乙〔3〕　　　　　　　　　　　　　　　Level B

ポイント　各直線上の,原点以外の 1 点ずつを選び P,Q,R,S とすると,$\overrightarrow{PQ}=\overrightarrow{RS}$ を満たすものが存在することを示す。空間において,3 つのベクトル $\vec{a}$, $\vec{b}$, $\vec{c}$ が 1 次独立であれば,任意のベクトル $\vec{d}$ は $\vec{a}$, $\vec{b}$, $\vec{c}$ の線形和となることを利用する。

解 法

それぞれの直線上に,O とは異なる点 A,B,C,D を任意にとる。題意より OA,OB,OC は同一平面上にないから,$\overrightarrow{OA}$,$\overrightarrow{OB}$,$\overrightarrow{OC}$ は 1 次独立である。よって

$$\overrightarrow{OD}=p\overrightarrow{OA}+q\overrightarrow{OB}+r\overrightarrow{OC} \quad \cdots\cdots①$$

を満たす実数 p, q, r が存在する。ここで,$p=0$ とすると,$\overrightarrow{OD}=q\overrightarrow{OB}+r\overrightarrow{OC}$ より D は平面 OBC 上の点となり,条件に反する。よって,$p\neq0$ である。同様に,$q\neq0$,$r\neq0$ である。①より

$$\overrightarrow{OD}-r\overrightarrow{OC}=p\overrightarrow{OA}-(-q\overrightarrow{OB})$$

ここで,$\overrightarrow{OA'}=p\overrightarrow{OA}$,$\overrightarrow{OB'}=-q\overrightarrow{OB}$,$\overrightarrow{OC'}=r\overrightarrow{OC}$ を満たす 3 点 A′,B′,C′ を各直線上にとると

$$\overrightarrow{OD}-\overrightarrow{OC'}=\overrightarrow{OA'}-\overrightarrow{OB'} \quad すなわち \quad \overrightarrow{C'D}=\overrightarrow{B'A'}$$

となる。$p\neq0$,$q\neq0$,$r\neq0$ より O,A′,B′,C′,D は異なる点で,A′,B′,C′ は同一直線上にない。ゆえに,四角形 A′B′C′D は平行四辺形である。

ゆえに,この平行四辺形を含む平面が条件を満たす平面である。　　　　　　　　（証明終）

56

2007 年度　乙〔4〕 **Level　A**

ポイント　$\overrightarrow{\mathrm{OA}}$, $\overrightarrow{\mathrm{OB}}$, $\overrightarrow{\mathrm{OC}}$ を用いて，$\overrightarrow{\mathrm{OP}}$, $\overrightarrow{\mathrm{OQ}}$, $\overrightarrow{\mathrm{OR}}$ を表し，$|\overrightarrow{\mathrm{OP}}|=|\overrightarrow{\mathrm{OQ}}|=|\overrightarrow{\mathrm{OR}}|$ から $\overrightarrow{\mathrm{OA}}\cdot\overrightarrow{\mathrm{OB}}=\overrightarrow{\mathrm{OB}}\cdot\overrightarrow{\mathrm{OC}}=\overrightarrow{\mathrm{OC}}\cdot\overrightarrow{\mathrm{OA}}$ を導く。次いで $|\overrightarrow{\mathrm{AB}}|^2$, $|\overrightarrow{\mathrm{BC}}|^2$, $|\overrightarrow{\mathrm{CA}}|^2$ を計算する。

〔解法1〕　上記の方針による。

〔解法2〕　初等幾何による。二等辺三角形 OAB に O から垂線 OH を下ろし，三平方の定理を用いて OP^2 を求める。OQ^2，OR^2 についても同様にする。

〔解法3〕　単位円周上に A，B，C を取り，∠AOB$=\alpha$，∠BOC$=\beta$ として，A，B，C の座標を三角関数で表す。

解 法 1

　円の半径を r とし，$\overrightarrow{\mathrm{OA}}=\vec{a}$, $\overrightarrow{\mathrm{OB}}=\vec{b}$, $\overrightarrow{\mathrm{OC}}=\vec{c}$ とする。
条件より

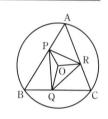

$$|\vec{a}|=|\vec{b}|=|\vec{c}|=r \quad \cdots\cdots①$$

また，題意より

$$\overrightarrow{\mathrm{OP}}=\frac{3\vec{a}+2\vec{b}}{5}, \quad \overrightarrow{\mathrm{OQ}}=\frac{3\vec{b}+2\vec{c}}{5}, \quad \overrightarrow{\mathrm{OR}}=\frac{3\vec{c}+2\vec{a}}{5} \quad \cdots\cdots②$$

さらに，O が △PQR の外心であることから

$$|\overrightarrow{\mathrm{OP}}|=|\overrightarrow{\mathrm{OQ}}|=|\overrightarrow{\mathrm{OR}}| \quad \cdots\cdots③$$

②より

$$25|\overrightarrow{\mathrm{OP}}|^2=|3\vec{a}+2\vec{b}|^2=9|\vec{a}|^2+12\vec{a}\cdot\vec{b}+4|\vec{b}|^2=13r^2+12\vec{a}\cdot\vec{b} \quad （①より）$$

同様に

$$25|\overrightarrow{\mathrm{OQ}}|^2=13r^2+12\vec{b}\cdot\vec{c}, \quad 25|\overrightarrow{\mathrm{OR}}|^2=13r^2+12\vec{c}\cdot\vec{a}$$

これらと③より

$$13r^2+12\vec{a}\cdot\vec{b}=13r^2+12\vec{b}\cdot\vec{c}=13r^2+12\vec{c}\cdot\vec{a}$$
$$\vec{a}\cdot\vec{b}=\vec{b}\cdot\vec{c}=\vec{c}\cdot\vec{a} \quad \cdots\cdots④$$

また

$$|\overrightarrow{\mathrm{AB}}|^2=|\vec{b}-\vec{a}|^2=|\vec{b}|^2-2\vec{a}\cdot\vec{b}+|\vec{a}|^2=2r^2-2\vec{a}\cdot\vec{b}$$

同様に

$$|\overrightarrow{\mathrm{BC}}|^2=2r^2-2\vec{b}\cdot\vec{c}, \quad |\overrightarrow{\mathrm{CA}}|^2=2r^2-2\vec{c}\cdot\vec{a}$$

ゆえに，④より

$$|\overrightarrow{\mathrm{AB}}|^2=|\overrightarrow{\mathrm{BC}}|^2=|\overrightarrow{\mathrm{CA}}|^2$$

となり，△ABC は正三角形である。　……(答)

解法 2

円の半径を r とし，$BC = a$，$CA = b$，$AB = c$ とする。
二等辺三角形 OAB において，AB の中点を H
$(OH \perp AB)$ とすると

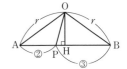

$$OH^2 = r^2 - \left(\frac{c}{2}\right)^2 = r^2 - \frac{c^2}{4}, \quad PH = \frac{c}{2} - \frac{2}{5}c = \frac{c}{10}$$

$$\therefore \quad OP^2 = r^2 - \frac{c^2}{4} + \left(\frac{c}{10}\right)^2 = r^2 - \frac{6}{25}c^2$$

同様に，$\triangle OBC$，$\triangle OCA$ において

$$OQ^2 = r^2 - \frac{6}{25}a^2, \quad OR^2 = r^2 - \frac{6}{25}b^2$$

仮定より，$OP = OQ = OR$ だから

$$r^2 - \frac{6}{25}c^2 = r^2 - \frac{6}{25}a^2 = r^2 - \frac{6}{25}b^2$$

$$\therefore \quad a = b = c$$

よって，$\triangle ABC$ は正三角形である。 ……(答)

解法 3

円の半径を 1 とし，A を $(1, 0)$，さらに A から見
て左回りに B，C が並んでいるとしても，一般性は失
われない。
$\angle AOB = \alpha$，$\angle BOC = \beta$ とすると

$B(\cos\alpha, \sin\alpha)$,
$C(\cos(\alpha + \beta), \sin(\alpha + \beta))$

である。このとき

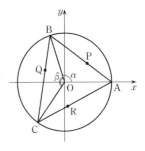

$$P\left(\frac{3 + 2\cos\alpha}{5}, \frac{2\sin\alpha}{5}\right)$$

$$Q\left(\frac{3\cos\alpha + 2\cos(\alpha + \beta)}{5}, \frac{3\sin\alpha + 2\sin(\alpha + \beta)}{5}\right)$$

$$R\left(\frac{3\cos(\alpha + \beta) + 2}{5}, \frac{3\sin(\alpha + \beta)}{5}\right)$$

より

$$25OP^2 = (3 + 2\cos\alpha)^2 + 4\sin^2\alpha = 13 + 12\cos\alpha$$

$$25OQ^2 = \{3\cos\alpha + 2\cos(\alpha + \beta)\}^2 + \{3\sin\alpha + 2\sin(\alpha + \beta)\}^2$$

$$= 13 + 12\{\cos(\alpha + \beta)\cos\alpha + \sin(\alpha + \beta)\sin\alpha\}$$

$$= 13 + 12\cos\{(\alpha + \beta) - \alpha\}$$

$$= 13 + 12 \cos\beta$$

$$25\text{OR}^2 = \{3\cos(\alpha+\beta) + 2\}^2 + 9\sin^2(\alpha+\beta) = 13 + 12\cos(\alpha+\beta)$$

ゆえに，OP＝OQ＝OR より

$$\cos\alpha = \cos\beta = \cos(\alpha+\beta) \quad (= \cos(2\pi - \alpha - \beta))$$

すなわち

$$\cos\angle\text{AOB} = \cos\angle\text{BOC} = \cos\angle\text{COA}$$

これと，△OAB，△OBC，△OCA に対する余弦定理より，AB²＝BC²＝CA² が導かれる。

よって，△ABC は正三角形である。 ……(答)

57

2006 年度　〔5〕

ポイント　$\overrightarrow{AP} = l\overrightarrow{AB}$, $\overrightarrow{AQ} = \overrightarrow{AB} + m\overrightarrow{BC}$, $\overrightarrow{AR} = n\overrightarrow{AC}$ とおくと，三角形 PQR の重心 G について

$$\overrightarrow{AG} = l \cdot \frac{1}{3}\overrightarrow{AB} + \frac{1}{3}\overrightarrow{AB} + m \cdot \frac{1}{3}\overrightarrow{BC} + n \cdot \frac{1}{3}\overrightarrow{AC}$$

となる。まず，$\overrightarrow{AS} = l \cdot \frac{1}{3}\overrightarrow{AB} + n \cdot \frac{1}{3}\overrightarrow{AC}$ で表される点 S の存在範囲を求め，次いで，

$\overrightarrow{AT} = \overrightarrow{AS} + \frac{1}{3}\overrightarrow{AB}$ で表される点 T の存在範囲を求める。最後に $\overrightarrow{AG} = \overrightarrow{AT} + m \cdot \frac{1}{3}\overrightarrow{BC}$

から G の存在範囲を求める。

解　法

$$\overrightarrow{AP} = l\overrightarrow{AB}, \quad \overrightarrow{AQ} = \overrightarrow{AB} + m\overrightarrow{BC}, \quad \overrightarrow{AR} = n\overrightarrow{AC}$$
$$(0 < l < 1, \ 0 < m < 1, \ 0 < n < 1)$$

とする。△PQR の重心を G とすると

$$\overrightarrow{AG} = \frac{1}{3}(\overrightarrow{AP} + \overrightarrow{AQ} + \overrightarrow{AR})$$

$$= l \cdot \frac{1}{3}\overrightarrow{AB} + \frac{1}{3}\overrightarrow{AB} + m \cdot \frac{1}{3}\overrightarrow{BC} + n \cdot \frac{1}{3}\overrightarrow{AC} \quad \cdots\cdots①$$

ここで，辺 AB，BC，CA の三等分点を図1のように
D，E，F，H，I，J とし，DH と FJ の交点を K とす
る。点 S を

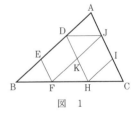

図　1

$$\overrightarrow{AS} = l \cdot \frac{1}{3}\overrightarrow{AB} + n \cdot \frac{1}{3}\overrightarrow{AC} = l\overrightarrow{AD} + n\overrightarrow{AJ} \quad \cdots\cdots②$$

となるようにとると，$0 < l < 1$，$0 < n < 1$ より，
S は図の平行四辺形 ADKJ の内部（周上を含まない）
を動く。さらに点 T を

$$\overrightarrow{AT} = \overrightarrow{AS} + \frac{1}{3}\overrightarrow{AB} \quad \cdots\cdots③$$

となるようにとると，T は，平行四辺形 ADKJ を $\frac{1}{3}\overrightarrow{AB}$ だけ平行移動した図形であ
る平行四辺形 DEFK の内部を動く。①，②，③より

$$\overrightarrow{AG} = \overrightarrow{AT} + m \cdot \frac{1}{3}\overrightarrow{BC}$$

であるから，G は，平行四辺形 DEFK の内部を $m \cdot \frac{1}{3}\overrightarrow{BC}$ だけ平行移動した図形

上を動く。

ここで，m は $0<m<1$ の範囲のすべての値をとるから，
G は，平行四辺形 DEFK を平行四辺形 JKHI まで平行
移動させる途中のすべての平行四辺形の内部を動く。

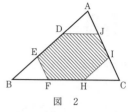

図 2

したがって，重心 G が動きうる範囲は，図 2 の六角形
DEFHIJ の，周上を除く内部である。

〔注〕　Q を固定するごとに P と R を動かし，次いで Q を動かすという［解法］と同じ方針
のもとで，［解法］中の m を用いない次のような記述も考えられる。

辺 BC（B，C を除く）上の点 Q を固定し，AQ と DJ の交
点を O とする。O を通り AB，AC に平行な直線と EI の交
点をそれぞれ L，N とすると

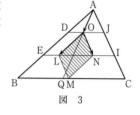

図 3

$$\overrightarrow{AG}=\frac{1}{3}(\overrightarrow{AP}+\overrightarrow{AQ}+\overrightarrow{AR})$$

$$=\frac{1}{3}\overrightarrow{AQ}+l\cdot\frac{1}{3}\overrightarrow{AB}+n\cdot\frac{1}{3}\overrightarrow{AC}$$

$$=\overrightarrow{AO}+l\overrightarrow{OL}+n\overrightarrow{ON}$$

$0<l<1$，$0<n<1$ で l，n を動かすと，G の存在範囲は OL と ON を隣り合う 2 辺とする
平行四辺形 OLMN の内部となる。ここで，M は L を通り AC に平行な直線と BC の交
点である（LM，IC，ON は平行で，かつ長さが等しいことから）。

Q が B から C まで動くとき，平行四辺形 OLMN は図 1 の平行四辺形 DEFK から平行四
辺形 JKHI まで BC に平行に移動するので，G の存在範囲は六角形 DEFHIJ の内部であ
る。

58

2000 年度 〔1〕（文理共通）　　　　　Level A

ポイント $\dfrac{\text{AP}}{\text{AQ}}$ の値を求める。

[解法 1] 方べきの定理と余弦定理による。

[解法 2] BC に垂直な直径 AD と BC の交点を利用し，三平方の定理から AQ を求め，相似比から $\dfrac{\text{AP}}{\text{AQ}}$ を求める。

[解法 3] $\overrightarrow{\text{AP}} = t\overrightarrow{\text{AQ}}$ とおき，$|\overrightarrow{\text{OP}}|$（O は外接円の中心）の大きさに注目して t を求める。

[解法 4] 座標設定により，$\dfrac{\text{AP}}{\text{AQ}}$ の値を求める。他の座標設定も可能。

解法 1

正三角形の 1 辺の長さを a とし，AP と BC の交点を Q とする。BQ : CQ = $p : 1-p$ より

$$\overrightarrow{\text{AQ}} = (1-p)\overrightarrow{\text{AB}} + p\overrightarrow{\text{AC}} \quad \cdots\cdots①$$

方べきの定理から

$$\text{AQ} \cdot \text{PQ} = \text{BQ} \cdot \text{CQ} = ap \cdot a(1-p)$$

$$\therefore \quad \text{PQ} = \frac{a^2 p(1-p)}{\text{AQ}} \quad \cdots\cdots②$$

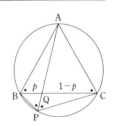

また，△ABQ に余弦定理を適用して

$$\text{AQ}^2 = \text{AB}^2 + \text{BQ}^2 - 2\text{AB} \cdot \text{BQ} \cos 60°$$

$$= a^2 + (pa)^2 - 2a \cdot pa \cdot \frac{1}{2}$$

$$= (p^2 - p + 1)a^2 \quad \cdots\cdots③$$

②，③より

$$\frac{\text{PQ}}{\text{AQ}} = \frac{a^2 p(1-p)}{\text{AQ}^2} = \frac{-p^2 + p}{p^2 - p + 1}$$

$$\therefore \quad \frac{\text{AP}}{\text{AQ}} = \frac{\text{AQ} + \text{QP}}{\text{AQ}}$$

$$= 1 + \frac{-p^2 + p}{p^2 - p + 1} = \frac{1}{p^2 - p + 1}$$

ゆえに

$$\overrightarrow{AP} = \frac{AP}{AQ}\overrightarrow{AQ}$$

$$= \frac{1}{p^2-p+1}\{(1-p)\overrightarrow{AB}+p\overrightarrow{AC}\}\quad (\because\quad ①)$$

$$= \frac{1-p}{p^2-p+1}\overrightarrow{AB}+\frac{p}{p^2-p+1}\overrightarrow{AC}\quad\cdots\cdots(答)$$

解法 2

外接円の半径を r とし，点 A を一端とする外接円の直径を AD とする。また，AD および AP が BC と交わる点をそれぞれ E, Q とする。E は弦 BC の中点であり，AE⊥BC である。円の半径が r であることより，正三角形の一辺の長さは $\sqrt{3}\,r$ であり

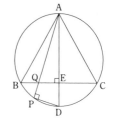

$$AE = \frac{3}{2}r$$

また，$BQ = pBC = \sqrt{3}\,pr$ だから

$$QE = |BE-BQ| = \left|\frac{\sqrt{3}}{2}r-\sqrt{3}\,pr\right| = \frac{\sqrt{3}}{2}r|1-2p|$$

よって

$$AQ = \sqrt{AE^2+QE^2} = \sqrt{\frac{9}{4}r^2+\frac{3}{4}r^2(1-2p)^2} = r\sqrt{3\,(p^2-p+1)}$$

また，AD が直径であることより ∠APD = 90°（ここではとりあえず，P と D が一致しないときを考える）だから

　　△AQE∽△ADP　（∠A が共通な 2 つの直角三角形）

となり

$$\frac{AE}{AQ} = \frac{AP}{AD}\quad（これは，P と D が一致するときにも成り立つ。）$$

$$\therefore\quad AP = \frac{AE\cdot AD}{AQ} = \frac{\dfrac{3}{2}r\cdot 2r}{r\sqrt{3\,(p^2-p+1)}} = \frac{\sqrt{3}\,r}{\sqrt{p^2-p+1}}$$

ゆえに　　$\dfrac{AP}{AQ} = \dfrac{\dfrac{\sqrt{3}\,r}{\sqrt{p^2-p+1}}}{r\sqrt{3\,(p^2-p+1)}} = \dfrac{1}{p^2-p+1}$

（以下，[解法 1] に同じ）

解法 3

外接円の中心を O，半径を r とし，AP と BC の交点を Q とする。

BQ：CQ$=p:1-p$ より

$$\overrightarrow{AQ} = (1-p)\overrightarrow{AB} + p\overrightarrow{AC}$$

また，$\overrightarrow{AP}=t\overrightarrow{AQ}$　$(t>1)$ とすると

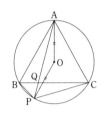

$$\overrightarrow{OP} = \overrightarrow{AP} - \overrightarrow{AO}$$

$$= t\overrightarrow{AQ} - \frac{1}{3}(\overrightarrow{AB}+\overrightarrow{AC})$$

$$= t\{(1-p)\overrightarrow{AB} + p\overrightarrow{AC}\} - \frac{1}{3}(\overrightarrow{AB}+\overrightarrow{AC})$$

$$= \left\{t(1-p)-\frac{1}{3}\right\}\overrightarrow{AB} + \left(tp-\frac{1}{3}\right)\overrightarrow{AC}$$

ここで

$$|\overrightarrow{AB}| = |\overrightarrow{AC}| = \sqrt{3}\,r,\quad \overrightarrow{AB}\cdot\overrightarrow{AC} = \sqrt{3}\,r\cdot\sqrt{3}\,r\cos 60^\circ = \frac{3}{2}r^2$$

であるから

$$|\overrightarrow{OP}|^2$$

$$= \left\{t(1-p)-\frac{1}{3}\right\}^2|\overrightarrow{AB}|^2 + 2\left\{t(1-p)-\frac{1}{3}\right\}\left(tp-\frac{1}{3}\right)\overrightarrow{AB}\cdot\overrightarrow{AC} + \left(tp-\frac{1}{3}\right)^2|\overrightarrow{AC}|^2$$

$$= 3r^2\left\{t(1-p)-\frac{1}{3}\right\}^2 + 3r^2\left\{t(1-p)-\frac{1}{3}\right\}\left(tp-\frac{1}{3}\right) + 3r^2\left(tp-\frac{1}{3}\right)^2$$

$$= 3r^2\left\{(p^2-p+1)\,t^2 - t + \frac{1}{3}\right\}$$

一方，$|\overrightarrow{OP}|=r$ であるから

$$3r^2\left\{(p^2-p+1)\,t^2 - t + \frac{1}{3}\right\} = r^2$$

$r\neq 0$ より　　$t\{(p^2-p+1)\,t - 1\} = 0$

$t>1$ より，$t\neq 0$ だから

$$(p^2-p+1)\,t - 1 = 0 \qquad \therefore\quad t = \frac{1}{p^2-p+1}$$

ゆえに

$$\overrightarrow{AP} = \frac{1}{p^2-p+1}\overrightarrow{AQ}$$

$$= \frac{1-p}{p^2-p+1}\overrightarrow{AB} + \frac{p}{p^2-p+1}\overrightarrow{AC} \quad\cdots\cdots(\text{答})$$

解法 4

右図のように，A を原点にとり，B，C の y 座標が正で互いに等しくなるようにする。

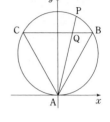

正三角形の一辺の長さを a とすると，B，C の座標は

$$B\left(\frac{a}{2},\ \frac{\sqrt{3}}{2}a\right),\ C\left(-\frac{a}{2},\ \frac{\sqrt{3}}{2}a\right)$$

また，AP と BC の交点を Q とすると，$BQ:CQ=p:1-p$ より，Q の x 座標は

$$x=(1-p)\cdot\frac{a}{2}+p\cdot\left(-\frac{a}{2}\right)=\frac{a}{2}(1-2p)$$

すなわち，$Q\left(\frac{a}{2}(1-2p),\ \frac{\sqrt{3}}{2}a\right)$ である。

よって，直線 AQ の方程式は

$$\frac{\sqrt{3}}{2}ax=\frac{a}{2}(1-2p)y$$

$$x=\frac{1-2p}{\sqrt{3}}y\quad\cdots\cdots①'$$

また，外接円の中心は $\left(0,\ \frac{\sqrt{3}}{3}a\right)$，半径は $\frac{\sqrt{3}}{3}a$ となるから，その方程式は

$$x^2+\left(y-\frac{\sqrt{3}}{3}a\right)^2=\frac{a^2}{3}\quad\cdots\cdots②'$$

①'，②' の交点のうち A $(0,\ 0)$ でない方の点が P である。①' を②' に代入すると

$$\frac{(1-2p)^2}{3}y^2+\left(y-\frac{\sqrt{3}}{3}a\right)^2=\frac{a^2}{3}$$

$$y\{2(p^2-p+1)y-\sqrt{3}a\}=0$$

P は A でない方の点だから $y\neq0$ である。よって

$$y=\frac{\sqrt{3}a}{2(p^2-p+1)}$$

これが P の y 座標だから

$$\frac{AP}{AQ}=\frac{\dfrac{\sqrt{3}a}{2(p^2-p+1)}}{\dfrac{\sqrt{3}}{2}a}=\frac{1}{p^2-p+1}$$

（以下，［解法 1］に同じ）

59

ポイント　3点 A，B，P についての余弦定理

$$AB^2 = PA^2 + PB^2 - 2\overrightarrow{PA} \cdot \overrightarrow{PB}$$

から得られる式

$$\overrightarrow{PA} \cdot \overrightarrow{PB} = \frac{1}{2}(|\overrightarrow{PA}|^2 + |\overrightarrow{PB}|^2 - |\overrightarrow{AB}|^2)$$

を利用する。

〔解法1〕　上記の方法により条件式を $\overrightarrow{PA}$，$\overrightarrow{PB}$ の大きさに関する式に変形する。

〔解法2〕　適当な座標設定による。この場合には変形の同値性に注意が必要。

　いずれの解法においても，答を「A，B を焦点とする楕円」としただけでは，楕円の決定要件に欠け不十分である。長軸の長さ（すなわち2焦点からの距離の和）も明記しなければならない。

解法 1

$$\overrightarrow{PA} \cdot \overrightarrow{PB} = \frac{|\overrightarrow{PA}|^2 + |\overrightarrow{PB}|^2 - |\overrightarrow{PB} - \overrightarrow{PA}|^2}{2}$$

$$= \frac{|\overrightarrow{PA}|^2 + |\overrightarrow{PB}|^2 - |\overrightarrow{AB}|^2}{2}$$

であるから，与えられた条件式は次と同値である。

$$2|\overrightarrow{PA}||\overrightarrow{PB}| + |\overrightarrow{PA}|^2 + |\overrightarrow{PB}|^2 - |\overrightarrow{AB}|^2 = 2c$$

$$(|\overrightarrow{PA}| + |\overrightarrow{PB}|)^2 = |\overrightarrow{AB}|^2 + 2c$$

$$\therefore \quad |\overrightarrow{PA}| + |\overrightarrow{PB}| = \sqrt{|\overrightarrow{AB}|^2 + 2c} \quad (\because \quad c > 0)$$

これは，点 P と2定点 A，B との距離の和が $\sqrt{|\overrightarrow{AB}|^2 + 2c}$ （一定）となることを示している。

よって，点 P の軌跡は，点 A，B を焦点とし，長軸の長さが $\sqrt{AB^2 + 2c}$ の楕円である。　……(答)

解法 2

$a > 0$ とし，点 A$(a, 0)$，B$(-a, 0)$，P(x, y) とすると

$$\overrightarrow{PA} = (a - x, -y), \quad \overrightarrow{PB} = (-a - x, -y)$$

であるから，$|\overrightarrow{PA}||\overrightarrow{PB}| + \overrightarrow{PA} \cdot \overrightarrow{PB} = c$　……①より

$$\sqrt{(a-x)^2 + y^2}\sqrt{(-a-x)^2 + y^2} + (a-x)(-a-x) + y^2 = c$$

$$\sqrt{x^2+y^2+a^2-2ax}\sqrt{x^2+y^2+a^2+2ax}=c+a^2-(x^2+y^2)$$

両辺を2乗して

$$\{(x^2+y^2+a^2)-2ax\}\{(x^2+y^2+a^2)+2ax\}=\{(c+a^2)-(x^2+y^2)\}^2 \quad \cdots\cdots②$$

$$(x^2+y^2+a^2)^2-4a^2x^2=(c+a^2)^2-2(c+a^2)(x^2+y^2)+(x^2+y^2)^2$$

$$2cx^2+2(2a^2+c)y^2=c(2a^2+c)$$

$$\therefore \quad \frac{x^2}{a^2+\dfrac{c}{2}}+\frac{y^2}{\dfrac{c}{2}}=1 \quad \cdots\cdots③ \quad (c>0)$$

逆に③を満たす (x, y) について，$x^2 \leqq a^2+\dfrac{c}{2}$，$y^2 \leqq \dfrac{c}{2}$ より

$$x^2+y^2 \leqq a^2+c$$

であるから，②の右辺に現れる $c+a^2-(x^2+y^2)$ は負ではなく，③が成り立つとき，上の計算を逆にたどって①が成り立つ。

③は楕円を表し，長軸は $\quad 2\sqrt{a^2+\dfrac{c}{2}}=\sqrt{(2a)^2+2c}$

また

$$\sqrt{\left(a^2+\frac{c}{2}\right)-\frac{c}{2}}=a \quad (\because \quad a>0)$$

であるから，焦点は $\quad (\pm a, \ 0)$

したがって，点 P の軌跡は，点 A，B を焦点とし，長軸の長さが $\sqrt{AB^2+2c}$ の楕円となる。 ……(答)

研究 本問から，ベクトル方程式

$$|\vec{a}-\vec{p}||\vec{b}-\vec{p}|+(\vec{a}-\vec{p})\cdot(\vec{b}-\vec{p})=c \quad (\vec{a}, \ \vec{b}\text{は定ベクトル，}c\text{は正の定数})$$

は，$A(\vec{a})$，$B(\vec{b})$ を焦点とし，長軸の長さが $\sqrt{AB^2+2c}$ の楕円を表すことがわかる。

§6 空間図形・空間ベクトル

60

2022 年度　〔4〕（文理共通）　　　　　　　　　　　　　Level　A

ポイント　[解法1]，[解法2] では(1)を用いずに(2)を示す。[解法3] では(1)を用いて(2)を示す。

[解法1]　$\overrightarrow{OP}=(1-t)\overrightarrow{OB}+t\overrightarrow{OC}$ $(0\le t\le1)$ とおく。また，一般に，△OAB において，$\overrightarrow{OA}\cdot\overrightarrow{OB}=\dfrac{OA^2+OB^2-AB^2}{2}$ であることを用いる。

(1)　$\overrightarrow{PG}\cdot\overrightarrow{OA}=0$ を示す。

(2)　$|\overrightarrow{PG}|^2$ を計算する。

[解法2]　(1)　三角形の合同を用いて，△OAP が AP＝OP の二等辺三角形であることを示す。

(2)　$PG=\dfrac{2}{3}PM$ から，PM が最小のときを考える。PM が最小となるのは，BC⊥PM のときである。このとき，△BCM で PM^2 を2通りに計算する。

[解法3]　(1)　幾何を用いて，（平面 BCM）⊥OA となることを示す。

(2)　(1)から，$PM=\sqrt{OP^2-OM^2}=\sqrt{OP^2-4}$ となるので，OP が最小のときを考える。OP が最小となるのは，BC⊥OP のときである。このとき，△OBC で OP^2 を2通りに計算する。

解法 1

$\overrightarrow{OA}\cdot\overrightarrow{OB}=\dfrac{16+9-9}{2}=8$, $\overrightarrow{OB}\cdot\overrightarrow{OC}=\dfrac{9+12-9}{2}=6$, $\overrightarrow{OC}\cdot\overrightarrow{OA}=\dfrac{12+16-12}{2}=8$ である。

(1)　$\overrightarrow{OP}=(1-t)\overrightarrow{OB}+t\overrightarrow{OC}$ $(0\le t\le1)$ とおく。

$$\overrightarrow{OG}=\frac{1}{3}(\overrightarrow{OA}+\overrightarrow{OP})$$

$$=\frac{1}{3}\{\overrightarrow{OA}+(1-t)\overrightarrow{OB}+t\overrightarrow{OC}\}$$

$$\overrightarrow{PG}=\overrightarrow{OG}-\overrightarrow{OP}$$

$$=\frac{1}{3}\{\overrightarrow{OA}+(1-t)\overrightarrow{OB}+t\overrightarrow{OC}\}-(1-t)\overrightarrow{OB}-t\overrightarrow{OC}$$

$$=\frac{1}{3}\{\overrightarrow{OA}-2(1-t)\overrightarrow{OB}-2t\overrightarrow{OC}\}$$

§6

よって

$$3\overrightarrow{PG}\cdot\overrightarrow{OA}=\{\overrightarrow{OA}-2(1-t)\overrightarrow{OB}-2t\overrightarrow{OC}\}\cdot\overrightarrow{OA}$$
$$=|\overrightarrow{OA}|^2-2(1-t)\overrightarrow{OA}\cdot\overrightarrow{OB}-2t\overrightarrow{OC}\cdot\overrightarrow{OA}$$
$$=16-16(1-t)-16t$$
$$=0$$

ゆえに，$\overrightarrow{PG}\cdot\overrightarrow{OA}=0$ となる。$\overrightarrow{PG}\neq\vec{0}$，$\overrightarrow{OA}\neq\vec{0}$ であるから，$\overrightarrow{PG}\perp\overrightarrow{OA}$ である。

(証明終)

(2) $\overrightarrow{PG}=\dfrac{1}{3}\{\overrightarrow{OA}-2(1-t)\overrightarrow{OB}-2t\overrightarrow{OC}\}$ から

$$9|\overrightarrow{PG}|^2=|\overrightarrow{OA}-2(1-t)\overrightarrow{OB}-2t\overrightarrow{OC}|^2$$
$$=|\overrightarrow{OA}|^2+4(1-t)^2|\overrightarrow{OB}|^2+4t^2|\overrightarrow{OC}|^2-4(1-t)\overrightarrow{OA}\cdot\overrightarrow{OB}$$
$$+8t(1-t)\overrightarrow{OB}\cdot\overrightarrow{OC}-4t\overrightarrow{OC}\cdot\overrightarrow{OA}$$
$$=16+36(1-t)^2+48t^2-32(1-t)+48t(1-t)-32t$$
$$=36t^2-24t+20$$
$$=4(3t-1)^2+16$$

よって，$|\overrightarrow{PG}|^2$ は $t=\dfrac{1}{3}$ のとき，最小値 $\dfrac{16}{9}$ をとる。

ゆえに，PG の最小値は　$\dfrac{4}{3}$ ……(答)

〔注1〕 一般に，$\triangle$OAB において，

$\overrightarrow{OA}\cdot\overrightarrow{OB}=\dfrac{OA^2+OB^2-AB^2}{2}$ である。$\overrightarrow{OB}\cdot\overrightarrow{OC}$，$\overrightarrow{OC}\cdot\overrightarrow{OA}$ も

同様である。これは，余弦定理の

$AB^2=OA^2+OB^2-2OA\cdot OB\cos\theta=OA^2+OB^2-2\overrightarrow{OA}\cdot\overrightarrow{OB}$

から，得られる。

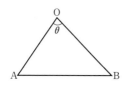

〔注2〕 〔解法1〕からわかるように，(1)と(2)は独立の設問である。

解法 2

(1) $\triangle$ABC$\equiv\triangle$OBC（三辺相等）であり

　　$\angle$ACB$=\angle$OCB

これと，AC=OC，CP=CP から

　　$\triangle$ACP$\equiv\triangle$OCP（二辺挟角相等）

よって，AP=OP となり，$\triangle$OAP は AP=OP の二等辺三角形である。したがって，辺 OA の中点をMとすると

　　OA$\perp$PM

Gは$\triangle$OAP の中線 PM 上にあるから，PG$\perp$OA すなわち

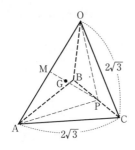

$\overrightarrow{\text{PG}}\perp\overrightarrow{\text{OA}}$ である。 （証明終）

(2)　$\text{PG}=\dfrac{2}{3}\text{PM}$ であるから，PM が最小のときに PG は最小となる。

いま，△OAB は OA を底辺とする二等辺三角形なので
$$\text{BM}=\sqrt{\text{OB}^2-\text{OM}^2}=\sqrt{3^2-2^2}=\sqrt5$$
同様に，$\text{CM}=2\sqrt2$ である。

ここで，BC = 3 であるから，BC は△BCM の最大辺である。

よって，辺 BC 上の点 P について，PM が最小となるのは，BC⊥PM のときである。

このとき，△BCM で PM^2 を 2 通りに計算して
$$\text{BM}^2-\text{BP}^2=\text{CM}^2-\text{CP}^2　\cdots\cdots①$$
BP $= t$（$0<t<3$）とおくと，CP $= 3-t$ であり，①から
$$5-t^2=8-(3-t)^2$$
$$t=1$$

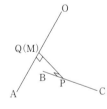

よって，$\text{PM}^2=(\sqrt5)^2-1^2=4$ となり，PM の最小値は 2 となる。

ゆえに，$\text{PG}\left(=\dfrac{2}{3}\text{PM}\right)$ の最小値は　$\dfrac{4}{3}$　……（答）

〔注3〕 (1)は，本問の四面体が平面 BCM に関して対称であることを前提にすると，ほとんど明らかなことであるが，(1)は実質このことを示せという設問である。

〔注4〕 〔解法2〕も〔解法1〕と同様に(2)を(1)を利用せずに考えている。
　ただし，問題を「点 P が辺 BC 上を動き，点 Q が辺 OA 上を動くとき，線分 PQ の最小値を求めよ」とすると，PQ⊥OA かつ PQ⊥BC となるときの PQ が求めるものであるから，(1)により，Q = M のときを考えればよいこととなり，(1)が効果を発揮することに注意したい。

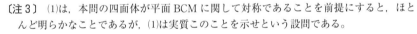

解法 3

(1)　M を辺 OA の中点とすると，G は△OAP の中線 PM 上にある。

いま，△OAB は OB = AB（= 3）の二等辺三角形なので
$$\text{BM}\perp\text{OA}　\cdots\cdots①$$
また，△OAC は OC = AC（$=2\sqrt3$）の二等辺三角形なので
$$\text{CM}\perp\text{OA}　\cdots\cdots②$$

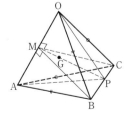

①，②から，（平面 BCM）⊥OA となり，PM⊥OA すなわち $\overrightarrow{\text{PG}}\perp\overrightarrow{\text{OA}}$ である。

（証明終）

(2)　$PG = \dfrac{2}{3} PM$ であるから，PM が最小のときに PG は最小となる。

(1)から，$\triangle OMP$ は OP を斜辺とする直角三角形なので

$$PM = \sqrt{OP^2 - OM^2}$$
$$= \sqrt{OP^2 - 4} \quad \cdots\cdots ③$$

よって，OP が最小となるとき，PM も最小となる。

ここで，$OC = 2\sqrt{3}$，$OB = BC = 3$ から，$\triangle OBC$ の最大辺 OC に関して

$$OC^2 < OB^2 + BC^2$$

となり，$\triangle OBC$ は鋭角三角形である。

したがって，OP が最小となるのは，$OP \perp BC$ のときである。

このとき，OP^2 を 2 通りに計算して

$$OB^2 - BP^2 = OC^2 - CP^2$$

よって，$BP = t \ (0 < t < 3)$ とおくと，$CP = 3 - t$ であることから

$$9 - t^2 = 12 - (3 - t)^2$$
$$t = 1$$

したがって，OP の最小値は，$2\sqrt{2}$ となり，③から，PM の最小値は 2 となる。

ゆえに，$PG \left(= \dfrac{2}{3} PM \right)$ の最小値は　$\dfrac{4}{3}$　$\cdots\cdots$(答)

〔注5〕　〔解法3〕は，(1)を利用して(2)を考える解法である。

〔注6〕　〔解法3〕(2)の「OP が最小となるのは，$OP \perp BC$ のときである」以降を次のように考えてもよい。

$\triangle OBC$ は $OB = BC \ (= 3)$ の二等辺三角形なので，辺 OC の中点を N とすると，$BN \perp OC$ である。

そこで，$\triangle OBC$ の面積を 2 通りに計算すると

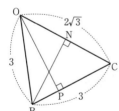

$$\frac{1}{2} OC \cdot BN = \frac{1}{2} BC \cdot OP$$

となり

$$OP = \frac{OC \cdot BN}{BC} = \frac{2\sqrt{3}\, BN}{3}$$

ここで，$ON = \sqrt{3}$ なので

$$BN = \sqrt{OB^2 - ON^2} = \sqrt{9 - 3} = \sqrt{6}$$

よって

$$OP = \frac{2\sqrt{3} \cdot \sqrt{6}}{3} = 2\sqrt{2} \quad (\text{以下，同様})$$

〔注7〕　〔解法3〕のように，(1)を利用して(2)を考えようとすると，かえって難しくなる。

61

ポイント [解法1] $\overrightarrow{\mathrm{AM}}=s\overrightarrow{\mathrm{AB}}+t\overrightarrow{\mathrm{AC}}$ とおき，$\overrightarrow{\mathrm{PM}}\cdot\overrightarrow{\mathrm{AB}}=0$ かつ $\overrightarrow{\mathrm{PM}}\cdot\overrightarrow{\mathrm{AC}}=0$ から s，t を求め，$\overrightarrow{\mathrm{OQ}}=\overrightarrow{\mathrm{OP}}+2\overrightarrow{\mathrm{PM}}$ から Q の座標を求める。

[解法2] α の方程式から得られる法線ベクトル $\vec{n}$ を用いて $\overrightarrow{\mathrm{PM}}=t\vec{n}$ とし，$\overrightarrow{\mathrm{OM}}=\overrightarrow{\mathrm{OP}}+\overrightarrow{\mathrm{PM}}$ から得られる M の座標を α の方程式に代入して t を求める。$\overrightarrow{\mathrm{OQ}}=\overrightarrow{\mathrm{OP}}+2\overrightarrow{\mathrm{PM}}$ から Q の座標を求める。

解法 1

$\overrightarrow{\mathrm{AM}}=s\overrightarrow{\mathrm{AB}}+t\overrightarrow{\mathrm{AC}}$ （s，t は実数）とおくことができる。

$$\overrightarrow{\mathrm{AM}}=s(-1,\ -1,\ 0)+t(-1,\ 0,\ 2)$$
$$=(-s-t,\ -s,\ 2t)$$

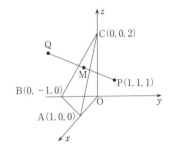

よって

$$\overrightarrow{\mathrm{PM}}=\overrightarrow{\mathrm{AM}}-\overrightarrow{\mathrm{AP}}$$
$$=(-s-t,\ -s,\ 2t)-(0,\ 1,\ 1)$$
$$=(-s-t,\ -s-1,\ 2t-1)$$

ここで

$$\begin{cases}\overrightarrow{\mathrm{PM}}\cdot\overrightarrow{\mathrm{AB}}=0\\\overrightarrow{\mathrm{PM}}\cdot\overrightarrow{\mathrm{AC}}=0\end{cases}$$

から

$$\begin{cases}(-s-t,\ -s-1,\ 2t-1)\cdot(-1,\ -1,\ 0)=0\\(-s-t,\ -s-1,\ 2t-1)\cdot(-1,\ 0,\ 2)=0\end{cases}$$

$$\begin{cases}2s+t+1=0\\s+5t-2=0\end{cases}$$

これより，$s=-\dfrac{7}{9}$，$t=\dfrac{5}{9}$ となり　$\overrightarrow{\mathrm{PM}}=\left(\dfrac{2}{9},\ -\dfrac{2}{9},\ \dfrac{1}{9}\right)$

したがって

$$\overrightarrow{\mathrm{OQ}}=\overrightarrow{\mathrm{OP}}+2\overrightarrow{\mathrm{PM}}$$
$$=(1,\ 1,\ 1)+2\left(\dfrac{2}{9},\ -\dfrac{2}{9},\ \dfrac{1}{9}\right)$$
$$=\left(\dfrac{13}{9},\ \dfrac{5}{9},\ \dfrac{11}{9}\right)$$

ゆえに　　$Q\left(\dfrac{13}{9},\ \dfrac{5}{9},\ \dfrac{11}{9}\right)$　……（答）

解法 2

平面 α の方程式は

$$x-y+\frac{z}{2}=1$$

すなわち　　$2x-2y+z=2$　……①

この法線ベクトル $(2,\ -2,\ 1)$ を用いて

$$\overrightarrow{\mathrm{PM}}=t(2,\ -2,\ 1)\quad(t\ \text{は実数})$$

と表すことができる。

$$\overrightarrow{\mathrm{OM}}=\overrightarrow{\mathrm{OP}}+\overrightarrow{\mathrm{PM}}$$
$$=(1+2t,\ 1-2t,\ 1+t)$$

この座標を①に代入して，$2(1+2t)-2(1-2t)+1+t=2$ となり

$$t=\frac{1}{9}$$

よって，$\overrightarrow{\mathrm{PM}}=\dfrac{1}{9}(2,\ -2,\ 1)$ となり

$$\overrightarrow{\mathrm{OQ}}=\overrightarrow{\mathrm{OP}}+2\overrightarrow{\mathrm{PM}}$$
$$=(1,\ 1,\ 1)+\frac{2}{9}(2,\ -2,\ 1)$$
$$=\left(\frac{13}{9},\ \frac{5}{9},\ \frac{11}{9}\right)$$

ゆえに　　$Q\left(\dfrac{13}{9},\ \dfrac{5}{9},\ \dfrac{11}{9}\right)$　……（答）

〔注〕　α と座標軸の交点の座標が与えられているので，α の方程式が容易に得られる。したがって，[解法 2] が簡潔で，計算間違いが起きにくい。以下のことは平面の方程式の基本事項である。

- 点 $(x_0,\ y_0,\ z_0)$ を通り，ベクトル $(l,\ m,\ n)$ に垂直な平面の方程式は，$l(x-x_0)+m(y-y_0)+n(z-z_0)=0$ である。
- 軸上の点 $(a,\ 0,\ 0)$，$(0,\ b,\ 0)$，$(0,\ 0,\ c)$ $(abc\neq0)$ を通る平面の方程式は，$\dfrac{x}{a}+\dfrac{y}{b}+\dfrac{z}{c}=1$ である。
- 平面 $\alpha:lx+my+nz=k$ に対して，ベクトル $(l,\ m,\ n)$ は α の法線ベクトルの1つである。
- 平面 $\alpha:lx+my+nz=k$ と点 $\mathrm{P}(x_0,\ y_0,\ z_0)$ の距離は，$\dfrac{|lx_0+my_0+nz_0-k|}{\sqrt{l^2+m^2+n^2}}$ である。

62

2020 年度　〔3〕（文理共通）　　　　　　　　　　　　　Level B

ポイント　[解法1]　△OAB が正三角形となることから，座標空間で平面 OAB を xy 平面にとり，$A\left(\frac{1}{2},\ \frac{\sqrt{3}}{2},\ 0\right)$, $B\left(-\frac{1}{2},\ \frac{\sqrt{3}}{2},\ 0\right)$ とおく。条件からCの座標を決定し，次いでDの座標を考えて，kの値を求める。

[解法2]　$\overrightarrow{OM}\perp\overrightarrow{AB}$（Mは辺 AB の中点），$\overrightarrow{OC}\perp\overrightarrow{AB}$, $\overrightarrow{OD}\perp\overrightarrow{AB}$ を導き，M，C，D がOを通り AB に垂直な平面上にあることを用いる。条件から∠MOC，∠COD の値が決定し，∠MOD が2通り考えられる。$k=\overrightarrow{OM}\cdot\overrightarrow{OD}$ を導き，$\overrightarrow{OM}\cdot\overrightarrow{OD}=\frac{\sqrt{3}}{2}\cdot1\cdot\cos\angle MOD$ により k を求める。

解法 1

$|\overrightarrow{OA}|=|\overrightarrow{OB}|=1$, $\overrightarrow{OA}\cdot\overrightarrow{OB}=\frac{1}{2}$ から

$$\cos\angle AOB=\frac{\overrightarrow{OA}\cdot\overrightarrow{OB}}{|\overrightarrow{OA}||\overrightarrow{OB}|}=\frac{1}{2}$$

$0\leq\angle AOB\leq\pi$ より，$\angle AOB=\frac{\pi}{3}$ であるから，△OAB は一辺の長さが1の正三角形である。これより辺 AB の中点をMとすると，OM⊥AB である。したがって，原点 O を通り直線 AB に平行な直線を x 軸，直線 OM を y 軸，原点Oを通り x 軸と y 軸に垂直な直線を z 軸とし，$A\left(\frac{1}{2},\ \frac{\sqrt{3}}{2},\ 0\right)$, $B\left(-\frac{1}{2},\ \frac{\sqrt{3}}{2},\ 0\right)$ とおいても一般性は失わない。

よって，$\overrightarrow{OA}=\left(\frac{1}{2},\ \frac{\sqrt{3}}{2},\ 0\right)$, $\overrightarrow{OB}=\left(-\frac{1}{2},\ \frac{\sqrt{3}}{2},\ 0\right)$ で，$\overrightarrow{OC}=(c_1,\ c_2,\ c_3)$ とすると，

$\overrightarrow{OA}\cdot\overrightarrow{OC}=-\frac{\sqrt{6}}{4}$, $\overrightarrow{OB}\cdot\overrightarrow{OC}=-\frac{\sqrt{6}}{4}$, $|\overrightarrow{OC}|^2=1$ より

$$\begin{cases}\frac{1}{2}c_1+\frac{\sqrt{3}}{2}c_2=-\frac{\sqrt{6}}{4} & \cdots\cdots① \\ -\frac{1}{2}c_1+\frac{\sqrt{3}}{2}c_2=-\frac{\sqrt{6}}{4} & \cdots\cdots② \\ c_1{}^2+c_2{}^2+c_3{}^2=1 & \cdots\cdots③\end{cases}$$

①，②より　　$c_1=0$, $c_2=-\frac{\sqrt{2}}{2}$

これと③より　　$c_3=\pm\frac{\sqrt{2}}{2}$

$\overrightarrow{\text{OD}}=(d_1,\ d_2,\ d_3)$ と す る と,$\overrightarrow{\text{OC}}\cdot\overrightarrow{\text{OD}}=\dfrac{1}{2}$,$\overrightarrow{\text{OA}}\cdot\overrightarrow{\text{OD}}=\overrightarrow{\text{OB}}\cdot\overrightarrow{\text{OD}}$,$\overrightarrow{\text{OA}}\cdot\overrightarrow{\text{OD}}=k>0$,

$|\overrightarrow{\text{OD}}|^2=1$ より

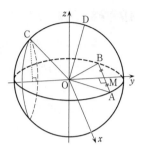

$$\begin{cases} -\dfrac{\sqrt{2}}{2}d_2\pm\dfrac{\sqrt{2}}{2}d_3=\dfrac{1}{2} & \cdots\cdots④ \\[2mm] \dfrac{1}{2}d_1+\dfrac{\sqrt{3}}{2}d_2=-\dfrac{1}{2}d_1+\dfrac{\sqrt{3}}{2}d_2 & \cdots\cdots⑤ \\[2mm] \dfrac{1}{2}d_1+\dfrac{\sqrt{3}}{2}d_2=k>0 & \cdots\cdots⑥ \\[2mm] d_1{}^2+d_2{}^2+d_3{}^2=1 & \cdots\cdots⑦ \end{cases}$$

⑤より　　$d_1=0$

これと⑥より　　$k=\dfrac{\sqrt{3}}{2}d_2$　$\cdots\cdots⑧$

ここで,$k>0$ より　　$d_2>0$

④より　　$d_3=\pm\left(d_2+\dfrac{\sqrt{2}}{2}\right)$

これと $d_1=0$ を⑦に代入して

$$d_2{}^2+\left(d_2+\dfrac{\sqrt{2}}{2}\right)^2=1\quad\text{すなわち}\quad 4d_2{}^2+2\sqrt{2}d_2-1=0$$

$d_2>0$ であるから　　$d_2=\dfrac{-\sqrt{2}+\sqrt{6}}{4}$

これと⑧より

$$k=\dfrac{\sqrt{3}}{2}\cdot\dfrac{-\sqrt{2}+\sqrt{6}}{4}=\dfrac{3\sqrt{2}-\sqrt{6}}{8}\quad\cdots\cdots(\text{答})$$

解法 2

(「△OAB は一辺の長さが 1 の正三角形である」までは [解法 1] に同じ)

したがって,辺 AB の中点をMとすると

$$\overrightarrow{\text{AB}}\perp\overrightarrow{\text{OM}}\quad\cdots\cdots⑨$$

$$|\overrightarrow{\text{OM}}|=\left|\dfrac{\sqrt{3}}{2}\overrightarrow{\text{OA}}\right|=\dfrac{\sqrt{3}}{2}$$

$\overrightarrow{\text{OA}}\cdot\overrightarrow{\text{OC}}=\overrightarrow{\text{OB}}\cdot\overrightarrow{\text{OC}}=-\dfrac{\sqrt{6}}{4}$,$\overrightarrow{\text{OA}}\cdot\overrightarrow{\text{OD}}=\overrightarrow{\text{OB}}\cdot\overrightarrow{\text{OD}}=k>0$ より,$\overrightarrow{\text{OC}}\neq\vec{0}$,$\overrightarrow{\text{OD}}\neq\vec{0}$ で

$$\overrightarrow{\text{AB}}\cdot\overrightarrow{\text{OC}}=(\overrightarrow{\text{OB}}-\overrightarrow{\text{OA}})\cdot\overrightarrow{\text{OC}}=\overrightarrow{\text{OB}}\cdot\overrightarrow{\text{OC}}-\overrightarrow{\text{OA}}\cdot\overrightarrow{\text{OC}}=0$$

$$\overrightarrow{\text{AB}}\cdot\overrightarrow{\text{OD}}=(\overrightarrow{\text{OB}}-\overrightarrow{\text{OA}})\cdot\overrightarrow{\text{OD}}=\overrightarrow{\text{OB}}\cdot\overrightarrow{\text{OD}}-\overrightarrow{\text{OA}}\cdot\overrightarrow{\text{OD}}=0$$

であるから,$\overrightarrow{\text{AB}}\perp\overrightarrow{\text{OC}}$,$\overrightarrow{\text{AB}}\perp\overrightarrow{\text{OD}}$ である。

これと⑨より，3点M，C，Dは，点Oを通り直線 AB に垂直な平面上にある。また

$$\overrightarrow{\mathrm{OM}}\cdot\overrightarrow{\mathrm{OC}}=\frac{\overrightarrow{\mathrm{OA}}+\overrightarrow{\mathrm{OB}}}{2}\cdot\overrightarrow{\mathrm{OC}}=\frac{1}{2}\left(\overrightarrow{\mathrm{OA}}\cdot\overrightarrow{\mathrm{OC}}+\overrightarrow{\mathrm{OB}}\cdot\overrightarrow{\mathrm{OC}}\right)=-\frac{\sqrt{6}}{4}$$

であるから

$$\cos\angle\mathrm{MOC}=\frac{\overrightarrow{\mathrm{OM}}\cdot\overrightarrow{\mathrm{OC}}}{|\overrightarrow{\mathrm{OM}}||\overrightarrow{\mathrm{OC}}|}=\frac{-\frac{\sqrt{6}}{4}}{\frac{\sqrt{3}}{2}\cdot 1}=-\frac{\sqrt{2}}{2}$$

$0\leqq\angle\mathrm{MOC}\leqq\pi$ より $\angle\mathrm{MOC}=\frac{3}{4}\pi$

$|\overrightarrow{\mathrm{OC}}|=|\overrightarrow{\mathrm{OD}}|=1$, $\overrightarrow{\mathrm{OC}}\cdot\overrightarrow{\mathrm{OD}}=\frac{1}{2}$ から

$$\cos\angle\mathrm{COD}=\frac{\overrightarrow{\mathrm{OC}}\cdot\overrightarrow{\mathrm{OD}}}{|\overrightarrow{\mathrm{OC}}||\overrightarrow{\mathrm{OD}}|}=\frac{1}{2}$$

$0\leqq\angle\mathrm{COD}\leqq\pi$ より $\angle\mathrm{COD}=\frac{\pi}{3}$

よって，次の(i)，(ii)の2つの場合が考えられる。

(i) $\angle\mathrm{MOD}=\angle\mathrm{MOC}-\angle\mathrm{COD}=\frac{3}{4}\pi-\frac{\pi}{3}$ のとき

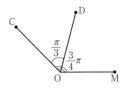

$$\cos\angle\mathrm{MOD}=\cos\frac{3}{4}\pi\cos\frac{\pi}{3}+\sin\frac{3}{4}\pi\sin\frac{\pi}{3}$$
$$=\frac{-\sqrt{2}+\sqrt{6}}{4}$$
$$\overrightarrow{\mathrm{OM}}\cdot\overrightarrow{\mathrm{OD}}=\frac{\sqrt{3}}{2}\cdot 1\cdot\frac{-\sqrt{2}+\sqrt{6}}{4}=\frac{3\sqrt{2}-\sqrt{6}}{8}>0$$

(ii) $\angle\mathrm{MOD}=2\pi-(\angle\mathrm{MOC}+\angle\mathrm{COD})=2\pi-\left(\frac{3}{4}\pi+\frac{\pi}{3}\right)$ のとき

$$\cos\angle\mathrm{MOD}=\cos\left(\frac{3}{4}\pi+\frac{\pi}{3}\right)$$
$$=\cos\frac{3}{4}\pi\cos\frac{\pi}{3}-\sin\frac{3}{4}\pi\sin\frac{\pi}{3}$$
$$=\frac{-\sqrt{2}-\sqrt{6}}{4}$$
$$\overrightarrow{\mathrm{OM}}\cdot\overrightarrow{\mathrm{OD}}=\frac{\sqrt{3}}{2}\cdot 1\cdot\frac{-\sqrt{2}-\sqrt{6}}{4}=\frac{-3\sqrt{2}-\sqrt{6}}{8}<0$$

また

$$\overrightarrow{\mathrm{OM}}\cdot\overrightarrow{\mathrm{OD}}=\frac{1}{2}(\overrightarrow{\mathrm{OA}}+\overrightarrow{\mathrm{OB}})\cdot\overrightarrow{\mathrm{OD}}=\frac{1}{2}(\overrightarrow{\mathrm{OA}}\cdot\overrightarrow{\mathrm{OD}}+\overrightarrow{\mathrm{OB}}\cdot\overrightarrow{\mathrm{OD}})=k$$

で, $k>0$ であるから, (i), (ii) より

$$k = \frac{3\sqrt{2} - \sqrt{6}}{8} \quad \cdots\cdots (答)$$

63 2019 年度 〔5〕（文理共通） Level A

ポイント　[解法1]　座標空間で球面の方程式を $x^2+y^2+z^2=1$，底面を含む平面の方程式を $z=-t$（$0\leqq t<1$）等とおいて考える。体積を t で表し，増減表を考える。

[解法2]　球面の中心Oから底面に垂線 OH を下ろし，半直線 HO 上にAがくるときを考える。このときの AH の長さを x として，体積を x で表し，増減表を考える。

解 法 1

半径 1 の球面を S，正方形 $B_1B_2B_3B_4$ を含む平面を α とする。S の方程式を $x^2+y^2+z^2=1$，α の方程式を $z=-t$（$0\leqq t<1$）としても一般性を失わない。

S と α が交わってできる円を C とすると，C の方程式は $x^2+y^2=1-t^2$，$z=-t$ であるから，C の半径は $\sqrt{1-t^2}$ である。

正方形 $B_1B_2B_3B_4$ は C に内接するから，面積は

$$4\cdot\frac{1}{2}(\sqrt{1-t^2})^2=2(1-t^2)$$

点Aの z 座標を a とすると，$-1\leqq a\leqq 1$（$a\neq -t$）で，四角錐の高さは $|a+t|$ であるから，t を固定して考えると，$t\geqq 0$ より，$|a+t|$ は $a=1$ のとき最大値 $1+t$ をとる。

このとき，四角錐の体積を $f(t)$ とすると

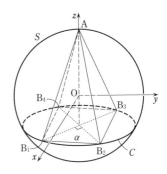

$$f(t)=\frac{1}{3}\cdot 2(1-t^2)(1+t)$$

$$=-\frac{2}{3}(t^3+t^2-t-1)$$

求める最大値は，$0\leqq t<1$ における $f(t)$ の最大値である。

$$f'(t)=-\frac{2}{3}(3t^2+2t-1)$$

$$=-\frac{2}{3}(t+1)(3t-1)$$

よって，$0\leqq t<1$ における $f(t)$ の増減表は右のようになるから，求める最大値は

t	0	$\cdots$	$\dfrac{1}{3}$	$\cdots$	(1)
$f'(t)$		$+$	0	$-$	
$f(t)$		↗	$\dfrac{64}{81}$	↘	

$$f\left(\frac{1}{3}\right)=\frac{64}{81}\quad\cdots\cdots\text{(答)}$$

解法 2

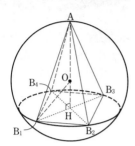

　球面の中心を O，正方形 $B_1B_2B_3B_4$ を含む平面を α とし，まず，O が α 上にないときを考える。

O から α に垂線 OH を下ろすと，$OB_1=OB_2=OB_3=OB_4$ から，$\triangle OHB_1 \equiv \triangle OHB_2 \equiv \triangle OHB_3 \equiv \triangle OHB_4$ となる。したがって $B_1H=B_2H=B_3H=B_4H$ となり，H は線分 B_1B_3 の中点かつ線分 B_2B_4 の中点，すなわち正方形 $B_1B_2B_3B_4$ の 2 本の対角線の交点である。

四角錐の高さを h とすると，h は点 A から α へ下ろした垂線の長さで

$$h \leqq OA + OH = 1 + OH$$

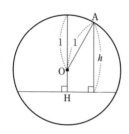

が成り立つ。ここで等号が成り立つのは，半直線 HO 上に A があるときで，そのとき，h は最大値 $1+OH$ をとる。

このとき，$AH=x$ とおくと，$1<x<2$ で

$$B_1H^2 = OB_1{}^2 - OH^2 = 1^2 - (x-1)^2 = 2x - x^2$$

であるから，正方形 $B_1B_2B_3B_4$ の面積は

$$4 \cdot \frac{1}{2} B_1H^2 = 2(2x - x^2)$$

四角錐の体積を $V(x)$ とおくと

$$V(x) = \frac{1}{3} \cdot 2(2x - x^2) x = -\frac{2}{3}(x^3 - 2x^2) \quad \cdots\cdots ①$$

である。

O が α 上にあるときは，$OH=0$，$x=1$ として①が成り立つ。

よって，$1 \leqq x < 2$ の範囲で $V(x)$ を考えてよく

$$V'(x) = -\frac{2}{3}(3x^2 - 4x) = -2x\left(x - \frac{4}{3}\right)$$

$V(x)$ の増減表は右のようになるから，求める最大値は

$$V\left(\frac{4}{3}\right) = \frac{64}{81} \quad \cdots\cdots (答)$$

x	1	$\cdots$	$\dfrac{4}{3}$	$\cdots$	(2)
$V'(x)$		$+$	0	$-$	
$V(x)$		↗	$\dfrac{64}{81}$	↘	

64

ポイント [解法1] (1) $\overrightarrow{AB}=\vec{b}$, $\overrightarrow{AC}=\vec{c}$, $\overrightarrow{AD}=\vec{d}$ とおき,$\overrightarrow{AB}\cdot\overrightarrow{PQ}=0$ を示す。

(2) $0\leqq s+t\leqq1$, $s\geqq0$, $t\geqq0$ を満たす任意の実数 s, t に対して,$\overrightarrow{AE}=s\overrightarrow{AC}+t\overrightarrow{AD}$ $=s\vec{c}+t\vec{d}$, $\overrightarrow{BF}=s\overrightarrow{BD}+t\overrightarrow{BC}=s(\vec{d}-\vec{b})+t(\vec{c}-\vec{b})$ で定まる面 ACD 上の点 E と面 BDC 上の点 F について,EF と PQ が EF の中点で直交することを導き,このことから四面体 ABCD を PQ のまわりに 180° 回転すると自分自身に重なることを示す。これにより α で分けられた2つの部分の体積が等しいことを結論する。

[解法2] (1) 三角形の合同を用いて AB⊥PQ を示す。

(2) α が辺 AC,BD と交わるときを考え,それぞれの交点を S,T とし,AS=BT を示し,四面体 ADST と四面体 BCTS が合同であることを示す。また,A,B と α の距離は等しく,C,D と α の距離は等しいことから四面体 APST と四面体 BPTS が等積,四面体 DQST と四面体 CQTS が等積であることを用いる。

解法 1

(1) $\overrightarrow{AB}=\vec{b}$, $\overrightarrow{AC}=\vec{c}$, $\overrightarrow{AD}=\vec{d}$ とおく。

AC = BD から

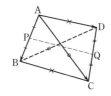

$$|\vec{c}|^2=|\vec{d}-\vec{b}|^2$$

$$|\vec{b}|^2-|\vec{c}|^2+|\vec{d}|^2=2\vec{b}\cdot\vec{d} \quad\cdots\cdots①$$

AD = BC から,同様に

$$|\vec{b}|^2+|\vec{c}|^2-|\vec{d}|^2=2\vec{b}\cdot\vec{c} \quad\cdots\cdots②$$

$\dfrac{①+②}{2}$ から

$$|\vec{b}|^2=\vec{b}\cdot\vec{c}+\vec{b}\cdot\vec{d} \quad\cdots\cdots③$$

$\overrightarrow{PQ}=\dfrac{\vec{c}+\vec{d}}{2}-\dfrac{\vec{b}}{2}$ なので

$$2\overrightarrow{AB}\cdot\overrightarrow{PQ}=\vec{b}\cdot(\vec{c}+\vec{d}-\vec{b})$$
$$=\vec{b}\cdot\vec{c}+\vec{b}\cdot\vec{d}-|\vec{b}|^2$$
$$=0 \quad(③より)$$

$\overrightarrow{AB}\neq\vec{0}$, $\overrightarrow{PQ}\neq\vec{0}$ なので,$\overrightarrow{AB}\perp\overrightarrow{PQ}$ である。 (証明終)

(2) $0 \leqq s+t \leqq 1$, $s \geqq 0$, $t \geqq 0$ を満たす任意の実数 s, t に対して

$$\overrightarrow{AE} = s\overrightarrow{AC} + t\overrightarrow{AD} = s\vec{c} + t\vec{d} \quad \cdots\cdots④$$

で定まる面 ACD 上の点 E と

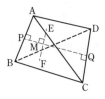

$$\overrightarrow{BF} = s\overrightarrow{BD} + t\overrightarrow{BC} = s(\vec{d} - \vec{b}) + t(\vec{c} - \vec{b})$$

で定まる面 BDC 上の点 F をとると

$$\overrightarrow{AF} = \vec{b} + s(\vec{d} - \vec{b}) + t(\vec{c} - \vec{b}) \quad \cdots\cdots⑤$$

線分 EF の中点を M とすると，④，⑤ から

$$\overrightarrow{AM} = \frac{\overrightarrow{AE} + \overrightarrow{AF}}{2} = \frac{\vec{b} + s(\vec{c} + \vec{d} - \vec{b}) + t(\vec{c} + \vec{d} - \vec{b})}{2}$$

$$= (1 - s - t)\frac{\vec{b}}{2} + (s + t)\frac{\vec{c} + \vec{d}}{2}$$

$u = s + t$ とおくと

$$\overrightarrow{AM} = (1 - u)\overrightarrow{AP} + u\overrightarrow{AQ}$$

$0 \leqq u \leqq 1$ であるから，M は線分 PQ を $u : 1 - u$ に内分する点であり，線分 PQ 上の点である。ただし，$s = t = \dfrac{1}{2}$ のときは E = F = Q であり，M = Q と考える。以下，$s \neq \dfrac{1}{2}$ または $t \neq \dfrac{1}{2}$ のときを考える。このとき E $\neq$ F であり $\overrightarrow{EF} \neq \vec{0}$ である。

④，⑤ から

$$\overrightarrow{EF} = \overrightarrow{AF} - \overrightarrow{AE} = \vec{b} + s(\vec{d} - \vec{b} - \vec{c}) + t(\vec{c} - \vec{b} - \vec{d})$$

$$2\overrightarrow{PQ} \cdot \overrightarrow{EF} = \{(\vec{c} + \vec{d}) - \vec{b}\} \cdot \{\vec{b} + s(\vec{d} - \vec{b} - \vec{c}) + t(\vec{c} - \vec{b} - \vec{d})\}$$

$$= (\vec{b} \cdot \vec{c} + \vec{b} \cdot \vec{d} - |\vec{b}|^2) + s(|\vec{d}|^2 - |\vec{c}|^2 + |\vec{b}|^2 - 2\vec{b} \cdot \vec{d})$$

$$+ t(|\vec{c}|^2 - |\vec{d}|^2 + |\vec{b}|^2 - 2\vec{b} \cdot \vec{c})$$

$$= 0 \quad (①，②，③ より)$$

これと $\overrightarrow{PQ} \neq \vec{0}$，$\overrightarrow{EF} \neq \vec{0}$ から，$\overrightarrow{PQ} \perp \overrightarrow{EF}$ である。

以上から，線分 PQ と線分 EF は線分 EF の中点 M で垂直に交わる。

全く同様に，$\overrightarrow{CE'} = s\overrightarrow{CA} + t\overrightarrow{CB}$ で定まる面 CAB 上の点 E′ と $\overrightarrow{DF'} = s\overrightarrow{DB} + t\overrightarrow{DA}$ で定まる面 DBA 上の点 F′ について，線分 PQ と線分 E′F′ は線分 E′F′ の中点で垂直に交わる。

四面体の面上および内部の点を通り，線分 PQ に垂直な直線は四面体のいずれかの面と交わるので，以上のことから

　　　四面体 ABCD は線分 PQ に関して対称である。　　$\cdots\cdots(\ast)$

また，線分 PQ 上の任意の点 H を通り PQ に垂直な平面による四面体の断面を β とすると，α と β の交線は H を通る直線となり，β はこの直線で 2 つの部分に分けられる。

（$\ast$）から，この 2 つの部分は H に関して対称であり，面積は等しいので，β は α で

面積が2等分される。

ゆえに，線分PQを含む平面αで四面体ABCDを切って得られる2つの部分の体積は等しい。 (証明終)

〔注1〕 「(1)と同様にCD⊥PQが成り立つ。よって，A，B，C，Dを直線PQのまわりに180°回転させるとそれぞれB，A，D，Cに移る。このとき，辺AB，CD，AC，ADがそれぞれ辺BA，DC，BD，BCに移り，このことから四面体全体が直線PQのまわりに180°回転して自分自身に移るので四面体ABCDは直線PQに関して対称である」ということが本問の背景である。試験場での解答としてはそのような程度の記述で許されるかもしれないが，辺AB，CDそれぞれが直線PQに関して対称であることから四面体全体が線分PQに関して対称であることを結論するところは少し厳密性に欠けるともいえる。そこで［解法1］では対称性の意味を明快に捉えた記述を行っている。ここで［解法1］の最後の「2つの部分の体積は等しい」ことは，それぞれの体積がβによる断面積を積分して得られることを根拠にしていることにも注意したい。

解 法 2

(1) △ACDと△BDCにおいて

AC＝BD，AD＝BC，CD＝DC

であるから，3辺相等より △ACD≡△BDC

よって ∠ACD＝∠BDC

△ACQと△BDQにおいて

AC＝BD，CQ＝DQ （∵ Qは辺CDの中点）

∠ACQ＝∠BDQ （∵ ∠ACD＝∠BDC）

であるから，2辺夾角相等より △ACQ≡△BDQ

よって AQ＝BQ

したがって，△QABはQA＝QBの二等辺三角形で，Pは辺ABの中点であるから，AB⊥PQである。 (証明終)

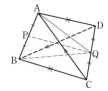

(2) (1)と同様にCD⊥PQとなる。したがって

A，Bとαの距離は等しく，C，Dとαの距離は等しい。 ……(＊)

αがC（D）を含むなら，αは平面PQC（平面PQD）すなわち平面PCDとなる。

このとき，(＊)によってαで分けられた2つの部分の体積は等しい。

同様に，αがA（B）を含むなら，αは平面QABとなる。

このときも，(＊)によってαで分けられた2つの部分の体積は等しい。

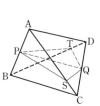

以下，αがA，B，C，Dを含まないときを考える。

αと平面ABCの交線はPを通る直線となり，その直線は辺AC（A，Cを除く）ま

たは辺BC（B，Cを除く）と交わる。どちらの場合も同様なので，αが辺ACと交わるときを考える。

αと辺ACの交点をSとする。αと平面ABDの交線はPを通る直線となるが，その直線は辺ADと交わることはない。なぜなら，辺ADと交わるとすると，交点をTとして，αは同一直線上にない3点S，T，Qを含み，したがってαは平面STQすなわち平面ACDと一致するが，これはPを含まないので不適であるからである。よって，αと平面ABDの交線は辺BDと交わる。これをTとする。

$\overrightarrow{AB}=\vec{b}$，$\overrightarrow{AC}=\vec{c}$，$\overrightarrow{AD}=\vec{d}$とし，AS：AC$=s：1$ $(s\neq0,\ 1)$，
BT：BD$=t：1$ $(t\neq0,\ 1)$とすると

$$\overrightarrow{AS}=s\vec{c},\quad \overrightarrow{AT}=(1-t)\vec{b}+t\vec{d} \quad\cdots\cdots①$$

P，Q，S，Tは同一平面α上にあり，適当な実数l，mを用いて

$$\overrightarrow{PQ}=l\overrightarrow{PS}+m\overrightarrow{PT} \quad\cdots\cdots②$$

と表すことができる。

②から

$$\overrightarrow{AQ}-\overrightarrow{AP}=l\,(\overrightarrow{AS}-\overrightarrow{AP})+m\,(\overrightarrow{AT}-\overrightarrow{AP})$$

$$(1-l-m)\,\overrightarrow{AP}-\overrightarrow{AQ}+l\overrightarrow{AS}+m\overrightarrow{AT}=\vec{0}$$

①と$\overrightarrow{AP}=\dfrac{\vec{b}}{2}$，$\overrightarrow{AQ}=\dfrac{\vec{c}+\vec{d}}{2}$から

$$\frac{1-l-m}{2}\vec{b}-\frac{\vec{c}+\vec{d}}{2}+ls\vec{c}+m\,(1-t)\,\vec{b}+mt\vec{d}=\vec{0}$$

$$(1-l+m-2mt)\vec{b}+(2ls-1)\vec{c}+(2mt-1)\vec{d}=\vec{0}$$

$\vec{b}$，$\vec{c}$，$\vec{d}$は1次独立なので

$$\begin{cases} 1-l+m-2mt=0 & \cdots\cdots③ \\ 2ls-1=0 & \cdots\cdots④ \\ 2mt-1=0 & \cdots\cdots⑤ \end{cases}$$

③，⑤から$l=m$であり，これと④，⑤から$s=t\left(=\dfrac{1}{2l}\right)$となる。

これとAC$=$BDから

$$\text{AS}=\text{BT} \quad\cdots\cdots⑥,\quad \text{DT}=\text{CS} \quad\cdots\cdots⑦$$

また，$\triangle$ACD$\equiv\triangle$BDCから

$$\angle\text{ACD}=\angle\text{BDC} \quad\cdots\cdots⑧$$

⑦，⑧，DC$=$CDから$\triangle$DSC$\equiv\triangle$CTDとなり

$$\text{DS}=\text{CT} \quad\cdots\cdots⑨$$

さらに，$\triangle$BAC$\equiv\triangle$ABD（AC$=$BD，BC$=$AD，BA$=$ABより）から

$$\angle\text{BAC}=\angle\text{ABD} \quad\cdots\cdots⑩$$

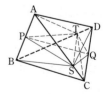

⑥, ⑩, AB＝BA から△BAS≡△ABT となり

AT＝BS　……⑪

⑥, ⑦, ⑨, ⑪, AD＝BC, ST＝TS から

四面体 ADST と四面体 BCTS は合同なので体積は等しい。　……⑫

（＊）から

四面体 APST と四面体 BPTS の体積は等しい。　……⑬

四面体 DQST と四面体 CQTS の体積は等しい。　……⑭

α で分けられた四面体 ABCD の2つの部分のうち，A を含む部分の体積は四面体 ADST，APST，DQST の体積の和であり，B を含む部分の体積は四面体 BCTS，BPTS，CQTS の体積の和である。

⑫, ⑬, ⑭によりこれらはそれぞれ等しいので，α で分けられた2つの部分の体積は等しい。　　　　　　　　　　　　　　　　　　　　　　　　　（証明終）

〔注2〕　［解法2］(2)では P，Q，S，T が同一平面上にあることをどう用いるかが重要である。ここではベクトルを用いて解法中の s，t について $s=t$ を導くところで P，Q，S，T が同一平面上にあることを用いており，これから AS＝BT，DT＝CS を導き，その後，幾何を用いて四面体 ADST と四面体 BCTS が合同であることを示すという流れとなっている。

65

ポイント (1) $\overrightarrow{DG}$, $\overrightarrow{EF}$ を $\overrightarrow{OA}$, $\overrightarrow{OB}$, $\overrightarrow{OC}$ で表し，$\overrightarrow{EF} = k\overrightarrow{DG}$ (k は実数) と表されることと，4点O，A，B，Cが同一平面上にないことを用いて証明する。

(2) 四角形 DEFG は正方形なので $\overrightarrow{DG} /\!/ \overrightarrow{EF}$ であり，(1)から AE：EB＝CF：FB となる。同様に考えて辺の比を調べ，正八面体の頂点が四面体 OABC の各辺の中点であることを示す。さらにこれを用いて，四面体 OABC の各面が正三角形であることを示す。

解法

(1) $\overrightarrow{OA} = \vec{a}$, $\overrightarrow{OB} = \vec{b}$, $\overrightarrow{OC} = \vec{c}$ とおき

   AE：EB＝p：$(1-p)$, CF：FB＝q：$(1-q)$

   OD：DA＝r：$(1-r)$, OG：GC＝s：$(1-s)$

   $(0<p<1,\ 0<q<1,\ 0<r<1,\ 0<s<1)$

とすると

$$\overrightarrow{OD} = r\vec{a}, \quad \overrightarrow{OG} = s\vec{c}$$

$$\overrightarrow{OE} = (1-p)\vec{a} + p\vec{b}, \quad \overrightarrow{OF} = q\vec{b} + (1-q)\vec{c}$$

より

$$\overrightarrow{DG} = \overrightarrow{OG} - \overrightarrow{OD} = -r\vec{a} + s\vec{c}$$

$$\overrightarrow{EF} = \overrightarrow{OF} - \overrightarrow{OE}$$

$$= -(1-p)\vec{a} + (q-p)\vec{b} + (1-q)\vec{c}$$

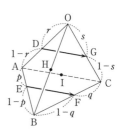

$\overrightarrow{DG} /\!/ \overrightarrow{EF}$ ならば，$\overrightarrow{EF} = k\overrightarrow{DG}$ (k は実数) と表されるから

$$-(1-p)\vec{a} + (q-p)\vec{b} + (1-q)\vec{c} = -kr\vec{a} + ks\vec{c}$$

$\vec{a}$, $\vec{b}$, $\vec{c}$ は同一平面上にないから

$$-(1-p) = -kr, \quad q-p = 0, \quad 1-q = ks \quad \cdots\cdots ①$$

よって，$p = q$ であるから

   AE：EB＝CF：FB　　　　　　　　　　　　　　　　　　(証明終)

(2) D，E，F，G，H，I が正八面体の頂点となっているとき，四角形 DEFG は正方形であるから　　$\overrightarrow{DG} = \overrightarrow{EF}$

これは，①で $k=1$ のときであるから

   $p = q = 1-r = 1-s \quad \cdots\cdots ②$

また，四角形 DIFH も正方形であるから　　$\overrightarrow{DH} = \overrightarrow{IF}$

   OH：HB＝t：$(1-t)$, AI：IC＝u：$(1-u)$

$(0 < t < 1, \ 0 < u < 1)$

として，(1)の G，E をそれぞれ H，I にとり直し，B と C を入れ換えると，p, q, s はそれぞれ u, $1-q$, t となり，②は

$$u = 1 - q = 1 - r = 1 - t \quad \cdots\cdots③$$

となる。②，③から $q = \dfrac{1}{2}$ となり，したがって

$$p = q = r = s = t = u = \dfrac{1}{2}$$

を得る。

よって，D，E，F，G，H，I は四面体 OABC の各辺の中点である。

したがって，中点連結定理により

$$OA = 2HE, \quad OB = 2DE, \quad AB = 2DH$$

△DEH は正八面体の 1 つの面であるから

$$HE = DE = DH$$

ゆえに　　$OA = OB = AB$　　すなわち，△OAB は正三角形である。

同様にして，△OBC，△OCA，△ABC も正三角形であるから，四面体 OABC は正四面体である。　　　　　　　　　　　　　　　　　　　　　　　　　　（証明終）

66

2016 年度 〔3〕

ポイント Aから対面に下ろした垂線を AH として，三角形の合同から，
AO＝AB＝AC を導く。他辺についても同様。

解 法

頂点Aから平面 OBC に下ろした垂線の足をHとすると，
仮定より，Hは△OBC の外心である。
AH⊥平面 OBC より

$$\angle AHO = \angle AHB = \angle AHC = 90° \quad \cdots\cdots①$$

また，Hは△OBC の外心だから

$$HO = HB = HC \quad \cdots\cdots②$$

①，②と AH が共通であることから，
△AHO≡△AHB≡△AHC となり

$$AO = AB = AC \quad \cdots\cdots③$$

同様に，Bを頂点，△AOC を底面と見ることにより

$$BA = BO = BC \quad \cdots\cdots④$$

Cを頂点，△AOB を底面と見ることにより

$$CA = CO = CB \quad \cdots\cdots⑤$$

③，④，⑤より

$$OA = OB = OC = AB = BC = CA$$

となり，すべての面が正三角形だから，四面体 OABC は正四面体である。

（証明終）

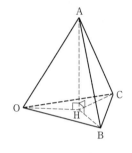

67

ポイント [解法1] $AQ = t$ とおき，$\triangle APQ$，$\triangle ADQ$，$\triangle DPQ$ で順次余弦定理を用いて，$\cos\angle PDQ$ を t で表し，t での微分と増減表を考える。

[解法2] $\overrightarrow{DA} = \vec{a}$，$\overrightarrow{DB} = \vec{b}$，$\overrightarrow{DC} = \vec{c}$ とおき，$\overrightarrow{DQ} = (1-t)\vec{a} + t\vec{c}$ として，内積計算により，$\angle\cos PDQ$ を t で表す。

解 法 1

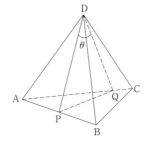

$\angle PDQ = \theta$，$AQ = t$ $(0 \le t \le 1)$ とおく。

$\triangle APQ$ で余弦定理から

$$PQ^2 = \left(\frac{1}{2}\right)^2 + t^2 - 2 \cdot \frac{1}{2} \cdot t \cdot \cos 60°$$

$$= t^2 - \frac{1}{2}t + \frac{1}{4} \quad \cdots\cdots ①$$

$\triangle ADQ$ で余弦定理から

$$DQ^2 = 1^2 + t^2 - 2 \cdot 1 \cdot t \cdot \cos 60° = t^2 - t + 1 \quad \cdots\cdots ②$$

また $$DP^2 = \left(\frac{\sqrt{3}}{2}\right)^2 = \frac{3}{4} \quad \cdots\cdots ③$$

①，②，③より，$\triangle DPQ$ で余弦定理から

$$\cos\theta = \frac{DP^2 + DQ^2 - PQ^2}{2DP \cdot DQ} = \frac{\dfrac{3}{4} + t^2 - t + 1 - t^2 + \dfrac{1}{2}t - \dfrac{1}{4}}{2 \cdot \dfrac{\sqrt{3}}{2}\sqrt{t^2 - t + 1}}$$

$$= \frac{3-t}{2\sqrt{3}\sqrt{t^2 - t + 1}}$$

$$= \frac{1}{2\sqrt{3}}\sqrt{\frac{(3-t)^2}{t^2 - t + 1}} \quad (3 - t > 0 \text{ より})$$

$$= \frac{1}{2\sqrt{3}}\sqrt{\frac{t^2 - 6t + 9}{t^2 - t + 1}} \quad \cdots\cdots ④$$

$f(t) = \dfrac{t^2 - 6t + 9}{t^2 - t + 1}$ $(0 \le t \le 1)$ とおくと，$f(t) = 1 + \dfrac{-5t + 8}{t^2 - t + 1}$ であり

$$f'(t) = \frac{-5(t^2 - t + 1) - (-5t + 8)(2t - 1)}{(t^2 - t + 1)^2}$$

$$= \frac{5t^2 - 16t + 3}{(t^2 - t + 1)^2} = \frac{(5t - 1)(t - 3)}{(t^2 - t + 1)^2}$$

よって，増減表から，$f(t)$ の最大値は $f\left(\dfrac{1}{5}\right)=\dfrac{28}{3}$ である。ゆえに，④から，$\cos\theta$ の最大値は

$$\dfrac{1}{2\sqrt{3}}\cdot\sqrt{\dfrac{28}{3}}=\dfrac{1}{2\sqrt{3}}\cdot\dfrac{2\sqrt{7}}{\sqrt{3}}=\dfrac{\sqrt{7}}{3}\quad\cdots\cdots(答)$$

t	0	$\cdots$	$\dfrac{1}{5}$	$\cdots$	1
$f'(t)$		$+$	0	$-$	
$f(t)$		↗	最大	↘	

解法 2

$\overrightarrow{\mathrm{DA}}=\vec{a}$，$\overrightarrow{\mathrm{DB}}=\vec{b}$，$\overrightarrow{\mathrm{DC}}=\vec{c}$ とおくと，条件より

$$\overrightarrow{\mathrm{DP}}=\dfrac{1}{2}(\vec{a}+\vec{b})，\quad\overrightarrow{\mathrm{DQ}}=(1-t)\vec{a}+t\vec{c}\quad(0\leqq t\leqq1)$$

である。また

$$|\vec{a}|^2=|\vec{b}|^2=|\vec{c}|^2=1,\quad\vec{a}\cdot\vec{b}=\vec{b}\cdot\vec{c}=\vec{c}\cdot\vec{a}=1\cdot1\cdot\cos60°=\dfrac{1}{2}$$

である。ゆえに，$\cos\angle\mathrm{PDQ}=\dfrac{\overrightarrow{\mathrm{DP}}\cdot\overrightarrow{\mathrm{DQ}}}{|\overrightarrow{\mathrm{DP}}|\cdot|\overrightarrow{\mathrm{DQ}}|}$ において

$$\begin{aligned}
\overrightarrow{\mathrm{DP}}\cdot\overrightarrow{\mathrm{DQ}}&=\dfrac{1}{2}(\vec{a}+\vec{b})\cdot\{(1-t)\vec{a}+t\vec{c}\}\\
&=\dfrac{1}{2}\{(1-t)|\vec{a}|^2+(1-t)\vec{a}\cdot\vec{b}+t\vec{b}\cdot\vec{c}+t\vec{c}\cdot\vec{a}\}\\
&=\dfrac{1}{2}\left\{(1-t)+\dfrac{1}{2}(1-t)+\dfrac{1}{2}t+\dfrac{1}{2}t\right\}\\
&=\dfrac{1}{4}(3-t)
\end{aligned}$$

$$|\overrightarrow{\mathrm{DP}}|^2=\dfrac{1}{4}|\vec{a}+\vec{b}|^2=\dfrac{1}{4}(|\vec{a}|^2+2\vec{a}\cdot\vec{b}+|\vec{b}|^2)=\dfrac{1}{4}\left(1+2\cdot\dfrac{1}{2}+1\right)=\dfrac{3}{4}$$

よって　$|\overrightarrow{\mathrm{DP}}|=\dfrac{\sqrt{3}}{2}$

$$\begin{aligned}
|\overrightarrow{\mathrm{DQ}}|^2&=|(1-t)\vec{a}+t\vec{c}|^2\\
&=(1-t)^2|\vec{a}|^2+2t(1-t)\vec{a}\cdot\vec{c}+t^2|\vec{c}|^2\\
&=(1-t)^2+t(1-t)+t^2\\
&=t^2-t+1
\end{aligned}$$

よって　$|\overrightarrow{\mathrm{DQ}}|=\sqrt{t^2-t+1}$

ゆえに

$$\cos\angle\mathrm{PDQ}=\dfrac{\dfrac{1}{4}(3-t)}{\dfrac{\sqrt{3}}{2}\sqrt{t^2-t+1}}=\dfrac{3-t}{2\sqrt{3}\sqrt{t^2-t+1}}$$

（以下，［解法1］に同じ）

68 2014 年度 〔1〕（文理共通） Level A

ポイント P，Q，Rの座標をそれぞれ媒介変数を用いて表し，$\overrightarrow{PQ}\cdot\vec{v}=0$，$\overrightarrow{PR}\cdot\vec{w}=0$ から得られる関係式を利用して，PQ^2+PR^2 を計算する。

解 法

p，q，r を実数として
$$\overrightarrow{OP}=\overrightarrow{OA}+p\vec{u}=(2p+1,\ p,\ -p-2)$$
$$\overrightarrow{OQ}=\overrightarrow{OB}+q\vec{v}=(q+1,\ -q+2,\ q-3)$$
$$\overrightarrow{OR}=\overrightarrow{OC}+r\vec{w}=(r+1,\ 2r-1,\ r)$$
とかけて
$$\overrightarrow{PQ}=\overrightarrow{OQ}-\overrightarrow{OP}=(-2p+q,\ -p-q+2,\ p+q-1)\quad\cdots\cdots①$$
$$\overrightarrow{PR}=\overrightarrow{OR}-\overrightarrow{OP}=(-2p+r,\ -p+2r-1,\ p+r+2)\quad\cdots\cdots②$$
である。また，$PQ\perp m$，$PR\perp n$ であるから
$$\overrightarrow{PQ}\cdot\vec{v}=0\quad\cdots\cdots③,\quad\overrightarrow{PR}\cdot\vec{w}=0\quad\cdots\cdots④$$
①，③より
$$(-2p+q)\cdot1+(-p-q+2)\cdot(-1)+(p+q-1)\cdot1=0$$
これより　　$q=1$　$\cdots\cdots⑤$
②，④より
$$(-2p+r)\cdot1+(-p+2r-1)\cdot2+(p+r+2)\cdot1=0$$
これより　　$p=2r$　$\cdots\cdots⑥$
①，⑤，⑥から　　$\overrightarrow{PQ}=(-4r+1,\ -2r+1,\ 2r)$
②，⑥から　　$\overrightarrow{PR}=(-3r,\ -1,\ 3r+2)$
よって
$$\begin{aligned}PQ^2+PR^2&=|\overrightarrow{PQ}|^2+|\overrightarrow{PR}|^2\\&=(-4r+1)^2+(-2r+1)^2+(2r)^2+(-3r)^2+(-1)^2+(3r+2)^2\\&=42r^2+7\end{aligned}$$
ゆえに，PQ^2+PR^2 が最小となるのは $r=0$ のときで，このとき，⑥から $p=0$ となり
　　$P(1,\ 0,\ -2)$，PQ^2+PR^2 の最小値は 7　$\cdots\cdots$（答）

〔注〕 $\vec{u}\cdot\vec{v}=0$ から，$l\perp m$ である。したがって，l 上の点Pから m に下ろした垂線の足Q はPによらない定点となる。これが，解答で q が定数となる理由である。

69

ポイント　OP＝OQ＝OR を示す。△OPQ，△OQR，△ORP で余弦定理を用いた 3
式すべてを用いる。

解法

OP＝a，OQ＝b，OR＝c とすると，余弦定理より

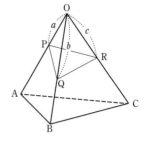

$$PQ^2 = a^2 + b^2 - 2ab\cos 60° = a^2 - ab + b^2 \quad \cdots\cdots ①$$
$$QR^2 = b^2 - bc + c^2 \quad \cdots\cdots ②$$
$$RP^2 = c^2 - ca + a^2 \quad \cdots\cdots ③$$

△PQR が正三角形であることより，①＝②＝③である。

①＝②　（①－②＝0）　より
$$a^2 - c^2 - ab + bc = 0$$
$$(a+c)(a-c) - b(a-c) = 0$$
$$(a-c)(a-b+c) = 0 \quad \cdots\cdots ④$$

②＝③　（③－②＝0）　より
$$a^2 - b^2 - ca + bc = 0$$
$$(a+b)(a-b) - c(a-b) = 0$$
$$(a-b)(a+b-c) = 0 \quad \cdots\cdots ⑤$$

⑤より
$$a = b \quad または \quad c = a + b$$

$c = a + b$ のとき，これを④に代入すると
$$-b \cdot 2a = 0 \qquad ab = 0$$

ゆえに，$a = 0$ または $b = 0$ となり，これは，P，Q，R が四面体 OABC の頂点とは
異なることに反する。よって，$c = a + b$ とはならず，$a = b$ でなければならない。

$a = b$ を④に代入すると
$$(a-c)c = 0$$

$c \neq 0$ より　　$a = c$

以上より
$$a = b = c \quad （つまり，OP = OQ = OR）$$

である。一方，四面体 OABC は正四面体であることより，OA＝OB＝OC である。

ゆえに，OP：OA＝OQ：OB＝OR：OC となり，PQ∥AB，QR∥BC，RP∥CA が成
り立つ。

（証明終）

70

2011 年度　〔5〕

Level B

ポイント　前半は与えられた3点を通る平面と原点の距離を求める。後半は，共有点が満たすべき関係式を求め，さらに $xyz = k$ とおく。

[解法1]　原点から平面に垂線 OH を下ろし，ベクトルの内積から H の座標を求める。

[解法2]　平面の方程式を求め，原点と平面の距離を求める。

[解法3]　原点から平面に下ろした垂線の足が正三角形 ABC の外心（重心）であることを利用する。

解法 1

A $(4, 0, 0)$，B $(0, 4, 0)$，C $(0, 0, 4)$ とし，O から平面 α に下ろした垂線の足を H (a, b, c) とする。

$\overrightarrow{\text{OH}} \perp \overrightarrow{\text{AB}}$，$\overrightarrow{\text{OH}} \perp \overrightarrow{\text{AC}}$ より

$$\overrightarrow{\text{OH}} \cdot \overrightarrow{\text{AB}} = 0, \quad \overrightarrow{\text{OH}} \cdot \overrightarrow{\text{AC}} = 0$$

ここで

$$\overrightarrow{\text{OH}} \cdot \overrightarrow{\text{AB}} = (a, b, c) \cdot (-4, 4, 0)$$
$$= -4a + 4b$$
$$\overrightarrow{\text{OH}} \cdot \overrightarrow{\text{AC}} = (a, b, c) \cdot (-4, 0, 4)$$
$$= -4a + 4c$$

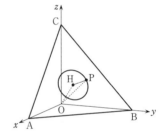

だから　$\begin{cases} -4a + 4b = 0 \\ -4a + 4c = 0 \end{cases}$

よって，$a = b = c$ となり，H (a, a, a) である。また，H は平面 α 上にあるから

$$\overrightarrow{\text{OH}} = s\overrightarrow{\text{OA}} + t\overrightarrow{\text{OB}} + u\overrightarrow{\text{OC}}$$

としたとき，$s + t + u = 1$ が成り立つ。よって

$$(a, a, a) = s(4, 0, 0) + t(0, 4, 0) + u(0, 0, 4)$$
$$= (4s, 4t, 4u)$$

となるから　$s = t = u = \dfrac{a}{4}$

これらを $s + t + u = 1$ に代入すると，$\dfrac{3}{4}a = 1$ より　$a = \dfrac{4}{3}$

よって，H $\left(\dfrac{4}{3}, \dfrac{4}{3}, \dfrac{4}{3} \right)$ であり，OH $= \dfrac{4\sqrt{3}}{3}$ となる。

$\dfrac{4\sqrt{3}}{3}<\sqrt{6}$ であるから，平面 α と球面 S は共有点をもつ。 （証明終）

共有点の集合はHを中心とする円であり，その半径を r とすると

$$r=\sqrt{(\sqrt{6})^2-\left(\dfrac{4\sqrt{3}}{3}\right)^2}=\dfrac{\sqrt{6}}{3}$$

である。ゆえに，共有点の集合は，Hを中心とする半径 $\dfrac{\sqrt{6}}{3}$ の球面と，球面 S との交線（円）である。したがって，交線上の点を $P(x,\ y,\ z)$ とするとき，次の2式が成り立つ。

$$x^2+y^2+z^2=6 \quad \cdots\cdots①$$
$$\left(x-\dfrac{4}{3}\right)^2+\left(y-\dfrac{4}{3}\right)^2+\left(z-\dfrac{4}{3}\right)^2=\dfrac{2}{3} \quad \cdots\cdots②$$

②を展開して①を代入することにより

$$x+y+z=4 \quad \cdots\cdots③$$

①，③を満たす実数 $x,\ y,\ z$ に対して，xyz がとりうる値の範囲を求める。③の平方に①を代入すると

$$6+2(xy+yz+zx)=16$$
$$xy+yz+zx=5 \quad \cdots\cdots④$$

ここで，①かつ② $\Longleftrightarrow$ ①かつ③ $\Longleftrightarrow$ ③かつ④であるから，$xyz=k$ $\cdots\cdots⑤$ とおくと，①かつ②かつ⑤ $\Longleftrightarrow$ ③かつ④かつ⑤である。

さらに，3次方程式 $t^3-4t^2+5t-k=0$ $\cdots\cdots⑥$ を考えると

③かつ④かつ⑤ $\Longleftrightarrow$ $x,\ y,\ z$ が⑥の解

である。よって，⑥の3つの解（重解を許す）がすべて実数になるような k の範囲を求めればよい。

$f(t)=t^3-4t^2+5t$ とおくと

$$f'(t)=3t^2-8t+5=(t-1)(3t-5)$$

となり，$f(t)$ の増減表は次のようになる。

t	$\cdots$	1	$\cdots$	$\dfrac{5}{3}$	$\cdots$
$f'(t)$	+	0	−	0	+
$f(t)$	↗	2	↘	$\dfrac{50}{27}$	↗

よって，tu 平面で，$u = f(t)$ のグラフと直線 $u = k$ の共有点（接点は2個と考える）が3個となる k の範囲は

$$\frac{50}{27} \leqq k \leqq 2$$

である。ゆえに，xyz がとりうる値の範囲は

$$\frac{50}{27} \leqq xyz \leqq 2 \quad \cdots\cdots（答）$$

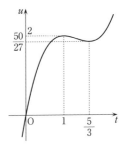

解法 2

3点 A$(4, 0, 0)$，B$(0, 4, 0)$，C$(0, 0, 4)$ を通る平面 α の法線ベクトルを $\vec{k}$ とすると，$\vec{k} = (1, 1, 1)$ である。

$$\left(\because \quad \begin{aligned} \overrightarrow{\mathrm{AB}} \cdot \vec{k} &= (-4, 4, 0) \cdot (1, 1, 1) = 0 \\ \overrightarrow{\mathrm{AC}} \cdot \vec{k} &= (-4, 0, 4) \cdot (1, 1, 1) = 0 \end{aligned} \right)$$

よって，α の方程式は $x + y + z = 4$ となり，原点から平面 α までの距離は

$$\frac{|-4|}{\sqrt{1^2 + 1^2 + 1^2}} = \frac{4}{\sqrt{3}}$$

である。これは $\sqrt{6}$ より小さいから，α と S は共有点をもつ。　　　　　（証明終）

また，α と S の交線上の点 (x, y, z) の満たすべき条件は

$$x^2 + y^2 + z^2 = 6 \quad (\cdots\cdots①)$$

かつ

$$x + y + z - 4 = 0 \quad (\cdots\cdots③)$$

である。

（以下，［解法1］に同じ）

解法 3

A$(4, 0, 0)$，B$(0, 4, 0)$，C$(0, 0, 4)$ とすると，三角錐 O-ABC は

$$\mathrm{OA} = \mathrm{OB} = \mathrm{OC} = 4, \quad \mathrm{AB} = \mathrm{BC} = \mathrm{CA} = 4\sqrt{2}$$

を満たす。

O から △ABC に下ろした垂線の足を H とすると，△OAH，△OBH，△OCH はいずれも ∠H = 90° の直角三角形になるから，HA，HB，HC の長さはいずれも $\sqrt{4^2 - \mathrm{OH}^2}$ となって，互いに等しい。ゆえに，H は △ABC の外心である。

正三角形の外心は重心でもあるから，H$\left(\dfrac{4}{3}, \dfrac{4}{3}, \dfrac{4}{3} \right)$ となる。

（以下，［解法1］に同じ）

〔注〕 3次方程式の解と係数の関係に気づかなくても，たとえば次のように解くことができる。①，③から

$$x^2+y^2=6-z^2, \quad x+y=4-z \quad \cdots\cdots (\mathcal{T})$$

となり，この両式から $xy=z^2-4z+5$ $\cdots\cdots (\mathcal{A})$ が得られる。すなわち

$$xyz=z^3-4z^2+5z$$

である。このとき，z のとりうる値の範囲は，(ア)かつ(イ)を満たす実数 x, y が存在するための z の条件，すなわち t の2次方程式

$$t^2-(4-z)t+z^2-4z+5=0$$

の判別式を D として，$D \geqq 0$ から

$$(4-z)^2-4(z^2-4z+5) \geqq 0$$

$$3z^2-8z+4 \leqq 0$$

$$(3z-2)(z-2) \leqq 0$$

$$\frac{2}{3} \leqq z \leqq 2$$

となる。

以上より，z の定義域が $\frac{2}{3} \leqq z \leqq 2$ であるときの，3次関数 $f(z)=z^3-4z^2+5z$ の値域が，xyz のとりうる値の範囲となる。

71

ポイント [解法1] xyz 空間で，△BCD を xy 平面に，その外心が原点となるよう におき，A(a, b, c) とおく。z 軸上の点 E$(0, 0, z)$ で EA＝EB＝EC＝ED とな るものの存在を計算によって示す。

[解法2] △BCD の外心を通り，平面 BCD に垂直な直線 l と，辺 AB の中点を通り AB に垂直な平面の交点を考える。

[解法3] [解法2] の直線 l の他に，△ACD の外心を通り，平面 ACD に垂直な直 線 m を考え，l と m が辺 CD の中点を通り CD に垂直な平面上の平行ではない2 直線であることを説明し，その交点を考える。

解法 1

xyz 空間で △BCD が xy 平面上にあり，△BCD の外心が原点 O に一致していると しても一般性を失わない。

△BCD の外接円の半径を r，A(a, b, c) とする。A は四面体 ABCD の頂点である から，$c \neq 0$ である。

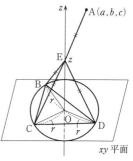

z 軸上の点 E$(0, 0, z)$ で EA＝EB＝EC＝ED となる点 E が存在することを示す。$(z$ 軸$) \perp (xy$ 平面$)$ であるか ら，三平方の定理より

$$EB = EC = ED = \sqrt{OE^2 + r^2} = \sqrt{z^2 + r^2}$$

である。そこで，$EA^2 = z^2 + r^2$ となる実数 z の存在を示 す。

$$EA^2 = z^2 + r^2 \Longleftrightarrow a^2 + b^2 + (z-c)^2 = z^2 + r^2$$
$$\Longleftrightarrow 2cz = a^2 + b^2 + c^2 - r^2$$

ここで，$c \neq 0$ より $z = \dfrac{a^2 + b^2 + c^2 - r^2}{2c}$ であるから，確かに $EA^2 = z^2 + r^2$ となる実数 z が存在し，この z に対して，E$(0, 0, z)$ とすると，EA＝EB＝EC＝ED＝$\sqrt{z^2 + r^2}$ (>0) となるので，この値を半径とする中心 E の球面が条件を満たすものである。

(証明終)

解法 2

△BCD の外心を E とし，E を通り平面 BCD に垂直な直線を l とすると，l 上の点 はすべて B，C，D からの距離が等しい。なぜなら，l 上の任意の点を P とすると

$$PB^2 = PE^2 + BE^2, \quad PC^2 = PE^2 + CE^2,$$

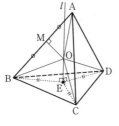

$$PD^2 = PE^2 + DE^2$$

となり，Eが外心であることより，BE＝CE＝DEであるので，これらはすべて等しいからである。

また，線分 AB の中点を M とし，M を通り AB に垂直な平面を α とすると，α 上の点はすべて A，B からの距離が等しい。なぜなら，α 上の任意の点を Q とすると

$$QA^2 = QM^2 + MA^2, \quad QB^2 = QM^2 + MB^2$$

であり，MA＝MB より QA＝QB となるからである。

ここで，もし $\alpha /\!/ l$ であるとすると，α に垂直な直線 AB は l と垂直である。よって，AB は平面 BCD と平行である。これは，A が平面 BCD 上にあることを意味し，4 点 A，B，C，D が四面体を構成することに反する。よって，$\alpha \,/\!\!\!/\, l$ である。

以上より，α と l は共有点をもつ。それを点 O とすると，O は B，C，D から等距離にあり，しかも A，B から等距離にあるから，OA＝OB＝OC＝OD を満たす。

よって，O を中心とする半径 OA の球は 4 頂点 A，B，C，D を通る球である。

ゆえに，A，B，C，D を通る球面が存在する。　　　　　　　　（証明終）

解 法 3

　△BCD の外心を E とし，E を通り平面 BCD に垂直な直線を l とすると，l 上の点はすべて B，C，D からの距離が等しい。同様に，△ACD の外心を F とし，F を通り平面 ACD に垂直な直線を m とすると，m 上の点はすべて A，C，D からの距離が等しい。

一方，C，D からの距離が等しい点はすべて，線分 CD の中点を通り直線 CD と垂直な平面 α 上にある。ゆえに，l，m とも平面 α 上の直線である。

しかも，A は平面 BCD 上にはないから，平面 BCD $\,/\!\!\!/\,$ 平面 ACD より，$l \,/\!\!\!/\, m$ である。よって，l と m は交点をもつ。それを点 O とすると，O は A，B，C，D から等距離にある。

ゆえに，中心 O，半径 OA の球面が条件を満たすものである。　　　（証明終）

〔注〕　どの解法においても，A が平面 BCD 上の点ではないこと（A，B，C，D が四面体の頂点であること）が本質的な根拠となっているので，この記述を欠かさないことが重要である。

72

ポイント 直線 CD が平面 ABM 上の交わる 2 本の直線と垂直であることを示す。

解法 1

$\overrightarrow{\text{AB}} = \vec{b}$, $\overrightarrow{\text{AC}} = \vec{c}$, $\overrightarrow{\text{AD}} = \vec{d}$ とおく。

$\overrightarrow{\text{AC}} \perp \overrightarrow{\text{BC}}$ より $\vec{c} \cdot (\vec{c} - \vec{b}) = 0$

よって $|\vec{c}|^2 = \vec{b} \cdot \vec{c}$ ……①

$\overrightarrow{\text{AD}} \perp \overrightarrow{\text{BD}}$ より $\vec{d} \cdot (\vec{d} - \vec{b}) = 0$

よって $|\vec{d}|^2 = \vec{b} \cdot \vec{d}$ ……②

$\overrightarrow{\text{AB}} \perp \overrightarrow{\text{CD}}$ より $\vec{b} \cdot (\vec{d} - \vec{c}) = 0$

よって $\vec{b} \cdot \vec{d} = \vec{b} \cdot \vec{c}$ ……③

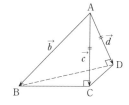

①, ②, ③より $|\vec{c}|^2 = |\vec{d}|^2$ すなわち   AC = AD

したがって, △ACD は CD を底辺とする二等辺三角形なので, CD の中点Mについいて   AM⊥CD

これと AB⊥CD より, CD⊥平面 ABM である。 (証明終)

解法 2

AB の中点をN とおく。

∠ACB = 90° より, C は平面 ABC で AB を直径とする円周上にあり

NC = NA ……①

∠ADB = 90° より, D は平面 ABD で AB を直径とする円周上にあり

ND = NA ……②

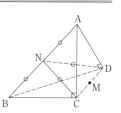

①, ②より, NC = ND となり, △NCD は二等辺三角形であるから, 底辺 CD の中点Mに対して MN⊥CD である。

これと条件 AB⊥CD より, CD は平面 ABM 上の交わる 2 直線 AB, MN に垂直なので, 平面 ABM に垂直である。 (証明終)

73　2009 年度　甲〔1〕　問 1

Level　A

ポイント　$\overrightarrow{\mathrm{DP}}\cdot\overrightarrow{\mathrm{OE}}=\overrightarrow{\mathrm{DP}}\cdot\overrightarrow{\mathrm{OG}}=0$ による。

解 法

P $(p,\ 2,\ 0)$ $(0 \leqq p \leqq 3)$ とすると

$$\overrightarrow{\mathrm{DP}}=(p,\ 2,\ -a)$$

$\overrightarrow{\mathrm{DP}}\cdot\overrightarrow{\mathrm{OE}}=0$ より

$$(p,\ 2,\ -a)\cdot(3,\ 0,\ a)=0$$

$$3p-a^2=0 \quad \cdots\cdots\textcircled{1}$$

$\overrightarrow{\mathrm{DP}}\cdot\overrightarrow{\mathrm{OG}}=0$ より

$$(p,\ 2,\ -a)\cdot(0,\ 2,\ a)=0$$

$$4-a^2=0 \quad \cdots\cdots\textcircled{2}$$

②と $a>0$ より　　$a=2$

よって，①より　　$p=\dfrac{4}{3}$

これは $0 \leqq p \leqq 3$ を満たす。

ゆえに　　$a=2$,　P $\left(\dfrac{4}{3},\ 2,\ 0\right)$ ……(答)

74

ポイント 弧の長さ l_1, l_2 を中心角を用いて表し，$\cos l_1$ と $\cos l_2$ の大小を調べる。短い方の弧を考えているので，$0 < l_1 < \pi$, $0 < l_2 < \pi$ であるから，$l_1 > l_2 \Longleftrightarrow \cos l_1 < \cos l_2$ である。$\cos l_2$ は三角形 OAB での余弦定理で求める。

解 法

平面 $z = \dfrac{\sqrt{3}}{2}$ による切り口の円を C_1，平面 OAB による切り口の円を C_2 とする。円 C_1 の中心は点 $C\left(0,\ 0,\ \dfrac{\sqrt{3}}{2}\right)$ であり，円 C_1 の半径は $AC = \dfrac{1}{2}$ である（図 1）。よって，平面 $z = \dfrac{\sqrt{3}}{2}$ 上での円 C_1 は図 2 となり，$\angle ACB = \dfrac{\pi}{3}$ より，$l_1 = \dfrac{1}{2} \cdot \dfrac{\pi}{3} = \dfrac{\pi}{6}$ である。

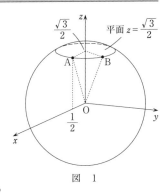

図 1

また，△ABC は正三角形なので $AB = AC = \dfrac{1}{2}$ である。

次に，円 C_2 の中心は点 O であり，半径は $OA = 1$ であるから，$\angle AOB = \theta$ とすると，$l_2 = \theta$ である（図 3）。

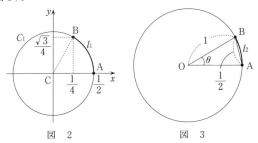

図 2   図 3

ここで，短い方の弧 AB を考えているので，$0 < \theta\ (= l_2) < \pi$ であり，三角形 OAB で余弦定理から

$$\cos l_2 = \cos \theta = \frac{1^2 + 1^2 - \left(\dfrac{1}{2}\right)^2}{2 \cdot 1 \cdot 1} = \frac{7}{8} = \frac{\sqrt{49}}{8}$$

一方，$\cos l_1 = \cos \dfrac{\pi}{6} = \dfrac{\sqrt{3}}{2} = \dfrac{\sqrt{48}}{8}$ であるから　　$\cos l_2 > \cos l_1$ ……（＊）

$0 < l_1 < \pi$, $0 < l_2 < \pi$ であるから，（＊）より $l_1 > l_2$ である。 (証明終)

75

ポイント　経路 R_1, R_2 はともに円弧であり，それぞれの円の半径と中心角を適切な図に描いて考える。R_2 については，余弦定理を用いる。

解 法

地球の半径を r とする。経路 R_1 は北緯 $60°$ の緯線に沿っているので（図1），それが描く円弧の半径は $\dfrac{r}{2}$ である。また，中心角は $135° - 75° = 60°$ である（図2）。よって，R_1 の長さを l_1 とすると

$$l_1 = \frac{r}{2} \cdot \frac{60}{180}\pi = \frac{1}{6}\pi r \quad \cdots\cdots ①$$

また，中心角が $60°$ であることより弦 $AB = \dfrac{r}{2}$ である。

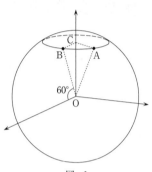

図 1

次に，経路 R_2 は，線分 AB を弦とする，半径 r の円弧である（図3）。その中心角を θ とし，R_2 の長さを l_2 とすると　　$l_2 = r\theta$　$\cdots\cdots ②$

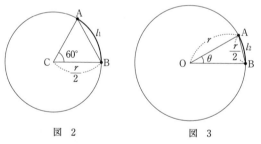

図 2　　　　　　　図 3

また，$AB = \dfrac{r}{2}$ だから，余弦定理より

$$r^2 + r^2 - 2r \cdot r \cos\theta = \left(\frac{r}{2}\right)^2 \quad \therefore \quad \cos\theta = \frac{7}{8} = 0.875$$

よって，三角関数表より　　　$28.5° < \theta < 29°$

ラジアン単位に直すと　　　$\dfrac{28.5}{180}\pi < \theta < \dfrac{29}{180}\pi$

したがって，②より　　　$\dfrac{28.5}{180}\pi r < l_2 < \dfrac{29}{180}\pi r$　$\cdots\cdots ③$

①, ③より $\quad \dfrac{l_2}{l_1} < \dfrac{\dfrac{29}{180}\pi r}{\dfrac{1}{6}\pi r} = \dfrac{29}{30} < \dfrac{97}{100}$

ゆえに, l_2 は l_1 に比べて3%以上短い。 $\qquad\qquad\qquad$ （証明終）

76

ポイント　2 つの線分 OP および AB 上の点の座標を，それぞれ媒介変数 n と t を用いて表す。その 2 点が一致する条件は，三元連立方程式が実数解をもつこととなる。

解法

線分 AB 上の点 $(x_1,\ y_1,\ z_1)$ は，$0 \leq m \leq 1$ を満たす実数 m を用いて

$$(x_1,\ y_1,\ z_1) = (0 + (2-0)m,\ 1 + (3-1)m,\ 2 + (0-2)m)$$
$$= (2m,\ 2m+1,\ -2m+2)$$

と表される。

同様に，線分 OP 上の点 $(x_2,\ y_2,\ z_2)$ は，$0 \leq n \leq 1$ を満たす実数 n を用いて

$$(x_2,\ y_2,\ z_2) = (n(5+t),\ n(9+2t),\ n(5+3t))$$

と表される。

よって，線分 OP と線分 AB が交点をもつような実数 t が存在するための条件は

$$(2m,\ 2m+1,\ -2m+2) = (n(5+t),\ n(9+2t),\ n(5+3t)) \quad \cdots\cdots(*)$$

を満たす実数 $m,\ n,\ t$（ただし，$0 \leq m \leq 1,\ 0 \leq n \leq 1$）が存在することである。

$(*)$ より

$$\begin{cases} 2m = n(5+t) & \cdots\cdots① \\ 2m+1 = n(9+2t) & \cdots\cdots② \\ -2m+2 = n(5+3t) & \cdots\cdots③ \end{cases}$$

②−①より　　$n(t+4) = 1$　$\cdots\cdots④$

①+③より　　$n(4t+10) = 2$　　$\therefore$　$n(2t+5) = 1$　$\cdots\cdots⑤$

④×2−⑤より　　$3n = 1$　　$\therefore$　$n = \dfrac{1}{3}$

これを④に代入すると　　$\dfrac{1}{3}(t+4) = 1$　　$\therefore$　$t = -1$

これらを①に代入すると　　$2m = \dfrac{1}{3}(5-1)$　　$\therefore$　$m = \dfrac{2}{3}$

よって，$(*)$ を満たす実数 $m,\ n,\ t$（$0 \leq m \leq 1,\ 0 \leq n \leq 1$）が存在する。ゆえに，線分 OP と線分 AB が交点をもつような実数 t が存在する。　　　　（証明終）

そのときの交点は，$(2m,\ 2m+1,\ -2m+2)$ に $m = \dfrac{2}{3}$ を代入して

$$\left(\frac{4}{3},\ \frac{7}{3},\ \frac{2}{3} \right) \quad \cdots\cdots(答)$$

77

2003 年度 〔3〕（文理共通（一部）） **Level B**

ポイント 四面のすべてが正三角形であることを示す。

[解法 1] $|\overrightarrow{OA}|=|\overrightarrow{OB}|=|\overrightarrow{OC}|$ を示した後，条件(i)を $\overrightarrow{AO}\perp\overrightarrow{BC}$, $\overrightarrow{AC}\perp\overrightarrow{OB}$, $\overrightarrow{AB}\perp\overrightarrow{OC}$ とみて，同様に $|\overrightarrow{AO}|=|\overrightarrow{AC}|=|\overrightarrow{AB}|$ を示し，$\overrightarrow{BC}\perp\overrightarrow{AO}$, $\overrightarrow{BO}\perp\overrightarrow{AC}$, $\overrightarrow{BA}\perp\overrightarrow{OC}$ とみて，同様に $|\overrightarrow{BC}|=|\overrightarrow{BO}|=|\overrightarrow{BA}|$ を示す。ベクトルを用いた三角形の面積の公式が有効。

[解法 2] $OA=OB=OC$ だけでなく，$\angle AOB=\angle BOC=\angle COA$ も導き，$\triangle OAB$, $\triangle OBC$, $\triangle OCA$ が合同な二等辺三角形であることを利用する。

解法 1

$\overrightarrow{OA}=\vec{a}$, $\overrightarrow{OB}=\vec{b}$, $\overrightarrow{OC}=\vec{c}$ とおく。

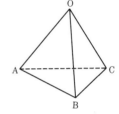

条件(i)より

$$\begin{cases} \overrightarrow{OA}\cdot\overrightarrow{BC}=\vec{a}\cdot(\vec{c}-\vec{b})=\vec{c}\cdot\vec{a}-\vec{a}\cdot\vec{b}=0 \\ \overrightarrow{OB}\cdot\overrightarrow{AC}=\vec{b}\cdot(\vec{c}-\vec{a})=\vec{b}\cdot\vec{c}-\vec{a}\cdot\vec{b}=0 \\ \overrightarrow{OC}\cdot\overrightarrow{AB}=\vec{c}\cdot(\vec{b}-\vec{a})=\vec{b}\cdot\vec{c}-\vec{c}\cdot\vec{a}=0 \end{cases}$$

よって $\vec{a}\cdot\vec{b}=\vec{b}\cdot\vec{c}=\vec{c}\cdot\vec{a}$ ……①

次に $\triangle OAB=\dfrac{1}{2}|\vec{a}||\vec{b}|\sin\angle AOB$

$$=\dfrac{1}{2}|\vec{a}||\vec{b}|\sqrt{1-\cos^2\angle AOB}$$

$$=\dfrac{1}{2}\sqrt{|\vec{a}|^2|\vec{b}|^2-(\vec{a}\cdot\vec{b})^2}$$

同様に

$$\triangle OBC=\dfrac{1}{2}\sqrt{|\vec{b}|^2|\vec{c}|^2-(\vec{b}\cdot\vec{c})^2}, \quad \triangle OCA=\dfrac{1}{2}\sqrt{|\vec{c}|^2|\vec{a}|^2-(\vec{c}\cdot\vec{a})^2}$$

ゆえに，条件(ii)より

$$\sqrt{|\vec{a}|^2|\vec{b}|^2-(\vec{a}\cdot\vec{b})^2}=\sqrt{|\vec{b}|^2|\vec{c}|^2-(\vec{b}\cdot\vec{c})^2}=\sqrt{|\vec{c}|^2|\vec{a}|^2-(\vec{c}\cdot\vec{a})^2}$$

これと①より $|\vec{a}||\vec{b}|=|\vec{b}||\vec{c}|=|\vec{c}||\vec{a}|$

$\vec{a}\neq\vec{0}$, $\vec{b}\neq\vec{0}$, $\vec{c}\neq\vec{0}$ であるから $|\vec{a}|=|\vec{b}|=|\vec{c}|$ ……②

よって $OA=OB=OC$

また，条件(i)は

$$AO\perp BC, \quad AB\perp OC, \quad AC\perp OB$$

とも書けるので，A を始点とするベクトル表示を用いて上とまったく同様に

$$AO = AB = AC$$

が成り立ち，さらに同様に，BO = BA = BC も成り立つ。

よって，四面体の 6 つの辺はすべて長さが等しくなり，各面は合同な正三角形となる。

すなわち，四面体 OABC は正四面体である。 （証明終）

解 法 2

$\vec{a} \cdot \vec{b} = \vec{b} \cdot \vec{c} = \vec{c} \cdot \vec{a}$ ……①および $|\vec{a}| = |\vec{b}| = |\vec{c}|$ (……②) を導くところまでは［解法 1］に同じ）

①より

$$|\vec{a}||\vec{b}| \cos \angle AOB = |\vec{b}||\vec{c}| \cos \angle BOC = |\vec{c}||\vec{a}| \cos \angle COA$$

これと②より

$$\cos \angle AOB = \cos \angle BOC = \cos \angle COA$$

$$\therefore \quad \angle AOB = \angle BOC = \angle COA$$

これより，3 つの側面 △OAB，△OBC，△OCA は互いに合同な二等辺三角形である。よって，底面 △ABC は正三角形となる。

次に，△OAB と △CAB について考える。両者は底辺 AB を共有する二等辺三角形であり（一方は正三角形），しかも，条件(ii)からその面積は等しい。したがって，O から AB までの高さと C から AB までの高さは等しくなり，2 つの二等辺三角形は合同である（三平方の定理より残りの辺の長さも等しくなるから）。つまり，△OAB と △CAB は合同な正三角形である。

他の側面についてもまったく同様に，すべて底面（△ABC）と合同な正三角形となる。

ゆえに，四面体 OABC は正四面体である。 （証明終）

〔注〕 ［解法 1］では，O を特別扱いする（O を始点とするベクトルを考える）だけでは正解とならない。単に「同様に」だけで済ませるのではなく，条件(i)を他の頂点を始点と捉えた条件に書き換えた上で，「同様に」の根拠を明示することが最低限必要である。

78

ポイント 与えられた命題の否定を正しくとらえる。

[解法1] 背理法による。

[解法2] $\max\{\overrightarrow{P_1P_l}\cdot\vec{v}|1\leq l\leq 6\}$ を考える。

[解法3] $\vec{v}$ の向きが x 軸正方向となるように座標軸をとり直しても内積の値は変わらない。このとき x 座標が最大となる P_k がただ1つ存在することを利用する。

解法 1

このような P_k が存在しないと仮定すると，与えられた条件から，任意の k に対して

$$\overrightarrow{P_kP_{k'}}\cdot\vec{v}>0 \quad\cdots\cdots①$$

となる k' ($\neq k$) が存在する。

$k_1=1$ として，$k=k_i$ に対する k' を k_{i+1} ($i=1,\ 2,\ 3,\ 4,\ 5,\ 6$) とする。

$$k_1,\ k_2,\ \cdots,\ k_7\in\{1,\ 2,\ 3,\ 4,\ 5,\ 6\}$$

より，$k_s=k_t$ となる $s,\ t$ ($1\leq s<t\leq 7$) が存在する。

このとき，$\overrightarrow{P_{k_s}P_{k_t}}=\vec{0}$ であるから

$$\overrightarrow{P_{k_s}P_{k_t}}\cdot\vec{v}=0 \quad\cdots\cdots②$$

一方，$\overrightarrow{P_{k_s}P_{k_t}}=\overrightarrow{P_{k_s}P_{k_{s+1}}}+\cdots+\overrightarrow{P_{k_{t-1}}P_{k_t}}$ であるから

$$\overrightarrow{P_{k_s}P_{k_t}}\cdot\vec{v}=\overrightarrow{P_{k_s}P_{k_{s+1}}}\cdot\vec{v}+\cdots+\overrightarrow{P_{k_{t-1}}P_{k_t}}\cdot\vec{v}>0 \quad\cdots\cdots③$$

（①と $\{k_i\}$ の与え方より）

②と③は矛盾する。

ゆえに，問題の条件を満たす P_k が存在する。 （証明終）

解法 2

$1\leq i<j\leq 6$ なる任意の自然数 i と j について

$$\overrightarrow{P_1P_j}\cdot\vec{v}-\overrightarrow{P_1P_i}\cdot\vec{v}=\overrightarrow{P_iP_j}\cdot\vec{v}\neq 0$$

であるから

$$\max\{\overrightarrow{P_1P_l}\cdot\vec{v}|l=1,\ 2,\ 3,\ 4,\ 5,\ 6\}=\overrightarrow{P_1P_k}\cdot\vec{v}$$

となる自然数 k ($1\leq k\leq 6$) がただ1つ存在する。

この k に注目すると，k と異なる任意の m に対して

$$\overrightarrow{P_kP_m}\cdot\vec{v}=\overrightarrow{P_1P_m}\cdot\vec{v}-\overrightarrow{P_1P_k}\cdot\vec{v}<0 \quad\quad\text{（証明終）}$$

解 法 3

　明らかに $\vec{v} \neq \vec{0}$ であるから，$\vec{v}$ の向きが x 軸正方向と一致するように座標軸をとり直しても内積の値は変わらない（内積の定義：$\vec{p} \neq \vec{0}$ かつ $\vec{q} \neq \vec{0}$ のときは $\vec{p} \cdot \vec{q} = |\vec{p}||\vec{q}| \cos\theta$（$\theta$ は $\vec{p}$ と $\vec{q}$ のなす角）で，また，$\vec{p} = \vec{0}$ または $\vec{q} = \vec{0}$ のときは $\vec{p} \cdot \vec{q} = 0$ なので，内積の値はベクトルの成分表示によらない）。

　このとき，$\vec{v} = (a, \ 0, \ 0)$，$a > 0$，$P_i(x_i, \ y_i, \ z_i)$（$1 \leq i \leq 6$）とおき，$\max\{x_i | 1 \leq i \leq 6\}$ を考える。与えられた条件より，$k \neq m$ のとき

$$\overrightarrow{P_kP_m} \cdot \vec{v} = (x_m - x_k)a \neq 0$$

であるから，$\max\{x_i | 1 \leq i \leq 6\}$ を与える自然数 i はただ 1 つに決まる。これを k とすると，$k \neq m$ のとき

$$x_m - x_k < 0$$

ゆえに

$$\overrightarrow{P_kP_m} \cdot \vec{v} < 0 \hspace{4cm} （証明終）$$

　研究　「k と異なるすべての m に対し $\overrightarrow{P_kP_m} \cdot \vec{v} < 0$ が成り立つ」とは，k 以外の任意の m に対して，$\overrightarrow{P_kP_m}$ と $\vec{v}$ とのなす角が鈍角になる，ということである。つまり，$P_1 \sim P_6$ のうちからうまく点 P_k を選び出せば，k 以外のすべての m に対し，$\overrightarrow{P_kP_m}$ と $\vec{v}$ のなす角がすべて鈍角になるというのである。

　正八面体という形の特殊性に目を奪われすぎると，かえって問題の本質が見えにくくなるかもしれないが，突き詰めて考えてみると，これは正八面体に固有の特性ではなく，どのような多面体にでもいえることである。「鈍角」という条件を少しゆるめて「鋭角ではない」としたならば，一般に空間内の有限個の点からなる任意の集合と，任意のベクトル $\vec{v}$（ただし，$\vec{v} \neq \vec{0}$）に対して，いつでもこのような条件を満たす点がその集合内に存在することがわかる。

　なぜなら，$\vec{v}$ の方向をたとえば x 軸の正の方向とみなして，点の集合の中での x 座標最大の点（のうちの 1 つ）を P_k とすれば，残りのすべての点の x 座標は P_k の x 座標以下だから，P_k 以外の任意の点 P_m に対して，$\overrightarrow{P_kP_m}$ と $\vec{v}$（x 軸の正の向き）とのなす角は $90°$ 以上になるからである。式で示せば，$\overrightarrow{P_kP_m} = (a, \ b, \ c)$ としたとき，$a \leq 0$ であり，また，$\vec{v} = (p, \ 0, \ 0)$（$p > 0$）だから

$$\overrightarrow{P_kP_m} \cdot \vec{v} = (a, \ b, \ c) \cdot (p, \ 0, \ 0) = ap \leq 0$$

となるのである。特に，集合内のどの異なる 2 点 P_k，P_m をとっても

$$\overrightarrow{P_kP_m} \cdot \vec{v} \neq 0 \quad （つまり，\overrightarrow{P_kP_m} と \vec{v} が垂直でない）$$

が成り立っているような $\vec{v}$ であったなら，なす角はすべて鈍角になるのである（それが本問の条件）。

　なお，「x 座標が最大」という点が存在しなければ，上の論理は崩れてしまうから，無限の広がりをもつ点の集合では，この性質は成立しない。また，有限な領域に収まる集合であったとしても，「境界点」と呼べる点が存在しないような集合の場合には，やは

り成立しない。少なくとも有限集合の場合には，このような問題は一切生じず，本問の
ような性質が成り立つのである。

79

2000 年度　〔3〕　（文理共通（一部））　　　　　　　Level　C

ポイント　(1)　$\vec{c}=(p,\ q,\ r)$ とおく。

(2)　半角の公式・積和の公式による式変形。

〔解法1〕　(2)　半角の公式・積和の公式による変形後，2つの因数の積にする。

〔解法2〕　(2)　最初 $\cos\alpha$ についての2次式とみて変形後，$\cos^2\beta=1-\sin^2\beta$ を用いて2つの因数に分解し，各因数を合成，和積により変形した後，4つの因数に分解する。最後に積の順序を交換し，2つずつを積和で変形し，2つの因数の積にする。

〔解法3〕　(2)　(∗)を満たす $(\alpha,\ \beta)$ の集合と $\vec{a}$ と $\vec{c}$，$\vec{b}$ と $\vec{c}$ のなす角の組の集合が一致することを示した上で図形的に考える。

いずれにしても正答できた受験生は多くはなかったようである。

解 法 1

(1)　$\vec{c}=(p,\ q,\ r)$ とすると，$|\vec{c}|=1$ より

$$p^2+q^2+r^2=1\quad\cdots\cdots①$$

このとき

$$\cos\alpha=\vec{a}\cdot\vec{c}=p$$

$$\cos\beta=\vec{b}\cdot\vec{c}=p\cos\frac{\pi}{3}+q\sin\frac{\pi}{3}=\frac{1}{2}p+\frac{\sqrt{3}}{2}q$$

となるから

$$\cos^2\alpha-\cos\alpha\cos\beta+\cos^2\beta$$

$$=p^2-p\left(\frac{1}{2}p+\frac{\sqrt{3}}{2}q\right)+\left(\frac{1}{2}p+\frac{\sqrt{3}}{2}q\right)^2$$

$$=\frac{3}{4}(p^2+q^2)\leqq\frac{3}{4}\quad(①より\quad p^2+q^2\leqq1)$$　　　　　（証明終）

(2)　$\cos^2\alpha-\cos\alpha\cos\beta+\cos^2\beta-\frac{3}{4}$

$$=\frac{1+\cos2\alpha}{2}-\frac{1}{2}\{\cos(\alpha+\beta)+\cos(\alpha-\beta)\}+\frac{1+\cos2\beta}{2}-\frac{3}{4}$$

$$=\frac{1}{2}(\cos2\alpha+\cos2\beta)-\frac{1}{2}\{\cos(\alpha+\beta)+\cos(\alpha-\beta)\}+\frac{1}{4}$$

$$=\cos(\alpha+\beta)\cos(\alpha-\beta)-\frac{1}{2}\{\cos(\alpha+\beta)+\cos(\alpha-\beta)\}+\frac{1}{4}$$

$$=\left\{\cos(\alpha+\beta)-\frac{1}{2}\right\}\left\{\cos(\alpha-\beta)-\frac{1}{2}\right\}$$

$$= \left\{ \cos(\alpha+\beta) - \frac{1}{2} \right\} \left\{ \cos(\beta-\alpha) - \frac{1}{2} \right\} \leqq 0$$

$0 \leqq \alpha \leqq \pi$, $0 \leqq \beta \leqq \pi$ より

$$0 \leqq \alpha+\beta \leqq 2\pi, \quad -\pi \leqq \beta-\alpha \leqq \pi$$

であるから

(i) $\cos(\alpha+\beta) \geqq \dfrac{1}{2}$ かつ $\cos(\beta-\alpha) \leqq \dfrac{1}{2}$ のとき

$$0 \leqq \alpha+\beta \leqq \frac{\pi}{3}, \quad \frac{5}{3}\pi \leqq \alpha+\beta \leqq 2\pi$$

かつ

$$-\pi \leqq \beta-\alpha \leqq -\frac{\pi}{3}, \quad \frac{\pi}{3} \leqq \beta-\alpha \leqq \pi$$

(ii) $\cos(\alpha+\beta) \leqq \dfrac{1}{2}$ かつ $\cos(\beta-\alpha) \geqq \dfrac{1}{2}$ のとき

$$\frac{\pi}{3} \leqq \alpha+\beta \leqq \frac{5}{3}\pi$$

かつ

$$-\frac{\pi}{3} \leqq \beta-\alpha \leqq \frac{\pi}{3}$$

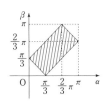

(i), (ii)を図示すると右図の斜線部分（境界を含む）のようになる（(i)を満たす点は，図の長方形の四隅の点だけである）。

解法 2

(2) $\quad \cos^2\alpha - \cos\alpha\cos\beta + \cos^2\beta - \dfrac{3}{4}$

$$= \left(\cos\alpha - \frac{1}{2}\cos\beta \right)^2 + \frac{3}{4}(\cos^2\beta - 1)$$

$$= \left(\cos\alpha - \frac{1}{2}\cos\beta \right)^2 - \frac{3}{4}\sin^2\beta$$

$$= \left(\cos\alpha - \frac{1}{2}\cos\beta + \frac{\sqrt{3}}{2}\sin\beta \right) \left(\cos\alpha - \frac{1}{2}\cos\beta - \frac{\sqrt{3}}{2}\sin\beta \right)$$

$$= \left\{ \cos\alpha - \cos\left(\beta + \frac{\pi}{3}\right) \right\} \left\{ \cos\alpha - \cos\left(\beta - \frac{\pi}{3}\right) \right\}$$

$$= -2\sin\frac{\alpha+\beta+\frac{\pi}{3}}{2}\sin\frac{\alpha-\beta-\frac{\pi}{3}}{2} \cdot (-2)\sin\frac{\alpha+\beta-\frac{\pi}{3}}{2}\sin\frac{\alpha-\beta+\frac{\pi}{3}}{2}$$

$$= -2\sin\frac{\alpha+\beta+\frac{\pi}{3}}{2}\sin\frac{\alpha+\beta-\frac{\pi}{3}}{2} \cdot (-2)\sin\frac{\alpha-\beta+\frac{\pi}{3}}{2}\sin\frac{\alpha-\beta-\frac{\pi}{3}}{2}$$

$$= \left\{ \cos(\alpha+\beta) - \cos\frac{\pi}{3} \right\}\left\{ \cos(\alpha-\beta) - \cos\frac{\pi}{3} \right\}$$

$$= \left\{ \cos(\alpha+\beta) - \frac{1}{2} \right\}\left\{ \cos(\alpha-\beta) - \frac{1}{2} \right\} \leq 0$$

（以下，［解法1］に同じ）

解法 3

(2) （＊）を満たす $(\alpha,\ \beta)$ に対して $x = \cos\alpha,\ y = \dfrac{1}{\sqrt{3}}(2\cos\beta - \cos\alpha)$ とおくと

$$\begin{cases} \cos\alpha = x \\ \cos\beta = \dfrac{1}{2}x + \dfrac{\sqrt{3}}{2}y \end{cases}$$

となるので，（＊）より

$$x^2 - x\left(\frac{1}{2}x + \frac{\sqrt{3}}{2}y\right) + \left(\frac{1}{2}x + \frac{\sqrt{3}}{2}y\right)^2 \leq \frac{3}{4} \qquad \text{すなわち} \quad x^2 + y^2 \leq 1$$

$z = \sqrt{1-x^2-y^2}$ として，$\vec{c} = (x,\ y,\ z)$ とおくと

$$\vec{a}\cdot\vec{c} = x = \cos\alpha \quad \text{かつ} \quad \vec{b}\cdot\vec{c} = \frac{1}{2}x + \frac{\sqrt{3}}{2}y = \cos\beta$$

ここで

$$|\vec{a}| = |\vec{b}| = |\vec{c}| = 1,\ 0 \leq \alpha \leq \pi,\ 0 \leq \beta \leq \pi$$

であるから，（＊）を満たす $\alpha,\ \beta$ はそれぞれ，$\vec{a}$ と $\vec{c}$，$\vec{b}$ と $\vec{c}$ のなす角である。

$$\cdots\cdots(**)$$

（＊）を満たす $(\alpha,\ \beta)$ の集合を S とする。また，長さ1の空間ベクトル全体を渡るときの $\vec{a}$ と $\vec{c}$，$\vec{b}$ と $\vec{c}$ のなす角の組 $(\alpha,\ \beta)$ $(0 \leq \alpha \leq \pi,\ 0 \leq \beta \leq \pi)$ の集合を S' とする。

（＊＊）と(1)より　　　$S = S'$

したがって，集合 S' の要素 $(\alpha,\ \beta)$ の範囲を図示すればよい。

一般に3つの角 $A,\ B,\ C$ が三角錐の1つの頂点に集まる角をなすための必要十分条件は

$$A + B > C \quad \text{かつ} \quad B + C > A \quad \text{かつ} \quad C + A > B \quad \text{かつ} \quad A + B + C < 2\pi$$

となることである。

$\vec{a}$ と $\vec{b}$ のなす角は $\dfrac{\pi}{3}$ であるから，$0 < \alpha < \pi,\ 0 < \beta < \pi$ の場合には $(\alpha,\ \beta)$ の条件は

$$\alpha + \beta > \frac{\pi}{3} \quad \text{かつ} \quad \beta + \frac{\pi}{3} > \alpha \quad \text{かつ} \quad \alpha + \frac{\pi}{3} > \beta$$

$$\text{かつ} \quad \alpha + \beta + \frac{\pi}{3} < 2\pi \quad \cdots\cdots(***)$$

また，これら3つのベクトルは同一平面上にある場合も考えると，(＊＊＊)において
等号の場合もあり得るし，α，β は 0，π の値もとり得る（$\alpha(\beta)=0$，π のときは(＊)
からそれぞれ $\beta(\alpha)=\dfrac{\pi}{3}$，$\dfrac{2\pi}{3}$ となる）。

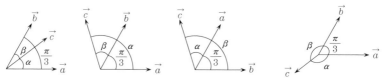

よって，［解法1］の図を得る。

〔注〕 空間において1つの頂点に集まる3つの角に関する不等式についてはユークリッド
の『原論』の11巻にその鮮やかな証明が述べられている。本問では直観的に明らかと
しても許されるのではないかと思われる。また，もしベクトルのなす角 $(\alpha,\ \beta)$ の範囲
を図示するのが本問の意図であればこのように幾何的に解決するので，(1)の誘導は不要
ともいえるが，本問に限らず幾何的な考察では境界上の場合（特別な場合）の検討が煩
雑なときが多いので慎重に記述しなければならない。

80

1998 年度 〔3〕　　　　　　　　　　　　　　　　　　　　　Level A

ポイント $\overrightarrow{OA}$, $\overrightarrow{OB}$, $\overrightarrow{OC}$ を用いて，平行四辺形の対角線の交点を 2 通り（2 つの対角線 PR, QS の中点）に表す。

解法

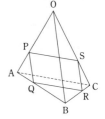

$\overrightarrow{OA} = \vec{a}$, $\overrightarrow{OB} = \vec{b}$, $\overrightarrow{OC} = \vec{c}$ とする。4 点 P, Q, R, S がそれぞれ辺 OA, AB, BC, CO 上にあることから，0 以上 1 以下の実数 p, q, r, s を用いて

$$\overrightarrow{OP} = p\vec{a}, \quad \overrightarrow{OQ} = q\vec{a} + (1-q)\vec{b}$$
$$\overrightarrow{OR} = (1-r)\vec{b} + r\vec{c}, \quad \overrightarrow{OS} = s\vec{c}$$

と表すことができる。四角形 PQRS が平行四辺形であることより，PR の中点と QS の中点は一致する。よって

$$\frac{1}{2}\{p\vec{a} + (1-r)\vec{b} + r\vec{c}\} = \frac{1}{2}\{q\vec{a} + (1-q)\vec{b} + s\vec{c}\}$$

$\vec{a}$, $\vec{b}$, $\vec{c}$ は $\vec{0}$ でなく，かつ同一平面上にないベクトルだから，上式より

$$p = q, \quad 1-r = 1-q, \quad r = s$$

∴ $p = q = r = s$

よって，平行四辺形 PQRS の対角線の交点（PR の中点）を T とすると

$$\overrightarrow{OT} = \frac{1}{2}\{p\vec{a} + (1-p)\vec{b} + p\vec{c}\} = p \cdot \frac{\vec{a}+\vec{c}}{2} + (1-p) \cdot \frac{\vec{b}}{2}$$

ゆえに，$0 \leqq p \leqq 1$ より，T は AC の中点と OB の中点を結ぶ線分を $1-p : p$ に内分する。

したがって，平行四辺形 PQRS の 2 つの対角線の交点は，2 つの線分 AC と OB のそれぞれの中点を結ぶ線分上にある。　　　　　　　　　　　　　　　　（証明終）

§7　数　列

81 2022 年度 〔6〕　　　　　　　　　　　　　Level C

ポイント　まず，x_n が整数であることを示す。次いで，$x_{3m+1} \equiv 0$，$x_{3m+2} \equiv 0$，$x_{3m+3} \equiv 1$ (mod 3) を示す。これより，$x_{3m+1} - x_{3m} = 3m - 1$，$x_{3m+2} - x_{3m+1} = 3m + 3$，$x_{3m+3} - x_{3m+2} = 3m + 4$ を導く。最後に，$z_n = x_n - y_n$ とおき，$z_{3m+1} - z_{3m}$，$z_{3m+2} - z_{3m+1}$，$z_{3m+3} - z_{3m+2}$ を計算する。

解法

$$x_1 = 0, \quad x_{n+1} = x_n + n + 2\cos\left(\frac{2\pi x_n}{3}\right) \quad (n = 1,\ 2,\ 3,\ \cdots) \quad \cdots\cdots ①$$

$$y_{3m+1} = 3m, \quad y_{3m+2} = 3m+2, \quad y_{3m+3} = 3m+4 \quad (m = 0,\ 1,\ 2,\ \cdots) \quad \cdots\cdots ②$$

①から

$$x_1 = 0, \quad x_2 = 3, \quad x_3 = 7 \quad \cdots\cdots ③$$

である。

まず，$\cos\left(\dfrac{2\pi \times 整数}{3}\right) = 1$ または $-\dfrac{1}{2}$ であることと①から，$x_0,\ x_1,\ x_2,\ \cdots$ は順次整数

となる。

このとき，3を法とする合同式で考えて

$$x_n \equiv 0 \text{ のときは } 2\cos\left(\frac{2\pi x_n}{3}\right) = 2, \quad x_n \not\equiv 0 \text{ のときは } 2\cos\left(\frac{2\pi x_n}{3}\right) = -1 \quad \cdots\cdots ④$$

§7

である。

以上のもとで

$$x_{3m+1} \equiv 0, \quad x_{3m+2} \equiv 0, \quad x_{3m+3} \equiv 1 \quad (m = 0,\ 1,\ 2,\ \cdots) \quad \cdots\cdots (*)$$

であることを m についての数学的帰納法で示す。

(i)　$m = 0$ のとき，③から，$(*)$ は成り立つ。

(ii)　0以上のある整数 m で $(*)$ が成り立つと仮定して，$(*)$ で m を $m+1$ にしたものも成り立つことを示す。

・$x_{3(m+1)+1} = x_{3(m+1)} + 3(m+1) + 2\cos\left(\dfrac{2\pi x_{3(m+1)}}{3}\right)$　（①より）

　　　　　　$\equiv 1 + 0 - 1 \equiv 0 \quad \cdots\cdots ⑤$　（$x_{3m+3} \equiv 1$ と④より）

・$x_{3(m+1)+2} = x_{3(m+1)+1} + 3(m+1) + 1 + 2\cos\left(\dfrac{2\pi x_{3(m+1)+1}}{3}\right)$　（①より）

$$\equiv 0+1+2 \equiv 0 \quad \cdots\cdots ⑥ \quad (⑤と④より)$$

$$\bullet \; x_{3(m+1)+3} = x_{3(m+1)+2} + 3(m+1) + 2 + 2\cos\left(\frac{2\pi x_{3(m+1)+2}}{3}\right) \quad (①より)$$

$$\equiv 0+2+2 \equiv 1 \quad (⑥と④より)$$

(i), (ii)より, (＊)が成り立つ。

(＊)と④から

$$2\cos\left(\frac{2\pi x_{3m+1}}{3}\right) = 2, \quad 2\cos\left(\frac{2\pi x_{3m+2}}{3}\right) = 2, \quad 2\cos\left(\frac{2\pi x_{3m+3}}{3}\right) = -1 \quad (m \geqq 0)$$

となる。

これより, $m \geqq 1$ のとき

$$x_{3m+1} = x_{3m} + 3m - 1$$

$$x_{3m+2} = x_{3m+1} + 3m + 1 + 2 = x_{3m+1} + 3m + 3$$

$$x_{3m+3} = x_{3m+2} + 3m + 2 + 2 = x_{3m+2} + 3m + 4$$

すなわち

$$x_{3m+1} - x_{3m} = 3m - 1, \quad x_{3m+2} - x_{3m+1} = 3m + 3, \quad x_{3m+3} - x_{3m+2} = 3m + 4 \quad \cdots\cdots ⑦$$

また, ②より

$$y_{3m+1} - y_{3m} = 3m - \{3(m-1) + 4\} = -1, \quad y_{3m+2} - y_{3m+1} = 2, \quad y_{3m+3} - y_{3m+2} = 2$$
$$\cdots\cdots ⑧$$

$z_n = x_n - y_n \; (n \geqq 3)$ とおくと, ⑦, ⑧から

$$\begin{cases} z_{3m+1} - z_{3m} = (x_{3m+1} - x_{3m}) - (y_{3m+1} - y_{3m}) = 3m \\ z_{3m+2} - z_{3m+1} = (x_{3m+2} - x_{3m+1}) - (y_{3m+2} - y_{3m+1}) = 3m + 1 \\ z_{3m+3} - z_{3m+2} = (x_{3m+3} - x_{3m+2}) - (y_{3m+3} - y_{3m+2}) = 3m + 2 \end{cases}$$

いずれの場合からも, $z_{n+1} - z_n = n \; (n \geqq 3)$ となる。

また, $x_1 = 0, \; x_2 = 3, \; x_3 = 7$ と, $y_1 = 0, \; y_2 = 2, \; y_3 = 4$ から

$$z_3 - z_2 = (x_3 - y_3) - (x_2 - y_2) = 3 - 1 = 2$$

$$z_2 - z_1 = (x_2 - y_2) - (x_1 - y_1) = 1 - 0 = 1$$

であるから

$$z_{n+1} - z_n = n \quad (n \geqq 1)$$

となる。したがって

$$z_n = z_1 + \sum_{k=1}^{n-1} k = \frac{(n-1)n}{2} \quad (n \geqq 2)$$

$z_1 = 0$ であるから, これは $n = 1$ でも成り立つ。

ゆえに $\quad x_n - y_n = \dfrac{(n-1)n}{2} \quad \cdots\cdots (答)$

82

ポイント　$N=2$ のときと $N\geqq3$ のときに分けて考える。

a_1 から a_{N+1} までを具体的に調べて規則性を見る。

解　法

(I)　$N=2$ のとき

$$a_1=2^2-3=1$$

$$a_2=a_3=\cdots=0$$

よって，どのような自然数 M に対しても

$$\sum_{n=1}^{M} a_n=a_1=1$$

一方　　$2^{N+1}-N-5=2^3-2-5=1$

ゆえに

$$\sum_{n=1}^{M} a_n\leqq 2^{N+1}-N-5$$

が成り立つ。

(II)　$N\geqq3$ のとき

$$
\left.
\begin{aligned}
&a_1=2^N-3\\
&a_2=2^{N-1}-2\\
&a_3=2^{N-2}-1\\
&\quad\cdots\\
&a_k=2^{N-(k-1)}-1\quad(3\leqq k\leqq N)\\
&\quad\cdots\\
&a_N=2^1-1=1\\
&a_{N+1}=a_{N+2}=\cdots=0
\end{aligned}
\right\}
\cdots\cdots(*)
$$

よって，$M\geqq N+1$ のとき

$$\sum_{n=1}^{M} a_n=\sum_{n=1}^{N} a_n$$

$$=a_1+a_2+\sum_{n=3}^{N} a_n$$

$$=\{(2^N-1)-2\}+\{(2^{N-1}-1)-1\}+(2^{N-2}-1)+(2^{N-3}-1)+\cdots+(2^1-1)$$

$$=\sum_{k=1}^{N}(2^k-1)-2-1$$

$$=\sum_{k=1}^{N} 2^k-N-3$$

$$= \frac{2(1-2^N)}{1-2} - N - 3$$

$$= 2^{N+1} - N - 5 \quad \cdots\cdots\text{①}$$

また，（＊）より，すべての n に対して $a_n \geqq 0$ であり，$1 \leqq M \leqq N$ のときは

$$\sum_{n=1}^{M} a_n \leqq \sum_{n=1}^{N} a_n \quad \cdots\cdots\text{②}$$

①，②より，$\displaystyle\sum_{n=1}^{M} a_n \leqq 2^{N+1} - N - 5$ が成り立つ。

(Ⅰ)，(Ⅱ)より，$N \geqq 2$ のとき，どのような自然数 M に対しても，$\displaystyle\sum_{n=1}^{M} a_n \leqq 2^{N+1} - N - 5$ が成り立つ。 （証明終）

83

ポイント 数学的帰納法による。

解 法

$$(1-a_1)(1-a_2)\cdots(1-a_n)>1-\left(a_1+\frac{a_2}{2}+\cdots+\frac{a_n}{2^{n-1}}\right) \quad (n\geqq2) \quad \cdots\cdots(*)$$

が成立することを数学的帰納法で示す。

$$(1-a_1)(1-a_2)-1+\left(a_1+\frac{a_2}{2}\right)=a_1a_2-\frac{a_2}{2}$$

$$=a_2\left(a_1-\frac{1}{2}\right)>0 \quad \left(\because \quad a_2>0, \quad a_1>\frac{1}{2}\right)$$

となり，$n=2$ で$(*)$が成立する。

次に，2 以上のある自然数 k に対して$(*)$が $n=k$ で成り立つと仮定すると

$$(1-a_1)(1-a_2)\cdots(1-a_k)(1-a_{k+1})-\left\{1-\left(a_1+\frac{a_2}{2}+\cdots+\frac{a_k}{2^{k-1}}+\frac{a_{k+1}}{2^k}\right)\right\}$$

$$>\left\{1-\left(a_1+\frac{a_2}{2}+\cdots+\frac{a_k}{2^{k-1}}\right)\right\}(1-a_{k+1})-1+\left(a_1+\frac{a_2}{2}+\cdots+\frac{a_k}{2^{k-1}}+\frac{a_{k+1}}{2^k}\right)$$

$$\quad\quad\quad\quad\quad\quad\quad\quad\quad\quad\quad\quad\quad (n=k \text{ での仮定と，} a_{k+1}<1 \text{ より})$$

$$=a_{k+1}\left(a_1+\frac{a_2}{2}+\cdots+\frac{a_k}{2^{k-1}}-1+\frac{1}{2^k}\right)$$

$$>a_{k+1}\left(\frac{1}{2}+\frac{1}{2}\cdot\frac{1}{2}+\cdots+\frac{1}{2}\cdot\frac{1}{2^{k-1}}-1+\frac{1}{2^k}\right) \quad \left(\because \quad a_1>\frac{1}{2}, a_2>\frac{1}{2}, \cdots, a_k>\frac{1}{2}, a_{k+1}>0\right)$$

$$=a_{k+1}\left[\frac{\frac{1}{2}\left\{1-\left(\frac{1}{2}\right)^k\right\}}{1-\frac{1}{2}}-1+\frac{1}{2^k}\right]$$

$$=0$$

となり，$n=k+1$ に対して$(*)$は成立する。

以上より，$n\geqq2$ なるすべての自然数 n で$(*)$は成立する。　　　　　　(証明終)

84 2010 年度　甲〔4〕 Level A

ポイント　［解法1］　数学的帰納法による。

$a_1 = \cdots = a_l = 0$ と仮定して，$a_{l+1} = 0$ を示す。

［解法2］　背理法による。0 ではない項が存在したとして，0 ではない最初の項を a_m として矛盾を導く。

解法 1

条件式で $n = 1$ とすると　　　$0 \le 3a_1 \le a_1$

これより，$0 \le a_1 \le 0$ となり　　$a_1 = 0$

次に，l を自然数として，$n \le l$ なるすべての n で $a_n = 0$ が成り立つと仮定すると，条件式より

$$0 \le 3a_{l+1} \le a_1 + a_2 + \cdots + a_l + a_{l+1} = a_{l+1}$$

よって，$0 \le 3a_{l+1} \le a_{l+1}$ となり　　$a_{l+1} = 0$

以上から，数学的帰納法により，すべての自然数 n で $a_n = 0$ である。　　（証明終）

解法 2

数列 $\{a_n\}$ の中に 0 でない項が存在すると仮定し，0 でない最初の項を a_m とする。条件式から，$0 \le 3a_1 \le a_1$ なので $a_1 = 0$ であり，$m \ge 2$ である。

$$a_1 = a_2 = \cdots = a_{m-1} = 0, \quad a_m \ne 0$$

であるから，条件式で $n = m$ とすると

$$0 \le 3a_m \le a_1 + a_2 + \cdots + a_{m-1} + a_m$$
$$= a_m$$

これより，$0 \le a_m \le 0$ となり，$a_m = 0$ である。これは $a_m \ne 0$ と矛盾する。

ゆえに，数列 $\{a_n\}$ の項はすべて 0 である。　　（証明終）

85

ポイント　与えられた漸化式の両辺を y^{n+1} で割り，a_n の一般項を導く。

次いで $x>y>0$ と $y>x>0$ の場合に分けて考える。

[解法1]　上記の方針による。

[解法2]　両辺を x^{n+1} で割って，a_n の一般項を導く。

[解法3]　与えられた漸化式を満たす特殊解（数列）を見つけ，これを利用する（[研究] 参照）。

解法 1

$y \ne 0$ より，与えられた漸化式の両辺を y^{n+1} で割ると

$$\frac{a_{n+1}}{y^{n+1}} = \frac{x}{y} \cdot \frac{a_n}{y^n} + 1$$

$\dfrac{a_n}{y^n} = b_n$ とおくと

$$b_{n+1} = \frac{x}{y} b_n + 1$$

$x \ne y$ だから

$$b_{n+1} - \frac{y}{y-x} = \frac{x}{y}\left(b_n - \frac{y}{y-x}\right)$$

よって

$$b_n - \frac{y}{y-x} = \left(\frac{x}{y}\right)^{n-1}\left(b_1 - \frac{y}{y-x}\right) = \frac{y}{x-y}\left(\frac{x}{y}\right)^{n-1} \quad (\because \quad b_1 = 0)$$

$$b_n = \frac{y}{y-x} + \frac{y}{x-y}\left(\frac{x}{y}\right)^{n-1}$$

ゆえに

$$a_n = y^n b_n = \frac{y^2}{x-y}(x^{n-1} - y^{n-1})$$

この数列 $\{a_n\}$ の収束条件を調べる。

(i)　$x>y>0$ のとき，すなわち $0<\dfrac{y}{x}<1$ のとき

$$a_n = \frac{y^2}{x-y} \cdot x^{n-1}\left\{1 - \left(\frac{y}{x}\right)^{n-1}\right\}$$

$\displaystyle\lim_{n\to\infty}\left(\frac{y}{x}\right)^{n-1} = 0$ だから，$\{a_n\}$ の収束条件は $0<x\le 1$ である。

(ii)　$y>x>0$ のとき，すなわち $0<\dfrac{x}{y}<1$ のとき

$$a_n = \frac{y^2}{x-y} \cdot y^{n-1} \left\{ \left(\frac{x}{y}\right)^{n-1} - 1 \right\}$$

となり，収束条件は上と同様に，$0<y\leqq1$ である。

以上(i)，(ii)より，$\{a_n\}$ が収束する (x, y) の範囲は右図の網かけ部分である（境界は，$y=1$ 上の $0<x<1$ の部分，および $x=1$ 上の $0<y<1$ の部分を含み，それ以外は含まない。また，$y=x$ 上の点も含まない）。

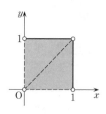

解 法 2

$x\neq0$ より，与えられた漸化式の両辺を x^{n+1} で割ると

$$\frac{a_{n+1}}{x^{n+1}} = \frac{a_n}{x^n} + \left(\frac{y}{x}\right)^{n+1}$$

$x\neq y$ より $\frac{y}{x}\neq1$ だから，$n\geqq2$ のとき

$$\frac{a_n}{x^n} = \frac{a_1}{x} + \sum_{k=1}^{n-1}\left(\frac{y}{x}\right)^{k+1}$$

$$= \frac{\left(\frac{y}{x}\right)^2\left\{1-\left(\frac{y}{x}\right)^{n-1}\right\}}{1-\frac{y}{x}} = \frac{y^2}{x(x-y)}\left\{1-\left(\frac{y}{x}\right)^{n-1}\right\}$$

$$\therefore \quad a_n = \frac{y^2}{x-y}(x^{n-1}-y^{n-1}) \quad （これは n=1 でも成り立つ。）$$

（以下，［解法1］に同じ）

解 法 3

$x\neq y$ であるから数列 $\left\{\dfrac{y}{y-x}\cdot y^n\right\}$ を考えることができて

$$\frac{y}{y-x}\cdot y^{n+1} = x\cdot\frac{y}{y-x}\cdot y^n + y^{n+1} \quad \cdots\cdots①$$

が成り立つ。よって，与えられた漸化式から①を辺々引いて

$$a_{n+1} - \frac{y}{y-x}\cdot y^{n+1} = x\left(a_n - \frac{y}{y-x}\cdot y^n\right)$$

よって，$n\geqq2$ で

$$a_n - \frac{y}{y-x}\cdot y^n = x^{n-1}\left(a_1 - \frac{y}{y-x}\cdot y\right)$$

$a_1=0$ であるから

$$a_n = \frac{y^2}{y-x}(y^{n-1}-x^{n-1}) \quad （これは n=1 でも成り立つ。）$$

（以下，[解法1]に同じ）

[研究]　≪特殊解による漸化式の処理法≫

　　[解法3]における数列 $\left\{\dfrac{y}{y-x}\cdot y^n\right\}$ は漸化式 $a_{n+1}=xa_n+y^{n+1}$ を満たす数列の1つ（特殊解）である。一般に $a_{n+1}=pa_n+qr^n$（$r\neq p$）の漸化式を満たす特殊解（数列）は $\{kr^n\}$ の形の数列から次のように見出すことができる。すなわち

$$kr^{n+1}=pkr^n+qr^n \iff (r-p)\,kr^n=qr^n$$

から $k=\dfrac{q}{r-p}$ として k を決定する。このように k を決定する過程は解答に記す必要はなく，決定した k を用いた式

$$kr^{n+1}=pkr^n+qr^n$$

を明記（この式が成り立つことは簡単な計算で確認できる）し，与えられた漸化式から，この式を辺々引くと数列 $\{a_n-kr^n\}$ が公比 p の等比数列であることがただちに得られる。このように特殊解を用いた処理法は漸化式

$$a_{n+1}=pa_n+(n\text{ の多項式})\quad\cdots\cdots(*)$$

でも有効である。

たとえば（n の多項式）部分が n の2次式のときは，数列 $\{jn^2+kn+l\}$ の形の中から特殊解を見出すとよい。

すなわち

$$j(n+1)^2+k(n+1)+l=p\,(jn^2+kn+l)+(n\text{ の2次式})$$

がすべての n で成り立つように定数 $j,\ k,\ l$ を定めるとよい。

このように特殊解 $\{a'_n\}$ を利用すると，（$*$）から $a'_{n+1}=pa'_n+(n\text{ の多項式})$ を辺々引いて，$a_{n+1}-a'_{n+1}=p\,(a_n-a'_n)$ を得て，公比 p の等比数列が現れる。特に（$*$）で（n の多項式）部分の次数が2以上のときは大変有効な処理法である。

86

ポイント $a_n = S_n - S_{n-1}$ から得られる a_{n+1} と a_n の関係式を利用する。

解法

$n \geq 2$ のとき

$$a_n = S_n - S_{n-1} = n(n-2)a_{n+1} - (n-1)(n-3)a_n$$

$$\therefore \quad n(n-2)a_{n+1} = (n-2)^2 a_n \quad \cdots\cdots ①$$

よって，$n \geq 3$ に対して

$$na_{n+1} = (n-2)a_n$$

$$\therefore \quad (n-1)na_{n+1} = (n-2)(n-1)a_n$$

したがって，数列 $\{(n-2)(n-1)a_n\}$ $(n \geq 3)$ は定数項からなる数列であり

$$(n-2)(n-1)a_n = 1 \cdot 2 \cdot a_3$$

$$\therefore \quad a_n = \frac{2a_3}{(n-2)(n-1)} \quad (n \geq 3) \quad \cdots\cdots ②$$

よって $\quad a_{n+1} = \dfrac{2a_3}{(n-1)n} \quad (n \geq 3) \quad \cdots\cdots ③$

第 3 の条件式 $n(n-2)a_{n+1} = S_n$ に③を代入して

$$\frac{n-2}{n-1} \cdot 2a_3 = S_n$$

よって $\quad \displaystyle\lim_{n \to \infty} \frac{n-2}{n-1} \cdot 2a_3 = \lim_{n \to \infty} S_n$

第 2 の条件式 $\displaystyle\lim_{n \to \infty} S_n = 1$ と $\displaystyle\lim_{n \to \infty} \frac{n-2}{n-1} = \lim_{n \to \infty} \left(1 - \frac{1}{n-1}\right) = 1$ より

$$2a_3 = 1 \qquad \therefore \quad a_3 = \frac{1}{2}$$

よって，②より

$$a_n = \frac{1}{(n-2)(n-1)} \quad (n \geq 3)$$

第 1 の条件式 $a_1 = 1$ と①より

$$1 \cdot (1-2)a_2 = (1-2)^2 a_1 = 1 \qquad \therefore \quad a_2 = -1$$

ゆえに

$$a_1 = 1, \ a_2 = -1, \ a_n = \frac{1}{(n-2)(n-1)} \quad (n \geq 3) \quad \cdots\cdots(答)$$

〔注〕 ［解法］の途中で

$$na_{n+1} = (n-2)a_n \quad (n \geq 3)$$

が導かれた。この式から a_n を求める方法として，次のように隣接項の比に着目するものもある。上式より

$$a_{n+1} = \frac{n-2}{n} a_n \quad (n \geq 3)$$

よって，$n \geq 4$ において

$$a_n = \frac{n-3}{n-1} a_{n-1} = \frac{n-3}{n-1} \cdot \frac{n-4}{n-2} a_{n-2}$$

$$= \cdots$$

$$= \frac{n-3}{n-1} \cdot \frac{n-4}{n-2} \cdot \frac{n-5}{n-3} \cdots \cdots \frac{3}{5} \cdot \frac{2}{4} \cdot \frac{1}{3} a_3$$

$$= \frac{2}{(n-1)(n-2)} a_3$$

（以下，[解法] に同じ）

§8 確率・個数の処理

87　2022 年度　〔2〕　Level A

ポイント　数を小さい順に並べる方法は 1 通りに定まるので,「n 枚から 3 枚の札を同時に取り出す場合の数」と,「n 枚から 3 枚の札を同時に取り出し,札の番号を小さい順に X, Y, Z とする場合の数」は一致する。

[解法 1]　条件は,「$1 \leq X \leq Y-2$ かつ $Y+2 \leq Z \leq n$」になることであり,特に,$3 \leq Y \leq n-2$ が必要である。$Y=k$ $(3 \leq k \leq n-2)$ とおくと,X は,$X=1$, 2, $\cdots$, $k-2$ の $k-2$ 通り,Z は,$Z=k+2$, $k+3$, $\cdots$, n の $n-k-1$ 通りあることを用いる。

[解法 2]　余事象は,「$Y=X+1$ または $Z=Y+1$」となる事象である。$Y=X+1$ となる事象を A,$Z=Y+1$ となる事象を B とおくと,余事象 $A \cup B$ の要素の個数は,$n(A \cup B) = n(A) + n(B) - n(A \cap B)$ であることを用いる。

[解法 3]　条件は,「$1 \leq X < Y-1 < Z-2 \leq n-2$」となることである。この場合の数は,1 以上 $n-2$ 以下の整数から,異なる 3 つの整数 X, Y', Z' を取り出す場合の数に等しいことを用いる。

解法 1

n 枚から同時に 3 枚を取り出す場合の数は,$_nC_3 = \dfrac{n(n-1)(n-2)}{6}$ である。

これら 3 枚の番号を小さい順に並べて得られる組 (X, Y, Z) は 1 通りに定まり,逆に,$X<Y<Z$ となる組 (X, Y, Z) に対して,n 枚から取り出す 3 枚が 1 通りに定まるので,$X<Y<Z$ となる組 (X, Y, Z) の個数も,$\dfrac{n(n-1)(n-2)}{6}$ である。

また,$1 \leq X < Y < Z \leq n$ なので,条件「$Y-X \geq 2$ かつ $Z-Y \geq 2$」は

$$\lceil 1 \leq X \leq Y-2 \text{ かつ } Y+2 \leq Z \leq n \rfloor$$

と同値である。よって,特に,$3 \leq Y \leq n-2$ が必要であり,以下,このもとで考える。$Y=k$ $(3 \leq k \leq n-2)$ とおくと,$1 \leq X \leq Y-2$ かつ $Y+2 \leq Z \leq n$ を満たす X, Z はそれぞれ

$$X=1, 2, \cdots, k-2 \text{ の } k-2 \text{ 通り}, \quad Z=k+2, k+3, \cdots, n \text{ の } n-k-1 \text{ 通り}$$

となる。したがって,条件を満たす場合の数は

$$\sum_{k=3}^{n-2} (k-2)(n-k-1) = \sum_{j=1}^{n-4} j(n-j-3) \quad (j=k-2 \text{ とおいた})$$

$$= (n-3) \sum_{j=1}^{n-4} j - \sum_{j=1}^{n-4} j^2$$

$$= (n-3) \cdot \frac{1}{2}(n-4)(n-3) - \frac{1}{6}(n-4)(n-3)(2n-7)$$

$$= \frac{1}{6}(n-3)(n-4)\{3(n-3)-(2n-7)\}$$

$$= \frac{1}{6}(n-2)(n-3)(n-4)$$

ゆえに，求める確率は

$$\frac{\dfrac{1}{6}(n-2)(n-3)(n-4)}{\dfrac{n(n-1)(n-2)}{6}} = \frac{(n-3)(n-4)}{n(n-1)} \quad \cdots\cdots(答)$$

解法 2

$\left(\text{「}X<Y<Z \text{ となる組 } (X, Y, Z) \text{ の個数も，} \dfrac{n(n-1)(n-2)}{6} \text{ である」までは [解法}\right.$

$\left.1\right]$ に同じ$\bigg)$

$X<Y<Z$ となる組 (X, Y, Z) が得られる事象を U とする。U の中での

　　　「$Y-X \geqq 2$ かつ $Z-Y \geqq 2$」

となる事象の余事象は

　　　「$Y-X \leqq 1$ または $Z-Y \leqq 1$」すなわち「$Y-X=1$ または $Z-Y=1$」

となる事象であり，さらに，これは

　　　「$Y=X+1$ または $Z=Y+1$」

となる事象である。

$Y=X+1$ となる事象を A，$Z=Y+1$ となる事象を B とおくと，余事象 $A \cup B$ の要素の個数は

　　　$n(A \cup B) = n(A) + n(B) - n(A \cap B) \quad \cdots\cdots①$

ここで，$1 \leqq X < Y < Z \leqq n$ なので

・A の要素は

　　　$(1, 2, k) \ (3 \leqq k \leqq n), \ (2, 3, k) \ (4 \leqq k \leqq n), \ \cdots,$

　　　　　　　　　　　　　　　　　　$(n-2, n-1, k) \ (k=n)$

となり

　　　$n(A) = (n-2) + (n-3) + \cdots + 1$

§8

$$= \frac{(n-2)\{(n-2)+1\}}{2}$$

$$= \frac{(n-2)(n-1)}{2} \quad \cdots\cdots②$$

- B の要素は

$$(k,\ 2,\ 3)\ (k=1),\quad (k,\ 3,\ 4)\ (1\leqq k\leqq 2),\quad \cdots,$$

$$(k,\ n-1,\ n)\ (1\leqq k\leqq n-2)$$

となり

$$n(B) = 1 + 2 + \cdots + (n-2)$$

$$= \frac{(n-2)(n-1)}{2} \quad \cdots\cdots③$$

- $A\cap B$ の要素は，$(1,\ 2,\ 3)$，$(2,\ 3,\ 4)$，$\cdots$，$(n-2,\ n-1,\ n)$ なので

$$n(A\cap B) = n-2 \quad \cdots\cdots④$$

①，②，③，④から

$$n(A\cup B) = (n-2)(n-1) - (n-2)$$

$$= (n-2)^2$$

よって，余事象の確率は

$$\frac{(n-2)^2}{\dfrac{n(n-1)(n-2)}{6}} = \frac{6(n-2)}{n(n-1)}$$

となり，求める確率は

$$1 - \frac{6(n-2)}{n(n-1)} = \frac{n^2-7n+12}{n(n-1)} \ \left(= \frac{(n-3)(n-4)}{n(n-1)}\right) \quad \cdots\cdots(答)$$

解法 3

（「$X<Y<Z$ となる組 $(X,\ Y,\ Z)$ の個数も，$\dfrac{n(n-1)(n-2)}{6}$ である」までは［解法 1］に同じ）

$X,\ Y,\ Z$ は整数なので，条件「$Y-X\geqq 2$ かつ $Z-Y\geqq 2$」は

「$Y-X>1$ かつ $Z-Y>1$」すなわち「$X<Y-1<Z-2$」

と同値である。いま，$1\leqq X<Y<Z\leqq n$ なので，さらに，これは

「$1\leqq X<Y-1<Z-2\leqq n-2$」

と同値である。この場合の数は，1 以上 $n-2$ 以下の整数から，$X<Y'<Z'$ となる 3 つの整数 $X,\ Y',\ Z'$ を取り出す場合の数 $_{n-2}\mathrm{C}_3 = \dfrac{(n-2)(n-3)(n-4)}{6}$ に等しい。なぜなら，1 以上 $n-2$ 以下の異なる 3 つの数を小さい順に，$X,\ Y',\ Z'$ と並べる方法

は 1 通りに定まり，これら X，Y'，Z' の組の各々に対して，$X=X$，$Y=Y'+1$，$Z=Z'+2$ とすれば，$1 \leqq X < Y-1 < Z-2 \leqq n-2$ を満たす X，Y，Z の組すべてが得られるからである。

以上より，求める確率は

$$\frac{\dfrac{(n-2)(n-3)(n-4)}{6}}{\dfrac{n(n-1)(n-2)}{6}} = \frac{(n-3)(n-4)}{n(n-1)} \quad \cdots\cdots (答)$$

88

ポイント　「$n-1$ 回目まで赤玉以外の玉を取り出す確率 $\left(\dfrac{3}{4}\right)^{n-1}$」から，「白玉，青玉，黄玉の少なくとも 1 つが取り出されない確率 q」を引くと考える。

[解法 1]　q を包除の原理（個数定理）で求める。

[解法 2]　q を白玉，青玉，黄玉から取り出す玉の色が 1 色または 2 色となる確率として求める。

解法 1

　求める確率を p とおく。$n-1$ 回目まで赤玉以外の玉を取り出す確率は，$\left(\dfrac{3}{4}\right)^{n-1}$ である。このうちで，白玉，青玉，黄玉の少なくとも 1 つが取り出されない確率を q とすると

$$p = \left\{\left(\frac{3}{4}\right)^{n-1} - q\right\} \cdot \frac{1}{4}$$

である。いま

　　$n-1$ 回目まで赤玉と白玉が取り出されない事象を A

　　$n-1$ 回目まで赤玉と青玉が取り出されない事象を B

　　$n-1$ 回目まで赤玉と黄玉が取り出されない事象を C

とすると

$$q = P(A \cup B \cup C)$$
$$= P(A) + P(B) + P(C) - P(A \cap B) - P(B \cap C) - P(C \cap A) + P(A \cap B \cap C)$$

ここで

- $P(A)$ は $n-1$ 回目まで青玉または黄玉が取り出される確率なので，$\left(\dfrac{2}{4}\right)^{n-1}$ である。

　同様に，$P(B) = P(C) = \left(\dfrac{2}{4}\right)^{n-1}$ である。

- $P(A \cap B)$ は $n-1$ 回目まで黄玉が取り出される確率なので，$\left(\dfrac{1}{4}\right)^{n-1}$ である。

　同様に，$P(B \cap C) = P(C \cap A) = \left(\dfrac{1}{4}\right)^{n-1}$ である。

- $P(A \cap B \cap C)$ は 0 である。

よって，$q = 3\left(\dfrac{2}{4}\right)^{n-1} - 3\left(\dfrac{1}{4}\right)^{n-1}$ となり

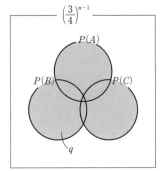

$$p = \left\{ \left(\frac{3}{4} \right)^{n-1} - 3 \left(\frac{2}{4} \right)^{n-1} + 3 \left(\frac{1}{4} \right)^{n-1} \right\} \cdot \frac{1}{4}$$

$$= \frac{3^{n-1} - 3 \cdot 2^{n-1} + 3}{4^n} \quad \cdots\cdots (答)$$

解法 2

$\left(p = \left\{ \left(\frac{3}{4} \right)^{n-1} - q \right\} \cdot \frac{1}{4} \right.$ までは [解法1] に同じ$\left. \right)$

q は，$n-1$ 回目までに白玉，青玉，黄玉のいずれかを取り出すときの玉の色が1色
または2色となる確率である。

$\quad$ $n-1$ 回目まで赤以外の1色のみの玉を取り出す事象を T

$\quad$ $n-1$ 回目まで赤以外の2色のみの玉を取り出す事象を U

とすると，T と U は互いに排反であるから

$$q = P(T) + P(U)$$

$$= {}_3\mathrm{C}_1 \left(\frac{1}{4} \right)^{n-1} + {}_3\mathrm{C}_2 \left\{ \left(\frac{2}{4} \right)^{n-1} - 2 \left(\frac{1}{4} \right)^{n-1} \right\}$$

$$= 3 \left(\frac{2}{4} \right)^{n-1} - 3 \left(\frac{1}{4} \right)^{n-1}$$

ゆえに

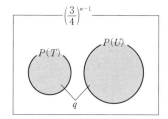

$$p = \left\{ \left(\frac{3}{4} \right)^{n-1} - 3 \left(\frac{2}{4} \right)^{n-1} + 3 \left(\frac{1}{4} \right)^{n-1} \right\} \cdot \frac{1}{4}$$

$$= \frac{3^{n-1} - 3 \cdot 2^{n-1} + 3}{4^n} \quad \cdots\cdots (答)$$

89

2020 年度 〔5〕（文理共通）　　　　　　　　　　　　Level　B

ポイント　［解法1］　1行目の入れ方は4!通りあり，その各々に対して2〜4行目の1列目の入れ方が3!通りある。それら4!×3!通りの各々に対して残り3行3列の9マスの入れ方を考える。

［解法2］　4!通りの1行目の入れ方の1つである | 1 | 2 | 3 | 4 | の場合，残りの各行で2が入るマスのとり方が3!通りある。その各々に対して3を2行目のどこに入れるかを考えると，残りのマスの入れ方が次々に決まっていく。

解 法 1

a_1, a_2, a_3, a_4 を 1〜4 の相異なる整数とする。

1行目の入れ方は4!通りある。

1行目を | a_1 | a_2 | a_3 | a_4 | とする。

1列目の2〜4行目に入る数字はa_2, a_3, a_4のいずれかであるから，入れ方は3!通りある。

1列目が
a_2
a_3
a_4
の場合の残りの3行3列の9マスの入れ方を考えると，次の4通りが

考えられる。

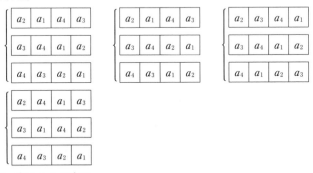

よって，求める入れ方は

　　　4!·3!·4＝576 通り　……（答）

解 法 2

行を上から順に j 行目（$j=1$, 2, 3, 4），列を左から順に k 列目（$k=1$, 2, 3, 4）とし，第 j 行目の第 k 列目のマスを（j, k）で表す。

1行目の入れ方は 4!＝24通り ……(ア)

1行目が左から順に1，2，3，4のときを考える。他の場合も同様である。

次いで，2が入るマス目を考えると，右図で2行目，3行目，4行目を入れ替えた

3!＝6通り ……(イ)

が考えられるので，右図の場合で考える。

1	2	3	4
2			
		2	
			2

次いで，3を2行目のどこに入れるかで次の(i), (ii)が考えられる。

(i)

1	2	3	4
②	3		
		②	
			②

(ii)

1	2	3	4
②			3
		②	
			②

(i)のとき

まず，2行目が決まり，次いで（3, 4），（4, 3）が決まり，さらに3行目，4行目の順で次の1通りに定まる。

1	2	3	4
②	③	4	1
4	1	②	3
3	4	1	②

(ii)のとき

まず，（3, 4）が1と決まり，次いで2行目の決め方のそれぞれから（4, 3）が決まり，さらに3行目の決め方から次の3通りとなる。

1	2	3	4
②	1	4	③
3	4	②	1
4	3	1	②

1	2	3	4
②	1	4	③
4	3	②	1
3	4	1	②

1	2	3	4
②	4	1	③
4	3	②	1
3	1	4	②

よって，(i)または(ii)で 4通り ……(ウ)

(ア)～(ウ)から，求める入れ方は全部で

24・6・4＝576通り ……(答)

90

ポイント　1回投げたときに4以下の目が出る事象を A，5以上の目が出る事象を B として，X_1, X_2, $\cdots$, X_n の出方を順に並べると，A, A, $\cdots$, A, B, B, $\cdots$, B, A, A, $\cdots$, A となる。ただし，B の前にある A の個数を p 個，B の個数を q 個とすると，$0 \leq p \leq n-1$, $1 \leq q \leq n-p$ であり，B の後にある A の個数は $(n-p-q)$ 個となる。この条件を満たす目の出方の確率の総和を求める。$X_0 = 0$ という条件により $p = 0$ のときもあることに注意する。

解　法

1つのさいころを1回投げて，4以下の目が出る事象を A，5以上の目が出る事象を B とする。条件を満たす X_1, X_2, $\cdots$, X_n の出方を順に並べると

$$A, A, \cdots, A, B, B, \cdots, B, A, A, \cdots, A \quad \cdots\cdots①$$

ただし，B の前にある A の個数を p 個，B の個数を q 個　$\cdots\cdots②$とすると，$X_0 = 0$ であることから

$$0 \leq p \leq n-1, \ 1 \leq q \leq n-p \quad \cdots\cdots③$$

で，このとき B の後にある A の個数は $(n-p-q)$ 個である。
①かつ②となるような目の出る確率は

$$\left(\frac{2}{3}\right)^p \left(\frac{1}{3}\right)^q \left(\frac{2}{3}\right)^{n-p-q} = \frac{2^{n-q}}{3^n} \quad \cdots\cdots④$$

求める確率は，p, q が③を満たすときの確率④の総和であるから

$$\sum_{p=0}^{n-1}\sum_{q=1}^{n-p}\frac{2^{n-q}}{3^n} = \frac{2^n}{3^n}\sum_{p=0}^{n-1}\sum_{q=1}^{n-p}\left(\frac{1}{2}\right)^q = \frac{2^n}{3^n}\sum_{p=0}^{n-1}\frac{1}{2}\cdot\frac{1-\left(\frac{1}{2}\right)^{n-p}}{1-\frac{1}{2}}$$

$$= \frac{1}{3^n}\left(2^n\sum_{p=0}^{n-1}1 - \sum_{p=0}^{n-1}2^p\right)$$

$$= \frac{1}{3^n}\left(2^n\cdot n - \frac{2^n-1}{2-1}\right)$$

$$= \frac{(n-1)2^n+1}{3^n} \quad \cdots\cdots（答）$$

〔注1〕　$X_0 = 0$ という条件が重要なはたらきをしていることに注意したい。

〔注2〕　③のとき，$1 \leq q \leq n-p$ から $p+1 \leq p+q \leq n$ となり，$-n \leq -(p+q) \leq -p-1$ なので，$0 \leq n-(p+q) \leq n-1-p \leq n-1$ である。特に $n-(p+q) = n-1$ となるのは $p = 0$, $q = 1$ のときである。

91

ポイント $z_n = 1$, ω, $\overline{\omega}$ $\left(\omega = \dfrac{-1 + \sqrt{3}\,i}{2}\right)$ となる確率をそれぞれ a_n, b_n, c_n として,

これらの連立漸化式から a_n を求める。

解 法

$\omega = \dfrac{-1 + \sqrt{3}\,i}{2}$ とおくと

$$\omega^2 = \frac{1 - 2\sqrt{3}\,i - 3}{4} = \frac{-1 - \sqrt{3}\,i}{2} = \overline{\omega}$$

$$\overline{\omega}\omega = 1$$

$$\overline{\overline{\omega}} = \omega$$

(i)より $z_1 = \omega$ または $z_1 = 1$

(ii)より, $k = 2, 3, \cdots, n$ $(n \geq 2)$ に対し

$z_{k-1} = \omega$ のとき $z_k = \omega^2 = \overline{\omega}$

$z_{k-1} = 1$ のとき $z_k = \omega$ または $z_k = 1$

$z_{k-1} = \overline{\omega}$ のとき $z_k = \overline{\omega}\omega = 1$ または $z_k = \overline{\overline{\omega}} = \omega$

よって,帰納的に z_k は 1, ω, $\overline{\omega}$ のいずれかとなる。

$z_k = 1$, $z_k = \omega$, $z_k = \overline{\omega}$ となる確率をそれぞれ a_k, b_k, c_k $(k = 1, 2, \cdots, n)$ とすると

$$a_1 = \frac{1}{2}, \quad b_1 = \frac{1}{2}, \quad c_1 = 0 \quad \cdots\cdots①$$

以下,$n \geq 2$ とし,$k = 2, 3, \cdots, n$ に対し

$$\begin{cases} a_k = \dfrac{1}{2}a_{k-1} + \dfrac{1}{2}c_{k-1} & \cdots\cdots② \\[2mm] b_k = \dfrac{1}{2}a_{k-1} + \dfrac{1}{2}c_{k-1} & \cdots\cdots③ \end{cases}$$

また $a_{k-1} + b_{k-1} + c_{k-1} = 1$ $\cdots\cdots④$

①,②,③より $a_k = b_k$ $(k \geq 1)$

これと④より,$k \geq 2$ に対して

$$2a_{k-1} + c_{k-1} = 1 \quad \text{すなわち} \quad c_{k-1} = 1 - 2a_{k-1}$$

これを②に代入して

$$a_k = \frac{1}{2}a_{k-1} + \frac{1}{2}(1 - 2a_{k-1}) = -\frac{1}{2}a_{k-1} + \frac{1}{2}$$

よって

$$a_k - \frac{1}{3} = -\frac{1}{2}\left(a_{k-1} - \frac{1}{3}\right) \quad (k = 2,\ 3,\ \cdots,\ n)$$

したがって，$k = 1,\ 2,\ \cdots,\ n\ (n \geqq 1)$ に対し，数列 $\left\{a_k - \frac{1}{3}\right\}$ は

初項 $a_1 - \frac{1}{3} = \frac{1}{6}$，公比 $-\frac{1}{2}$ の等比数列であるから

$$a_k - \frac{1}{3} = \frac{1}{6}\left(-\frac{1}{2}\right)^{k-1} \quad (k = 1,\ 2,\ \cdots,\ n)$$

ゆえに，求める確率は

$$a_n = \frac{1}{3} + \frac{1}{6}\left(-\frac{1}{2}\right)^{n-1} = \frac{1}{3}\left\{1 - \left(-\frac{1}{2}\right)^n\right\} \quad \cdots\cdots(答)$$

〔注〕 ④の代わりに，$c_k = b_{k-1}$ ……④′ を用いて，次のように解くこともできる。

① ② ③より $\quad a_k = b_k \quad (k \geqq 1)$

これと④′より $\quad c_k = a_{k-1}$

これと②より，$k = 2,\ 3,\ \cdots,\ n-1\ (n \geqq 3)$ に対して

$$a_{k+1} = \frac{1}{2}a_k + \frac{1}{2}c_k = \frac{1}{2}a_k + \frac{1}{2}a_{k-1}$$

これは

$$a_{k+1} + \frac{1}{2}a_k = a_k + \frac{1}{2}a_{k-1} \quad \cdots\cdots⑤$$

$$a_{k+1} - a_k = -\frac{1}{2}(a_k - a_{k-1}) \quad \cdots\cdots⑥$$

の 2 通りに変形できる。

$a_2 = \frac{1}{2}a_1 + \frac{1}{2}c_1 = \frac{1}{4}$（$\because$ ①）であるから，$k = 2,\ 3,\ \cdots,\ n\ (n \geqq 2)$ に対して

⑤より $\quad a_k + \frac{1}{2}a_{k-1} = a_2 + \frac{1}{2}a_1 = \frac{1}{2} \quad \cdots\cdots⑤′$

⑥より，数列 $\{a_k - a_{k-1}\}$ は初項 $a_2 - a_1 = -\frac{1}{4}$，公比 $-\frac{1}{2}$ の等比数列であるから

$$a_k - a_{k-1} = -\frac{1}{4}\left(-\frac{1}{2}\right)^{k-2} = -\left(-\frac{1}{2}\right)^k \quad \cdots\cdots⑥′$$

⑤′×2＋⑥′より $\quad 3a_k = 1 - \left(-\frac{1}{2}\right)^k$

すなわち $\quad a_k = \frac{1}{3}\left\{1 - \left(-\frac{1}{2}\right)^k\right\} \quad (k = 2,\ 3,\ \cdots,\ n\ ;\ n \geqq 2)$

これは $k = 1$ のときも成り立つから

$$a_n = \frac{1}{3}\left\{1 - \left(-\frac{1}{2}\right)^n\right\}$$

92

ポイント　n 桁の数 X を 3 で割ったとき，余りが 0，1，2 となる確率をそれぞれ p_n，q_n，r_n とおき，漸化式を立てて p_n を求める。

解 法

n 桁の数 X を 3 で割ったとき，余りが 0，1，2 となる確率をそれぞれ p_n，q_n，r_n とおく。k 番目に取り出したカードの数を x_k とすると，X を 3 で割ったときの余りは，$\sum_{k=1}^{n} x_k$ を 3 で割ったときの余りに等しい。

$\sum_{k=1}^{n+1} x_k$ を 3 で割ったときの余りが 0 になるのは，次の(i)～(iii)のいずれかである。

(i)　$\sum_{k=1}^{n} x_k$ を 3 で割ったときの余りが 0 で　　$x_{n+1} = 3$

(ii)　$\sum_{k=1}^{n} x_k$ を 3 で割ったときの余りが 1 で　　$x_{n+1} = 2, 5$

(iii)　$\sum_{k=1}^{n} x_k$ を 3 で割ったときの余りが 2 で　　$x_{n+1} = 1, 4$

よって　　$p_{n+1} = \dfrac{1}{5}p_n + \dfrac{2}{5}q_n + \dfrac{2}{5}r_n = \dfrac{1}{5}p_n + \dfrac{2}{5}(q_n + r_n)$　……①

また，$p_n + q_n + r_n = 1$ であるから　　$q_n + r_n = 1 - p_n$　……②

②を①に代入して　　$p_{n+1} = \dfrac{1}{5}p_n + \dfrac{2}{5}(1 - p_n) = -\dfrac{1}{5}p_n + \dfrac{2}{5}$

これより　　$p_{n+1} - \dfrac{1}{3} = -\dfrac{1}{5}\left(p_n - \dfrac{1}{3}\right)$

したがって，数列 $\left\{p_n - \dfrac{1}{3}\right\}$ は初項 $p_1 - \dfrac{1}{3} = \dfrac{1}{5} - \dfrac{1}{3} = -\dfrac{2}{15}$，公比 $-\dfrac{1}{5}$ の等比数列であるから　　$p_n - \dfrac{1}{3} = -\dfrac{2}{15} \cdot \left(-\dfrac{1}{5}\right)^{n-1}$

ゆえに，X が 3 で割り切れる確率 p_n は　　$p_n = \dfrac{1}{3} + \dfrac{2}{3} \cdot \left(-\dfrac{1}{5}\right)^{n}$　……(答)

93

ポイント n 秒後に $x=0$, 1, 2 である確率をそれぞれ a_n, b_n, c_n として，a_n, b_n, c_n の連立漸化式を立てる。b_n を求めた後，a_n+c_n と a_n-c_n を考える。

解 法

n 秒後に動点 X の x 座標が 0，1，2 である確率をそれぞれ a_n, b_n, c_n とする。条件より次の漸化式が成り立つ。

$$\begin{cases} a_n = \dfrac{1}{2}a_{n-1} + \dfrac{1}{3}b_{n-1} & \cdots\cdots① \\[2mm] b_n = \dfrac{1}{2}a_{n-1} + \dfrac{1}{3}b_{n-1} + \dfrac{1}{2}c_{n-1} & \cdots\cdots② \\[2mm] c_n = \dfrac{1}{3}b_{n-1} + \dfrac{1}{2}c_{n-1} & \cdots\cdots③ \\[2mm] a_n + b_n + c_n = 1 & \cdots\cdots④ \end{cases}$$

②，④より

$$b_n = \frac{1}{2}(a_{n-1} + b_{n-1} + c_{n-1}) - \frac{1}{6}b_{n-1} = \frac{1}{2} - \frac{1}{6}b_{n-1}$$

$$b_n - \frac{3}{7} = -\frac{1}{6}\left(b_{n-1} - \frac{3}{7}\right)$$

よって

$$b_n - \frac{3}{7} = \left(-\frac{1}{6}\right)^n\left(b_0 - \frac{3}{7}\right) = -\frac{3}{7}\left(-\frac{1}{6}\right)^n \quad (b_0 = 0 \ \text{より})$$

$$b_n = \frac{3}{7} - \frac{3}{7}\left(-\frac{1}{6}\right)^n \quad \cdots\cdots⑤$$

④，⑤より

$$a_n + c_n = 1 - b_n = \frac{4}{7} + \frac{3}{7}\left(-\frac{1}{6}\right)^n \quad \cdots\cdots⑥$$

また，①−③より

$$a_n - c_n = \frac{1}{2}(a_{n-1} - c_{n-1}) = \left(\frac{1}{2}\right)^n(a_0 - c_0)$$

$$= \left(\frac{1}{2}\right)^n \quad (a_0 = 1, \ c_0 = 0 \ \text{より}) \quad \cdots\cdots⑦$$

⑥，⑦より

$$a_n = \frac{1}{2}\left\{\frac{4}{7} + \frac{3}{7}\left(-\frac{1}{6}\right)^n + \left(\frac{1}{2}\right)^n\right\}$$

$$=\frac{2}{7}+\frac{3}{14}\left(-\frac{1}{6}\right)^{n}+\left(\frac{1}{2}\right)^{n+1} \quad \cdots\cdots \text{(答)}$$

〔注〕 (⑤以降の処理として，次のような処理もできるが，煩雑になる。)

⑤を①に代入すると

$$a_{n}=\frac{1}{2}a_{n-1}+\frac{1}{7}-\frac{1}{7}\left(-\frac{1}{6}\right)^{n-1}$$

これより

$$a_{n}-\frac{2}{7}=\frac{1}{2}\left(a_{n-1}-\frac{2}{7}\right)-\frac{1}{7}\left(-\frac{1}{6}\right)^{n-1}$$

$a_{n}-\dfrac{2}{7}=p_{n}$ ……⑧ とおくと

$$p_{n}=\frac{1}{2}p_{n-1}-\frac{1}{7}\left(-\frac{1}{6}\right)^{n-1}$$

両辺に $(-6)^{n}$ をかけると

$$(-6)^{n}p_{n}=-3\,(-6)^{n-1}p_{n-1}+\frac{6}{7}$$

$(-6)^{n}p_{n}=q_{n}$ ……⑨ とおくと

$$q_{n}=-3q_{n-1}+\frac{6}{7}$$

$$q_{n}-\frac{3}{14}=-3\left(q_{n-1}-\frac{3}{14}\right)=(-3)^{n}\left(q_{0}-\frac{3}{14}\right)$$

ここで，⑨，⑧より

$$q_{0}=(-6)^{0}p_{0}=p_{0}=a_{0}-\frac{2}{7}=1-\frac{2}{7}=\frac{5}{7}$$

よって

$$q_{n}-\frac{3}{14}=(-3)^{n}\left(\frac{5}{7}-\frac{3}{14}\right)=\frac{1}{2}(-3)^{n}$$

$$q_{n}=\frac{3}{14}+\frac{1}{2}(-3)^{n}$$

⑨より

$$p_{n}=\left(-\frac{1}{6}\right)^{n}q_{n}=\frac{3}{14}\left(-\frac{1}{6}\right)^{n}+\frac{1}{2}\left(\frac{1}{2}\right)^{n}=\frac{3}{14}\left(-\frac{1}{6}\right)^{n}+\left(\frac{1}{2}\right)^{n+1}$$

⑧より

$$a_{n}=\frac{2}{7}+p_{n}=\frac{2}{7}+\frac{3}{14}\left(-\frac{1}{6}\right)^{n}+\left(\frac{1}{2}\right)^{n+1}$$

94

ポイント $x_n < \dfrac{1}{3}$, $\dfrac{1}{3} \leqq x_n < \dfrac{2}{3}$ である確率をそれぞれ a_n, b_n とおくと, $P_n = a_n + b_n$ である。さらに, $x_n \geqq \dfrac{2}{3}$ となる確率は, $1 - P_n$ である。これらのことから, P_n の漸化式を立てる。$y = f_0(x)$, $y = f_1(x)$ のグラフを利用すると, a_n, b_n, P_n の関係が見やすくなる。

解法

$0 < x < 1$ のとき, $0 < f_0(x) < \dfrac{1}{2} < f_1(x) < 1$ であり, $x_0 = \dfrac{1}{2}$ から, 帰納的に $0 < x_n < 1$ である。以下, $n = 0$ のときも含めて考える。

$x_n < \dfrac{1}{3}$ である確率を a_n, $\dfrac{1}{3} \leqq x_n < \dfrac{2}{3}$ である確率を b_n とすると, $a_0 = 0$, $b_0 = 1$ であり

$$P_n = a_n + b_n \quad \cdots\cdots ①, \quad P_0 = 1, \quad P_1 = \dfrac{1}{2} \quad \cdots\cdots ②$$

である。また, $\dfrac{2}{3} \leqq x_n$ である確率は

$$1 - (a_n + b_n) = 1 - P_n$$

である。このとき, グラフより, 次の漸化式が成り立つ。

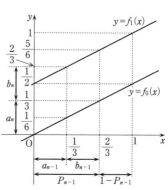

$$\begin{cases} a_n = \dfrac{1}{2} P_{n-1} & \cdots\cdots ③ \\ b_n = \dfrac{1}{2}(1 - P_{n-1}) + \dfrac{1}{2} a_{n-1} & \cdots\cdots ④ \end{cases} \quad (n \geqq 1)$$

③, ④から, $n \geqq 2$ のとき

$$a_n + b_n = \dfrac{1}{2} + \dfrac{1}{2} a_{n-1} = \dfrac{1}{2} + \dfrac{1}{4} P_{n-2}$$

よって, ①から, $P_n = \dfrac{1}{2} + \dfrac{1}{4} P_{n-2}$ であり, これより

$$P_n - \dfrac{2}{3} = \dfrac{1}{4}\left(P_{n-2} - \dfrac{2}{3}\right)$$

したがって, ②より

n が偶数のとき $\quad P_n - \dfrac{2}{3} = \left(\dfrac{1}{4}\right)^{\frac{n}{2}}\left(P_0 - \dfrac{2}{3}\right) = \dfrac{1}{3}\left(\dfrac{1}{4}\right)^{\frac{n}{2}} = \dfrac{1}{3}\left(\dfrac{1}{2}\right)^n$

$$n \text{ が奇数のとき} \qquad P_n - \frac{2}{3} = \left(\frac{1}{4}\right)^{\frac{n-1}{2}}\left(P_1 - \frac{2}{3}\right) = -\frac{1}{6}\left(\frac{1}{4}\right)^{\frac{n-1}{2}} = -\frac{1}{3}\left(\frac{1}{2}\right)^n$$

これは，②から，$n=0$，1 のときにも成り立つ。ゆえに

$$P_n = \begin{cases} \dfrac{2}{3} + \dfrac{1}{3}\left(\dfrac{1}{2}\right)^n & (n \text{ が偶数のとき}) \\[3mm] \dfrac{2}{3} - \dfrac{1}{3}\left(\dfrac{1}{2}\right)^n & (n \text{ が奇数のとき}) \end{cases} \quad \cdots\cdots(答)$$

〔注1〕 答はまとめて，$\dfrac{2}{3} + \dfrac{1}{3}\left(-\dfrac{1}{2}\right)^n$ とすることもできる。

〔注2〕 $\dfrac{2}{3} \leqq x_n \ (<1)$ である確率を c_n とおくと，次の漸化式が成り立つ。

$$a_n = \frac{1}{2}a_{n-1} + \frac{1}{2}b_{n-1}, \quad b_n = \frac{1}{2}a_{n-1} + \frac{1}{2}c_{n-1}, \quad c_n = \frac{1}{2}b_{n-1} + \frac{1}{2}c_{n-1}, \quad a_0 = c_0 = 0, \quad b_0 = 1$$

これらを用いて P_n を求める過程は ［解法］ より煩雑だが，その概略は以下のようになる。

第2式と，$c_{n-1} = 1 - (a_{n-1} + b_{n-1})$ から，$b_n = \dfrac{1}{2} - \dfrac{1}{2}b_{n-1}$ を得て $\qquad b_n = \dfrac{1}{3} + \dfrac{2}{3}\left(-\dfrac{1}{2}\right)^n$

第1式 − 第3式から，$a_n - c_n = \dfrac{1}{2}(a_{n-1} - c_{n-1}) = \cdots = \left(\dfrac{1}{2}\right)^n (a_0 - c_0) = 0$ となり $\qquad a_n = c_n$

これと，$c_n = 1 - (a_n + b_n)$ から $\qquad a_n = \dfrac{1}{2}(1 - b_n)$

ゆえに，$P_n = a_n + b_n = \dfrac{1}{2}(1 + b_n) = \dfrac{2}{3} + \dfrac{1}{3}\left(-\dfrac{1}{2}\right)^n$ となる。

95

　　　　　　　　　　　　　　　　　　　Level A

ポイント　［解法1］　n 秒後に2粒子が同一の頂点にある確率が $p(n)$，異なる頂点にある確率が $1-p(n)$ であることから，$p(n)$ の漸化式を立てる。

［解法2］　2粒子をP，Q，3頂点をA，B，Cとして，時刻0にP，QがAにあるとする。n 秒後にPがAにある確率を a_n とすると，n 秒後にPがB，Cにある確率は，ともに $\frac{1}{2}(1-a_n)$ である。PとQの動きの対称性から，

$$p(n) = a_n{}^2 + 2\left\{\frac{1}{2}(1-a_n)\right\}^2$$ である。a_n の漸化式から a_n を求めると $p(n)$ が求まる。

解法 1

n 秒後に2粒子が同一の頂点にある事象を A_n，異なる頂点にある事象を B_n とする。事象 A_n, B_n の確率はそれぞれ $p(n)$，$1-p(n)$ である。

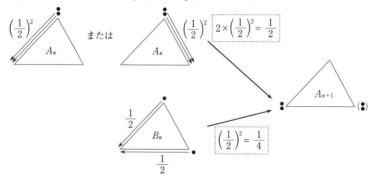

上の推移図から

$$p(n+1) = \frac{1}{2}p(n) + \frac{1}{4}\{1-p(n)\}$$
$$= \frac{1}{4}p(n) + \frac{1}{4}$$

これより

$$p(n+1) - \frac{1}{3} = \frac{1}{4}\left\{p(n) - \frac{1}{3}\right\}$$

となり

$$p(n) - \frac{1}{3} = \left\{p(1) - \frac{1}{3}\right\} \cdot \left(\frac{1}{4}\right)^{n-1}$$
$$= \frac{1}{6}\left(\frac{1}{4}\right)^{n-1} \quad \left(p(1) = \frac{1}{2} \text{ より}\right)$$

ゆえに

$$p(n) = \frac{1}{3} + \frac{1}{6}\left(\frac{1}{4}\right)^{n-1} \quad \cdots\cdots(答)$$

解法 2

最初に2粒子P，Qが頂点Aにあるとして考える。n秒後に粒子Pが頂点Aにある確率をa_nとすると，n秒後に粒子Pが頂点B，Cにある確率はどちらも$\dfrac{1-a_n}{2}$である。Qについても同様であり，2粒子は独立に動くので

・n秒後にP，Qがともに頂点Aにある確率は　　$a_n{}^2$

・n秒後にP，Qがともに，頂点BまたはCにある確率は

$$2\cdot\left(\frac{1-a_n}{2}\right)^2 = \frac{(1-a_n)^2}{2}$$

よって

$$p(n) = a_n{}^2 + \frac{(1-a_n)^2}{2} = \frac{3a_n{}^2}{2} - a_n + \frac{1}{2} \quad \cdots\cdots①$$

今，数列$\{a_n\}$について次の漸化式が成り立つ。

$$a_1 = 0, \quad a_{n+1} = 2\cdot\frac{1}{2}\cdot\frac{1-a_n}{2} = -\frac{1}{2}a_n + \frac{1}{2}$$

これより，$a_{n+1} - \dfrac{1}{3} = -\dfrac{1}{2}\left(a_n - \dfrac{1}{3}\right)$となり　　$a_n - \dfrac{1}{3} = -\dfrac{1}{3}\left(-\dfrac{1}{2}\right)^{n-1}$

よって

$$a_n = \frac{1}{3}\left\{1 - \left(-\frac{1}{2}\right)^{n-1}\right\} \quad \cdots\cdots②$$

①，②より

$$p(n) = \frac{3}{2}\cdot\frac{1}{9}\left\{1 - \left(-\frac{1}{2}\right)^{n-1}\right\}^2 - \frac{1}{3}\left\{1 - \left(-\frac{1}{2}\right)^{n-1}\right\} + \frac{1}{2} = \frac{1}{3} + \frac{1}{6}\left(\frac{1}{4}\right)^{n-1} \quad \cdots\cdots(答)$$

〔注〕　点の動きの平等性に基づく［解法2］の考え方は，本問では［解法1］より煩雑だが，例えば粒子が3点になって推移図がより複雑となる場合に，大変威力を発揮する。

96

ポイント (1) 座標変化を具体的に調べる。

(2) ［解法1］ 2回硬貨を投げることを1セットと考え，座標変化が+2, 0, −2と なる回数をそれぞれ a, b, cとして， a, b, cについての式を立て，それらの値を 求める。

［解法2］ $2n$回硬貨を投げた後に座標が $2n-2$の点にある確率を p_nとして，漸化式 を立てる。

解法 1

(1) 2回の操作で石の座標は図のように変化する。

それぞれの→の確率は $\dfrac{1}{2}$ なので，求める確率は

$$\frac{1}{2}\times\frac{1}{2}\times2=\frac{1}{2} \quad\cdots\cdots（答）$$

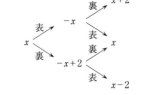

(2) (1)の図より2回硬貨を投げたときの石の座標が

xから $x+2$に変化する事象をA，

xから xに戻る事象をB，

xから $x-2$に変化する事象をC

とすると，2回硬貨を投げたとき，事象A，B，Cとなる確率はそれぞれ

$$\frac{1}{4},\ \frac{1}{2},\ \frac{1}{4} \quad\cdots\cdots①$$

である。

硬貨を $2n$回投げたとき，2回硬貨を投げることを1セットとして考えて，nセット 中，事象A，B，Cが起きる回数をそれぞれ a, b, cとする。

はじめに石が原点にあるとき，硬貨を $2n$回投げた後に座標が $2n-2$の点にあるため の条件は，a, b, cを0以上 n以下の整数として

$$2a+2b+2c=2n \quad\text{かつ}\quad 2a-2c=2n-2$$

である。これより

$$a+b+c=n \quad\cdots\cdots② \quad\text{かつ}$$

$$a-c=n-1 \quad\cdots\cdots③$$

ac平面で直線②と③が $0\leqq a\leqq n$かつ $0\leqq c\leqq n$の範囲で a座標と c座標がともに整 数である点を交点にもつのは，$b=1$のとき の $(a,\ c)=(n-1,\ 0)$のみである。これは事象Aが $n-1$回，事象Bが1回起きる

場合であり，求める確率は①より

$$_n\mathrm{C}_1\cdot\frac{1}{2}\cdot\left(\frac{1}{4}\right)^{n-1}=\frac{n}{2^{2n-1}} \quad \cdots\cdots(答)$$

〔注〕 ②と③を満たす (a, b, c) を求めるには，グラフを用いずに次のように考えてもよい。

③より，$c+n-1=a\leqq n$ なので，$c\leqq1$ となり $c=0,\ 1$

$c=1$ のとき，③より，$a=n$ となり，②より，$b=-1$ だが，これは $b\geqq0$ に反するので $c=0$

このとき，③より，$a=n-1$ となり，②より $b=1$

解法 2

(2) （①までは［解法1］に同じ）

$2n$ 回硬貨を投げた後に座標が $2n-2$ の点にある確率を p_n とする。$p_1=\dfrac{1}{2}$ である。

$2(n+1)$ 回目に石の座標が $2n$ となる確率 p_{n+1} は，次の(i)または(ii)となる確率である。

(i) $2n$ 回目の座標が $2n$ で，その後，事象Bが起きる。

(ii) $2n$ 回目の座標が $2n-2$ で，その後，事象Aが起きる。

$2n$ 回目の座標が $2n$ となるのは事象Aが n 回連続する場合であるから

$$p_{n+1}=\frac{1}{2}\left(\frac{1}{4}\right)^n+\frac{1}{4}p_n$$

これより，$4^{n+1}p_{n+1}-4^np_n=2$ となり，数列 $\{4^np_n\}$ は初項2で公差2の等差数列であるから

$$4^np_n=2+2(n-1)=2n$$

ゆえに，$p_n=\dfrac{2n}{4^n}=\dfrac{n}{2^{2n-1}}$ となり，求める確率は $\dfrac{n}{2^{2n-1}}$ $\cdots\cdots(答)$

97 2012年度 〔6〕 Level C

ポイント 条件を満たす X_n の値は 1 または 2 となる。それぞれの X_n の値に対して Y_{n-1} の範囲が定まるので，Y_{n-1} がその範囲になる場合の確率をそれぞれ q_{n-1}, r_{n-1} とおき，p_{n-1} との関係をとらえ，p_n の漸化式を立てる。

解法

$$\begin{cases} Y_1 = X_1 \\ Y_n = X_n + \dfrac{1}{Y_{n-1}} \quad (n \geqq 2) \end{cases} \quad \cdots\cdots(*), \quad \frac{1+\sqrt{3}}{2} \leqq Y_n \leqq 1+\sqrt{3} \quad \cdots\cdots(**)$$

とする。$(*)$ より任意の n に対して，$Y_n \geqq 1$ であり $\quad 0 < \dfrac{1}{Y_n} \leqq 1 \quad \cdots\cdots①$

(i) $n=1$ のとき，$(**)$ であるための X_1 の条件は，$(*)$ より

$$\frac{1+\sqrt{3}}{2} \leqq X_1 \leqq 1+\sqrt{3}$$

よって $\quad 1.35 \leqq X_1 \leqq 2.8 \quad (\because \ 1.7 < \sqrt{3} < 1.8)$

したがって，$X_1 = 2$ となり $\quad p_1 = \dfrac{1}{6}$

(ii) $n \geqq 2$ のとき，$(**)$ であるための X_n の条件は，$(*)$ より

$$\frac{1+\sqrt{3}}{2} \leqq X_n + \frac{1}{Y_{n-1}} \leqq 1+\sqrt{3} \quad \cdots\cdots②$$

よって，$1.35 \leqq X_n + \dfrac{1}{Y_{n-1}} \leqq 2.8$ であり $\quad 1.35 - \dfrac{1}{Y_{n-1}} \leqq X_n \leqq 2.8 - \dfrac{1}{Y_{n-1}}$

① より，$0.35 \leqq X_n < 2.8$ となり，$X_n = 1$ または 2 である。

(ア) $X_n = 1$ のとき，$(**)$ であるための条件は，$(*)$ より

$$\frac{1+\sqrt{3}}{2} \leqq 1 + \frac{1}{Y_{n-1}} \leqq 1+\sqrt{3} \Longleftrightarrow \frac{\sqrt{3}-1}{2} \leqq \frac{1}{Y_{n-1}} \leqq \sqrt{3}$$

$$\Longleftrightarrow \frac{\sqrt{3}-1}{2} \leqq \frac{1}{Y_{n-1}} \quad (\because \ ①)$$

$$\Longleftrightarrow Y_{n-1} \leqq \frac{2}{\sqrt{3}-1} = 1+\sqrt{3}$$

(イ) $X_n = 2$ のとき，$(**)$ であるための条件は，$(*)$ より

$$\frac{1+\sqrt{3}}{2} \leqq 2 + \frac{1}{Y_{n-1}} \leqq 1+\sqrt{3} \Longleftrightarrow \frac{\sqrt{3}-3}{2} \leqq \frac{1}{Y_{n-1}} \leqq \sqrt{3}-1$$

$$\Longleftrightarrow 0 < \frac{1}{Y_{n-1}} \leqq \sqrt{3}-1 \quad (\because \ ①)$$

$$\Longleftrightarrow Y_{n-1} \geqq \frac{1}{\sqrt{3}-1} = \frac{1+\sqrt{3}}{2}$$

(ア)，(イ)より，(∗∗)であるための条件は

「$X_n = 1$ かつ $Y_{n-1} \leqq 1+\sqrt{3}$」または「$X_n = 2$ かつ $Y_{n-1} \geqq \dfrac{1+\sqrt{3}}{2}$」

よって，$Y_n \leqq 1+\sqrt{3}$ である確率を q_n，$Y_n \geqq \dfrac{1+\sqrt{3}}{2}$ である確率を r_n とおくと，(∗∗)である確率 p_n $(n \geqq 2)$ について

$$p_n = \frac{1}{6} q_{n-1} + \frac{1}{6} r_{n-1} \quad \cdots\cdots ③$$

ここで右図より　　　$q_{n-1} + r_{n-1} - p_{n-1} = 1$ 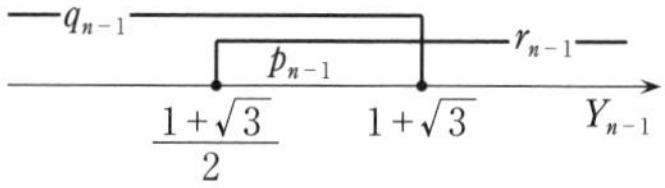
よって，③から

$$p_n = \frac{1}{6}(1 + p_{n-1})$$

これより　　　$p_n - \dfrac{1}{5} = \dfrac{1}{6}\left(p_{n-1} - \dfrac{1}{5}\right)$

(i)より $p_1 = \dfrac{1}{6}$ であるから

$$p_n - \frac{1}{5} = \left(\frac{1}{6}\right)^{n-1}\left(\frac{1}{6} - \frac{1}{5}\right) = -\frac{1}{5} \cdot \frac{1}{6^n}$$

ゆえに　　　$p_n = \dfrac{1}{5}\left(1 - \dfrac{1}{6^n}\right)$ 　……(答)

98

2011 年度 〔1〕 ⑴ （文理共通）　　　　　Level　A

ポイント　小さいほうの数が k となる 2 枚の選び方は，大きいほうの数との組み合わせを考えて $9-k$ 通りある。

解法

2 枚のカードを取り出したとき，$X=k$（$k=1$, 2, $\cdots$, 8）となるのは，大きいほうのカードの数を考えて，$9-k$ 通りある。ゆえに，$X=k$ となる確率は $\dfrac{9-k}{{}_9C_2}$ である。

$Y=k$ となる確率も同じだから，$X=Y=k$ となる確率は

$$\left(\frac{9-k}{{}_9C_2}\right)^2=\frac{(9-k)^2}{36^2}$$

である。したがって，求める確率を P とすると

$$P=\sum_{k=1}^{8}\frac{(9-k)^2}{36^2}$$

$$=\frac{1}{36^2}\sum_{i=1}^{8}i^2 \quad（上の和を逆順にした）$$

$$=\frac{1}{36^2}\cdot\frac{8\cdot9\cdot17}{6}$$

$$=\frac{17}{108} \quad\cdots\cdots（答）$$

99

ポイント 「1番目と2番目の数の和」＝「4番目と5番目の数の和」となる場合の数を数える。

解 法

i 番目の数を a_i と表すことにする（$i=1,\ 2,\ \cdots,\ 5$）と，条件は

$$a_1+a_2+a_3=a_3+a_4+a_5 \quad \text{すなわち} \quad a_1+a_2=a_4+a_5$$

である。1から5の5個の自然数において，2個ずつの数の和が等しくなる組合せは

$$\{1,\ 4\},\ \{2,\ 3\}$$

$$\{1,\ 5\},\ \{2,\ 4\}$$

$$\{2,\ 5\},\ \{3,\ 4\}$$

の3組だけである。それぞれの組に対して，どちらを $(a_1,\ a_2)$，$(a_4,\ a_5)$ に割り振るかが2通りあり，それぞれについて，a_1 と a_2 への割り振りが2通り，a_4 と a_5 への割り振りが2通りあるので，条件を満たす並べ方は全部で $2^3=8$ 通りある。

よって，求める確率は

$$\frac{8\cdot3}{5!}=\frac{1}{5} \quad \cdots\cdots(\text{答})$$

100

ポイント k 回目の試行を行うときの袋の中の赤球，白球の個数を求め，k 回目に成功する確率を用いて失敗する確率を求める。

解法1

$2 \leqq k \leqq n$ として，$k-1$ 回まで失敗が続くとき，k 回目の試行を行うときの袋の中には赤球は $1+(k-1)=k$ 個，白球は 2 個入っている。

よって，k 回目に成功する確率は

$$\frac{1}{{}_{k+2}\mathrm{C}_2} = \frac{2}{(k+1)(k+2)}$$

なので，k 回目に失敗する確率は

$$1 - \frac{2}{(k+1)(k+2)} = \frac{k(k+3)}{(k+1)(k+2)}$$

これは $k=1$ でも成り立つ。

ゆえに，求める確率は

$$\frac{1 \cdot 4}{2 \cdot 3} \cdot \frac{2 \cdot 5}{3 \cdot 4} \cdot \frac{3 \cdot 6}{4 \cdot 5} \cdots \cdots \frac{(n-1)(n+2)}{n(n+1)} \cdot \frac{2}{(n+1)(n+2)} = \frac{2}{3n(n+1)} \quad \cdots \cdots (答)$$

解法2

＜漸化式による＞

（$k \geqq 2$ として，$k-1$ 回まで失敗が続くとき，k 回目に成功，失敗する確率を求めるところまでは［解法1］に同じ）

k 回目に成功する確率，失敗する確率をそれぞれ p_k, q_k とする。また，$n-1$ 回目まで失敗し，n 回目に成功する確率を a_n とすると，$a_n = q_1 q_2 \cdots q_{n-1} p_n$ $(n \geqq 2)$ であるから

$$a_{n+1} = q_1 q_2 \cdots q_{n-1} q_n p_{n+1}$$

$$= a_n \cdot \frac{q_n p_{n+1}}{p_n}$$

$$= a_n \cdot \frac{n(n+3)}{(n+1)(n+2)} \cdot \frac{2}{(n+2)(n+3)} \cdot \frac{(n+1)(n+2)}{2}$$

$$= \frac{n}{n+2} a_n$$

よって　$(n+2)a_{n+1} = n a_n$

したがって　$(n+2)(n+1)a_{n+1} = (n+1)n a_n$

これより数列 $\{(n+1)n a_n\}$ $(n \geqq 2)$ は定数からなる数列であり

$$(n+1)\,na_n = 3 \cdot 2 \cdot a_2 = \frac{2}{3}$$

ゆえに $\quad a_n = \dfrac{2}{3n(n+1)} \quad$ ……(答)

101

ポイント　［解法 1 ］　n 回の試行のうち，k 回目（$1 \leqq k \leqq n$）だけ番号 n のカードより上に入れ，他はすべて番号 n のカードの下に入れるときの確率を求める。$k=1$，$2 \leqq k \leqq n-1$，$k=n$ の 3 つの場合分けで考える。

［解法 2 ］　番号 n のカードがそのままの位置にあるときを→，1 つ上に上がるときを↗で表し，→が 1 回だけ含まれるような→と↗の n 個の組み合わせの図を利用して立式を工夫し，計算を簡略化する。

解法 1

番号 n のカードを $\boxed{n}$ と表すことにする。n 回の試行のうち，1 回だけは $\boxed{n}$ より上に入れられ，他の（$n-1$）回の試行ではすべて $\boxed{n}$ より下に入れられたときのみ，$\boxed{n}$ が山の一番上にくる。そこで，n 回の試行のうち k 回目にだけ $\boxed{n}$ より上に入れられる（一番上にもどされる場合も含む）確率を p_k とする。

(i)　$k=1$ のとき

$$p_1 = \frac{n-1}{n} \cdot \underbrace{\frac{1}{n} \cdot \frac{2}{n} \cdots \cdot \frac{n-1}{n}}_{2 \sim n \text{ 回目}}$$

$$= \frac{(n-1)!(n-1)}{n^n} \quad \cdots\cdots ①$$

(ii)　$2 \leqq k \leqq n-1$ のとき

$$p_k = \underbrace{\frac{1}{n} \cdot \frac{2}{n} \cdots \cdot \frac{k-1}{n}}_{1 \sim (k-1) \text{ 回目}} \cdot \frac{n-k}{n} \cdot \underbrace{\frac{k}{n} \cdot \frac{k+1}{n} \cdots \cdot \frac{n-1}{n}}_{(k+1) \sim n \text{ 回目}}$$

$$= \frac{(n-1)!(n-k)}{n^n} \quad \cdots\cdots ②$$

なお，②は $k=1$ のとき①に一致するから，$k=1$ のときにも②は成立する。

ただし，$n=2$ のときには(ii)は考えず，(i)のみとする。

(iii)　$k=n$ のとき

このときは，（$n-1$）回終了時点で $\boxed{n}$ は一番上にきているから，n 回目には一番上の $\boxed{n}$ がそのまま一番上にもどされることになる。よって

$$p_n = \underbrace{\frac{1}{n} \cdot \frac{2}{n} \cdots \cdot \frac{n-1}{n}}_{1 \sim (n-1) \text{ 回目}} \cdot \frac{1}{n}$$

$$= \frac{(n-1)!}{n^n} \quad \cdots\cdots ③$$

以上より，求める確率（P とする）は

$$P = \sum_{k=1}^{n-1} p_k + p_n = \sum_{k=1}^{n-1} \frac{(n-1)!(n-k)}{n^n} + \frac{(n-1)!}{n^n}$$

$$= \frac{(n-1)!}{n^n}\left\{1 + \sum_{k=1}^{n-1}(n-k)\right\}$$

$$= \frac{(n-1)!}{n^n}\left(1 + \sum_{k=1}^{n-1}k\right) \quad （和の順序を逆にした）$$

$$= \frac{(n-1)!}{n^n}\left\{1 + \frac{1}{2}n(n-1)\right\}$$

$$= \frac{(n^2-n+2)(n-1)!}{2n^n} \quad \cdots\cdots（答）$$

解法 2

下図のAからBまで進む経路のうち，→または↗をたどる経路をとる確率の和を求める。

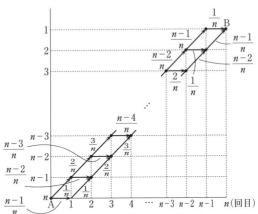

すなわち，$\boxed{n}$ の位置に変化が起こらない（→）のは1回のみであり，他は $\boxed{n}$ が1つずつ上の位置に進む（↗）経路を考えればよいので，求める確率は

$$\frac{1}{n}\cdot\frac{2}{n}\cdots\cdots\frac{n-1}{n}\left(\frac{n-1}{n} + \frac{n-2}{n} + \cdots + \frac{2}{n} + \frac{1}{n} + \frac{1}{n}\right)$$

$$= \frac{(n-1)!}{n^{n-1}}\left\{\frac{n(n-1)}{2n} + \frac{1}{n}\right\}$$

$$= \frac{(n-1)!(n^2-n+2)}{2n^n} \quad \cdots\cdots（答）$$

102

2008 年度　甲乙〔2〕　　　　　　　　　　　　　　　Level　A

ポイント　[解法1]　時刻 0 から時刻 n までの間に点Pが頂点 X（X＝B, C, D）に 1 度も現れない事象を X とおくと，4 頂点 A, B, C, D のすべてに点Pが現れる事象の余事象は $B \cup C \cup D$ である。確率 $P(B \cup C \cup D)$ を $P(B)$, $P(B \cap C)$, $P(B \cap C \cap D)$ 等を用いて求める。

[解法2]　点Pが 2 頂点のみに現れる確率を a_n，3 頂点のみに現れる確率を b_n，4 頂点のみに現れる確率を c_n として，a_n, b_n, c_n の間の連立漸化式を立てて，c_n を求める。

解法 1

時刻 0 から時刻 n までの間に点Pが頂点Bに 1 度も現れない事象を B
時刻 0 から時刻 n までの間に点Pが頂点Cに 1 度も現れない事象を C
時刻 0 から時刻 n までの間に点Pが頂点Dに 1 度も現れない事象を D
と表すと，4 頂点 A, B, C, D のすべてに点Pが現れる事象の余事象は $B \cup C \cup D$ である。
この確率 $P(B \cup C \cup D)$ について

$$P(B \cup C \cup D) = P(B) + P(C) + P(D) - P(B \cap C) - P(C \cap D) - P(D \cap B)$$
$$+ P(B \cap C \cap D) \quad \cdots\cdots(*)$$

ここで，$P(B)$ は時刻 0 から時刻 n までの間に点PがB以外の頂点にある確率なので　$P(B) = \left(\dfrac{2}{3}\right)^n$

同様に　$P(C) = P(D) = \left(\dfrac{2}{3}\right)^n$

また，$P(B \cap C)$ はB, C以外の頂点にある確率なので　$P(B \cap C) = \left(\dfrac{1}{3}\right)^n$

同様に　$P(C \cap D) = P(D \cap B) = \left(\dfrac{1}{3}\right)^n$

さらに，$P(B \cap C \cap D)$ は点Pが頂点 B, C, D のいずれにも現れない確率なので
$P(B \cap C \cap D) = 0$

ゆえに，$(*)$ から $P(B \cup C \cup D) = 3\left(\dfrac{2}{3}\right)^n - 3\left(\dfrac{1}{3}\right)^n$ となり，求める確率は

$$1 - 3\left(\frac{2}{3}\right)^n + 3\left(\frac{1}{3}\right)^n \left(= \frac{3^{n-1} - 2^n + 1}{3^{n-1}}\right) \quad \cdots\cdots(答)$$

〔注〕　余事象をいくつかのより単純な事象の和集合で表し，[解法1]の$(*)$式を用いてその確率や場合の数を求める考え方を「包含排除の原理（包除の原理）」と呼ぶ。部屋

割りの場合の数や完全順列の場合の数など，この考え方で簡潔になる問題は少なくないので，ぜひ参考にして欲しい。参考までに4つの事象 A, B, C, D の和集合についての確率を以下に記しておく。

$$P(A \cup B \cup C \cup D) = P(A) + P(B) + P(C) + P(D) - P(A \cap B) - P(A \cap C) - P(A \cap D)$$
$$- P(B \cap C) - P(B \cap D) - P(C \cap D) + P(A \cap B \cap C) + P(A \cap B \cap D)$$
$$+ P(A \cap C \cap D) + P(B \cap C \cap D) - P(A \cap B \cap C \cap D)$$

集合の要素の個数 $n(A \cup B \cup C \cup D)$ についても同様の式が成り立ち，$n(A \cup B \cup C)$ についての式を前提にして，帰納的に導くことができる。実際には，確率についての式はこの要素の個数についての式から得られるものである。

解法 2

時刻 0 から時刻 n $(n \geqq 1)$ までの間に点Pが2頂点のみに現れる確率を a_n，3頂点のみに現れる確率を b_n，4頂点すべてに現れる確率を c_n とすると

$$\begin{cases} a_{n+1} = \dfrac{1}{3} a_n & \cdots\cdots① \\ b_{n+1} = \dfrac{2}{3} b_n + \dfrac{2}{3} a_n & \cdots\cdots② \\ a_n + b_n + c_n = 1 & \cdots\cdots③ \end{cases}$$

また　　$a_1 = 1$, $b_1 = 0$, $c_1 = 0$　$\cdots\cdots④$

①と④から　　$a_n = \dfrac{1}{3^{n-1}}$　$\cdots\cdots⑤$

①，②，⑤から　　$a_{n+1} + b_{n+1} = \dfrac{2}{3}(a_n + b_n) + \dfrac{1}{3^n}$

これより　　$a_{n+1} + b_{n+1} + \dfrac{1}{3^n} = \dfrac{2}{3}\left(a_n + b_n + \dfrac{1}{3^{n-1}}\right)$

よって

$$a_n + b_n + \dfrac{1}{3^{n-1}} = \left(\dfrac{2}{3}\right)^{n-1}(a_1 + b_1 + 1) = \dfrac{2^n}{3^{n-1}} \quad (④より)$$

したがって　　$a_n + b_n = \dfrac{2^n - 1}{3^{n-1}}$

ゆえに，③から

$$c_n = 1 - a_n - b_n = \dfrac{3^{n-1} - 2^n + 1}{3^{n-1}} \quad \cdots\cdots(答)$$

103

ポイント n 個の数 1，2，…，n から重複を許して 3 個取り出す取り出し方の総数を考える。

解法

1回目，2回目，3回目の得点がそれぞれ a, b, c となる事象を (a, b, c) と表す。

全事象の個数は n^3 である。これら n^3 個のうち，$a \leqq b \leqq c$ となる事象の集合を A とする。

1 から n までの異なる n 個の数の中から重複を許して 3 個取り出したとき，その組み合わせのそれぞれに対して，大きさの順に並べる並べ方はただ 1 通りである。

すなわち，集合 A の各要素は，異なる n 個の数の中から重複を許して 3 個取り出す組み合わせと 1 対 1 に対応する。

よって，条件を満たす事象の個数は 1，2，…，n 個の数から重複を許して 3 個を取り出す事象の個数に一致する。この個数は

$$_n\mathrm{H}_3 = {}_{n+2}\mathrm{C}_3 = \frac{(n+2)(n+1)n}{3!}$$

$$= \frac{n(n+1)(n+2)}{6}$$

ゆえに，求める確率は

$$\frac{n(n+1)(n+2)}{6} \cdot \frac{1}{n^3} = \frac{(n+1)(n+2)}{6n^2} \quad \cdots\cdots(\text{答})$$

104

2007年度 乙〔1〕 問2
Level B

ポイント 条件を満たして n 段の階段を昇る方法を a_n 通りとおき，a_n の漸化式を立てる。最初の1歩が1段か2段かで場合を分ける。後は順次 a_{15} まで求める。

[解法1] 上記の方針による。

[解法2] 1歩で1段昇ることを P，2段昇ることを Q として，P と Q を一列に並べることを考える。Q が k 回となる並べ方の総数を k で表す。k の範囲を求めるには，Q が P の間または両端にくることから得られる不等式を解く。

解法 1

$n \geq 4$ として，n 段を昇る方法が a_n 通りあるとする。1歩目が1段のとき，2歩目から先の昇り方は a_{n-1} 通りある。1歩目が2段のとき，2歩目は必ず1段でなければならず，3歩目から先は a_{n-3} 通りある。よって，次の漸化式が成立する。

$$a_n = a_{n-1} + a_{n-3} \quad \cdots\cdots ① \quad (n \geq 4)$$

また $a_1 = 1, \ a_2 = 2, \ a_3 = 3$

よって，①から順次求めて

$a_4 = 4, \ a_5 = 6, \ a_6 = 9, \ a_7 = 13, \ a_8 = 19, \ a_9 = 28, \ a_{10} = 41, \ a_{11} = 60,$

$a_{12} = 88, \ a_{13} = 129, \ a_{14} = 189, \ a_{15} = 277$

となる。したがって，求める場合の数は 277 通りである。 ……(答)

解法 2

1歩で1段昇ることを P，1歩で2段昇ることを Q と表すことにすると，Q が k 回含まれる昇り方において，P は $15 - 2k$ 回含まれる。ただし，Q は連続しないから，$15 - 2k$ 個の P の間または両端の $15 - 2k + 1$ カ所にしか入れない。

よって，$k \leq 15 - 2k + 1$ より $3k \leq 16$

k は負でない整数だから $0 \leq k \leq 5$

この範囲の k の各々に対して，Q が k 個となる並べ方は

$${}_{15-2k+1}\mathrm{C}_k = {}_{16-2k}\mathrm{C}_k \ [通り]$$

ある。よって，求める場合の数は

$$\sum_{k=0}^{5} {}_{16-2k}\mathrm{C}_k = {}_{16}\mathrm{C}_0 + {}_{14}\mathrm{C}_1 + {}_{12}\mathrm{C}_2 + {}_{10}\mathrm{C}_3 + {}_{8}\mathrm{C}_4 + {}_{6}\mathrm{C}_5$$

$$= 1 + 14 + 66 + 120 + 70 + 6 = 277 \ [通り] \quad \cdots\cdots(答)$$

105

ポイント　3項間漸化式を作る。

［解法1］　条件を満たす塗り方の総数を a_n として，先頭車両の色で場合分けを行う。

［解法2］　第 n 両目が赤となる塗り方の総数を p_n，青または黄となる塗り方の総数を q_n として第 $(n+1)$ 両目の塗り方を考える。

解法 1

条件は，青と黄の後ろは必ず赤でなければならず，赤の後ろには何がきてもよい，ということである。n 両編成のときの，そのような塗り方の数を a_n とする。

(i)　先頭が赤のとき

　　　赤 $\boxed{n-1\text{両}}$　……a_{n-1} 通り。

(ii)　先頭が青のとき

　　　青赤 $\boxed{n-2\text{両}}$　……a_{n-2} 通り。

(iii)　先頭が黄のとき，同様に a_{n-2} 通り。

よって，次の漸化式が成り立つ。

$$a_n = a_{n-1} + 2a_{n-2} \quad (\text{ただし，} n \geqq 4)$$

すなわち

$$a_{n+2} - a_{n+1} - 2a_n = 0 \quad \cdots\cdots① \quad (n \geqq 2)$$

また，下図より a_2, a_3 は

$$a_2 = 3 + 1 \times 2 = 5, \quad a_3 = 5 + 3 \times 2 = 11$$

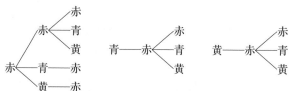

①より

$$\begin{cases} a_{n+2} + a_{n+1} = 2(a_{n+1} + a_n) & \cdots\cdots② \\ a_{n+2} - 2a_{n+1} = -(a_{n+1} - 2a_n) & \cdots\cdots③ \end{cases}$$

②より

$$a_{n+1} + a_n = 2^{n-2}(a_3 + a_2) = 2^{n-2} \cdot 16 = 2^{n+2} \quad \cdots\cdots④$$

③より

$$a_{n+1} - 2a_n = (-1)^{n-2}(a_3 - 2a_2) = (-1)^{n-2} \quad \cdots\cdots⑤$$

④－⑤より

$$3a_n = 2^{n+2} - (-1)^{n-2} = 2^{n+2} + (-1)^{n-1}$$

$$\therefore \quad a_n = \frac{2^{n+2} + (-1)^{n-1}}{3} \text{〔通り〕} \quad \cdots\cdots\text{(答)}$$

解法 2

条件を満たす塗り方のうち，第 n 両目が赤であるような塗り方の数を p_n，青または黄であるような塗り方の数を q_n とおく（ただし，$n \geqq 2$）。

ここで，第 n 両目の後ろに車両を1両増やすとして，第 $(n+1)$ 両目の車両に塗る色について考える。第 $(n+1)$ 両目を赤に塗ることができるのは，第 n 両目の色がどの色であってもよいから $\quad p_{n+1} = p_n + q_n \quad \cdots\cdots$㋐

第 $(n+1)$ 両目を青または黄に塗ることができるのは，第 n 両目の色が赤のときに限られるから $\quad q_{n+1} = 2p_n \quad \cdots\cdots$㋑

また，$n = 2$ のときの塗り方は

であるから $\quad p_2 = 3, \quad q_2 = 2$

よって，㋐より $\quad p_3 = 5$

㋐より $\quad p_{n+2} = p_{n+1} + q_{n+1}$

よって，㋑より $\quad p_{n+2} = p_{n+1} + 2p_n \quad\quad p_{n+2} - p_{n+1} - 2p_n = 0$

これを2通りの形に変形すると

$$\begin{cases} p_{n+2} + p_{n+1} = 2(p_{n+1} + p_n) & \cdots\cdots\text{㋒} \\ p_{n+2} - 2p_{n+1} = -(p_{n+1} - 2p_n) & \cdots\cdots\text{㋓} \end{cases}$$

㋒より

$$p_{n+1} + p_n = 2^{n-2}(p_3 + p_2) = 2^{n-2}(5+3) = 2^{n+1} \quad \cdots\cdots\text{㋔}$$

㋓より

$$p_{n+1} - 2p_n = (-1)^{n-2}(p_3 - 2p_2) = (-1)^{n-2}(5-6) = (-1)^{n-1} \quad \cdots\cdots\text{㋕}$$

㋔－㋕より

$$3p_n = 2^{n+1} - (-1)^{n-1} = 2^{n+1} + (-1)^n$$

$$\therefore \quad p_n = \frac{2^{n+1} + (-1)^n}{3}$$

求める色の塗り方の数は $p_n + q_n$ で，これは㋐より p_{n+1} に等しいから

$$p_n + q_n = p_{n+1} = \frac{2^{n+2} + (-1)^{n+1}}{3} \text{〔通り〕} \quad \cdots\cdots\text{(答)}$$

106

2004 年度 〔6〕

Level B

ポイント 1〜N回目のどこかで番号 $N+1$ の箱が選ばれていて，$N+1$ 回目に赤玉の入っている箱が選ばれなければならない。

[解法1] 1〜N回目までの操作で少なくとも1回は番号 $N+1$ の箱が選ばれる確率を利用する。

[解法2] $1\leqq i\leqq N$ として，i 回目にはじめて番号 $N+1$ の箱が選ばれ，かつ $i+1$ 回目から N 回目までは任意の箱が選ばれる確率を利用する。

解法 1

以下，番号 k $(k=1,2,\cdots,N+1)$ の箱を $\boxed{k}$ と表すことにする。

$N+1$ 回目の操作の結果，$\boxed{N+1}$ に赤玉が入っているためには，1〜N回目の操作において，少なくとも一度は $\boxed{N+1}$ が選ばれて，赤玉が $\boxed{N+1}$ 以外の箱に移っていなければならない。しかも，一度赤玉が $\boxed{N+1}$ 以外の箱に移ると，以降 N 回目までの操作において，赤玉が $\boxed{N+1}$ に戻ることはない。

よって，操作がすべて終了した後，赤玉が $\boxed{N+1}$ に入っているのは，1回目から N 回目までの操作において，少なくとも一度は $\boxed{N+1}$ が選ばれ，かつ，$N+1$ 回目の操作において，赤玉の入っている箱（$\boxed{1}$〜$\boxed{N}$ のいずれか）が選ばれる場合である。

1〜N回目の操作において，少なくとも一度は $\boxed{N+1}$ が選ばれる確率は，余事象に着目して，$1-\left(\dfrac{N-1}{N}\right)^N$ である。また，$N+1$ 回目の操作において，赤玉の入っている箱が選ばれる確率は $\dfrac{1}{N}$ である。よって，求める確率は

$$\left\{1-\left(\dfrac{N-1}{N}\right)^N\right\}\cdot\dfrac{1}{N} \quad\cdots\cdots(答)$$

解法 2

求める確率は，次のどの2つも互いに排反な N 個の事象の確率の和である。

$1\leqq i\leqq N$ を満たす各整数 i に対して，i 回目にはじめて番号 $N+1$ の箱が選ばれ，$i+1$ 回目から N 回目までは任意の番号の箱が選ばれ，$N+1$ 回目に赤玉の入っている箱が選ばれる場合，その確率は

$$\left(\dfrac{N-1}{N}\right)^{i-1}\cdot\dfrac{1}{N}\cdot1^{N-i}\cdot\dfrac{1}{N}$$

よって，求める確率は $i=1,2,\cdots,N$ についての各確率の和となり

$$\frac{1}{N^2}\left\{1+\left(\frac{N-1}{N}\right)+\left(\frac{N-1}{N}\right)^2+\cdots+\left(\frac{N-1}{N}\right)^{N-1}\right\}=\frac{1}{N^2}\cdot\frac{1-\left(\frac{N-1}{N}\right)^N}{1-\frac{N-1}{N}}$$

$$=\frac{1}{N}\left\{1-\left(\frac{N-1}{N}\right)^N\right\} \quad \cdots\cdots(\text{答})$$

107 2003 年度 〔6〕 Level B

ポイント [解法1] 全事象 2^{nC_2} のうちで，どの2チームを選ぶかの場合の数，その
うちどちらが勝つかの場合の数，その勝ちチームが1敗するときの相手チームを選
ぶ場合の数，選んだ相手チームが少なくとも1敗する場合の数，残り $(n-3)$ チ
ームすべての勝ち負けの場合の数を考えて，それらすべての値をかけ合わせると適
する場合の数が得られる。

[解法2] [解法1] と同様の考え方を確率のかけ算で表現する。

解 法 1

全試合数は $_nC_2$ で，その各々に勝敗パ
ターンが2通りあるから，全事象の個数
は $2^{nC_2}=2^{\frac{n(n-1)}{2}}$ である。この中で $(n-2)$
勝1敗のチームがちょうど2チームであ
るような事象の個数を考える（右図）。

$(n-2)$ 勝1敗のチームのとり方は
$_nC_2$ 通り（そのチームを A，B とする）。

> A に勝つチームを C とした場合の勝敗表
> (A)…B に勝ち，C に負け，他には全勝
> (B)…A に負け，他には全勝
> (C)…A に勝ち，B に負け，
> 　　　他には少なくとも1敗
> （残り $(n-3)$ チーム同士の勝敗は 2^{n-3C_2} 通り）

その2チームの勝敗パターンは2通りある（A が勝つ場合と B が勝つ場合）。

その勝ちチーム（A とする）に勝つチームのとり方は $_{n-2}C_1$ 通りある（A に C が
勝つとする）。

残り $(n-3)$ チームと C の勝敗の場合の数は $2^{n-3}-1$ 通りある（C が全勝する場合
を除く）。

残り $(n-3)$ チーム同士の勝敗の場合の数は

$$2^{n-3C_2}=2^{\frac{(n-3)(n-4)}{2}}〔通り〕$$

A，B 各々の勝敗パターンは図のように1通りに決まる。

以上より，$(n-2)$ 勝1敗のチームがちょうど2チームとなる確率は

$$\frac{n(n-1)(n-2)(2^{n-3}-1)\cdot 2^{\frac{(n-3)(n-4)}{2}}}{2^{\frac{n(n-1)}{2}}}=n(n-1)(n-2)\cdot\frac{2^{n-3}-1}{2^{3n-6}} \quad \cdots\cdots(答)$$

解 法 2

$(n-2)$ 勝1敗のチームを A，B とし，A は B に勝つとする。

A の選び方は n 通り，B の選び方は $n-1$ 通りで，A が B に勝つ確率は $\frac{1}{2}$ である。

次に，B は他の $(n-2)$ チームすべてに勝たねばならないから，その確率は

$\left(\dfrac{1}{2}\right)^{n-2}$ である。

A は，A，B 以外の 1 チーム（C とする）に負け，その他のチームにはすべて勝つ。

C の選び方は $n-2$ 通りで，A が C に負け，かつ他のチームには勝つ確率は，

$\dfrac{1}{2}\cdot\left(\dfrac{1}{2}\right)^{n-3}=\left(\dfrac{1}{2}\right)^{n-2}$ である。

C は，A，B 以外の $(n-3)$ チームすべてに勝つということはない。その確率は，

$1-\left(\dfrac{1}{2}\right)^{n-3}$ である。

以上より，求める確率は

$$n(n-1)\cdot\frac{1}{2}\cdot\left(\frac{1}{2}\right)^{n-2}\cdot(n-2)\cdot\left(\frac{1}{2}\right)^{n-2}\cdot\left\{1-\left(\frac{1}{2}\right)^{n-3}\right\}$$

$$=\frac{n(n-1)(n-2)}{2^{2n-3}}\cdot\left\{1-\left(\frac{1}{2}\right)^{n-3}\right\}\quad\cdots\cdots(答)$$

〔注〕　1 敗チームを A，B としたとき，A が B に勝てば，B は残りのすべてのチームに勝たねばならない。A は残りのチームのどれか 1 つだけに負けねばならない。しかも，A に勝ったチームは，B 以外の最低もう 1 チームに負けねばならない。

　　　以上が，1 敗チームが 2 つできる条件となる。

　　　なお，1 敗チームが 2 つ以上あるとき，全勝チームは存在しえない。なぜなら，全勝チームがあるとすると，1 敗チームはどれも必ず全勝チームに負け（これで 1 敗），さらに，1 敗チーム同士の対戦でどちらかが負けるから，負けた方は 1 敗を維持できなくなる。

108

ポイント　$m_1+m_2+\cdots+m_n$ が p の倍数となるような整数 m_k（$1\leqq m_k\leqq p-1$）の組 $(m_1, \cdots, m_n)$ の個数を求めることに帰着する。

$1\leqq m_{n+1}\leqq p-1$ より，$m_1+\cdots+m_n$ が p の倍数なら $m_1+\cdots+m_n+m_{n+1}$ は p の倍数とならず，$m_1+\cdots+m_n$ が p の倍数でなければ，$m_1+\cdots+m_{n+1}$ が p の倍数となる m_{n+1} がただ 1 つ存在する。

解　法

$w=\cos\dfrac{2\pi}{p}+i\sin\dfrac{2\pi}{p}$（$i$ は虚数単位）とおく。

条件(イ)は，z_k が 1 の p 乗根のうち 1 以外のものであること，すなわち，各 k（$k=1$, $2, \cdots, n$）に対して

$$\begin{cases} z_k=w^{m_k} \\ 1\leqq m_k\leqq p-1 \quad \cdots\cdots ⓐ \end{cases}$$

となる整数 m_k がただ 1 つ存在することと同値である。

このとき，$z_1 z_2 \cdots z_n = w^{m_1+m_2+\cdots+m_n}$ であるから，条件(ロ)は

$$m_1+m_2+\cdots+m_n\ \text{が}\ p\ \text{の倍数である}\quad\cdots\cdots ⓑ$$

ことと同値である。

よって，a_n はⓐかつⓑを満たす整数の組 $(m_1, m_2, \cdots, m_n)$ の個数である。

(1)　$1\leqq m_1\leqq p-1$，$1\leqq m_2\leqq p-1$ より

$$2\leqq m_1+m_2\leqq 2p-2$$

であるから，m_1+m_2 が p（$\geqq2$）の倍数となるのは，$m_1+m_2=p$ となるときに限る。このような (m_1, m_2) は $(1, p-1)$，$(2, p-2)$，$\cdots$，$(p-1, 1)$ の $p-1$ 個のみであるから，$a_2=p-1$ である。

m_1+m_2 が p の倍数であれば，m_3 をどのようにとっても $m_1+m_2+m_3$ は p の倍数になり得ない（$\because$　$1\leqq m_3\leqq p-1$）。

m_1+m_2 が p の倍数でなければ，$m_1+m_2+m_3$ が p の倍数となる m_3 がただ 1 つ存在する（$\because$　m_1+m_2 を p で割ったときの余りを r（$1\leqq r\leqq p-1$）とすると，$m_3=p-r$）。

ゆえに，$m_1+m_2+m_3$ が p の倍数となるような (m_1, m_2, m_3) の個数は，m_1+m_2 が p の倍数とならないような (m_1, m_2) の個数に等しい。(m_1, m_2) の総数は $(p-1)^2$ であり，このうち，m_1+m_2 が p の倍数となる (m_1, m_2) の個数は $(a_2=)p-1$ であるから

$$a_3 = (p-1)^2 - (p-1) = (p-1)(p-2) \quad \cdots\cdots(答)$$

(2) (1)と同様の理由により，$m_1 + m_2 + \cdots + m_{n+1} + m_{n+2}$ が p の倍数となるような $(m_1, m_2, \cdots, m_{n+1}, m_{n+2})$ の個数は，$m_1 + m_2 + \cdots + m_{n+1}$ が p の倍数とはならないような $(m_1, m_2, \cdots, m_{n+1})$ の個数に等しい。

ゆえに $\quad a_{n+2} = (p-1)^{n+1} - a_{n+1} \quad \cdots\cdots(答)$

(3) 上式より

$$a_{n+1} + a_n = (p-1)^n$$

両辺に $(-1)^{n+1}$ をかけて

$$(-1)^{n+1} a_{n+1} - (-1)^n a_n = -(1-p)^n$$

$(-1)^n a_n = b_n$ とおくと

$$b_{n+1} - b_n = -(1-p)^n \quad (n \geqq 2)$$

よって，$n \geqq 3$ のとき

$$b_n = b_2 + \sum_{k=2}^{n-1} \{-(1-p)^k\}$$

ここで，$a_2 = p-1$ より $b_2 = p-1$ だから

$$b_n = p-1 + \sum_{k=2}^{n-1} \{-(1-p)^k\}$$

$$= \sum_{k=1}^{n-1} \{-(1-p)^k\} = -\sum_{k=1}^{n-1} (1-p)^k$$

$$= -\frac{(1-p)\{1-(1-p)^{n-1}\}}{1-(1-p)}$$

$$= \frac{(p-1)\{1-(1-p)^{n-1}\}}{p}$$

これは，$n=2$ のときも成り立つので

$$a_n = (-1)^n b_n$$

$$= \frac{(p-1)\{(-1)^n + (p-1)^{n-1}\}}{p} \quad \cdots\cdots(答)$$

〔注〕 (1)・(2)は，偏角や単位円といった複素数平面上での図形的性質には目を向けず，単なる代数的計算だけで次のように解くこともできる。

(1) $z^p = 1$ を満たす複素数 z (すなわち 1 の p 乗根) の集合を U (要素の個数は p)，そこから 1 を除いた集合を V とする。一般に，$u, v \in U$ とすると

$$(uv)^p = u^p v^p = 1 \cdot 1 = 1$$

$uv \in U$ であり，また，$u \in U$ のとき

$$\left(\frac{1}{u}\right)^p = \frac{1}{u^p} = \frac{1}{1} = 1$$

よって，$\dfrac{1}{u} \in U$ である。ただし

$$\frac{1}{u} = 1 \iff u = 1$$

ゆえに，1の逆数は集合 V には属さない。

以上の考察より，V の要素 z_1, z_2, z_3 が $z_1z_2z_3=1$ を満たすのは，z_1, z_2 が $z_1z_2 \neq 1$ を満たし，かつ $z_3=\dfrac{1}{z_1z_2}$ となったときである。また，$z_1z_2 \neq 1$ となるのは，任意の $z_1(\in V)$ に対して，$z_2 \neq \dfrac{1}{z_1}$ となるときだから，そのような z_1 は $p-1$ 通りあり，そのそれぞれに対して z_2 は $p-2$ 通りある $\left(z_1 \neq 1 \text{ より } \dfrac{1}{z_1} \text{ は } V \text{ の要素だから}\right)$。よって，$z_1z_2 \neq 1$ となる z_1, z_2 の組合せは $(p-1)(p-2)$ 通りあり，これが，$z_1z_2z_3=1$ となる z_1, z_2, z_3 の組の個数でもある。

(2) 上と同様に，V の要素 z_1, z_2, $\cdots$, z_{n+2} が $z_1z_2\cdots z_{n+2}=1$ を満たすのは，z_1, z_2, $\cdots$, z_{n+1} が $z_1z_2\cdots z_{n+1} \neq 1$ を満たし，かつ $z_{n+2}=\dfrac{1}{z_1z_2\cdots z_{n+1}}$ となったときである。また，$z_1z_2\cdots z_{n+1} \neq 1$ となる z_1, z_2, $\cdots$, z_{n+1} の組合せは，それらの任意の組合せである $(p-1)^{n+1}$ 通りから，$z_1z_2\cdots z_{n+1}=1$ となる組合せ（a_{n+1} 通り）を除いたものである。

よって　　$a_{n+2}=(p-1)^{n+1}-a_{n+1}$

(3) 漸化式を解く方法としては，[解法] 以外に，次のようなものもある。すなわち，まず $a_{n+1}=(p-1)^n-a_n$ の両辺を $(p-1)^{n+1}$ で割って

$$\frac{a_{n+1}}{(p-1)^{n+1}}=-\frac{1}{p-1}\cdot\frac{a_n}{(p-1)^n}+\frac{1}{p-1}$$

$b_n=\dfrac{a_n}{(p-1)^n}$ とおくと

$$b_{n+1}=-\frac{1}{p-1}b_n+\frac{1}{p-1} \qquad \therefore \quad b_{n+1}-\frac{1}{p}=-\frac{1}{p-1}\left(b_n-\frac{1}{p}\right)$$

よって

$$b_n-\frac{1}{p}=\left(-\frac{1}{p-1}\right)^{n-2}\left(b_2-\frac{1}{p}\right)$$

ここで，$a_2=p-1$ より $b_2=\dfrac{1}{p-1}$ だから

$$b_n-\frac{1}{p}=\left(\frac{1}{p-1}-\frac{1}{p}\right)\left(-\frac{1}{p-1}\right)^{n-2}$$

$$=\frac{1}{p(p-1)}\left(-\frac{1}{p-1}\right)^{n-2}$$

$$=-\frac{1}{p}\left(-\frac{1}{p-1}\right)^{n-1}$$

$$\therefore \quad b_n=\frac{1}{p}-\frac{1}{p}\left(-\frac{1}{p-1}\right)^{n-1}=\frac{1}{p}\left\{1-\left(-\frac{1}{p-1}\right)^{n-1}\right\}$$

ゆえに

$$a_n=(p-1)^n b_n=\frac{p-1}{p}\{(p-1)^{n-1}+(-1)^n\}$$

109

ポイント　(1)　n 回目までの目の和を 5 で割ったときの余りの場合分けによる。

(2)　(イ)　(1)と同様，$\displaystyle\sum_{k=0}^{4}p_n(k)=1$ を利用する。

　(ロ)　(1)から，$p_{n+1}(k)-p_{n+1}(l)$ を $p_n(k')$，$p_n(l')$　$(0 \le k',\ l' \le 4)$ で表す。

(3)　$\displaystyle\lim_{n\to\infty}(M_n-m_n)$ の値を求め，これを利用する。

解 法

(1)　$n+1$ 回目までの目の和を 5 で割った余りを k とし，n 回目までの目の和を 5 で割った余りを k' とする。$k=0$ になるための条件は

　　　$k'=0$ のとき，次に 5 の目
　　　$k'=1$ のとき，次に 4 の目
　　　$k'=2$ のとき，次に 3 の目
　　　$k'=3$ のとき，次に 2 の目
　　　$k'=4$ のとき，次に 1 または 6 の目

となることである。したがって

$$p_{n+1}(0)=\frac{1}{6}p_n(0)+\frac{1}{6}p_n(1)+\frac{1}{6}p_n(2)+\frac{1}{6}p_n(3)+\frac{2}{6}p_n(4)$$

$$=\frac{1}{6}(p_n(0)+p_n(1)+p_n(2)+p_n(3)+p_n(4)+p_n(4))$$

$$=\frac{1}{6}(1+p_n(4)) \quad (\because\ \sum_{k=0}^{4}p_n(k)=1)$$

以下，同様に考えて，次の結論を得る。

$$\left.\begin{array}{l} p_{n+1}(0)=\dfrac{1}{6}(1+p_n(4)) \\[2mm] p_{n+1}(1)=\dfrac{1}{6}(1+p_n(0)) \\[2mm] p_{n+1}(2)=\dfrac{1}{6}(1+p_n(1)) \\[2mm] p_{n+1}(3)=\dfrac{1}{6}(1+p_n(2)) \\[2mm] p_{n+1}(4)=\dfrac{1}{6}(1+p_n(3)) \end{array}\right\} \quad \cdots\cdots(答)$$

(2) (イ) $m_n \leq p_n(k) \leq M_n$ より $\qquad 5m_n \leq \sum_{k=0}^{4} p_n(k) \leq 5M_n$

$\sum_{k=0}^{4} p_n(k) = 1$ であるから

$$m_n \leq \frac{1}{5} \leq M_n \qquad\qquad\qquad\qquad\qquad \text{(証明終)}$$

(ロ) (1)の結果より，任意の k, l に対して

$$p_{n+1}(k) - p_{n+1}(l) = \frac{1}{6}\{p_n(k') - p_n(l')\} \quad \cdots\cdots①$$

となる k', l' がある。

また，M_n, m_n の定義より

$$M_n \geq p_n(k'), \quad m_n \leq p_n(l')$$

であるから

$$p_n(k') - p_n(l') \leq M_n - m_n \quad \cdots\cdots②$$

①，②より

$$p_{n+1}(k) - p_{n+1}(l) \leq \frac{1}{6}(M_n - m_n) \qquad\qquad \text{(証明終)}$$

(3) (2)の(ロ)は任意の k, l で成り立つから，とくに

$$p_{n+1}(k_0) = M_{n+1}, \quad p_{n+1}(l_0) = m_{n+1}$$

となる k_0, l_0 に対しても成り立ち

$$M_{n+1} - m_{n+1} \leq \frac{1}{6}(M_n - m_n)$$

これがすべての n （≥ 2） で成り立つことより

$$M_n - m_n \leq \frac{1}{6}(M_{n-1} - m_{n-1}) \leq \left(\frac{1}{6}\right)^2 (M_{n-2} - m_{n-2})$$

$$\leq \cdots \leq \left(\frac{1}{6}\right)^{n-2} (M_2 - m_2)$$

つまり $\qquad 0 \leq M_n - m_n \leq \left(\frac{1}{6}\right)^{n-2} (M_2 - m_2)$

ここで $\displaystyle\lim_{n \to \infty} \left(\frac{1}{6}\right)^{n-2} (M_2 - m_2) = 0$ であるから

$$\lim_{n \to \infty} (M_n - m_n) = 0$$

(2)の(イ)より，すべての n （≥ 2） について

$$0 \leq M_n - \frac{1}{5} \leq M_n - m_n$$

であるから

$$0 \leq \lim_{n \to \infty}\left(M_n - \frac{1}{5}\right) \leq \lim_{n \to \infty}(M_n - m_n) = 0$$

となり $\lim_{n \to \infty} \left(M_n - \dfrac{1}{5} \right) = 0$ すなわち $\lim_{n \to \infty} M_n = \dfrac{1}{5}$ ……③

同様に

$$0 \leq \lim_{n \to \infty} \left(\dfrac{1}{5} - m_n \right) \leq \lim_{n \to \infty} (M_n - m_n) = 0$$

となり $\lim_{n \to \infty} \left(\dfrac{1}{5} - m_n \right) = 0$ すなわち $\lim_{n \to \infty} m_n = \dfrac{1}{5}$ ……④

また，任意の k に対して

$$m_n \leq p_n(k) \leq M_n$$

なので $\lim_{n \to \infty} m_n \leq \lim_{n \to \infty} p_n(k) \leq \lim_{n \to \infty} M_n$ ……⑤

③，④，⑤より $\lim_{n \to \infty} p_n(k) = \dfrac{1}{5}$ ……(答)

〔注1〕 (3) (1)の結果から，$M_{n+1} = \dfrac{1}{6}(1 + M_n)$，$m_{n+1} = \dfrac{1}{6}(1 + m_n)$ なので，$M_{n+1} - m_{n+1}$ $= \dfrac{1}{6}(M_n - m_n)$ となり，$M_n - m_n = \left(\dfrac{1}{6} \right)^{n-2} (M_2 - m_2)$ である。これより，$\lim_{n \to \infty} (M_n - m_n)$ $= 0$ としてもよい。

〔注2〕 (3) $\lim_{n \to \infty} (M_n - m_n) = 0$ を導いたところで，ただちに「(2)の(イ)より $\lim_{n \to \infty} M_n$ $= \lim_{n \to \infty} m_n = \dfrac{1}{5}$」と結論しても許されるであろう。

110

ポイント (1)　3個の色の組合せは，(ア)3個同色，(イ)2個のみ同色，(ウ)すべて異なるが考えられる。数字についても同様に3つの場合がある。同色には異なる番号がつくことから，全部で9通り中の6通りが起こり得るすべてである。そのおのおのについて，同色のものが他になく，同番号のものも他にない玉の個数を調べる。

(2) (1)の結果による。

解法

(1)　取り出した3個の色の組合せは，次の(ア), (イ), (ウ)のいずれかとなる。

(ア)　3個とも同色

(イ)　2個が同色で，1個はそれとは異なる色

(ウ)　3個すべてが異なる色

また，番号の組合せは，次の(ア)′, (イ)′, (ウ)′のいずれかとなる。

(ア)′　3個とも同一

(イ)′　2個が同一で，1個はそれとは異なる番号

(ウ)′　3個すべてが異なる番号

同色の玉には異なる番号がつくことから，起こり得る場合は，次のどの2つも互いに排反な①〜⑥である。

(ア)かつ(ウ)′　……①　　(イ)かつ(イ)′　……②

(イ)かつ(ウ)′　……③　　(ウ)かつ(ア)′　……④

(ウ)かつ(イ)′　……⑤　　(ウ)かつ(ウ)′　……⑥

同色のものが他になく，同番号のものも他にない玉の個数は，おのおのの場合を調べて，①，②，④のとき0個，③，⑤のとき1個，⑥のとき3個となる。

得点を X とする。

(i)　$X=3$ となるのは⑥の場合で，異なる色に異なる番号がついている場合の数は $3 \cdot 2 \cdot 1 = 6$ であるから

$$A(3) = 6 \quad \cdots\cdots(答)$$

(ii)　$X=2$ となることはないので

$$A(2) = 0 \quad \cdots\cdots(答)$$

(iii)　$X=1$ となるのは③または⑤のときである。

③のとき，(イ)の場合は6通りあり，このおのおのについて，同色の玉の番号のつけ方は {1, 2}, {2, 3}, {3, 1} の3通りで，残りの玉の番号は1通りに決まるので，全部で

$$6 \times 3 \times 1 = 18 〔通り〕$$

が考えられる。

⑤のとき，色と番号の役割を入れかえると，③と同じ考え方ができて 18 通り。

よって $A\,(1)=18+18=36$ ……(答)

(iv) $X=0$ となるのは(i)～(iii)の余事象であり，全事象は

$${}_9\mathrm{C}_3=84 \text{〔通り〕}$$

であるから

$$A\,(0)=84-(6+36)=42$$ ……(答)

(2) 期待値を E とすると，(1)の結果より

$$E=0\times\frac{42}{84}+1\times\frac{36}{84}+2\times\frac{0}{84}+3\times\frac{6}{84}=\frac{9}{14}$$ ……(答)

〔注〕 上記の［解法］は，$X=2$ となることがないことの根拠を明確にするためのものである。$X=1$ となる場合については，次のように考えるのが普通である。

同色のものが他になく，同番号のものも他にない玉が 1 個のみであるから，これを，たとえば青 1 番とすると，残り 2 個は（赤 2，赤 3），（赤 2，白 2），（赤 3，白 3），（白 2，白 3）の 4 通りが考えられる。初めの玉の指定は 9 通りあり，各場合のどの 2 つも排反なので

$$A\,(1)=9\times4=36$$

§9　整式の微積分

111　2021 年度〔2〕　　Level A

ポイント　y 軸に関する対称性から，P の x 座標を p（>0）として，P における接線の方程式から Q の座標を求め，L^2 を p で表し，その増減を調べる。

解法

$P\left(p, \dfrac{p^2+1}{2}\right)$ とおく。点 P における接線が x 軸と交わる

ことから，$p \neq 0$ である。線分 PQ の長さ L について，y 軸に関する対称性から，$p > 0$ としてよい。

$y = \dfrac{1}{2}(x^2+1)$ について，$y' = x$ であるから，P における接線の方程式は

$$y = p(x-p) + \frac{p^2+1}{2}$$

すなわち　　$y = px - \dfrac{p^2-1}{2}$

$y = 0$ とすると，$px - \dfrac{p^2-1}{2} = 0$ から　　$x = \dfrac{p^2-1}{2p}$

よって，$Q\left(\dfrac{p^2-1}{2p}, 0\right)$ となり，P と Q の x 座標の差は，

$p - \dfrac{p^2-1}{2p} = \dfrac{p^2+1}{2p}$ となる。接線の傾きが p なので，右図から

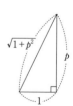

$$L = \sqrt{1+p^2} \cdot \frac{p^2+1}{2p}$$

$$L^2 = \frac{(1+p^2)^3}{4p^2}$$

$p^2 = t$ とおくと　　$L^2 = \dfrac{(t+1)^3}{4t}$　　$(t>0)$

$f(t) = \dfrac{(t+1)^3}{4t}$ とおくと

$$f'(t) = \frac{3(t+1)^2 \cdot 4t - (t+1)^3 \cdot 4}{16t^2}$$

$$= \frac{(t+1)^2(2t-1)}{4t^2}$$

$f(t)$ の増減表を考えて,$f(t)$ $(=L^2)$ は $t = \dfrac{1}{2}$ で最小値

$\dfrac{27}{16}$ をとる。

t	(0)	$\cdots$	$\dfrac{1}{2}$	$\cdots$
$f'(t)$		$-$	0	$+$
$f(t)$		$\searrow$	$\dfrac{27}{16}$	$\nearrow$

ゆえに,L の最小値は $\dfrac{3\sqrt{3}}{4}$ ……(答)

〔注〕 〔解法〕では,接線の傾きを用いて,相似比から L の値を求めているが

$$L^2 = \mathrm{PQ}^2 = \left(p - \frac{p^2-1}{2p}\right)^2 + \left(\frac{p^2+1}{2}\right)^2 = \left(\frac{p^2+1}{2p}\right)^2 + \left(\frac{p^2+1}{2}\right)^2 = \frac{(p^2+1)^3}{4p^2}$$

としてもよい。

§9

112

ポイント (1) $f(X)=g(X)$ かつ $f'(X)=g'(X)$ となる X を求める。

(2) 接点を (X, Y) として(1)の結果を用いて a と c を X, Y で表し，$1+c^2 \leqq 2a$ に代入した式から X, Y の満たすべき必要条件を求め，十分性をチェックする。

解法

(1) $f(x)=ax^2$, $g(x)=b(x-1)^2+c$ $(abc \neq 0)$ とおく。

条件(ii)より，C_1 と C_2 の接点の x 座標を X とすると

$$\begin{cases} f(X)=g(X) \\ f'(X)=g'(X) \end{cases} \text{すなわち} \quad \begin{cases} aX^2=b(X-1)^2+c & \cdots\cdots① \\ 2aX=2b(X-1) & \cdots\cdots② \end{cases}$$

②で $X=1$ とすると $a=0$ となり，$a \neq 0$ に反するから $\quad X \neq 1 \quad \cdots\cdots③$

よって $\qquad b=\dfrac{aX}{X-1} \quad \cdots\cdots④$

これを①に代入して

$$aX^2=aX(X-1)+c \qquad aX=c$$

$a \neq 0$ より $\quad X=\dfrac{c}{a} \quad$ このとき $\quad f(X)=\dfrac{c^2}{a}$

したがって，C_1 と C_2 の接点の座標は $\quad \left(\dfrac{c}{a}, \dfrac{c^2}{a}\right) \quad \cdots\cdots$(答)

(2) C_1 と C_2 の接点の座標を (X, Y) とすると，(1)より

$$X=\frac{c}{a} \quad \cdots\cdots⑤, \quad Y=\frac{c^2}{a} \quad \cdots\cdots⑥$$

ここで $c \neq 0$ より，$X \neq 0$, $Y \neq 0$ $\cdots\cdots⑦$ である。

⑥÷⑤ より $\quad c=\dfrac{Y}{X} \quad \cdots\cdots⑧$

これと⑤より $\quad a=\dfrac{Y}{X^2} \quad \cdots\cdots⑨$

⑧，⑨を条件(i)に代入して

$$1+\left(\frac{Y}{X}\right)^2 \leqq 2 \cdot \frac{Y}{X^2} \qquad X^2+Y^2 \leqq 2Y \quad (X^2 \neq 0)$$

よって

$$X^2+(Y-1)^2 \leqq 1 \quad (X \neq 1, \ X \neq 0, \ Y \neq 0) \quad \cdots\cdots⑩ \quad (\because \ ③, ⑦)$$

したがって，接点 (X, Y) は⑩を満たす範囲になければならない。逆に，この範囲の (X, Y) に対して，⑨，④，⑧で a, b, c を与えて C_1, C_2 を考えると，$abc \neq 0$ で①，②すなわち条件(i)，(ii)が成り立ち，(X, Y) はこの C_1, C_2 の接点になってい

る。

ゆえに，C_1 と C_2 の接点が動く範囲は

$$x^2+(y-1)^2 \le 1 \quad (x \ne 0, \ x \ne 1)$$

で，右図の網かけ部分（境界を含む，ただし，y 軸上の
点および点 $(1, 1)$ は除く）である。 ……(答)

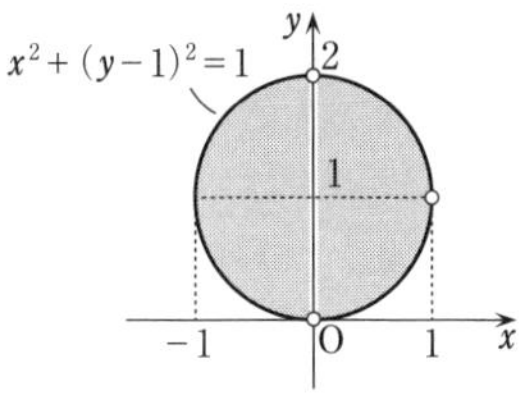

〔注〕 (1)は2次方程式の重解条件を用いると次のようになる。

$$ax^2=b(x-1)^2+c$$

とすると

$$(a-b)x^2+2bx-(b+c)=0 \quad \cdots\cdots(ア)$$

条件(ii)より $a-b \ne 0$ で，(ア)の判別式を D とすると

$$\frac{D}{4}=b^2+(a-b)(b+c)=0 \quad \cdots\cdots(イ)$$

このとき，(ア)の解は重解で $\quad x=-\dfrac{b}{a-b} \quad \cdots\cdots(ウ)$

(イ)より $\quad b(c-a)=ca$

この式の（右辺）$\ne 0$ であるから $\quad c-a \ne 0$

よって $\quad b=\dfrac{ca}{c-a}$

これを(ウ)に代入して $\quad x=-\dfrac{\frac{ca}{c-a}}{a-\frac{ca}{c-a}}=\dfrac{c}{a} \quad (a \ne 0)$

したがって，C_1 と C_2 の接点の座標は $\quad \left(\dfrac{c}{a}, \ \dfrac{c^2}{a}\right)$

$\left(\begin{array}{l}\text{ただし，本問では問題文にある } C_1 \text{ と } C_2 \text{ が接することの定義にもとづく 〔解法〕 の考}\\ \text{え方によることが望ましい。}\end{array}\right)$

113

ポイント　絶対値をはずし，図を描く。

[解法1]　面積を立式し丹念に計算する。

[解法2]　積分公式 $\int_a^b (x-a)(x-b)\,dx = -\dfrac{1}{6}(b-a)^3$ を利用できる 3 つの図形を組み合わせて面積を表す。

解法 1

$$\left| \frac{3}{4}x^2 - 3 \right| - 2 = \frac{3}{4}|x^2 - 4| - 2$$

$$= \begin{cases} \dfrac{3}{4}(x^2-4) - 2 = \dfrac{3}{4}x^2 - 5 & (x \leqq -2,\ 2 \leqq x \text{ のとき}) \\[2mm] -\dfrac{3}{4}(x^2-4) - 2 = -\dfrac{3}{4}x^2 + 1 & (-2 < x < 2 \text{ のとき}) \end{cases}$$

である。

ゆえに，$y=x$ と $y=\left|\dfrac{3}{4}x^2-3\right|-2$ によって囲まれる図形は，下図の網かけ部分となる。

点Aの x 座標は -2 である。

点Bの x 座標は，$-\dfrac{3}{4}x^2+1=x$ かつ $-2<x<2$ より

$$x = \frac{2}{3}$$

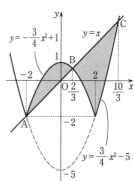

点Cの x 座標は，$\dfrac{3}{4}x^2-5=x$ かつ $x \geqq 2$ より

$$x = \frac{10}{3}$$

以上より，求める面積は

$$\int_{-2}^{\frac{2}{3}} \left(-\frac{3}{4}x^2 + 1 - x \right) dx + \int_{\frac{2}{3}}^{2} \left(x + \frac{3}{4}x^2 - 1 \right) dx + \int_{2}^{\frac{10}{3}} \left(x - \frac{3}{4}x^2 + 5 \right) dx$$

$$= -\frac{3}{4} \int_{-2}^{\frac{2}{3}} (x+2)\left(x-\frac{2}{3}\right) dx + \left[\frac{x^3}{4} + \frac{x^2}{2} - x \right]_{\frac{2}{3}}^{2} + \left[-\frac{x^3}{4} + \frac{x^2}{2} + 5x \right]_{2}^{\frac{10}{3}}$$

$$= \frac{3}{4} \cdot \frac{\left(\frac{2}{3}+2\right)^3}{6} + \left\{ (2+2-2) - \left(\frac{2}{27} + \frac{2}{9} - \frac{2}{3} \right) \right\} + \left\{ \left(-\frac{250}{27} + \frac{50}{9} + \frac{50}{3} \right) - (-2 + 2 + 10) \right\}$$

$$= \frac{64}{27} + \frac{64}{27} + \frac{80}{27} = \frac{208}{27} \quad \cdots\cdots (答)$$

解 法 2

右図において

　図形 BEC＝図形 ADC－2×図形 ADE

　　　　　　　　　　　　　　＋図形 AFB

ゆえに，求める面積 S は

　S＝図形 AFB＋図形 BEC

　　＝図形 ADC－2×図形 ADE＋2×図形 AFB

ここで

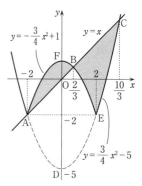

$$図形\ ADC = \int_{-2}^{\frac{10}{3}} \left(x - \frac{3}{4} x^2 + 5 \right) dx$$

$$= -\frac{3}{4} \int_{-2}^{\frac{10}{3}} (x+2)\left(x - \frac{10}{3} \right) dx$$

$$= \frac{3}{4} \cdot \frac{\left(\frac{10}{3} + 2 \right)^3}{6} = \frac{512}{27}$$

$$図形\ ADE = \int_{-2}^{2} \left(-2 - \frac{3}{4} x^2 + 5 \right) dx = -\frac{3}{4} \int_{-2}^{2} (x+2)(x-2)\,dx$$

$$= \frac{3}{4} \cdot \frac{(2+2)^3}{6} = 8$$

$$図形\ AFB = \int_{-2}^{\frac{2}{3}} \left(-\frac{3}{4} x^2 + 1 - x \right) dx = -\frac{3}{4} \int_{-2}^{\frac{2}{3}} (x+2)\left(x - \frac{2}{3} \right) dx$$

$$= \frac{3}{4} \cdot \frac{\left(\frac{2}{3} + 2 \right)^3}{6} = \frac{64}{27}$$

よって　　$S = \frac{512}{27} - 2 \cdot 8 + 2 \cdot \frac{64}{27} = \frac{208}{27} \quad \cdots\cdots (答)$

114

ポイント　OF 上の点Hを通り，OF に垂直な平面がA（C, D）を通るときと，B（G, E）を通るときのHの座標を求め，OH の長さによる場合分けを行う。

解　法

Aから OF に下ろした垂線の足をHとする。Hは OF 上にあるから，H$(t,\ t,\ t)$ とおけて，$\overrightarrow{AH}\cdot\overrightarrow{OF}=0$ より

$$(t-1,\ t,\ t)\cdot(1,\ 1,\ 1)=0\qquad 3t-1=0$$

よって，$t=\dfrac{1}{3}$ となり，H$\left(\dfrac{1}{3},\ \dfrac{1}{3},\ \dfrac{1}{3}\right)$ である。

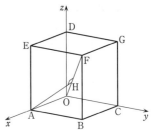

まったく同様の計算により，C, D から OF に下ろした垂線の足も $\left(\dfrac{1}{3},\dfrac{1}{3},\dfrac{1}{3}\right)$ であり，これを点 H_1 とすると，$AH_1=CH_1=DH_1=\dfrac{\sqrt{6}}{3}$，$OH_1=\dfrac{\sqrt{3}}{3}$ である。また，B, E, G から OF に下ろした垂線の足はすべて $\left(\dfrac{2}{3},\dfrac{2}{3},\dfrac{2}{3}\right)$ であり，これを点 H_2 とすると，$BH_2=EH_2=GH_2=\dfrac{\sqrt{6}}{3}$，$OH_2=\dfrac{2}{3}\sqrt{3}$ である。

ゆえに，点 H_1 を通り OF に垂直な平面で立方体を切ったときの切り口は△ACD であり，点 H_2 を通り OF に垂直な平面で立方体を切ったときの切り口は△BEG である。また，$OF=\sqrt{3}$ である。

Oを原点とし，$\overrightarrow{OF}$ を正の向きとする座標軸（u 軸）を考え，OF 上の点Hに対して $u=OH$ とおく。

(i) $0\leqq u\leqq\dfrac{\sqrt{3}}{3}$ のとき

u 軸上の u 座標が u である点Hを通り，u 軸に垂直な平面で立方体を切ったときの切り口は，右図の△PQR となり，これは△ACD を $\dfrac{OH}{OH_1}=\dfrac{u}{\frac{\sqrt{3}}{3}}$

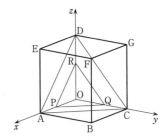

$=\sqrt{3}u$ 倍に縮小した図形である。

ゆえに，△PQR を u 軸のまわりに回転させると，半径が

$$\mathrm{HP}=\sqrt{3}\,u\cdot\mathrm{H_1A}=\sqrt{3}\,u\cdot\frac{\sqrt{6}}{3}=\sqrt{2}\,u$$

の円となる。

(ii) $\dfrac{\sqrt{3}}{3}\le u\le\dfrac{2\sqrt{3}}{3}$ のとき

u 軸上の u 座標が u である点 H を通り，u 軸に垂直な平面で立方体を切ったときの切り口は，右図の六角形 PQRSTU となる。

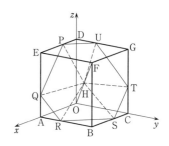

ここで，P の x 座標を p とすると，P$(p,\ 0,\ 1)$ であり，また H$\left(\dfrac{u}{\sqrt{3}},\ \dfrac{u}{\sqrt{3}},\ \dfrac{u}{\sqrt{3}}\right)$ であるから，

$\overrightarrow{\mathrm{HP}}\cdot\overrightarrow{\mathrm{OF}}=0$ より

$$\left(p-\frac{u}{\sqrt{3}},\ -\frac{u}{\sqrt{3}},\ 1-\frac{u}{\sqrt{3}}\right)\cdot(1,\ 1,\ 1)=0$$

これより，$p=\sqrt{3}\,u-1$ となり，P$(\sqrt{3}\,u-1,\ 0,\ 1)$ である。よって

$$\mathrm{HP}^2=\left(\frac{u}{\sqrt{3}}-\sqrt{3}\,u+1\right)^2+\left(\frac{u}{\sqrt{3}}\right)^2+\left(\frac{u}{\sqrt{3}}-1\right)^2=2u^2-2\sqrt{3}\,u+2$$

である。まったく同様にして，$\mathrm{HQ}^2=\mathrm{HR}^2=\mathrm{HS}^2=\mathrm{HT}^2=\mathrm{HU}^2=2u^2-2\sqrt{3}\,u+2$ となるので，この六角形を OF のまわりに回転させた図形は半径 HP の円となる。

(iii) $\dfrac{2\sqrt{3}}{3}\le u\le\sqrt{3}$ のときは，図形の対称性より，$0\le u\le\dfrac{\sqrt{3}}{3}$ の部分が回転した体積に等しい。

以上より，求める回転体の体積は

$$\pi\int_0^{\frac{\sqrt{3}}{3}}(\sqrt{2}\,u)^2du\times2+\pi\int_{\frac{\sqrt{3}}{3}}^{\frac{2\sqrt{3}}{3}}(2u^2-2\sqrt{3}\,u+2)\,du$$

$$=2\pi\left[\frac{2}{3}u^3\right]_0^{\frac{\sqrt{3}}{3}}+\pi\left[\frac{2}{3}u^3-\sqrt{3}\,u^2+2u\right]_{\frac{\sqrt{3}}{3}}^{\frac{2\sqrt{3}}{3}}=\frac{\sqrt{3}}{3}\pi\quad\cdots\cdots(\text{答})$$

〔注1〕 p，0，1 の順列は6通りあり，それら各々に対して6点 P，Q，R，S，T，U が得られる。H の x，y，z 座標はすべて等しいので，同じ計算式により $\mathrm{HP}^2=\mathrm{HQ}^2=\mathrm{HR}^2=\mathrm{HS}^2=\mathrm{HT}^2=\mathrm{HU}^2$ となる。なお同様の観点で PU＝QR＝ST，PQ＝RS＝TU なども導かれる。これらにより六角形 PQRSTU の形が定まる。H を中心とする，半径が HP の円に内接する六角形であることに注意したい。

〔注2〕 $\overrightarrow{\mathrm{OF}}=(1,\ 1,\ 1)$ に垂直で H$(t,\ t,\ t)$ を通る平面の方程式は $x+y+z=3t$ である。これを用いると，この平面が，A$(1,\ 0,\ 0)$，C$(0,\ 1,\ 0)$，D$(0,\ 0,\ 1)$ を通るのは $t=\dfrac{1}{3}$ のときであり，B$(1,\ 1,\ 0)$，E$(1,\ 0,\ 1)$，G$(0,\ 1,\ 1)$ を通るのは $t=\dfrac{2}{3}$ のときであることが，ただちに導かれる。

115

2006年度 〔3〕（文理共通）   Level A

ポイント $x \leq 0$ での $f(x)$ の式を求め，$y=f(x)$ $(x \leq 0)$ のグラフを原点に関して対称移動することによって，$x>0$ での $f(x)$ の式を求める。接線との上下関係を明示するためにグラフの概形を描くとよい。

解法

条件より，$x \leq 0$ における $f(x)$ を

$$f(x) = a\left(x + \frac{1}{2}\right)^2 + \frac{1}{4} \quad (a \neq 0)$$

とおくことができ，これが原点を通ることより

$$a\left(0 + \frac{1}{2}\right)^2 + \frac{1}{4} = 0 \quad \therefore \quad a = -1$$

ゆえに，$x \leq 0$ では

$$f(x) = -\left(x + \frac{1}{2}\right)^2 + \frac{1}{4} = -x^2 - x$$

また，$y=f(x)$ のグラフは原点に関して対称だから，$x>0$ においては

$$f(x) = -f(-x) = -\{-(-x)^2 - (-x)\} = x^2 - x$$

次に，$x<0$ のとき

$$f'(x) = -2x - 1$$

より　　$f'(-1) = 1$

また　　$f(-1) = 0$

であるから，$x = -1$ における接線の方程式は

$$y = 1 \cdot (x+1) + 0 \quad \therefore \quad y = x+1$$

接線と曲線 $y=f(x)$ との $x>0$ における交点は

$$x^2 - x = x + 1$$
$$x^2 - 2x - 1 = 0 \quad \therefore \quad x = 1 \pm \sqrt{2}$$

$x>0$ より　　$x = 1 + \sqrt{2}$

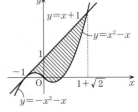

以上より，求める面積（右図の斜線部分）を S とすると

$$S = \int_{-1}^{0} \{x+1 - (-x^2 - x)\} \, dx + \int_{0}^{1+\sqrt{2}} \{x+1 - (x^2 - x)\} \, dx$$

$$= \int_{-1}^{0} (x+1)^2 \, dx + \int_{0}^{1+\sqrt{2}} (-x^2 + 2x + 1) \, dx$$

$$= \left[\frac{1}{3}(x+1)^3\right]_{-1}^{0} + \left[-\frac{1}{3}x^3 + x^2 + x\right]_{0}^{1+\sqrt{2}}$$

$$= \frac{1}{3} - \frac{1}{3}(1+\sqrt{2})^3 + (1+\sqrt{2})^2 + (1+\sqrt{2})$$

$$= 2 + \frac{4\sqrt{2}}{3} \quad \cdots\cdots(\text{答})$$

116

2002 年度 〔5〕

Level B

ポイント 3次方程式 $f(x)=c$ が異なる3つの実数解をもつための条件は, $f'(x)=0$ が異なる2つの実数解 α, β をもち, c が $f(\alpha)$ と $f(\beta)$ (極大値と極小値) の間にあることである。グラフによる考察を行う。このとき $f(x)-f(\alpha)=0$ と $f(x)-f(\beta)=0$ の解を考える。

解 法

$f(x)=x^3+3ax^2+3bx$ とおくと

$$f'(x)=3x^2+6ax+3b=3(x^2+2ax+b) \quad \cdots\cdots①$$

$y=f(x)$ が直線 $y=c$ と相異なる3点で交わることから, $y=f(x)$ は極大点と極小点をもたねばならない。すなわち, $f'(x)=0$ は相異なる2つの実数解をもたねばならない。よって, $f'(x)=0$ の判別式を D とすると, ①より

$$\frac{D}{36}=a^2-b>0 \qquad \therefore \quad a^2>b$$

このとき, $f'(x)=0$ の2つの解を α, β $(\alpha<\beta)$ とすると, 方程式 $f(x)=f(\alpha)$ は $x=\alpha$ を重解にもつ。もう1つの解を γ とする。

$f(x)-f(\alpha)=0$ すなわち $x^3+3ax^2+3bx-f(\alpha)=0$ についての解と係数の関係より

$$2\alpha+\gamma=-3a$$

$$\therefore \quad \gamma=-3a-2\alpha=-3a-2(-a-\sqrt{a^2-b})=-a+2\sqrt{a^2-b}$$

同様に, $f(x)=f(\beta)$ の $x=\beta$ (重解) 以外の解を δ とすると

$$2\beta+\delta=-3a$$

$$\therefore \quad \delta=-3a-2\beta=-3a-2(-a+\sqrt{a^2-b})=-a-2\sqrt{a^2-b}$$

$y=f(x)$ と $y=c$ のグラフが相異なる3交点をもつことから, $f(\beta)<c<f(\alpha)$ であり, 図より, $y=f(x)$ と $y=c$ の3つの交点の x 座標のすべては開区間

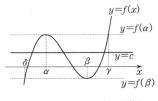

$$(\delta, \ \gamma)=(-a-2\sqrt{a^2-b}, \ -a+2\sqrt{a^2-b})$$

に含まれる。

(証明終)

117

ポイント 接線が x 軸正方向となす角 θ についての条件を見出す。

[解法1] $45°\leqq\theta<90°$ の場合が不可であることの理由を簡潔に述べ, $0°\leqq\theta<45°$ であれば条件が満たされることを理由を付して述べる。

[解法2] 接線の方向ベクトル $(1,\ 3p^2)$ を $45°$ 回転させたベクトルを求め, L の方程式を立てる（なお, 一部に行列を用いている。**研究** も参照のこと）。

解法 1

点 P における C の接線を T とする。

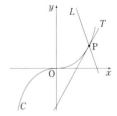

P の x 座標を p とすると, $y'=3x^2$ より, T の傾きは $3p^2\geqq0$ であるから, T が x 軸正方向となす角 θ について $0°\leqq\theta<90°$ である。

$45°\leqq\theta<90°$ の場合には, 直線 L は x 軸に垂直であるか, 傾きが負となる。関数 $y=x^3$ は単調増加であるから, C と L は P 以外に共有点をもたない。

よって, C と L が相異なる3点で交わるためには, $0°\leqq\theta<45°$ でなければならない。逆にこのとき, L が x 軸となす角 $\theta+45°$ について, $45°\leqq\theta+45°<90°$ であるから, L は1以上の傾きをもつ。これを m とすると, L の方程式は

$$y=m(x-p)+p^3 \quad (m\geqq1)$$

これと $y=x^3$ から得られる x の3次方程式 $x^3-mx+mp-p^3=0$ は $x=p$ を解にもつので, 左辺は $(x-p)(x^2+px-m+p^2)$ となる。

$f(x)=x^2+px-m+p^2$ とおくと, $f(x)=0$ の判別式を D として

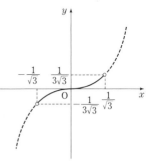

$$\begin{cases} f(p)=-m+3p^2\neq0 \\ \quad (0°\leqq\theta<45° より \quad 3p^2<1,\ m\geqq1) \\ D=p^2-4(-m+p^2)=4m-3p^2>0 \quad (同上) \end{cases}$$

よって, $f(x)=0$ は $x=p$ 以外の異なる2つの実数解をもち, C と L は相異なる3点で交わる。

以上より, θ が満たすべき条件は $0°\leqq\theta<45°$ であり, これは $3p^2<1\left(-\dfrac{1}{\sqrt{3}}<p<\dfrac{1}{\sqrt{3}}\right)$ と同値である。

ゆえに, 条件を満たす P の範囲を図示すると, 上図の実線部分（両端含まず）となる。

解法 2

$y=x^3$ より $y'=3x^2$

よって，P$(p,\ p^3)$（p は実数）とすると，P における接線の傾きは $3p^2$ である。すなわち，その方向ベクトルは $(1,\ 3p^2)$ である。これを $45°$ 回転させた直線の方向ベクトルは

$$\begin{pmatrix} \dfrac{\sqrt{2}}{2} & -\dfrac{\sqrt{2}}{2} \\ \dfrac{\sqrt{2}}{2} & \dfrac{\sqrt{2}}{2} \end{pmatrix} \begin{pmatrix} 1 \\ 3p^2 \end{pmatrix} = \dfrac{\sqrt{2}}{2} \begin{pmatrix} 1-3p^2 \\ 1+3p^2 \end{pmatrix}$$

より，$(1-3p^2,\ 1+3p^2)$ である。よって，L の方程式は次のようになる。

$$(1-3p^2)(y-p^3) = (1+3p^2)(x-p)$$

これと $y=x^3$ から y を消去すると

$$(1-3p^2)(x^3-p^3) = (1+3p^2)(x-p)$$

$$\therefore \quad (x-p)\{(1-3p^2)x^2 + p(1-3p^2)x - 3p^4 - 2p^2 - 1\} = 0$$

これが相異なる 3 個の実数解をもつための条件は

$$(1-3p^2)x^2 + p(1-3p^2)x - 3p^4 - 2p^2 - 1 = 0 \quad \cdots\cdots ①$$

が $x \neq p$ なる相異なる 2 つの実数解をもつことである。これは，①の左辺を $f(x)$，判別式を D として

$$\begin{cases} 1-3p^2 \neq 0 & \cdots\cdots ② \\ D>0 & \cdots\cdots ③ \\ f(p) \neq 0 & \cdots\cdots ④ \end{cases}$$

と同値である。

②より $p \neq \pm \dfrac{1}{\sqrt{3}}$ $\cdots\cdots ②'$

③より $D = p^2(1-3p^2)^2 + 4(1-3p^2)(3p^4+2p^2+1)$

$\qquad\qquad = (1-3p^2)(9p^4+9p^2+4) > 0$

$\therefore \quad -\dfrac{1}{\sqrt{3}} < p < \dfrac{1}{\sqrt{3}}$ $\cdots\cdots ③'$

④より $f(p) = -9p^4 - 1 \neq 0$ $\cdots\cdots ④'$

これは任意の実数 p に対してつねに成り立つ。

以上②'，③'，④'より，条件を満たす P の範囲を図示すると，[解法 1] の図の実線部分（両端含まず）となる。

〔注〕 $45°$ 回転させた直線の傾きは，$\tan$ の加法定理を用いて次のように求めてもよい。すなわち，接線（傾き $3p^2$）が x 軸の正の向きとなす角を θ とすると，$\tan\theta = 3p^2$ だから，それを $45°$ 回転させた直線の傾きは

$$\tan(\theta+45°)=\frac{\tan\theta+\tan45°}{1-\tan\theta\tan45°}=\frac{3p^2+1}{1-3p^2}$$

ただし，$1-3p^2=0$ のときには，この式が意味をもたないので，「$1-3p^2=0$ のときには，回転させた直線は y 軸に平行になって，曲線 C と 3 点で交わることはない」として，別処理をしておくこと。

研究　一般に，傾き a の直線が x 軸の正の向きとなす角を α とすると，$\tan\alpha=a$ となるから，それを角 θ だけ回転させた直線の傾きは

$$\tan(\alpha+\theta)=\frac{\tan\alpha+\tan\theta}{1-\tan\alpha\tan\theta}=\frac{a+\tan\theta}{1-a\tan\theta}$$

で表される。ただし，厳密には，この式は $\tan\theta=\dfrac{1}{a}$ となる θ に対しては使えない。

　そのような例外的な処理を煩わしいと思えば，「傾き」という観点ではなく，「直線の方向ベクトル」という観点から回転をとらえるとよい。その場合には行列を用いた回転が役立つ。すなわち，傾き a の直線の方向ベクトルは $(1,\ a)$ であり，これを原点のまわりに角 θ だけ回転させると

$$\begin{pmatrix}\cos\theta & -\sin\theta \\ \sin\theta & \cos\theta\end{pmatrix}\begin{pmatrix}1 \\ a\end{pmatrix}=\begin{pmatrix}\cos\theta-a\sin\theta \\ \sin\theta+a\cos\theta\end{pmatrix}$$

この式から回転後の直線の方向ベクトルは

$$(\cos\theta-a\sin\theta,\ \sin\theta+a\cos\theta)$$

となる。

　なお，一般に点 $(a,\ b)$ を通り，方向ベクトルが $(m,\ n)$ であるような直線の方程式は

$$n(x-a)=m(y-b)$$

で表される。この形を用いれば，$m=0$ の場合を例外扱いしないで，直線の方程式を一律に表現できるというメリットがある。

118

1999 年度 〔1〕（文理共通）　　　　　　　　Level　A

ポイント　P, Q の x 座標をそれぞれ α, β として，面積 1 という条件から $(\beta-\alpha)^2$ についての条件式を求め，これを R の座標 (X, Y) で表す。

解法

P (α, α^2), Q (β, β^2) とおく。$\alpha<\beta$ としても一般性を失わない。

直線 PQ の方程式は

$$y-\alpha^2=\frac{\beta^2-\alpha^2}{\beta-\alpha}(x-\alpha)$$

$$\therefore\quad y=(\alpha+\beta)x-\alpha\beta$$

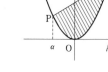

よって，放物線 $y=x^2$ と線分 PQ が囲む部分の面積は

$$\int_\alpha^\beta\{(\alpha+\beta)x-\alpha\beta-x^2\}dx=\int_\alpha^\beta\{-(x-\alpha)(x-\beta)\}dx=\frac{(\beta-\alpha)^3}{6}$$

ゆえに

$$\frac{(\beta-\alpha)^3}{6}=1\qquad\therefore\quad(\beta-\alpha)^2=\sqrt[3]{36}\quad\cdots\cdots①$$

R (X, Y) とすると，R は PQ の中点であるから

$$X=\frac{\alpha+\beta}{2},\quad Y=\frac{\alpha^2+\beta^2}{2}$$

これより　　$\alpha+\beta=2X$

ゆえに　　$2\alpha\beta=(\alpha+\beta)^2-(\alpha^2+\beta^2)=4X^2-2Y$

よって

$$(\beta-\alpha)^2=(\alpha+\beta)^2-4\alpha\beta=(2X)^2-2(4X^2-2Y)$$

$$=4Y-4X^2\quad\cdots\cdots②$$

①，②より　　$Y=X^2+\dfrac{\sqrt[3]{36}}{4}$

P, Q は放物線上を動くから，X はすべての実数値をとる。

したがって，R が描く図形の方程式は

$$y=x^2+\frac{\sqrt[3]{36}}{4}\quad\cdots\cdots（答）$$

研究　一般に，放物線 $C:y=x^2$ 上の動点 P, Q に対して，線分 PQ と C で囲まれる部分の面積が一定値 k であるとき，線分 PQ の中点 R が描く曲線 C' は

$$y=x^2+\sqrt[3]{\left(\frac{3}{4}k\right)^2}$$

となることが, [解法] と同様の方法で示される。このとき, P$(\alpha,\ \alpha^2)$, Q$(\beta,\ \beta^2)$, R$(X,\ Y)$ とすると, $2X=\alpha+\beta$ であるが, この左辺は C' の R における接線の傾き, 右辺は線分 PQ の傾きであるから, C' の R における接線が直線 PQ になっている。すなわち, 線分 PQ と C で囲まれる面積が一定であるとき, 線分 PQ はその中点 R の描く放物線 C' に R で接しながら動く。これを逆に表現すると, 放物線 $y=x^2+m$ （$m>0$） の接線 l と放物線 $C : y=x^2$ で囲まれる部分の面積はつねに $\dfrac{4}{3}\sqrt{m^3}$ であり, この接線 l が C から切り取る線分の中点は l と放物線 $y=x^2+m$ の接点であるということになる。

§10 極限・微分法

119　2021年度〔6〕問2　Level C

ポイント　$(t, f(t))$ における接線の方程式から，$tf'(t) = f(t)$ を満たす実数 t の存在を示す。

条件 $f(a) = af(1)$ を $\dfrac{f(a)}{a} - \dfrac{f(1)}{1} = 0$ とみる。$g(x) = \dfrac{f(x)}{x}$ $(x \geq 1)$ とおき，$g(x)$ についての平均値の定理（ロルの定理）を利用する。

解法

曲線 $y = f(x)$ 上の点 $(t, f(t))$ における接線の方程式は
$$y = f'(t)(x - t) + f(t)$$
接線が原点を通るための条件は，この式で $x = y = 0$ として
$$tf'(t) = f(t) \quad \cdots\cdots①$$
である。これを満たす実数 t が存在することを示すとよい。

いま，条件 $f(a) = af(1)$ と $a \neq 0$ から
$$\frac{f(a)}{a} = f(1)$$

すなわち　$\dfrac{f(a)}{a} - \dfrac{f(1)}{1} = 0$ $\quad \cdots\cdots②$

が成り立つ。

$g(x) = \dfrac{f(x)}{x}$ $(x \geq 1)$ とおくと，②は
$$g(a) = g(1) \quad \cdots\cdots②'$$
となる。

$g(x)$ は $1 \leq x \leq a$ で連続，$1 < x < a$ で微分可能であり，②′ から平均値の定理により
$$\frac{g(a) - g(1)}{a - 1} = g'(c) = 0 \quad \cdots\cdots③ \quad かつ \quad 1 < c < a$$
となる c が存在する。

ここで，$g'(x) = \dfrac{xf'(x) - f(x)}{x^2}$ から
$$g'(c) = \frac{cf'(c) - f(c)}{c^2} \quad \cdots\cdots④$$

③，④から，$cf'(c) = f(c)$ となり，$t = c$ とすると①が成り立つ。

ゆえに，曲線 $y = f(x)$ の接線で原点を通るものが存在する。 (証明終)

〔注〕 条件 $f(a) = af(1)$ を $\dfrac{f(a)}{a} - \dfrac{f(1)}{1} = 0$ とみて，$g(x) = \dfrac{f(x)}{x}$ を利用することは試験場では気づきにくいと思われるので，レベルをCとしてある。

120

ポイント　(1)　$n = k$, $k+1$ のとき真であると仮定し, $n = k+2$ のときも真であることを示す。解と係数の関係を用いる。

(2)　$|\beta| < 1$ となることを示し, $\alpha^n + \beta^n = 2M_n$ (M_n は整数) を利用して, β を用いて書き換えた式の極限を考える。

解　法

(1)　解と係数の関係より

$$\begin{cases} \alpha + \beta = 2p & (p \text{ は正の整数}) \quad \cdots\cdots① \\ \alpha\beta = -1 & \cdots\cdots② \end{cases}$$

すべての正の整数 n に対し

「$\alpha^n + \beta^n$ は整数であり, さらに偶数である」　……(＊)

ことを数学的帰納法で証明する。

(i)　$n = 1$, 2 のとき

$n = 1$ のとき, ①で p は整数であるから $2p$ は偶数である。

よって, (＊)は成り立つ。

$n = 2$ のとき, ①, ②より

$$\alpha^2 + \beta^2 = (\alpha + \beta)^2 - 2\alpha\beta = 4p^2 + 2 = 2(2p^2 + 1)$$

$2p^2 + 1$ は整数であるから, $2(2p^2 + 1)$ は偶数である。

よって, (＊)は成り立つ。

(ii)　$n = k$, $k+1$ (k は正の整数) のとき (＊)が成り立つと仮定すると

$$\alpha^k + \beta^k = 2M_k, \quad \alpha^{k+1} + \beta^{k+1} = 2M_{k+1} \quad (M_k, M_{k+1} \text{ は整数})$$

とおける。このとき

$$\begin{aligned} \alpha^{k+2} + \beta^{k+2} &= (\alpha^{k+1} + \beta^{k+1})(\alpha + \beta) - \alpha\beta(\alpha^k + \beta^k) \\ &= 2M_{k+1} \cdot 2p + 2M_k \\ &= 2(2pM_{k+1} + M_k) \end{aligned}$$

$2pM_{k+1} + M_k$ は整数であるから, $2(2pM_{k+1} + M_k)$ は偶数である。

よって, $n = k+2$ のときも (＊)は成り立つ。

(i), (ii)より, すべての正の整数に対し, (＊)は成り立つ。　　　　　(証明終)

(2)　$|\beta| = \left| -\dfrac{1}{\alpha} \right|$　($\alpha \neq 0$)　(②より)

$$= \frac{1}{|\alpha|}$$

$$< 1 \quad \cdots\cdots③ \quad (|\alpha| > 1 \text{ より})$$

(1)より，$\alpha^n + \beta^n = 2M_n$（$M_n$ は整数）とおけるから

$$\sin(\alpha^n\pi) = \sin\{(2M_n - \beta^n)\pi\} = \sin(2M_n\pi - \beta^n\pi) = -\sin(\beta^n\pi)$$

また，②より $-\alpha = \dfrac{1}{\beta}$ であるから

$$\lim_{n\to\infty}(-\alpha)^n\sin(\alpha^n\pi) = \lim_{n\to\infty}\left(\frac{1}{\beta}\right)^n\{-\sin(\beta^n\pi)\}$$

$$= \lim_{n\to\infty}\left\{-\frac{\sin(\beta^n\pi)}{\beta^n\pi}\cdot\pi\right\}$$

ここで，$n\to\infty$ のとき，③より $\beta^n\to 0$ であるから　　$\beta^n\pi\to 0$

したがって　　$\displaystyle\lim_{n\to\infty}\frac{\sin(\beta^n\pi)}{\beta^n\pi} = 1$

よって　　$\displaystyle\lim_{n\to\infty}(-\alpha)^n\sin(\alpha^n\pi) = -\pi$　……（答）

121

ポイント (1) 増減表による。$\cos\theta=\dfrac{1}{n}$ となる θ を α_n とおき，$f_n(\alpha_n)$ を計算する。

(2) e を自然対数の底として

$$\lim_{t\to 0}(1+t)^{\frac{1}{t}}=\lim_{u\to\pm\infty}\left(1+\frac{1}{u}\right)^{u}=e$$

であることを，必要に応じて $u=-n^2$, $u=n$, $u=-n$ として用いる。

解 法

(1) $f_n(\theta)=(1+\cos\theta)\sin^{n-1}\theta$ より

$$
\begin{aligned}
f_n{}'(\theta)&=-\sin\theta\cdot\sin^{n-1}\theta+(1+\cos\theta)\cdot(n-1)\sin^{n-2}\theta\cdot\cos\theta\\
&=\sin^{n-2}\theta\cdot\{-\sin^2\theta+(n-1)(\cos\theta+\cos^2\theta)\}\\
&=\sin^{n-2}\theta\cdot\{-1+\cos^2\theta+(n-1)(\cos\theta+\cos^2\theta)\}\\
&=\sin^{n-2}\theta\cdot\{n\cos^2\theta+(n-1)\cos\theta-1\}\\
&=\sin^{n-2}\theta\cdot(n\cos\theta-1)(\cos\theta+1)
\end{aligned}
$$

$n\geqq 2$ より $0<\dfrac{1}{n}\leqq\dfrac{1}{2}$ だから，$\cos\theta=\dfrac{1}{n}$ となる θ は $0<\theta<\dfrac{\pi}{2}$ の範囲にただ 1 つ存在する。それを α_n とする。$0<\theta<\dfrac{\pi}{2}$ における $f_n(\theta)$ の増減表は下のようになる。

θ	0	$\cdots$	α_n	$\cdots$	$\dfrac{\pi}{2}$
$f_n{}'(\theta)$		$+$	0	$-$	
$f_n(\theta)$		↗	最大	↘	

よって，$f_n(\theta)$ の $0\leqq\theta\leqq\dfrac{\pi}{2}$ における最大値 M_n は $f_n(\alpha_n)$ である。

$$\cos\alpha_n=\frac{1}{n},\quad \sin\alpha_n=\sqrt{1-\cos^2\alpha_n}=\sqrt{1-\frac{1}{n^2}}$$

より

$$M_n=f_n(\alpha_n)=(1+\cos\alpha_n)\sin^{n-1}\alpha_n=\left(1+\frac{1}{n}\right)\left(1-\frac{1}{n^2}\right)^{\frac{n-1}{2}}\quad\cdots\cdots(\text{答})$$

(2) $(M_n)^n=\left(1+\frac{1}{n}\right)^n\left(1-\frac{1}{n^2}\right)^{\frac{n(n-1)}{2}}$

ここで $\displaystyle\lim_{n\to\infty}\left(1+\frac{1}{n}\right)^n=e$

また

$$\lim_{n\to\infty}\left(1-\frac{1}{n^2}\right)^{\frac{n(n-1)}{2}}=\lim_{n\to\infty}\left[\left\{\left(1-\frac{1}{n^2}\right)^{-n^2}\right\}^{-\frac{1}{2}}\left\{\left(1+\frac{1}{n}\right)^{n}\right\}^{-\frac{1}{2}}\left\{\left(1-\frac{1}{n}\right)^{-n}\right\}^{\frac{1}{2}}\right]$$

$$=e^{-\frac{1}{2}}\cdot e^{-\frac{1}{2}}\cdot e^{\frac{1}{2}}=e^{-\frac{1}{2}}$$

ゆえに

$$\lim_{n\to\infty}(M_n)^n=e\cdot e^{-\frac{1}{2}}=\sqrt{e}\quad\cdots\cdots(答)$$

〔注1〕 $\displaystyle\lim_{n\to\infty}\left(1-\frac{1}{n^2}\right)^{\frac{n(n-1)}{2}}$ については次のように処理することもできる。

$$\lim_{n\to\infty}\left(1-\frac{1}{n^2}\right)^{\frac{n(n-1)}{2}}=\lim_{n\to\infty}\left\{\left(1-\frac{1}{n^2}\right)^{-n^2}\right\}^{-\frac{n(n-1)}{2n^2}}$$

$$=\lim_{n\to\infty}\left\{\left(1-\frac{1}{n^2}\right)^{-n^2}\right\}^{-\frac{1-\frac{1}{n}}{2}}=e^{-\frac{1}{2}}$$

ただし，ここで用いた $\displaystyle\lim_{n\to\infty}f(n)=\alpha$, $\displaystyle\lim_{n\to\infty}g(n)=\beta$ （α, β は有限確定値）のとき，$\displaystyle\lim_{n\to\infty}\{f(n)\}^{g(n)}=\alpha^{\beta}$ であることは極限の基本事項ではないので，〔解法〕の式処理の方が無難である。なお，$f(x)$, $g(x)$ を連続関数として c が有限確定値のときは，対数関数の連続性から

$$\lim_{x\to c}\left[\log\{f(x)\}^{g(x)}\right]=\lim_{x\to c}\{g(x)\log f(x)\}$$

$$=\lim_{x\to c}g(x)\cdot\lim_{x\to c}\log f(x)$$

$$=g(c)\log f(c)=\log\{f(c)\}^{g(c)}$$

となり，再び対数関数の連続性から

$$\lim_{x\to c}\{f(x)\}^{g(x)}=\{f(c)\}^{g(c)}$$

となる。

〔注2〕 $\displaystyle\lim_{n\to\infty}\left(1+\frac{1}{n}\right)^{n}=e$ から $\displaystyle\lim_{n\to\infty}\left(1-\frac{1}{n}\right)^{-n}=e$ であることを，次のように導くことができる。

$$\left(1-\frac{1}{n}\right)^{-n}=\left(\frac{n-1}{n}\right)^{-n}=\left(\frac{n}{n-1}\right)^{n}=\left(1+\frac{1}{n-1}\right)^{n-1}\left(1+\frac{1}{n-1}\right)\xrightarrow[n\to\infty]{}e\cdot 1=e$$

122 2015年度 〔3〕 Level A

ポイント (1) 曲線 $y=e^x+1$ 上の点 (p, e^p+1) での接線の式を立式し，これが点 $(a, 0)$ を通るような p がただ1つ存在することを示す。

(2) $\lim_{n\to\infty} a_{n+1}=\infty$ を示した上で，$\lim_{n\to\infty}(a_{n+1}-a_n)$ を求める。

解 法

(1) $f(x)=e^x+1$ とおき，$C:y=f(x)$，$A(a, 0)$ とする。$f'(x)=e^x$ であるから，C 上の点 $(p, f(p))$ における接線の式は

$$y=e^p(x-p)+f(p) \qquad \text{すなわち} \qquad y=e^p(x-p+1)+1$$

である。これが点Aを通る条件は

$$e^p(a-p+1)+1=0 \qquad \text{すなわち} \qquad p-e^{-p}-1=a$$

である。これを満たす実数 p がただ1つ存在することを示す。

$g(p)=p-e^{-p}-1$ とおくと

$$g'(p)=1+e^{-p}>0$$

である。これと，$\lim_{p\to-\infty} g(p)=-\infty$，$\lim_{p\to\infty} g(p)=\infty$ および $g(p)$ が連続であることから，$g(p)=a$ となる p がただ1つ存在する。

ゆえに，Aを通り，C に接する直線がただ1つ存在する。 (証明終)

(2) (1)より，a_{n+1} は $p-e^{-p}-1=a_n$ を満たす p の値であるから，$a_{n+1}-e^{-a_{n+1}}-1=a_n$ であり

$$a_{n+1}-a_n=1+e^{-a_{n+1}}>1$$

したがって

$$(a_{n+1}-a_n)+(a_n-a_{n-1})+\cdots+(a_2-a_1)>n$$

よって，$a_{n+1}>a_1+n$ であるから，$\lim_{n\to\infty} a_{n+1}=\infty$ となり，$\lim_{n\to\infty} e^{-a_{n+1}}=0$ である。

ゆえに

$$\lim_{n\to\infty}(a_{n+1}-a_n)=\lim_{n\to\infty}(1+e^{-a_{n+1}})=1 \quad \cdots\cdots(答)$$

〔注〕 (1)で，$h(p)=e^p(a-p+1)+1$ とおくと

$$h'(p)=e^p(a-p+1)-e^p=e^p(a-p)$$

から，増減表を考え，$p<a$ では，$a-p+1>1$ なので，$h(p)>e^p+1>0$ であり，$\lim_{p\to-\infty} h(p)=1$，$\lim_{p\to\infty} h(p)=-\infty$ であることから，$h(p)=0$ となる p がただ1つ存在するとしてもよい。

p	$\cdots$	a	$\cdots$
$h'(p)$	$+$	0	$-$
$h(p)$	$\nearrow$	e^a+1	$\searrow$

123

ポイント [解法1] 正弦定理や三角関数の諸公式を用いて，AB 次いで面積を $\cos B$ で表し，$t = \cos B$ として，t による微分と増減表を考える。

[解法2] $\theta = \angle A$ とおき，AB 次いで面積を θ で表し，θ による微分と増減表を考える。

解法 1

$\angle A = A$，$\angle B = B$，$\angle C = C$，$AB = c$ とおく。

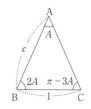

$$\sin C = \sin(\pi - 3A) = \sin 3A$$
$$= 3\sin A - 4\sin^3 A \quad \cdots\cdots①$$

正弦定理から，$\dfrac{c}{\sin C} = \dfrac{1}{\sin A}$ なので

$$c = \frac{\sin C}{\sin A} \quad \cdots\cdots②$$

①，②から

$$c = 3 - 4\sin^2 A = 1 + 2(1 - 2\sin^2 A)$$
$$= 1 + 2\cos 2A = 1 + 2\cos B \quad \cdots\cdots③$$

面積を S とすると，③から

$$S = \frac{1}{2} \cdot 1 \cdot c \sin B = \frac{1}{2}(1 + 2\cos B)\sin B$$
$$= \frac{1}{2}\sqrt{(1 + 2\cos B)^2(1 - \cos^2 B)} \quad \cdots\cdots④$$

$\cos B = t$，$f(t) = (1 + 2t)^2(1 - t^2)$ とおくと，④から

$$S = \frac{1}{2}\sqrt{f(t)}$$

ここで，$0 < A + 2A < \pi$ と $B = 2A$ から，$0 < B < \dfrac{2}{3}\pi$ であり

$$-\frac{1}{2} < t < 1 \quad \cdots\cdots⑤$$

⑤のもとで $f(t)$ が最大となる t の値を求める。

$$f'(t) = 2 \cdot 2(1 + 2t)(1 - t^2) - 2t(1 + 2t)^2$$
$$= -2(1 + 2t)(4t^2 + t - 2)$$

⑤から，$2t + 1 > 0$ なので，$f'(t)$ の符号は $-(4t^2 + t - 2)$ の符号と一致する。

$f'(t)=0$ となるのは，$t=\dfrac{-1\pm\sqrt{33}}{8}$ であり，

$t_0=\dfrac{-1+\sqrt{33}}{8}$ として，増減表は右のようになる。

ゆえに，求める値は

$$\dfrac{-1+\sqrt{33}}{8} \quad \cdots\cdots\text{(答)}$$

t	$-\dfrac{1}{2}$	$\cdots$	t_0	$\cdots$	1
$f'(x)$		$+$	0	$-$	
$f(x)$		↗	最大	↘	

解 法 2

$\theta=\angle A$ とすると，$\angle B=2\theta$，$\angle C=\pi-3\theta$ である。ここで，$\theta>0$，$\pi-3\theta>0$ であるから

$$0<\theta<\dfrac{\pi}{3} \quad \cdots\cdots\text{①}$$

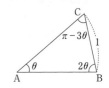

正弦定理により

$$\dfrac{1}{\sin\theta}=\dfrac{AC}{\sin 2\theta}=\dfrac{AB}{\sin(\pi-3\theta)}$$

よって

$$AB=\dfrac{\sin(\pi-3\theta)}{\sin\theta}=\dfrac{\sin 3\theta}{\sin\theta} \quad \cdots\cdots\text{②}$$

△ABC の面積を $S(\theta)$ とおくと，②から

$$S(\theta)=\dfrac{1}{2}\cdot AB\cdot BC\cdot\sin 2\theta=\dfrac{1}{2}\cdot\dfrac{\sin 3\theta}{\sin\theta}\cdot 1\cdot\sin 2\theta$$

$$=\sin 3\theta\cos\theta=\dfrac{1}{2}(\sin 4\theta+\sin 2\theta)$$

$$S'(\theta)=2\cos 4\theta+\cos 2\theta=4\cos^2 2\theta+\cos 2\theta-2$$

$S'(\theta)=0$ とすると $\quad \cos 2\theta=\dfrac{-1\pm\sqrt{33}}{8}$

①より，$-\dfrac{1}{2}<\cos 2\theta<1$ なので，$\cos 2\theta=\dfrac{-1+\sqrt{33}}{8}$ であり，これを満たす θ を α とすると，増減表は右のようになる。ゆえに，$\theta=\alpha$ のとき，S は最大となり，このとき

$$\cos\angle B=\cos 2\alpha=\dfrac{-1+\sqrt{33}}{8} \quad \cdots\cdots\text{(答)}$$

θ	0	$\cdots$	α	$\cdots$	$\dfrac{\pi}{3}$
$S'(\theta)$		$+$	0	$-$	
$S(\theta)$		↗	最大	↘	

124

ポイント [解法1] 条件を変形し，$f(x)$ の連続性と中間値の定理から，すべての実数 x で $-1 \leq f(x) \leq 1$ となるための a, b の条件を求める。

[解法2] 場合を分けて，$f(x)$ の増減表を考え，グラフの概形をとらえる。

解法 1

$f(x) = \dfrac{ax+b}{x^2+x+1}$ において，すべての実数 x で $x^2+x+1>0$ であり

$f(x)$ は実数全体で連続 かつ $\displaystyle\lim_{x \to \infty} f(x) = \lim_{x \to \infty} \dfrac{\dfrac{a}{x}+\dfrac{b}{x^2}}{1+\dfrac{1}{x}+\dfrac{1}{x^2}} = 0$ ……①

また

$f(x) \leq f(x)^3 - 2f(x)^2 + 2 \iff \{f(x)-2\}\{f(x)-1\}\{f(x)+1\} \geq 0$

$\iff -1 \leq f(x) \leq 1$ または $f(x) \geq 2$

であるから，すべての実数 x で $f(x) \leq f(x)^3 - 2f(x)^2 + 2$ が成り立つことは

すべての実数 x で，$-1 \leq f(x) \leq 1$ または $f(x) \geq 2$ である ……②

ことと同値である。

今，$f(x) \geq 2$ を満たす実数 x が存在するなら，①と中間値の定理から，$1 < f(x_0) < 2$ となる実数 x_0 が存在し，②は成り立たない。したがって，$f(x) \geq 2$ を満たす実数 x は存在せず，②は

すべての実数 x で $-1 \leq f(x) \leq 1$ である ……③

ことと同値である。さらに

$-1 \leq f(x) \leq 1 \iff -x^2-x-1 \leq ax+b \leq x^2+x+1$

$\iff x^2+(a+1)x+b+1 \geq 0$ かつ $x^2-(a-1)x+1-b \geq 0$

これがすべての実数 x で成り立つための a, b の条件は，$x^2+(a+1)x+b+1=0$ と $x^2-(a-1)x+1-b=0$ の判別式を考えて

$\begin{cases} (a+1)^2 - 4(b+1) \leq 0 \\ (a-1)^2 - 4(1-b) \leq 0 \end{cases}$ すなわち $\begin{cases} b \geq \dfrac{1}{4}(a+1)^2 - 1 \\ b \leq -\dfrac{1}{4}(a-1)^2 + 1 \end{cases}$

これを図示すると，下図の網かけ部分（境界含む）である。

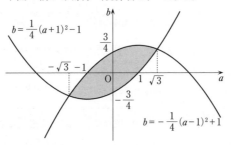

$b = \dfrac{1}{4}(a+1)^2 - 1$

$b = -\dfrac{1}{4}(a-1)^2 + 1$

解法 2

（②までは［解法 1］に同じ）

$f(x)$ のグラフの概形を考える。

$$f'(x) = \frac{a(x^2 + x + 1) - (ax + b)(2x + 1)}{(x^2 + x + 1)^2} = -\frac{ax^2 + 2bx - a + b}{(x^2 + x + 1)^2}$$

（i） $a = 0$ のとき

$$f'(x) = \frac{-b(2x + 1)}{(x^2 + x + 1)^2}$$

a） $b = 0$ のとき，$f(x) = 0$ となり，グラフは x 軸に重なる。

b） $b > 0$ のとき，$f(x)$ の増減表とグラフの概形は次のようになる。

x	$(-\infty)$	$\cdots$	$-\dfrac{1}{2}$	$\cdots$	$(+\infty)$
$f'(x)$		$+$	0	$-$	
$f(x)$	(0)	↗	極大	↘	(0)

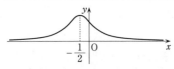

c） $b < 0$ のとき，$f(x)$ の増減表とグラフの概形は次のようになる。

x	$(-\infty)$	$\cdots$	$-\dfrac{1}{2}$	$\cdots$	$(+\infty)$
$f'(x)$		$-$	0	$+$	
$f(x)$	(0)	↘	極小	↗	(0)

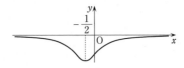

(ii) $a \neq 0$ のとき

$ax^2 + 2bx - a + b = 0$ の判別式を D とすると

$$\frac{D}{4} = b^2 - a(-a + b) = b^2 - ab + a^2 = \left(b - \frac{a}{2}\right)^2 + \frac{3}{4}a^2$$

$a \neq 0$ より $D > 0$ である。そこで $ax^2 + 2bx - a + b = 0$ の 2 つの実数解を α, β $(\alpha < \beta)$ とする。

a) $a > 0$ のとき，$f(x)$ の増減表とグラフの概形は次のようになる。

x	$(-\infty)$	$\cdots$	α	$\cdots$	β	$\cdots$	$(+\infty)$
$f'(x)$		$-$	0	$+$	0	$-$	
$f(x)$	(0)	$\searrow$	極小	$\nearrow$	極大	$\searrow$	(0)

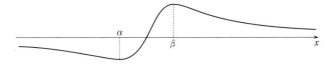

b) $a < 0$ のとき，$f(x)$ の増減表とグラフの概形は次のようになる。

x	$(-\infty)$	$\cdots$	α	$\cdots$	β	$\cdots$	$(+\infty)$
$f'(x)$		$+$	0	$-$	0	$+$	
$f(x)$	(0)	$\nearrow$	極大	$\searrow$	極小	$\nearrow$	(0)

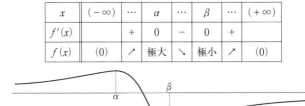

以上のグラフより，$f(x)$ が②を満たすための条件は，全実数 x に対して $-1 \leqq f(x) \leqq 1$ となることである（$2 \leqq f(x)$ となる x が存在すると，$f(x)$ が連続であり $\displaystyle \lim_{x \to \pm\infty} f(x) = 0$ なので，$1 < f(x) < 2$ となる x も存在してしまう）。

（以下，[解法 1] ③以降に同じ）

125

ポイント $f(x) = \cos x + \dfrac{\sqrt{3}}{4}x^2$ について $f''(x)$ の増減まで調べて $f'(x)$ の増減を見る。

解法

$f(x) = \cos x + \dfrac{\sqrt{3}}{4}x^2$ とおくと，$f(-x) = f(x)$ となるので，$f(x)$ は偶関数である。

そこで，$0 \le x \le \dfrac{\pi}{2}$ のときを考えると十分である。

$$f'(x) = -\sin x + \frac{\sqrt{3}}{2}x, \quad f''(x) = -\cos x + \frac{\sqrt{3}}{2}$$

$f''(x) = 0$ となるのは，$\cos x = \dfrac{\sqrt{3}}{2}$ より $x = \dfrac{\pi}{6}$ のときであるから，$0 \le x \le \dfrac{\pi}{2}$ での $f'(x)$ の増減表は次のようになる。

x	0	$\cdots$	$\dfrac{\pi}{6}$	$\cdots$	$\dfrac{\pi}{2}$
$f''(x)$		$-$	0	$+$	
$f'(x)$	0	$\searrow$		$\nearrow$	$-1 + \dfrac{\sqrt{3}}{4}\pi$

ここで，$\sqrt{3} > 1.7$，$\pi > 3.1$ であるから

$$f'\left(\frac{\pi}{2}\right) = -1 + \frac{\sqrt{3}}{4}\pi > -1 + \frac{1.7 \times 3.1}{4} = \frac{1.27}{4} > 0$$

よって，$0 < x < \dfrac{\pi}{2}$ において，$f'(x) = 0$ となる x がただ1つ存在するので，その値を $\alpha \left(\dfrac{\pi}{6} < \alpha < \dfrac{\pi}{2}\right)$ とすると，$0 \le x \le \dfrac{\pi}{2}$ での $f(x)$ の増減表は次のようになる。

x	0	$\cdots$	α	$\cdots$	$\dfrac{\pi}{2}$
$f'(x)$		$-$	0	$+$	$\cdot$
$f(x)$	1	$\searrow$		$\nearrow$	$\dfrac{\sqrt{3}}{16}\pi^2$

ここで，$\dfrac{\sqrt{3}}{16}\pi^2 > \dfrac{1.7 \times 3.1^2}{16} = \dfrac{16.337}{16} > 1$ なので，求める最大値は

$$f\left(\pm\dfrac{\pi}{2}\right) = \dfrac{\sqrt{3}}{16}\pi^2 \quad \cdots\cdots (答)$$

126

ポイント a と 1 の大小での場合分けによる。

解 法

(ⅰ) $0 < a < 1$ のとき

$$\lim_{n \to \infty} (1 + a^n) = 1, \ \lim_{n \to \infty} \frac{1}{n} = 0$$

より

$$\lim_{n \to \infty} (1 + a^n)^{\frac{1}{n}} = 1^0 = 1$$

(ⅱ) $a = 1$ のとき

$$\lim_{n \to \infty} (1 + a^n)^{\frac{1}{n}} = \lim_{n \to \infty} 2^{\frac{1}{n}} = 2^0 = 1$$

(ⅲ) $a > 1$ のとき

$$\lim_{n \to \infty} (1 + a^n)^{\frac{1}{n}} = \lim_{n \to \infty} \left\{ a^n \left(\frac{1}{a^n} + 1 \right) \right\}^{\frac{1}{n}}$$

$$= \lim_{n \to \infty} a \left\{ 1 + \left(\frac{1}{a} \right)^n \right\}^{\frac{1}{n}} \quad \cdots\cdots \text{(A)}$$

ここで，$a > 1$ より $0 < \dfrac{1}{a} < 1$ であるから，(ⅰ)より

$$\lim_{n \to \infty} \left\{ 1 + \left(\frac{1}{a} \right)^n \right\}^{\frac{1}{n}} = 1$$

ゆえに

$$\text{(A)} = a \cdot 1 = a$$

以上より

$$\begin{cases} 0 < a \leqq 1 \text{ のとき} & \text{(与式)} = 1 \\ 1 < a \text{ のとき} & \text{(与式)} = a \end{cases} \quad \cdots\cdots \text{(答)}$$

127

ポイント [解法1] $f(x)=\log x-px-q$ の増減を調べ，$f(x)=0$ を満たす正の実数 x が存在しないための条件を求める。

[解法2] $y=\log x$ の接線で点 $(0,\ q)$ を通るときの接線の傾きと p の関係を調べる。

解法 1

$\log x=px+q$ を満たす正の実数 x が存在しないための p と q の条件を求める。

$f(x)=\log x-px-q$ $(x>0)$ とおくと，$f'(x)=\dfrac{1}{x}-p$ である。

(i) $p\leqq0$ のとき

$x>0$ で $f'(x)>0$ であるから，$f(x)$ は単調増加である。また，$\displaystyle\lim_{x\to\infty}f(x)=\infty$，$\displaystyle\lim_{x\to0}f(x)=-\infty$ である。

$f(x)$ は $x>0$ で連続であるから，$f(x)=0$ かつ $x>0$ となる x が存在するので，条件は満たされない。

(ii) $p>0$ のとき

右の増減表を得る。

よって，求める条件は $f\left(\dfrac{1}{p}\right)<0$

すなわち

$$\log\frac{1}{p}-1-q<0$$

$$\log p>-q-1$$

底 $e>1$ より

$$p>e^{-q-1}$$

ゆえに $p>\dfrac{1}{e^{q+1}}$ ……(答)

x	0	$\cdots$	$\dfrac{1}{p}$	$\cdots$
$f'(x)$		$+$	0	$-$
$f(x)$	$(-\infty)$	$\nearrow$		$\searrow$

解法 2

$y=\log x$ のグラフ上の点 $(t,\ \log t)$ $(t>0)$ における接線の式は

$$y=\frac{1}{t}(x-t)+\log t$$

これが点 $(0,\ q)$ を通るための t の値は

$$q=\frac{1}{t}(0-t)+\log t$$

すなわち $\log t = q + 1$ より　　$t = e^{q+1}$

このとき，接線の傾きは $\dfrac{1}{t} = \dfrac{1}{e^{q+1}}$ ……① である。

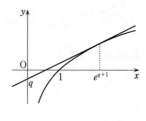

直線 $y = px + q$ は点 $(0,\ q)$ を通ることと，$y = \log x$ のグラフが上に凸であることから，求める条件はこの直線の傾き p が，①よりも大きいことである。

すなわち

$$p > \dfrac{1}{e^{q+1}} \quad ……(答)$$

128

2007年度　乙〔6〕　　　　　　　　　　　　　　　Level　C

ポイント　(1)　任意の実数 x に対して，$f(x) \neq \pm 1$ であることを示し，連続関数の中間値の定理を用いる。

(2)　条件式から $f'(x)$ を求め，(1)の結果を利用する。

[解法1]　上記の方針による。

[解法2]　(1)　条件式で a, b を $\dfrac{a}{2}$ でおきかえて $-1 \leqq f(a) \leqq 1$ を導き，次いで $f(a) \neq \pm 1$ を示す。

解 法 1

(1)　$f(x)=1$ となる実数 x が存在するとして，その1つを x_0 とすると

$$f(0)=f(x_0+(-x_0))=\frac{f(x_0)+f(-x_0)}{1+f(x_0)f(-x_0)}=\frac{1+f(-x_0)}{1+f(-x_0)}=1$$

これは条件 $f(0)=0$ に反する。

$f(x)=-1$ となる実数 x が存在するとし，その1つを x_1 とすると

$$f(0)=f(x_1+(-x_1))=\frac{f(x_1)+f(-x_1)}{1+f(x_1)f(-x_1)}=\frac{-1+f(-x_1)}{1-f(-x_1)}=-1$$

これは条件 $f(0)=0$ に反する。

よって，任意の実数 x に対して，$f(x) \neq \pm 1$ である。　……(*)

今，$|f(x)|>1$ となる実数 x が存在するとして，その1つを x_2 とすると，$f(x_2)>1$ または $f(x_2)<-1$ である。条件より $f(0)=0$ であり，$f(x)$ は実数全体で連続である（∵　実数全体で微分可能）から，中間値の定理より $f(x)=1$ または $f(x)=-1$ となる実数 x が存在する。

これは(*)に矛盾する。

以上より，任意の実数 a に対して $-1<f(a)<1$ である。　　　　（証明終）

(2)　$f(x+h)-f(x)=\dfrac{f(x)+f(h)}{1+f(x)f(h)}-f(x)=\dfrac{f(h)[1-\{f(x)\}^2]}{1+f(x)f(h)}$

$$\lim_{h\to 0}\frac{f(x+h)-f(x)}{h}=\lim_{h\to 0}\left[\frac{f(h)}{h}\cdot\frac{1-\{f(x)\}^2}{1+f(x)f(h)}\right]$$

$$=\lim_{h\to 0}\left[\frac{f(h)-f(0)}{h}\cdot\frac{1-\{f(x)\}^2}{1+f(x)f(h)}\right]\quad(\because\ f(0)=0)$$

$$=f'(0)\cdot\frac{1-\{f(x)\}^2}{1+f(x)f(0)}$$

$$=1-\{f(x)\}^2$$

すなわち　　$f'(x) = 1 - \{f(x)\}^2$　……①

ゆえに　　$f''(x) = -2f(x)f'(x)$　……②

ここで，(1)の結果より $\{f(x)\}^2 < 1$ だから，①より $f'(x) > 0$ である（$f(x)$ は単調増加）。また，$f(0) = 0$ だから，$x > 0$ では $f(x) > 0$ である。

よって②より，$f''(x) < 0$ となる。

ゆえに，$y = f(x)$ のグラフは $x > 0$ で上に凸である。　　　　　　　　(証明終)

解法 2

(1)　条件式で a, b を $\dfrac{a}{2}$ として

$$f(a) = \frac{2f\left(\dfrac{a}{2}\right)}{1 + \left\{f\left(\dfrac{a}{2}\right)\right\}^2}　……③$$

ここで，一般に任意の u に対して $-1 \leqq \dfrac{2u}{1+u^2} \leqq 1$　……④ が成り立つ。

なぜなら

$$④ \iff \left|\frac{2u}{1+u^2}\right| \leqq 1 \iff 2|u| \leqq 1 + u^2$$

であり，相加・相乗平均の関係から $1 + u^2 \geqq 2\sqrt{u^2} = 2|u|$ が成り立つので，④が成り立つ。

ゆえに，③より $-1 \leqq f(a) \leqq 1$ が成り立つ。

次に，任意の実数 a に対して $f(a) \neq \pm 1$ を示す。

まず，$f(a) = 1$ となる実数 a が存在するとすると，条件式に $b = -a$ を代入して

$$f(0) = f(a-a) = \frac{1 + f(-a)}{1 + 1 \cdot f(-a)} = 1$$

これは条件 $f(0) = 0$ に反する。よって，$f(a) \neq 1$ である。

次に，$f(a) = -1$ となる実数 a が存在するとすると，同様に

$$f(0) = f(a-a) = \frac{-1 + f(-a)}{1 + (-1) \cdot f(-a)} = -1$$

これは $f(0) = 0$ に反する。

以上より，$-1 < f(a) < 1$ である。　　　　　　　　　　　　　　　(証明終)

> **研究**　微分方程式 $f'(x) = 1 - \{f(x)\}^2$ を解いて，与えられた条件を満たす $f(x)$ を求めてみよう。
>
> 　　$-1 < f(x) < 1$ より，$1 - \{f(x)\}^2 \neq 0$ であるから
>
> $$\frac{f'(x)}{1 - \{f(x)\}^2} = 1$$

両辺を x で不定積分すると

$$\int \frac{f'(x)}{1-\{f(x)\}^2}\,dx = \int dx$$

$$\int \frac{f'(x)}{\{1-f(x)\}\{1+f(x)\}}\,dx = x+C \quad (C \text{ は積分定数})$$

$$\frac{1}{2}\int \left\{\frac{f'(x)}{1-f(x)} + \frac{f'(x)}{1+f(x)}\right\}dx = x+C$$

$-1 < f(x) < 1$ であるから

$$-\log\{1-f(x)\} + \log\{1+f(x)\} = 2(x+C)$$

$f(0) = 0$ より，$C = 0$ であるから

$$\log\frac{1+f(x)}{1-f(x)} = 2x \qquad \frac{1+f(x)}{1-f(x)} = e^{2x}$$

$f(x)$ について解くと $\qquad f(x) = \dfrac{e^{2x}-1}{e^{2x}+1}$

129

ポイント　(1)　中間値の定理による。

[解法1]　(2)　(1)での接線の y 切片についての式を x の関数とみて，その単調性を利用する。

[解法2]　(2)　$y = \dfrac{1-x^2}{1+x^2}$ を $x^2 = \dfrac{1-y}{1+y}$ とみて，$y = \cos x$ を代入し，変形すると $x^2 = \tan^2 \dfrac{x}{2}$ に帰着する。

解法 1

(1)　$f(x) = \cos x$, $g(x) = \dfrac{1-x^2}{1+x^2}$, $h(x) = f(x) - g(x)$ とおく。

$$h(2k\pi) = 1 - \frac{1-(2k\pi)^2}{1+(2k\pi)^2} = \frac{2(2k\pi)^2}{1+(2k\pi)^2} > 0,$$

$$h((2k+1)\pi) = -1 - \frac{1-(2k+1)^2\pi^2}{1+(2k+1)^2\pi^2} = \frac{-2}{1+(2k+1)^2\pi^2} < 0$$

$h(x)$ は連続な関数であるから中間値の定理より

$$2k\pi < x_0 < (2k+1)\pi \quad かつ \quad h(x_0) = 0$$

となる x_0 が存在する。よって，C_1 と C_2 は点 $(x_0,\ \cos x_0)$ を共有するので，少なくとも1つの共有点をもつ。

C_1 と C_2 の任意の共有点の x 座標を α とおくと，この点での C_1 の接線の式は $y = (-\sin\alpha)(x-\alpha) + \cos\alpha$ となり，この y 切片の値は

$$\alpha\sin\alpha + \cos\alpha = \alpha\sqrt{1 - \left(\frac{1-\alpha^2}{1+\alpha^2}\right)^2} + \frac{1-\alpha^2}{1+\alpha^2}$$

$$\left(\because \quad \cos\alpha = \frac{1-\alpha^2}{1+\alpha^2},\ また\ 2k\pi \leq \alpha \leq (2k+1)\pi\ より\ \sin\alpha > 0\right)$$

$$= \frac{2\alpha^2}{1+\alpha^2} + \frac{1-\alpha^2}{1+\alpha^2} = 1 \quad \cdots\cdots ①$$

ゆえに，C_1 と C_2 の共有点における C_1 の接線は点 $(0,\ 1)$ を通る。　　　　　（証明終）

(2)　$g(x) = -1 + \dfrac{2}{1+x^2}$ であるから，$x > 0$ で $g(x)$ は単調減少。

$$g(2k\pi) = \frac{1-(2k\pi)^2}{1+(2k\pi)^2} < 0 \quad (\because \quad k \geq 1)$$

よって，$x \geq 2k\pi$ で　　$g(x) < 0$

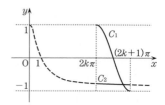

一方, $2k\pi \leqq x \leqq \left(2k+\dfrac{1}{2}\right)\pi$ で $f(x) \geqq 0$

したがって, 共有点は $\left(2k+\dfrac{1}{2}\right)\pi < x \leqq (2k+1)\pi$

の範囲に存在しなければならない。

(1)の結果（①）から, 共有点の x 座標 α は

$$x\sin x + \cos x - 1 = 0 \quad \cdots\cdots ②$$

の解でなければならない。$\left(2k+\dfrac{1}{2}\right)\pi < x \leqq (2k+1)\pi$ において

$$\dfrac{d}{dx}(x\sin x + \cos x - 1) = x\cos x < 0$$

であるから, ②の左辺は x の関数とみると単調減少である。

よって, ②の解は存在しても 1 個しかない。

ゆえに, C_1 と C_2 の共有点は多くても 1 個である。

(1)より少なくとも 1 個は存在するから, C_1 と C_2 の共有点はただ 1 つである。

(証明終)

解法 2

(2) $\quad y = \dfrac{1-x^2}{1+x^2} \iff x^2 = \dfrac{1-y}{1+y} \quad \left(y = \dfrac{1-x^2}{1+x^2} = -1 + \dfrac{2}{1+x^2} \text{ より } \quad y \neq -1\right)$

よって

$$\begin{cases} y = \cos x \\ y = \dfrac{1-x^2}{1+x^2} \end{cases} \iff \begin{cases} y = \cos x \\ x^2 = \dfrac{1-\cos x}{1+\cos x} \end{cases} \quad \cdots\cdots(*)$$

$(*)$ が $2k\pi \leqq x \leqq (2k+1)\pi$ にただ 1 つの解をもつことを示す。

$$\dfrac{1-\cos x}{1+\cos x} = \dfrac{\dfrac{1-\cos x}{2}}{\dfrac{1+\cos x}{2}} = \dfrac{\sin^2\dfrac{x}{2}}{\cos^2\dfrac{x}{2}} = \tan^2\dfrac{x}{2}$$

$(*)$ より

$$\tan\dfrac{x}{2} = x \quad \text{または} \quad \tan\dfrac{x}{2} = -x$$

$0 < k\pi \leqq \dfrac{x}{2} \leqq k\pi + \dfrac{\pi}{2}$ において $\tan\dfrac{x}{2} \geqq 0$ なので, $(*)$ より

$$\tan\dfrac{x}{2} = x$$

$F(x) = \tan\dfrac{x}{2} - x$ とおくと $\qquad F'(x) = \dfrac{1}{2\cos^2\dfrac{x}{2}} - 1$

これより下の増減表を得る。

x	$2k\pi$	$\cdots$	$2k\pi + \dfrac{\pi}{2}$	$\cdots$	$2k\pi + \pi$
$F'(x)$		$-$	0	$+$	
$F(x)$	$-2k\pi$	$\searrow$	$1 - \left(2k + \dfrac{1}{2}\right)\pi$	$\nearrow$	(∞)

よって，$F(x) = 0$ すなわち（＊）の解は $\left(2k + \dfrac{1}{2}\right)\pi \leqq x \leqq (2k+1)\pi$ にただ 1 つ存在する。

（証明終）

〔注〕 〔解法 2〕によれば，(1)を用いずに(2)を示すことができる。

130

ポイント $x^2 - x + \dfrac{n-1}{n^2} = \left(x - \dfrac{1}{n}\right)\left(x - 1 + \dfrac{1}{n}\right)$, $\quad \lim\limits_{n\to\infty}\left(1 + \dfrac{1}{n}\right)^n = \lim\limits_{n\to\infty}\left(1 - \dfrac{1}{n}\right)^{-n} = e$

による。

解 法

$x^2 - x + \dfrac{n-1}{n^2} = \left(x - \dfrac{1}{n}\right)\left(x - 1 + \dfrac{1}{n}\right)$ より

$$x^{2n} = P_n(x)\left(x - \dfrac{1}{n}\right)\left(x - 1 + \dfrac{1}{n}\right) + a_n x + b_n$$

両辺に $x = \dfrac{1}{n}$, $\quad 1 - \dfrac{1}{n}$ を代入することにより

$$\left(\dfrac{1}{n}\right)^{2n} = \dfrac{1}{n}a_n + b_n \quad \cdots\cdots ①$$

$$\left(1 - \dfrac{1}{n}\right)^{2n} = \left(1 - \dfrac{1}{n}\right)a_n + b_n \quad \cdots\cdots ②$$

②−① より

$$\left(1 - \dfrac{2}{n}\right)a_n = \left(1 - \dfrac{1}{n}\right)^{2n} - \left(\dfrac{1}{n}\right)^{2n}$$

$n \geqq 3$ において

$$a_n = \dfrac{n}{n-2}\left\{\left(1 - \dfrac{1}{n}\right)^{2n} - \left(\dfrac{1}{n}\right)^{2n}\right\} \quad \cdots\cdots ③$$

ここで

$$\lim_{n\to\infty}\dfrac{n}{n-2} = \lim_{n\to\infty}\left(1 + \dfrac{2}{n-2}\right) = 1$$

$$\lim_{n\to\infty}\left(\dfrac{1}{n}\right)^{2n} = 0$$

$$\lim_{n\to\infty}\left(1 - \dfrac{1}{n}\right)^{2n} = \lim_{n\to\infty}\left\{\left(1 - \dfrac{1}{n}\right)^{-n}\right\}^{-2} = e^{-2} = \dfrac{1}{e^2}$$

であるから，③より

$$\lim_{n\to\infty}a_n = \dfrac{1}{e^2} \quad \cdots\cdots (答)$$

よって，①より

$$\lim_{n\to\infty}b_n = \lim_{n\to\infty}\left\{\left(\dfrac{1}{n}\right)^{2n} - \dfrac{a_n}{n}\right\} = 0 \quad \cdots\cdots (答)$$

〔注〕 教科書における e の定義は

$$e = \lim_{h \to 0} (1+h)^{\frac{1}{h}}$$

によって与えられる。ここにおける h（正負を問わない）は実数である。この定義を用いると，$\dfrac{1}{n} = h$ とおいて

$$\lim_{n \to \infty}\left(1+\frac{1}{n}\right)^n = \lim_{h \to 0}(1+h)^{\frac{1}{h}} = e$$

$-\dfrac{1}{n} = h$ とおいて

$$\lim_{n \to \infty}\left(1-\frac{1}{n}\right)^n = \lim_{h \to 0}\left\{(1+h)^{\frac{1}{h}}\right\}^{-1} = \frac{1}{e}$$

§11 積分(体積除く)

131 2022 年度 〔5〕 Level B

ポイント (1) $\cos^3 x = (1-\sin^2 x)\cos x$ または $\cos^3 x = \dfrac{1}{4}(\cos 3x + 3\cos x)$ を用いる。

(2) $f(t)$ の増減表を考える。このために，$f'(t) = t\cos^3 t\left(\dfrac{1}{t} - 3\tan t\right)$ において，

$g(t) = \dfrac{1}{t} - 3\tan t$ の 符 号 変 化 を 考 え る。$f'(t) = \cos^2 t(\cos t - 3t\sin t)$ と し て，

$g(t) = \cos t - 3t\sin t$ の符号変化を考えてもよい。

(3) まず，直径 1 の円に外接する正 6 角形の周の長さを考えて，$\pi < 2\sqrt{3}$ であること

を導いておく。これより，$g\left(\dfrac{\pi}{6}\right) > 0 = g(\alpha)$ となり，$g(t)$ が減少関数であることから，

$\dfrac{\pi}{6} < \alpha$ となることを利用する。

解 法

(1)
$$S = \int_0^{\frac{\pi}{2}} \cos^3 x\, dx$$

$$= \int_0^{\frac{\pi}{2}} (1-\sin^2 x)\cos x\, dx$$

$$= \int_0^{\frac{\pi}{2}} (\cos x - \sin^2 x\cos x)\, dx$$

$$= \left[\sin x - \frac{1}{3}\sin^3 x\right]_0^{\frac{\pi}{2}}$$

$$= \frac{2}{3} \quad \cdots\cdots(答)$$

〔注1〕 $\cos 3x = 4\cos^3 x - 3\cos x$ を用いて

$$\int_0^{\frac{\pi}{2}} \cos^3 x\, dx = \frac{1}{4}\int_0^{\frac{\pi}{2}} (\cos 3x + 3\cos x)\, dx = \frac{1}{4}\left[\frac{1}{3}\sin 3x + 3\sin x\right]_0^{\frac{\pi}{2}} = \frac{1}{4}\left(-\frac{1}{3} + 3\right) = \frac{2}{3}$$

としてもよい。

(2) $f(t) = t\cos^3 t$ から

$$f'(t) = \cos^3 t - 3t\sin t\cos^2 t$$

$$= t\cos^3 t\left(\frac{1}{t} - 3\tan t\right)$$

$g(t) = \dfrac{1}{t} - 3\tan t \left(0 < t < \dfrac{\pi}{2}\right)$ とおくと，$f'(t)$ と $g(t)$ の符号は一致する。

$0 < t < \dfrac{\pi}{2}$ において，$\dfrac{1}{t}$，$-3\tan t$ はともに単調減少なので，$g(t)$ は単調減少である。

さらに，$\displaystyle\lim_{t \to +0} g(t) = \infty$，$\displaystyle\lim_{t \to \frac{\pi}{2} - 0} g(t) = -\infty$ であるから，$g(\alpha) = 0$，$0 < \alpha < \dfrac{\pi}{2}$ となる α が

ただ1つ存在する。

すなわち $f(\alpha) = 0$，$0 < \alpha < \dfrac{\pi}{2}$ となる α がただ1つ

存在し，$f(t)$ の増減表は右のようになる。
ゆえに，$f(t)$ は最大値をただ1つの $t\ (=\alpha)$ でと
る。　　　　　　　　　　　　　　　（証明終）

t	(0)	$\cdots$	α	$\cdots$	$\left(\dfrac{\pi}{2}\right)$
$f'(t)$		$+$	0	$-$	0
$f(t)$		$\nearrow$		$\searrow$	

また，$g(\alpha) = \dfrac{1}{\alpha} - 3\tan\alpha = 0$ であるから

$$\alpha = \dfrac{1}{3\tan\alpha}$$

ゆえに

$$f(\alpha) = \alpha\cos^3\alpha = \dfrac{\cos^3\alpha}{3\tan\alpha} = \dfrac{\cos^4\alpha}{3\sin\alpha}$$　　　　　　　　　　（証明終）

〔注2〕　$g'(t) = -\left(\dfrac{1}{t^2} + \dfrac{3}{\cos^2 t}\right) < 0$ から，$g(t)$ は単調減少としてもよい。

　　また，$f'(t) = \cos^2 t(\cos t - 3t\sin t)$ として，$g(t) = \cos t - 3t\sin t$ とおいて考えてもよい。

(3)　(2)の $g(t)$ について　　$g\left(\dfrac{\pi}{6}\right) = \dfrac{6}{\pi} - \sqrt{3}$

ここで，直径1の円に外接する正6角形の周の長さは $2\sqrt{3}$ であ
り，π の定義から，$\pi < 2\sqrt{3}$ である。

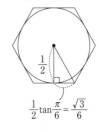

よって，$\dfrac{1}{\pi} > \dfrac{1}{2\sqrt{3}} = \dfrac{\sqrt{3}}{6}$ すなわち $\dfrac{6}{\pi} - \sqrt{3} > 0$ となり

$$g\left(\dfrac{\pi}{6}\right) = \dfrac{6}{\pi} - \sqrt{3} > 0 = g(\alpha)$$

$g(t)$ は単調減少であるから，$\dfrac{\pi}{6} < \alpha < \dfrac{\pi}{2}$ である。

よって，$0 < \cos\alpha < \dfrac{\sqrt{3}}{2}$，$\dfrac{1}{2} < \sin\alpha < 1$ である。

また，(1)，(2)から，$S = \dfrac{2}{3}$，$f(\alpha) = \dfrac{\cos^4\alpha}{3\sin\alpha}$ であるから

$$\frac{f(\alpha)}{S}=\frac{\cos^4\alpha}{2\sin\alpha}<\frac{\left(\frac{\sqrt{3}}{2}\right)^4}{2\cdot\frac{1}{2}}=\frac{9}{16}$$

（証明終）

〔注3〕　$0<\alpha<\frac{\pi}{2}$ で $\cos\alpha$ は減少関数，$\sin\alpha$ は増加関数であることから，$\frac{f(\alpha)}{S}=\frac{\cos^4\alpha}{2\sin\alpha}$ は α の減少関数である。そこで，$\frac{f(\alpha)}{S}<\frac{9}{16}$ を示すためには $0<\beta<\alpha$ であり，かつ $\frac{f(\beta)}{S}=\frac{9}{16}$ となるような β を見出したらよい。ここで，減少関数 $g(t)$ について $g(\alpha)=0$ となることから，β は $g(\beta)>0$ を満たすことが必要である。このような β を見つけるために，$\beta=\frac{\pi}{6}$ として，$g\left(\frac{\pi}{6}\right)$ を計算してみると，$g\left(\frac{\pi}{6}\right)=\frac{6}{\pi}-\sqrt{3}$ となる。$\pi<3.2$，$\sqrt{3}<1.8$ などを既知とすると，$\frac{6}{\pi}>\frac{6}{3.2}=1.875>1.8>\sqrt{3}$ から，$g\left(\frac{\pi}{6}\right)>0$ となることがわかる。$\sqrt{3}<1.8$ は $3<1.8^2=3.24$ から明らかであるが，$\pi<3.2$ については問題文に但し書きがないことから，[解法]では，π の定義 $\left(\pi=\frac{円周}{直径}\right)$ に基づいて，$\pi<2\sqrt{3}$ を導いてある。これも解答の一部として求められている可能性もあるが，$\pi<3.2$ を断りなく用いても可かもしれない。なお，[解法]にあるように，直径1の円に外接する正6角形の周の長さを用いると，$\pi<2\sqrt{3}$ となり，これは $g\left(\frac{\pi}{6}\right)=\frac{6}{\pi}-\sqrt{3}>0$ を示すためにはちょうどよい π の評価（上からの必要ぎりぎりの評価）になっているというのはおもしろいことである。

132

ポイント $\displaystyle\int_0^{\frac{\pi}{2}}\sqrt{1+\left(\frac{dy}{dx}\right)^2}\,dx$ を計算する。$\displaystyle\int_0^{\frac{\pi}{4}}\frac{1}{\cos t}\,dt$ の計算に帰着する。

解 法

求める長さを L とすると，$L=\displaystyle\int_0^{\frac{\pi}{2}}\sqrt{1+\left(\frac{dy}{dx}\right)^2}\,dx$ である。

$y=\log\left(1+\cos x\right)$ から，$\dfrac{dy}{dx}=\dfrac{-\sin x}{1+\cos x}$ なので

$$1+\left(\frac{dy}{dx}\right)^2=1+\left(\frac{-\sin x}{1+\cos x}\right)^2=\frac{(1+\cos x)^2+\sin^2 x}{(1+\cos x)^2}$$

$$=\frac{2}{1+\cos x}=\frac{1}{\cos^2\dfrac{x}{2}}$$

$0\leqq x\leqq\dfrac{\pi}{2}$ において，$\cos\dfrac{x}{2}>0$ なので，$\sqrt{1+\left(\dfrac{dy}{dx}\right)^2}=\dfrac{1}{\cos\dfrac{x}{2}}$ であり

$$L=\int_0^{\frac{\pi}{2}}\frac{1}{\cos\dfrac{x}{2}}\,dx$$

$t=\dfrac{x}{2}$ とおくと，$\dfrac{dt}{dx}=\dfrac{1}{2}$,

x	$0\to\dfrac{\pi}{2}$
t	$0\to\dfrac{\pi}{4}$

であるから

$$L=2\int_0^{\frac{\pi}{4}}\frac{1}{\cos t}\,dt$$

$$=2\int_0^{\frac{\pi}{4}}\frac{\cos t}{\cos^2 t}\,dt$$

$$=\int_0^{\frac{\pi}{4}}\frac{2\cos t}{(1-\sin t)(1+\sin t)}\,dt$$

$$=\int_0^{\frac{\pi}{4}}\left(\frac{\cos t}{1-\sin t}+\frac{\cos t}{1+\sin t}\right)dt$$

$$=\Bigl[-\log|1-\sin t|+\log|1+\sin t|\Bigr]_0^{\frac{\pi}{4}}$$

$$= \left[\log \left| \frac{1+\sin t}{1-\sin t} \right| \right]_0^{\frac{\pi}{4}}$$

$$= \log \frac{1+\dfrac{1}{\sqrt{2}}}{1-\dfrac{1}{\sqrt{2}}}$$

$$= \log \frac{\sqrt{2}+1}{\sqrt{2}-1}$$

$$= 2\log(\sqrt{2}+1) \quad \cdots\cdots(\text{答})$$

133

ポイント (1) $\dfrac{x}{\cos^2 x} = x(\tan x)'$ を用いる。

(2) $\dfrac{1}{\cos x} = \dfrac{\cos x}{\cos^2 x} = \dfrac{1}{2}\left(\dfrac{\cos x}{1+\sin x} + \dfrac{\cos x}{1-\sin x}\right)$ を用いる。

解 法

(1) $\displaystyle\int_0^{\frac{\pi}{4}} \frac{x}{\cos^2 x}\, dx = \int_0^{\frac{\pi}{4}} x(\tan x)'\, dx$

$$= \Big[x\tan x\Big]_0^{\frac{\pi}{4}} - \int_0^{\frac{\pi}{4}} \tan x\, dx$$

$$= \frac{\pi}{4} + \int_0^{\frac{\pi}{4}} \frac{-\sin x}{\cos x}\, dx$$

$$= \frac{\pi}{4} + \Big[\log|\cos x|\Big]_0^{\frac{\pi}{4}}$$

$$= \frac{\pi}{4} + \log\frac{1}{\sqrt{2}}$$

$$= \frac{\pi}{4} - \frac{1}{2}\log 2 \quad \cdots\cdots(\text{答})$$

(2) $\dfrac{1}{\cos x} = \dfrac{\cos x}{\cos^2 x} = \dfrac{\cos x}{(1+\sin x)(1-\sin x)}$

$$= \frac{1}{2}\left(\frac{\cos x}{1+\sin x} + \frac{\cos x}{1-\sin x}\right)$$

であるから

$$\int_0^{\frac{\pi}{4}} \frac{dx}{\cos x} = \frac{1}{2}\int_0^{\frac{\pi}{4}}\left(\frac{\cos x}{1+\sin x} - \frac{-\cos x}{1-\sin x}\right)dx$$

$$= \frac{1}{2}\Big[\log|1+\sin x| - \log|1-\sin x|\Big]_0^{\frac{\pi}{4}}$$

$$= \frac{1}{2}\left\{\log\left(1+\frac{1}{\sqrt{2}}\right) - \log\left(1-\frac{1}{\sqrt{2}}\right)\right\}$$

$$= \frac{1}{2}\log\frac{\sqrt{2}+1}{\sqrt{2}-1}$$

$$= \frac{1}{2}\log(\sqrt{2}+1)^2$$

$$= \log(\sqrt{2}+1) \quad \cdots\cdots(\text{答})$$

〔注〕 (2)は次のようにしてもよい。

$$\int_0^{\frac{\pi}{4}} \frac{dx}{\cos x} = \int_0^{\frac{\pi}{4}} \frac{\cos x}{\cos^2 x} dx = \int_0^{\frac{\pi}{4}} \frac{\cos x}{1-\sin^2 x} dx$$

$\sin x = u$ とおくと，$\cos x dx = du$ で，

x	$0 \to \frac{\pi}{4}$
u	$0 \to \frac{1}{\sqrt{2}}$

より

$$\int_0^{\frac{\pi}{4}} \frac{dx}{\cos x} = \int_0^{\frac{1}{\sqrt{2}}} \frac{du}{1-u^2} = \frac{1}{2}\int_0^{\frac{1}{\sqrt{2}}} \left(\frac{1}{1-u} + \frac{1}{1+u}\right) du$$

$$= \frac{1}{2}\Big[-\log|1-u| + \log|1+u| \Big]_0^{\frac{1}{\sqrt{2}}}$$

$$= \frac{1}{2}\left\{ -\log\left(1-\frac{1}{\sqrt{2}}\right) + \log\left(1+\frac{1}{\sqrt{2}}\right)\right\}$$

（以下，[解法] に同じ）

一般に，整数 n に対して $\int \cos^{2n+1}x dx = \int \cos^{2n}x \cos x dx = \int (1-t^2)^n dt$ （$t=\sin x$ として）である。本問は $n=-1$ の場合である。

134

ポイント　適当な座標平面を設定して考える。

〔解法1〕　$A(a, b)$，$B(0, 0)$，$C(c, 0)$ $(0<a<c, b>0)$ とおく。$P(x, y)$ として，x，y を t で表し，$\dfrac{dx}{dt}>0$，$y>0$，$t\to0$ のとき $P\to B$，$t\to1$ のとき $P\to C$ を確認し，$0\leqq t\leqq1$ での積分計算を行う。

〔解法2〕　$A(0, 0)$，$B(a, b)$，$C(0, c)$ $(a>0, 0<b<c)$ とおく。$P(x, y)$ として，x，y を t で表した後，t を消去し y を x で表す。$t\to0$ のとき $x\to a$ $(P\to B)$，$t\to1$ のとき $x\to0$ $(P\to C)$ を確認し，$0\leqq x\leqq a$ での積分計算を行う。

解法 1

　三角形 ABC は鋭角三角形であるから，座標平面上で $A(a, b)$，$B(0, 0)$，$C(c, 0)$　$(0<a<c, b>0)$ として考えてよい。

このとき，$Q(ct+(1-t)a, (1-t)b)$ であるから，$P(x, y)$ とおくと

$$\begin{cases} x=t\{ct+(1-t)a\}=(c-a)t^2+at \\ y=t(1-t)b=-b(t^2-t) \end{cases}$$

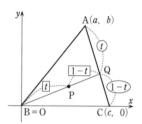

これより

$$\frac{dx}{dt}=2(c-a)t+a$$

$$\frac{dy}{dt}=-b(2t-1)$$

で，$c-a>0$，$a>0$，$b>0$ であるから，$0<t<1$ における x，y の変化は右のようになる。

このとき

$$\begin{cases} t\to0 \text{ のとき } P\to B \\ t\to1 \text{ のとき } P\to C \end{cases}$$

である。

t	(0)	$\cdots$	$\dfrac{1}{2}$	$\cdots$	(1)
$\dfrac{dx}{dt}$		$+$	$+$	$+$	
x	(0)	$\to$	$\dfrac{a+c}{4}$	$\to$	(c)
$\dfrac{dy}{dt}$		$+$	0	$-$	
y	(0)	$\uparrow$	$\dfrac{b}{4}$	$\downarrow$	(0)

よって，求める面積を T とすると

$$T=\int_0^c y\,dx$$

$$=\int_0^1 \{-b(t^2-t)\}\{2(c-a)t+a\}\,dt$$

$$=b\int_0^1 \{2(a-c)t^3+(2c-3a)t^2+at\}\,dt$$

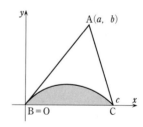

$$= b\left[\frac{a-c}{2}t^4 + \frac{2c-3a}{3}t^3 + \frac{a}{2}t^2\right]_0^1$$

$$= b\left(\frac{a-c}{2} + \frac{2c-3a}{3} + \frac{a}{2}\right)$$

$$= \frac{bc}{6}$$

$S = \dfrac{bc}{2}$ であるから　　　$T = \dfrac{1}{3}S$　……（答）

〔注〕 $0 < t < 1$ で $\dfrac{dx}{dt} > 0$, $y > 0$ であることの確認は必須である。また，$t \to 0$ のとき $P \to B$，$t \to 1$ のとき $P \to C$ であることも増減表で示しておくとよい。

解法 2

三角形 ABC は鋭角三角形であるから，座標平面上で $A(0, 0)$，$B(a, b)$，$C(0, c)$ $(a > 0, 0 < b < c)$ としてよい。
$Q(0, ct)$ であるから，$P(x, y)$ とおくと

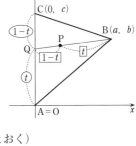

$$\begin{cases} x = a(1-t) & \cdots\cdots① \\ y = ct^2 + b(1-t) & \cdots\cdots② \end{cases}$$

$a > 0$ であるから，①より

$$1 - t = \frac{x}{a}, \quad t = 1 - \frac{x}{a}$$

これと②より

$$y = c\left(1 - \frac{x}{a}\right)^2 + b \cdot \frac{x}{a} = \frac{c}{a^2}x^2 - \frac{2c-b}{a}x + c \quad (= f(x) \text{ とおく})$$

直線 BC の方程式は　　$y = \dfrac{b-c}{a}x + c$　$(= g(x)$ とおく$)$

これより

$$g(x) - f(x) = -\frac{c}{a^2}x(x-a)$$

であるから，$0 < t < 1$ のとき，$0 < x < a$ で

$$g(x) - f(x) > 0$$

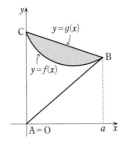

また，$t \to 0$ のとき $x \to a$（$P \to B$）で　　$g(x) - f(x) \to 0$
　　　　$t \to 1$ のとき $x \to 0$（$P \to C$）で　　$g(x) - f(x) \to 0$
である。
よって，求める面積を T とすると

$$T = \int_0^a \{g(x) - f(x)\}\,dx$$

$$= -\frac{c}{a^2} \int_0^a x\,(x-a)\,dx$$

$$= \frac{c}{a^2} \cdot \frac{a^3}{6}$$

$$= \frac{ac}{6}$$

$S = \dfrac{ac}{2}$ であるから $\qquad T = \dfrac{1}{3}S$　……(答)

135

ポイント　(1)　[解法1]　法線に平行なベクトル $\vec{n}$ を利用すると，$\overrightarrow{\mathrm{OB}} = \overrightarrow{\mathrm{OA}} + \dfrac{\vec{n}}{|\vec{n}|}$ と

なることを用いる。

[解法2]　法線の方程式に $x = u(t)$，$y = v(t)$ を代入した式と，

$\{u(t) - t\}^2 + \{v(t) - \log t\}^2 = 1$ を用いる。

(2)　$L_1(r) - L_2(r) = \displaystyle\int_r^1 \left\{ \sqrt{1^2 + \left(\dfrac{1}{t}\right)^2} - \sqrt{\left(\dfrac{du}{dt}\right)^2 + \left(\dfrac{dv}{dt}\right)^2} \right\} dt$ である。この被積分関数部分

(t の関数) を計算し，簡単な式を導く。

解法 1

(1)　$y = \log x$ より $y' = \dfrac{1}{x}$ であるから，点Aにおける法線の傾きは $-t$ である。よって，

法線に平行なベクトルの1つは $\vec{n} = (1,\ -t)$ と表せる。

このとき，$\overrightarrow{\mathrm{AB}} /\!/ \vec{n}$，$|\overrightarrow{\mathrm{AB}}| = 1$，Bの x 座標は t より大きいことから

$$\overrightarrow{\mathrm{AB}} = \frac{\vec{n}}{|\vec{n}|} = \left(\frac{1}{\sqrt{1+t^2}},\ -\frac{t}{\sqrt{1+t^2}} \right)$$

$$\overrightarrow{\mathrm{OB}} = \overrightarrow{\mathrm{OA}} + \overrightarrow{\mathrm{AB}} = \left(t + \frac{1}{\sqrt{1+t^2}},\ \log t - \frac{t}{\sqrt{1+t^2}} \right)$$

したがって，点Bの座標は

$$(u(t),\ v(t)) = \left(t + \frac{1}{\sqrt{1+t^2}},\ \log t - \frac{t}{\sqrt{1+t^2}} \right) \quad \cdots\cdots(\text{答})$$

また

$$\frac{d}{dt} u(t) = 1 - \frac{\dfrac{1}{2} \cdot \dfrac{1}{\sqrt{1+t^2}} \cdot 2t}{(\sqrt{1+t^2})^2} = 1 - \frac{t}{(1+t^2)^{\frac{3}{2}}}$$

$$\frac{d}{dt} v(t) = \frac{1}{t} - \frac{\sqrt{1+t^2} - t \cdot \dfrac{1}{2} \cdot \dfrac{1}{\sqrt{1+t^2}} \cdot 2t}{(\sqrt{1+t^2})^2}$$

$$= \frac{1}{t} - \frac{(1+t^2) - t^2}{(1+t^2)^{\frac{3}{2}}} = \frac{1}{t} - \frac{1}{(1+t^2)^{\frac{3}{2}}}$$

よって

$$\left(\frac{du}{dt},\ \frac{dv}{dt}\right)=\left(1-\frac{t}{(1+t^2)^{\frac{3}{2}}},\ \frac{1}{t}-\frac{1}{(1+t^2)^{\frac{3}{2}}}\right)\ \ \cdots\cdots(\text{答})$$

(2) 点Aの座標を $(x,\ y)$ とおくと，$x=t,\ y=\log t\ (t>0)$ より

$$\sqrt{\left(\frac{dx}{dt}\right)^2+\left(\frac{dy}{dt}\right)^2}=\sqrt{1^2+\left(\frac{1}{t}\right)^2}=\frac{\sqrt{t^2+1}}{t}\quad(\because\ t>0)$$

よって $L_1(r)=\displaystyle\int_r^1\frac{\sqrt{t^2+1}}{t}dt$

また，$t>0$ から $\quad1-\dfrac{t}{(1+t^2)^{\frac{3}{2}}}=1-\dfrac{1}{1+t^2}\sqrt{\dfrac{t^2}{1+t^2}}>0\ \ \cdots\cdots①$

$$\sqrt{\left(\frac{du}{dt}\right)^2+\left(\frac{dv}{dt}\right)^2}=\sqrt{\left\{1-\frac{t}{(1+t^2)^{\frac{3}{2}}}\right\}^2+\left\{\frac{1}{t}-\frac{1}{(1+t^2)^{\frac{3}{2}}}\right\}^2}$$

$$=\sqrt{\left\{1-\frac{t}{(1+t^2)^{\frac{3}{2}}}\right\}^2\left(1+\frac{1}{t^2}\right)}$$

$$=\left\{1-\frac{t}{(1+t^2)^{\frac{3}{2}}}\right\}\frac{\sqrt{t^2+1}}{t}\quad(①,\ t>0\text{ より})$$

よって $L_2(r)=\displaystyle\int_r^1\left\{1-\frac{t}{(1+t^2)^{\frac{3}{2}}}\right\}\frac{\sqrt{t^2+1}}{t}dt$

したがって

$$L_1(r)-L_2(r)=\int_r^1\left[\frac{\sqrt{t^2+1}}{t}-\left\{1-\frac{t}{(1+t^2)^{\frac{3}{2}}}\right\}\frac{\sqrt{t^2+1}}{t}\right]dt$$

$$=\int_r^1\frac{dt}{1+t^2}$$

ここで，$t=\tan\theta$ とおくと $\quad\dfrac{dt}{d\theta}=\dfrac{1}{\cos^2\theta}$

$0<r<1$ より，$r=\tan\theta_0\ \ \cdots\cdots②$ を満たす θ_0 が $0<\theta_0<\dfrac{\pi}{4}$ に存在し

t	$r\rightarrow1$
θ	$\theta_0\rightarrow\dfrac{\pi}{4}$

であるから

$$L_1(r)-L_2(r)=\int_{\theta_0}^{\frac{\pi}{4}}\frac{1}{1+\tan^2\theta}\cdot\frac{1}{\cos^2\theta}d\theta$$

$$=\int_{\theta_0}^{\frac{\pi}{4}}d\theta$$

$$= \Bigl[\theta\Bigr]_{\theta_0}^{\frac{\pi}{4}}$$

$$= \frac{\pi}{4} - \theta_0$$

②より，$\displaystyle\lim_{r \to +0} \theta_0 = 0$ であるから

$$\lim_{r \to +0}(L_1(r) - L_2(r)) = \lim_{r \to +0}\left(\frac{\pi}{4} - \theta_0\right) = \frac{\pi}{4} \quad \cdots\cdots(\text{答})$$

解法 2

(1) $y = \log x$ より $y' = \dfrac{1}{x}$ であるから，点 A における法線の方程式は

$$y - \log t = -t(x - t)$$

点 B$(u(t),\ v(t))$ は法線上にあるから

$$v(t) - \log t = -t\{u(t) - t\} \quad \cdots\cdots(\mathcal{T})$$

また，AB$= 1$ より AB$^2 = 1$ であるから

$$\{u(t) - t\}^2 + \{v(t) - \log t\}^2 = 1$$

(ア)を代入して整理すると

$$(1 + t^2)\{u(t) - t\}^2 = 1$$

$$\{u(t) - t\}^2 = \frac{1}{1 + t^2}$$

$u(t) > t$ であるから $\quad u(t) = t + \dfrac{1}{\sqrt{1 + t^2}}$

これと(ア)より

$$v(t) = -t\{u(t) - t\} + \log t = \log t - \frac{t}{\sqrt{1 + t^2}}$$

（以下，[解法 1] に同じ）

136

ポイント $y=xe^{-x}$ の増減，曲線 $y=xe^{-x}$ と直線 $y=ax$，$x=\sqrt{2}$ の共有点の x 座標を調べ，a の値による場合分けを行う。

解法

$f(x)=xe^{-x}$ とおくと

$$f'(x)=e^{-x}-xe^{-x}=(1-x)\,e^{-x}$$

$0\leqq x\leqq\sqrt{2}$ における $f(x)$ の増減表は右のようになる。

また，$y=f(x)$ と $y=ax$ の共有点の x 座標は

x	0	$\cdots$	1	$\cdots$	$\sqrt{2}$
$f'(x)$		$+$	0	$-$	
$f(x)$	0	↗	e^{-1}	↘	$\sqrt{2}e^{-\sqrt{2}}$

$$xe^{-x}=ax \quad より \quad x\,(e^{-x}-a)=0$$

$a>0$ のとき　　$x=0,\ -\log a$

$a=0$ のとき　　$x=0$

また，$f'(0)=1$ であるから，$y=f(x)$ の原点における接線の傾きは 1 である。また，直線 $y=ax$ が点 $(\sqrt{2},\ f(\sqrt{2}))$ を通るときの a の値は，$e^{-\sqrt{2}}$（<1）である。

(ⅰ) $0\leqq a\leqq e^{-\sqrt{2}}$ のとき

$0\leqq x\leqq\sqrt{2}$ において

$$f(x)-ax=x\,(e^{-x}-a)\geqq x\,(e^{-\sqrt{2}}-a)\geqq 0$$

で，グラフは次図(ア)〜(ウ)のようになり，$S(a)$ は単調に減少し，最小値は $S(e^{-\sqrt{2}})$ になる。

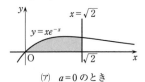 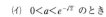 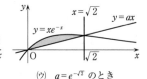

(ア) $a=0$ のとき　　(イ) $0<a<e^{-\sqrt{2}}$ のとき　　(ウ) $a=e^{-\sqrt{2}}$ のとき

(ⅱ) $e^{-\sqrt{2}}<a<1$ のとき

$0<-\log a<\sqrt{2}$ であるから，グラフは右図のようになり

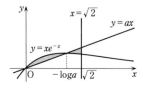

$$S(a)=\int_0^{-\log a}\{f(x)-ax\}\,dx+\int_{-\log a}^{\sqrt{2}}\{ax-f(x)\}\,dx$$

ここで

$$\int\{f(x)-ax\}\,dx=\int(xe^{-x}-ax)\,dx=-xe^{-x}-\frac{a}{2}x^2+\int e^{-x}dx$$

$$= -xe^{-x} - \frac{a}{2}x^2 - e^{-x} + C \quad (C \text{ は積分定数})$$

$$= -(x+1)e^{-x} - \frac{a}{2}x^2 + C$$

よって，$F(x) = -(x+1)e^{-x} - \dfrac{a}{2}x^2$ とおくと

$$S(a) = F(-\log a) - F(0) - \{F(\sqrt{2}) - F(-\log a)\}$$

$$= 2F(-\log a) - F(0) - F(\sqrt{2})$$

$$= 2\left\{(\log a - 1)a - \frac{a}{2}(\log a)^2\right\} - (-1) - \{-(\sqrt{2}+1)e^{-\sqrt{2}} - a\}$$

$$= 2a(\log a - 1) - a(\log a)^2 + a + 1 + (\sqrt{2}+1)e^{-\sqrt{2}} \quad \cdots\cdots①$$

$$S'(a) = 2(\log a - 1) + 2a\cdot\frac{1}{a} - (\log a)^2 - a\cdot 2(\log a)\cdot\frac{1}{a} + 1$$

$$= 1 - (\log a)^2$$

$e^{-\sqrt{2}} < a < 1$ における $S(a)$ の増減表は右のようになり，最小値は $S(e^{-1})$ になる。

a	$e^{-\sqrt{2}}$	$\cdots$	e^{-1}	$\cdots$	1
$S'(a)$		$-$	0	$+$	
$S(a)$		$\searrow$	極小かつ最小	$\nearrow$	

(iii) $a \geqq 1$ のとき

$0 \leqq x \leqq \sqrt{2}$ において

$$f(x) - ax = x(e^{-x} - a) \leqq x(1-a) \leqq 0$$

で，グラフは右図のようになり，$S(a)$ は単調に増加し，最小値は $S(1)$ になる。

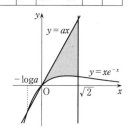

(ii)の増減表から，$S(e^{-1}) < S(e^{-\sqrt{2}})$，$S(e^{-1}) < S(1)$ であるので，(i)〜(iii)より $S(a)$ の最小値は $S(e^{-1})$ で，①より

$$S(e^{-1}) = 2e^{-1}(-1-1) - e^{-1}(-1)^2 + e^{-1} + 1 + (\sqrt{2}+1)e^{-\sqrt{2}}$$

$$= (\sqrt{2}+1)e^{-\sqrt{2}} - 4e^{-1} + 1 \quad \cdots\cdots(答)$$

〔注〕 (ii)の $S(a)$ について，$S'(a)$ は以下のようにしてもよい。

$$S(a) = \int_0^{-\log a} f(x)\,dx + \int_{\sqrt{2}}^{-\log a} f(x)\,dx - a\left(\int_0^{-\log a} x\,dx + \int_{\sqrt{2}}^{-\log a} x\,dx\right)$$

よって

$$S'(a) = -\frac{2}{a}f(-\log a) - a\left\{-\frac{2}{a}(-\log a)\right\} - \left(\int_0^{-\log a} x\,dx + \int_{\sqrt{2}}^{-\log a} x\,dx\right)$$

$$= -\frac{2}{a}\cdot(-\log a)e^{\log a} - 2\log a - \left\{2\cdot\frac{(-\log a)^2}{2} - \frac{(\sqrt{2})^2}{2}\right\}$$

$$= 1 - (\log a)^2$$

ここでは，一般に $\dfrac{d}{da}\left\{\displaystyle\int_{h(a)}^{g(a)} f(x)\,dx\right\} = g'(a)f(g(a)) - h'(a)f(h(a))$ であることを用いている。

137 2014年度 〔6〕 Level B

ポイント ［解法1］ $A\left(a, \dfrac{1}{a}\right)$, $B\left(\dfrac{1}{a}, a\right)$ とおき，OA，l，OB が x 軸となす角を各々 α, β, γ として，$\tan\alpha$, $\tan\beta$, $\tan\gamma$ などを利用して $\angle AOB$ を求める。面積計算は OA，OB，C_1 で囲まれた図形の面積を利用する。

［解法2］ A から x 軸に下ろした垂線 AH に関する対称性から $\angle OAH = \dfrac{\pi}{12}$ となることから，$\angle AOH = \dfrac{5}{12}\pi$ であることを利用する。$\tan\dfrac{5}{12}\pi$ の値を求める。面積計算は，B から x 軸に下ろした垂線を BI とし，台形 AHIB の面積を利用する。

解法 1

C_1, C_2 は直線 $y=x$ に関して対称なので，B における C_1 の接線と OB のなす角も $\dfrac{\pi}{6}$ であり，（A の x 座標）＜（B の x 座標）としてよい。

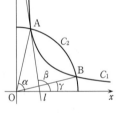

$A\left(a, \dfrac{1}{a}\right)$, $B\left(\dfrac{1}{a}, a\right)$ とおく。直線 OA の傾きは $\dfrac{1}{a^2}$ なので，OA が x 軸となす角を α $\left(0<\alpha<\dfrac{\pi}{2}\right)$ とすると

$$\tan\alpha = \frac{1}{a^2} \quad \cdots\cdots ①$$

$\left(\dfrac{1}{x}\right)' = -\dfrac{1}{x^2}$ より，l の傾きは $-\dfrac{1}{a^2}$ であり，l が x 軸となす角を β $\left(\dfrac{\pi}{2}<\beta<\pi\right)$ とすると

$$\tan\beta = -\frac{1}{a^2} \quad \cdots\cdots ②$$

条件から，$\beta-\alpha=\dfrac{\pi}{6}$ なので

$$\tan(\beta-\alpha) = \tan\frac{\pi}{6} = \frac{1}{\sqrt{3}} \quad \cdots\cdots ③$$

①，②，③から

$$\frac{1}{\sqrt{3}} = \tan(\beta-\alpha) = \frac{\tan\beta-\tan\alpha}{1+\tan\beta\tan\alpha} = \frac{-\dfrac{1}{a^2}-\dfrac{1}{a^2}}{1-\dfrac{1}{a^2}\cdot\dfrac{1}{a^2}} = -\frac{2a^2}{a^4-1}$$

よって，$a^4+2\sqrt{3}a^2-1=0$ となり，$a^2>0$ から

$$a^2 = 2 - \sqrt{3} \quad \cdots\cdots ④$$

また，OB の傾きは，a^2 であり，OB が x 軸となす角を γ $\left(0 < \gamma < \dfrac{\pi}{2}\right)$ とすると

$$\tan\gamma = a^2 \quad \cdots\cdots ⑤$$

①，④，⑤ から

$$\tan\angle\text{AOB} = \tan(\alpha - \gamma) = \frac{\tan\alpha - \tan\gamma}{1 + \tan\alpha\tan\gamma} = \frac{\dfrac{1}{a^2} - a^2}{1 + \dfrac{1}{a^2}\cdot a^2} = \frac{(2 + \sqrt{3}) - (2 - \sqrt{3})}{2} = \sqrt{3}$$

したがって，$\angle\text{AOB} = \dfrac{\pi}{3}$ である。

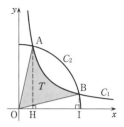

C_2 の半径は，$\text{OA} = \sqrt{a^2 + \dfrac{1}{a^2}} = \sqrt{4} = 2$ であるから

$$(\text{扇形 OAB の面積}) = \frac{4\pi}{6} = \frac{2}{3}\pi$$

C_1 と線分 OA，OB で囲まれた図形の面積を T とすると，H$(a, 0)$，I$\left(\dfrac{1}{a}, 0\right)$ として

$$T = \triangle\text{OAH} + \int_a^{\frac{1}{a}} \frac{1}{x}\,dx - \triangle\text{OBI} = \int_a^{\frac{1}{a}} \frac{1}{x}\,dx \quad (\triangle\text{OAH} = \triangle\text{OBI より})$$

$$= \Big[\log x\Big]_a^{\frac{1}{a}} = \log\frac{1}{a} - \log a$$

$$= \log\frac{1}{a^2} = \log(2 + \sqrt{3}) \quad (④ より)$$

求める面積は

$$(\text{扇形 OAB}) - T = \frac{2}{3}\pi - \log(2 + \sqrt{3}) \quad \cdots\cdots (\text{答})$$

解法 2

C_1，C_2 はともに直線 $y = x$ に関して対称であるから，$y > x$ の領域にある点を A$\left(a, \dfrac{1}{a}\right)$ とおくと，B$\left(\dfrac{1}{a}, a\right)$ である。

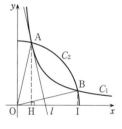

直線 OA の傾きは $\dfrac{1}{a^2}$ $\cdots\cdots ①$

$\left(\dfrac{1}{x}\right)' = -\dfrac{1}{x^2}$ だから

接線 l の傾きは $-\dfrac{1}{a^2}$ $\cdots\cdots ②$

A から x 軸に垂線 AH を下ろすと，①，②より，OA と l は直線 AH に関して対称である。

線分 OA と l のなす角が $\dfrac{\pi}{6}$ であることから，$\angle \text{OAH} = \dfrac{\pi}{12}$ であり，$\angle \text{AOH} = \dfrac{5}{12}\pi$ となる。

よって，直線 OA の傾きは

$$\tan\frac{5}{12}\pi = \tan\left(\frac{\pi}{6}+\frac{\pi}{4}\right) = \frac{\tan\dfrac{\pi}{6}+\tan\dfrac{\pi}{4}}{1-\tan\dfrac{\pi}{6}\tan\dfrac{\pi}{4}} = \frac{\dfrac{1}{\sqrt{3}}+1}{1-\dfrac{1}{\sqrt{3}}\cdot 1} = \frac{\sqrt{3}+1}{\sqrt{3}-1} \quad \cdots\cdots③$$

①，③より，$\dfrac{\sqrt{3}+1}{\sqrt{3}-1} = \dfrac{1}{a^2}$ $\cdots\cdots④$ となり

$$\text{OA}^2 = a^2 + \frac{1}{a^2} = \frac{\sqrt{3}-1}{\sqrt{3}+1} + \frac{\sqrt{3}+1}{\sqrt{3}-1} = 4$$

よって，C_2 の半径は 2 である。また，y 軸と線分 OA のなす角は，$\angle \text{OAH}$ に等しく $\dfrac{\pi}{12}$ であり，直線 $y=x$ に関する対称性から，B から x 軸に垂線 BI を下ろすと，$\angle \text{BOI} = \dfrac{\pi}{12}$ となる。したがって，$\angle \text{AOB} = \dfrac{\pi}{2} - 2\cdot\dfrac{\pi}{12} = \dfrac{\pi}{3}$ である。

さらに，④から

$$\begin{cases} a^2 = 2-\sqrt{3} \\ \dfrac{1}{a^2} = 2+\sqrt{3} \end{cases} \quad \cdots\cdots⑤$$

C_1，C_2 で囲まれる図形のうち，線分 AB より上側の方の面積を S_1，下側の方の面積を S_2 とする。

$\angle \text{AOB} = \dfrac{\pi}{3}$ より

$$\begin{aligned} S_1 &= \text{扇形 OAB} - \triangle\text{OAB} \\ &= \frac{1}{2}\cdot\frac{\pi}{3}\cdot 2^2 - \frac{1}{2}\cdot 2\cdot 2\sin\frac{\pi}{3} \\ &= \frac{2}{3}\pi - \sqrt{3} \end{aligned}$$

また

$$\begin{aligned} S_2 &= \text{台形 AHIB} - \int_{a}^{\frac{1}{a}}\frac{1}{x}\,dx \\ &= \frac{1}{2}\left(\frac{1}{a}+a\right)\left(\frac{1}{a}-a\right) - \Big[\log x\Big]_{a}^{\frac{1}{a}} \end{aligned}$$

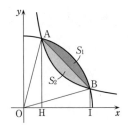

$$= \frac{1}{2}\left(\frac{1}{a^2} - a^2\right) - \log\frac{1}{a^2} = \sqrt{3} - \log(2 + \sqrt{3}) \quad (⑤より)$$

よって,求める面積を S とすると

$$S = S_1 + S_2$$

$$= \frac{2}{3}\pi - \sqrt{3} + \sqrt{3} - \log(2 + \sqrt{3})$$

$$= \frac{2}{3}\pi - \log(2 + \sqrt{3}) \quad \cdots\cdots(答)$$

138

ポイント　図形を正確にとらえ，台形や扇形の面積を利用する。

解法

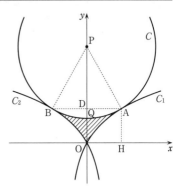

C_1 の 式 を $y=f(x)$ と お く と，C_2 の 式 は $y=f(-x)$ となるので，C_1 と C_2 は y 軸に関して対称である。

また，C も y 軸に関して対称であるから，面積を求める図形は y 軸に関して対称である。

直線 AP の傾きは $-\sqrt{3}$ なので，点Aにおける C と C_1 の共通接線の傾きは $\dfrac{1}{\sqrt{3}}$ であり，Aの x 座標を a とすると

$$f'(a)=\frac{1}{\sqrt{3}}$$

である。

一方，$f'(x)=\dfrac{\sqrt{3}}{1+x}$ であるから

$$\frac{\sqrt{3}}{1+a}=\frac{1}{\sqrt{3}}$$

これより，$a=2$ となり，A$(2,\ \sqrt{3}\log 3)$ である。△PAB は正三角形で，AとBは y 軸に関して対称であるから，C の半径は線分 AB の長さに等しく，4であり，Pの y 座標は

$$(\text{A の } y \text{ 座標}) + \frac{\sqrt{3}}{2}\text{AB} = \sqrt{3}\log 3 + 2\sqrt{3}$$

である。

ここで，H$(2,\ 0)$ とし，C と y 軸の交点のうち，y 座標の小さい方を Q とし，求める面積を S とすると

$$\frac{1}{2}S = (\text{台形 OHAP}) - (\text{扇形 PAQ}) - \int_0^2 \sqrt{3}\log(1+x)\,dx$$

$$= \frac{1}{2}(\sqrt{3}\log 3 + 2\sqrt{3} + \sqrt{3}\log 3)\times 2 - \frac{1}{2}\times 4^2 \times \frac{\pi}{6} - \sqrt{3}\int_0^2 \log(1+x)\,dx$$

$$= 2\sqrt{3} + 2\sqrt{3}\log 3 - \frac{4}{3}\pi - \sqrt{3}\int_0^2 \log(1+x)\,dx$$

ここで

$$\int_0^2 \log(1+x)\,dx = \Big[(1+x)\log(1+x)\Big]_0^2 - \int_0^2 dx$$
$$= 3\log 3 - 2$$

よって

$$\frac{1}{2}S = 4\sqrt{3} - \sqrt{3}\log 3 - \frac{4}{3}\pi$$

ゆえに，求める面積は

$$8\sqrt{3} - 2\sqrt{3}\log 3 - \frac{8}{3}\pi \quad \cdots\cdots(答)$$

139

ポイント　部分積分と置換積分による。

解　法

部分積分を用いると

$$(与式) = \frac{1}{2}\int_1^{\sqrt{3}} x^{-2}\log(1+x^2)\,dx$$

$$= \frac{1}{2}\left\{\left[-\frac{1}{x}\log(1+x^2)\right]_1^{\sqrt{3}} - \int_1^{\sqrt{3}}\left(-\frac{1}{x}\right)\cdot\frac{2x}{1+x^2}\,dx\right\}$$

$$= -\frac{1}{2}\left[\frac{1}{x}\log(1+x^2)\right]_1^{\sqrt{3}} + \int_1^{\sqrt{3}}\frac{1}{1+x^2}\,dx$$

ここで

$$-\frac{1}{2}\left[\frac{1}{x}\log(1+x^2)\right]_1^{\sqrt{3}} = -\frac{1}{2}\left(\frac{1}{\sqrt{3}}\log 4 - \log 2\right) = \left(\frac{1}{2}-\frac{1}{\sqrt{3}}\right)\log 2$$

また，$\displaystyle\int_1^{\sqrt{3}}\frac{1}{1+x^2}\,dx$ については，$x=\tan\theta$ と置換すると

x	$1 \to \sqrt{3}$
θ	$\dfrac{\pi}{4} \to \dfrac{\pi}{3}$

$\dfrac{dx}{d\theta} = \dfrac{1}{\cos^2\theta}$

より

$$\int_1^{\sqrt{3}}\frac{1}{1+x^2}\,dx = \int_{\frac{\pi}{4}}^{\frac{\pi}{3}}\frac{1}{1+\tan^2\theta}\cdot\frac{1}{\cos^2\theta}\,d\theta$$

$$= \int_{\frac{\pi}{4}}^{\frac{\pi}{3}}d\theta = \left[\theta\right]_{\frac{\pi}{4}}^{\frac{\pi}{3}} = \frac{\pi}{3}-\frac{\pi}{4} = \frac{\pi}{12}$$

よって

$$(与式) = \frac{\pi}{12} + \left(\frac{1}{2}-\frac{1}{\sqrt{3}}\right)\log 2$$

$$= \frac{\pi}{12} + \frac{3-2\sqrt{3}}{6}\log 2 \quad \cdots\cdots(答)$$

140

ポイント　与式を $\int_0^{\frac{1}{2}} x\sqrt{1-2x^2}\,dx + \int_0^{\frac{1}{2}} \sqrt{1-2x^2}\,dx$ と 2 つに分ける。次いで，適当な置換を行う。

解法

$$I = \int_0^{\frac{1}{2}} (x+1)\sqrt{1-2x^2}\,dx = \int_0^{\frac{1}{2}} x\sqrt{1-2x^2}\,dx + \int_0^{\frac{1}{2}} \sqrt{1-2x^2}\,dx$$

において，右辺の第 1 項を I_1，第 2 項を I_2 とおく。

I_1 において，$t=1-2x^2$ とおくと

$$\frac{dt}{dx} = -4x,$$

x	$0 \to \frac{1}{2}$
t	$1 \to \frac{1}{2}$

より

$$I_1 = -\frac{1}{4}\int_1^{\frac{1}{2}} t^{\frac{1}{2}}\,dt = -\frac{1}{4}\cdot\frac{2}{3}\Big[t^{\frac{3}{2}}\Big]_1^{\frac{1}{2}}$$

$$= \frac{1}{6}\Big[t^{\frac{3}{2}}\Big]_{\frac{1}{2}}^{1} = \frac{1}{6}\Big\{1 - \sqrt{\Big(\frac{1}{2}\Big)^3}\Big\}$$

$$= \frac{1}{6}\Big(1 - \frac{1}{2\sqrt{2}}\Big) = \frac{1}{6} - \frac{\sqrt{2}}{24}$$

$I_2 = \sqrt{2}\int_0^{\frac{1}{2}} \sqrt{\frac{1}{2}-x^2}\,dx$ において，$x=\frac{1}{\sqrt{2}}\sin\theta$ と置換すると

$$\frac{dx}{d\theta} = \frac{1}{\sqrt{2}}\cos\theta,$$

x	$0 \to \frac{1}{2}$
θ	$0 \to \frac{\pi}{4}$

より

$$I_2 = \sqrt{2}\int_0^{\frac{\pi}{4}} \sqrt{\frac{1}{2} - \frac{1}{2}\sin^2\theta}\cdot\frac{1}{\sqrt{2}}\cos\theta\,d\theta$$

$$= \frac{1}{\sqrt{2}}\int_0^{\frac{\pi}{4}} \cos^2\theta\,d\theta$$

$$= \frac{1}{\sqrt{2}}\int_0^{\frac{\pi}{4}} \frac{1+\cos 2\theta}{2}\,d\theta$$

$$=\frac{1}{2\sqrt{2}}\Big[\theta+\frac{1}{2}\sin 2\theta\Big]_0^{\frac{\pi}{4}}$$

$$=\frac{\sqrt{2}}{16}\pi+\frac{\sqrt{2}}{8}$$

以上より，求める定積分値は

$$I=I_1+I_2$$

$$=\frac{1}{6}-\frac{\sqrt{2}}{24}+\frac{\sqrt{2}}{16}\pi+\frac{\sqrt{2}}{8}$$

$$=\frac{1}{6}+\frac{\sqrt{2}}{12}+\frac{\sqrt{2}}{16}\pi \quad \cdots\cdots(答)$$

〔注〕 I_2 の計算において，$\displaystyle\int_0^{\frac{1}{2}}\sqrt{\frac{1}{2}-x^2}\,dx$ の部分は，次のように，図を用いて計算すること

もできる。

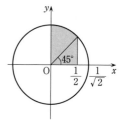

曲線 $y=\sqrt{\dfrac{1}{2}-x^2}$ は，$y^2=\dfrac{1}{2}-x^2$ すなわち，円 $x^2+y^2=\dfrac{1}{2}$ の

上半分（$y\geqq0$ の部分）を表す。ゆえに，$\displaystyle\int_0^{\frac{1}{2}}\sqrt{\frac{1}{2}-x^2}\,dx$ は

右図の網かけ部分の面積である。これを扇形と直角二等辺

三角形に分割して計算すると

$$\int_0^{\frac{1}{2}}\sqrt{\frac{1}{2}-x^2}\,dx=\pi\cdot\Big(\frac{1}{\sqrt{2}}\Big)^2\cdot\frac{1}{8}+\frac{1}{2}\cdot\frac{1}{2}\cdot\frac{1}{2}$$

$$=\frac{\pi}{16}+\frac{1}{8}$$

141

ポイント　2 曲線の交点の x 座標を $x=\alpha$ として，a と α の関係式を求め，T を a で表す。

解 法

$$S=\int_0^{\pi}\sin x\,dx=\Big[-\cos x\Big]_0^{\pi}=2$$

$y=\sin x$ と $y=a\cos x$ の交点の x 座標を α

$\left(0<\alpha<\dfrac{\pi}{2}\right)$ とすると

$$\sin\alpha=a\cos\alpha$$
$$\tan\alpha=a \quad\cdots\cdots①$$

このとき

$$T=\int_0^{\alpha}\sin x\,dx+\int_{\alpha}^{\frac{\pi}{2}}a\cos x\,dx=\Big[-\cos x\Big]_0^{\alpha}+a\Big[\sin x\Big]_{\alpha}^{\frac{\pi}{2}}$$
$$=1-\cos\alpha+a(1-\sin\alpha)$$

ここで，①と $0<\alpha<\dfrac{\pi}{2}$ より

$$\sin\alpha=\frac{a}{\sqrt{a^2+1}},\quad \cos\alpha=\frac{1}{\sqrt{a^2+1}}$$

であるから

$$T=1-\frac{1}{\sqrt{a^2+1}}+a\left(1-\frac{a}{\sqrt{a^2+1}}\right)$$
$$=a+1-\frac{a^2+1}{\sqrt{a^2+1}}=a+1-\sqrt{a^2+1}$$

$S:T=3:1$ より

$$2:(a+1-\sqrt{a^2+1})=3:1$$
$$a+1-\sqrt{a^2+1}=\frac{2}{3}\qquad \sqrt{a^2+1}=a+\frac{1}{3}$$

$a>0$ より，これは両辺を平方したものと同値であり

$$a^2+1=a^2+\frac{2}{3}a+\frac{1}{9}$$

ゆえに　　$a=\dfrac{4}{3}$　……(答)

142

ポイント　p_n を求めるには，1個目の入れ方，2個目の入れ方，…を順次考えていけばよい。極限計算では区分求積法を用いる。

解法

ボールの入れ方は全部で $(2n)^n$ 通りある。そのうち，どの箱にも1個以下のボールしか入らない入れ方は

　　　1個目……$2n$ 通り
　　　2個目……$2n-1$ 通り
　　　　　$\vdots$
　　　n 個目……$2n-(n-1)=n+1$ 通り

ゆえに　　　$p_n = \dfrac{2n(2n-1)\cdots(n+1)}{(2n)^n}$

よって

$$\lim_{n\to\infty}\frac{\log p_n}{n} = \lim_{n\to\infty}\frac{1}{n}\log\frac{2n(2n-1)\cdots(n+1)}{(2n)^n}$$

$$= \lim_{n\to\infty}\frac{1}{n}\sum_{k=0}^{n-1}\log\frac{2n-k}{2n}$$

$$= \lim_{n\to\infty}\frac{1}{n}\sum_{k=0}^{n-1}\log\left(1-\frac{k}{2n}\right)$$

$$= \int_0^1\log\left(1-\frac{x}{2}\right)dx$$

ここで，$1-\dfrac{x}{2}=t$ と置換すると，　$-\dfrac{1}{2}dx=dt,$

x	$0\to 1$
t	$1\to\dfrac{1}{2}$

だから

$$\int_0^1\log\left(1-\frac{x}{2}\right)dx = \int_1^{\frac{1}{2}}\log t\cdot(-2dt) = 2\int_{\frac{1}{2}}^1\log t\,dt$$

$$= 2\left(\left[t\log t\right]_{\frac{1}{2}}^1 - \int_{\frac{1}{2}}^1 t\cdot\frac{1}{t}\,dt\right)$$

$$= 2\left(-\frac{1}{2}\log\frac{1}{2} - \left[t\right]_{\frac{1}{2}}^1\right)$$

$$= \log 2 - 1$$

よって　　　$\displaystyle\lim_{n\to\infty}\frac{\log p_n}{n} = \log 2 - 1$　　……(答)

〔注1〕 前半の p_n は次のようにして求めてもよい。

ボールの入る n 個の箱の選び方が ${}_{2n}C_n$ 通りあり，その各々に対してそれらに入れるボールの入れ方は $n!$ 通りあるから

$$p_n = \frac{{}_{2n}C_n \cdot n!}{(2n)^n} = \frac{(2n)!}{n! \cdot (2n)^n}$$

$$= \frac{2n(2n-1)\cdots(n+1)}{(2n)^n}$$

〔注2〕 後半については

$$\log p_n = \log \frac{2n(2n-1)\cdots(n+1)}{(2n)^n} = \log \frac{2n}{2n} + \log \frac{2n-1}{2n} + \cdots + \log \frac{n+1}{2n}$$

$$= \sum_{k=1}^{n} \log \frac{n+k}{2n} = \sum_{k=1}^{n} \log \frac{1}{2}\left(1 + \frac{k}{n}\right)$$

と変形し

$$\lim_{n \to \infty} \frac{\log p_n}{n} = \lim_{n \to \infty} \frac{1}{n} \sum_{k=1}^{n} \log \frac{1}{2}\left(1 + \frac{k}{n}\right) = \int_{0}^{1} \log \frac{1+x}{2} dx$$

とすることもできる。

143

ポイント　媒介変数表示で与えられる曲線の長さの公式 $\displaystyle\int_\alpha^\beta \sqrt{\left(\frac{dx}{d\theta}\right)^2+\left(\frac{dy}{d\theta}\right)^2}\,d\theta$ を用いる。

解　法

$r=1+\cos\theta$ から，曲線の媒介変数表示は

$$\begin{cases} x=r\cos\theta=(1+\cos\theta)\cos\theta \\ y=r\sin\theta=(1+\cos\theta)\sin\theta \end{cases}$$

ゆえに

$$\frac{dx}{d\theta}=-\sin\theta\cdot\cos\theta+(1+\cos\theta)(-\sin\theta)$$

$$=-\sin\theta-2\sin\theta\cos\theta=-\sin\theta-\sin 2\theta$$

$$\frac{dy}{d\theta}=-\sin\theta\cdot\sin\theta+(1+\cos\theta)\cos\theta$$

$$=\cos\theta+\cos^2\theta-\sin^2\theta=\cos\theta+\cos 2\theta$$

よって

$$\left(\frac{dx}{d\theta}\right)^2+\left(\frac{dy}{d\theta}\right)^2=(\sin\theta+\sin 2\theta)^2+(\cos\theta+\cos 2\theta)^2$$

$$=2+2(\sin\theta\sin 2\theta+\cos\theta\cos 2\theta)$$

$$=2+2\cos(2\theta-\theta)=2(1+\cos\theta)$$

$$=4\cos^2\frac{\theta}{2}$$

ゆえに，求める曲線の長さを l とすると

$$l=\int_0^\pi \sqrt{\left(\frac{dx}{d\theta}\right)^2+\left(\frac{dy}{d\theta}\right)^2}\,d\theta$$

$$=\int_0^\pi \sqrt{4\cos^2\frac{\theta}{2}}\,d\theta=\int_0^\pi 2\cos\frac{\theta}{2}\,d\theta \quad \left(0\leqq\theta\leqq\pi \text{ より } \cos\frac{\theta}{2}\geqq 0\right)$$

$$=\left[4\sin\frac{\theta}{2}\right]_0^\pi=4 \quad \cdots\cdots(\text{答})$$

144

ポイント　被積分関数を 2 つの和に分ける。そのうちの一方では $x = 2\tan\theta$ とおき，$\dfrac{1}{\cos\theta}$ の積分に帰着させる。

解法

$$\int_0^2 \frac{2x+1}{\sqrt{x^2+4}}\,dx = \int_0^2 \frac{2x}{\sqrt{x^2+4}}\,dx + \int_0^2 \frac{1}{\sqrt{x^2+4}}\,dx$$

$$\int_0^2 \frac{2x}{\sqrt{x^2+4}}\,dx = \int_0^2 (x^2+4)^{-\frac{1}{2}}(x^2+4)'\,dx$$

$$= \left[2\,(x^2+4)^{\frac{1}{2}}\right]_0^2 = 4\sqrt{2}-4 \quad\cdots\cdots①$$

$x = 2\tan\theta$ とおくと

$$dx = \frac{2}{\cos^2\theta}\,d\theta, \quad \begin{array}{c|c} x & 0 \to 2 \\ \hline \theta & 0 \to \frac{\pi}{4} \end{array}$$

よって

$$\int_0^2 \frac{1}{\sqrt{x^2+4}}\,dx = \int_0^{\frac{\pi}{4}} \frac{1}{\sqrt{4\tan^2\theta+4}}\cdot\frac{2}{\cos^2\theta}\,d\theta$$

$$= \int_0^{\frac{\pi}{4}} \frac{1}{\cos\theta}\,d\theta = \int_0^{\frac{\pi}{4}} \frac{\cos\theta}{\cos^2\theta}\,d\theta$$

$$= \int_0^{\frac{\pi}{4}} \frac{\cos\theta}{1-\sin^2\theta}\,d\theta \quad\cdots\cdots②$$

$t = \sin\theta$ とおくと，$\cos\theta\,d\theta = dt$，$\begin{array}{c|c} \theta & 0 \to \frac{\pi}{4} \\ \hline t & 0 \to \frac{1}{\sqrt{2}} \end{array}$ より，②は

$$\int_0^{\frac{1}{\sqrt{2}}} \frac{1}{1-t^2}\,dt$$

$$= \int_0^{\frac{1}{\sqrt{2}}} \frac{1}{2}\left(\frac{1}{1-t}+\frac{1}{1+t}\right)dt$$

$$= \frac{1}{2}\left[-\log|1-t|+\log|1+t|\right]_0^{\frac{1}{\sqrt{2}}}$$

$$= \frac{1}{2}\Big[\log\Big|\frac{1+t}{1-t}\Big|\Big]_0^{\frac{1}{\sqrt{2}}} = \frac{1}{2}\log\frac{1+\dfrac{1}{\sqrt{2}}}{1-\dfrac{1}{\sqrt{2}}}$$

$$= \frac{1}{2}\log\frac{\sqrt{2}+1}{\sqrt{2}-1} = \frac{1}{2}\log(\sqrt{2}+1)^2 = \log(\sqrt{2}+1) \quad \cdots\cdots ③$$

①，③より

$$(与式) = 4\sqrt{2}-4+\log(\sqrt{2}+1) \quad \cdots\cdots (答)$$

研究 C を積分定数として，一般に以下のことが成り立つ。

(1) $\displaystyle\int \frac{dx}{\sqrt{x^2+a}} = \log|x+\sqrt{x^2+a}|+C$

(2) $\displaystyle\int \frac{dx}{\cos x} = \frac{1}{2}\log\Big|\frac{1+\sin x}{1-\sin x}\Big|+C$

$$= \log\Big|\tan\Big(\frac{x}{2}+\frac{\pi}{4}\Big)\Big|+C$$

(3) $\displaystyle\int \frac{dx}{\sin x} = \frac{1}{2}\log\Big|\frac{1-\cos x}{1+\cos x}\Big|+C$

$$= \log\Big|\tan\frac{x}{2}\Big|+C$$

導出の方法は以下の通りである。

(1) $t=x+\sqrt{x^2+a}$ とおくと $(t-x)^2=x^2+a$ から

$$x=\frac{1}{2}\Big(t-\frac{a}{t}\Big)$$

よって $\qquad \sqrt{x^2+a}=t-x=\dfrac{1}{2}\Big(t+\dfrac{a}{t}\Big) \quad \cdots\cdots①$

$$\frac{dx}{dt}=\frac{1}{2}\Big(1+\frac{a}{t^2}\Big) \qquad\qquad \cdots\cdots②$$

①，②から

$$\int \frac{dx}{\sqrt{x^2+a}} = \int \frac{1+\dfrac{a}{t^2}}{t+\dfrac{a}{t}}dt = \int \frac{dt}{t} = \log|x+\sqrt{x^2+a}|+C$$

なお，$t=x+\sqrt{x^2+a}$ という置換の図形的意味（この置換の出所）については，2002 年度〔4〕の **[研究]** 参照。

(2) **[解法]** と同様に $t=\sin x$ と置換して変形して

$$\int \frac{dx}{\cos x} = \cdots = \frac{1}{2}\log\Big|\frac{1+t}{1-t}\Big|+C = \frac{1}{2}\log\Big|\frac{1+\sin x}{1-\sin x}\Big|+C$$

ここで

$$1+\sin x = 1-\cos\Big(x+\frac{\pi}{2}\Big) = 2\sin^2\frac{1}{2}\Big(x+\frac{\pi}{2}\Big)$$

$$1-\sin x = 1+\cos\Big(x+\frac{\pi}{2}\Big) = 2\cos^2\frac{1}{2}\Big(x+\frac{\pi}{2}\Big)$$

よって

$$\int \frac{dx}{\cos x} = \frac{1}{2}\log\left|\left\{\frac{\sin\left(\frac{x}{2}+\frac{\pi}{4}\right)}{\cos\left(\frac{x}{2}+\frac{\pi}{4}\right)}\right\}^2\right| + C$$

$$= \log\left|\tan\left(\frac{x}{2}+\frac{\pi}{4}\right)\right| + C$$

(3)　(2)で x を $\frac{\pi}{2}-x$ に置き換える。すなわち

$$\int \frac{dx}{\sin x} = -\int \frac{dx}{\cos\left(\frac{\pi}{2}-x\right)}$$

$$= \frac{1}{2}\log\left|\frac{1-\sin\left(\frac{\pi}{2}-x\right)}{1+\sin\left(\frac{\pi}{2}-x\right)}\right| + C$$

$$= \frac{1}{2}\log\left|\frac{1-\cos x}{1+\cos x}\right| + C$$

であり，また

$$\int \frac{dx}{\sin x} = -\log\left|\tan\left(\frac{\frac{\pi}{2}-x}{2}+\frac{\pi}{4}\right)\right| + C$$

$$= -\log\left|\tan\left(\frac{\pi}{2}-\frac{x}{2}\right)\right| + C$$

$$= -\log\left|\frac{1}{\tan\frac{x}{2}}\right| + C$$

$$= \log\left|\tan\frac{x}{2}\right| + C$$

145

ポイント　$F'(\theta) = 0$ となる θ の値を α を用いて表し，$F(\theta)$ の増減表により，$F(\theta)$ の最大値を求める。

解　法

$$F(\theta) = \int_0^\theta x\cos(x+\alpha)\,dx \text{ より } \qquad F'(\theta) = \theta\cos(\theta+\alpha)$$

$F'(\theta) = 0$ を解くと　　　$\theta = 0,\ \cos(\theta+\alpha) = 0$

ここで，$0 < \alpha < \dfrac{\pi}{2},\ 0 \le \theta \le \dfrac{\pi}{2}$ より，$0 < \theta + \alpha < \pi$ であるから，

$\cos(\theta+\alpha) = 0$ となる θ は

$$\theta + \alpha = \frac{\pi}{2} \qquad \therefore \quad \theta = \frac{\pi}{2} - \alpha$$

ゆえに，$0 \le \theta \le \dfrac{\pi}{2}$ における $F(\theta)$ の増減表は次のようになる。

θ	0	$\cdots$	$\dfrac{\pi}{2}-\alpha$	$\cdots$	$\dfrac{\pi}{2}$
$F'(\theta)$	0	+	0	−	
$F(\theta)$		↗	最大	↘	

よって，F の最大値は

$$F\left(\frac{\pi}{2}-\alpha\right) = \int_0^{\frac{\pi}{2}-\alpha} x\cos(x+\alpha)\,dx$$

$$= \left[x\sin(x+\alpha)\right]_0^{\frac{\pi}{2}-\alpha} - \int_0^{\frac{\pi}{2}-\alpha} \sin(x+\alpha)\,dx$$

$$= \frac{\pi}{2} - \alpha + \left[\cos(x+\alpha)\right]_0^{\frac{\pi}{2}-\alpha} = \frac{\pi}{2} - \alpha - \cos\alpha \quad \cdots\cdots(\text{答})$$

146

ポイント $f(x)=0$ となる x の値を確定し，$f(x)>0$ となる x の範囲を求める。$\alpha>0$ から，x^{α} $(x>0)$ は増加関数であることを前提とすると，$f(x)$ の導関数を調べる必要はない。

解法

$f(x)=\dfrac{(e-x^{\alpha})\log x}{x^{\alpha+1}}$ $(\alpha>0,\ x>0)$ において

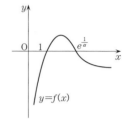

$f(x)=0$ の解は

     $x^{\alpha}=e$ または $x=1$

すなわち

     $x=e^{\frac{1}{\alpha}}$ または $x=1$

$\alpha>0$ より $1<e^{\frac{1}{\alpha}}$

また x^{α} $(x>0)$ は x の増加関数なので

$0<x<1$ のとき，$0<x^{\alpha}<1<e$ と $\log x<0$ より

     $f(x)<0$

$1<x<e^{\frac{1}{\alpha}}$ のとき，$1<x^{\alpha}<e$ と $\log x>0$ より

     $f(x)>0$

$e^{\frac{1}{\alpha}}<x$ のとき，$e<x^{\alpha}$ と $\log x>0$ より

     $f(x)<0$

よって，求める面積を S とすると

$$S=\int_{1}^{e^{\frac{1}{\alpha}}}f(x)\,dx$$

$$=\int_{1}^{e^{\frac{1}{\alpha}}}\left(\frac{e}{x^{\alpha}}-1\right)\frac{\log x}{x}dx$$

$$=e\int_{1}^{e^{\frac{1}{\alpha}}}x^{-\alpha-1}\log x\,dx-\int_{1}^{e^{\frac{1}{\alpha}}}\frac{\log x}{x}dx$$

ここで

$$\int_{1}^{e^{\frac{1}{\alpha}}}x^{-\alpha-1}\log x\,dx=\left[\frac{x^{-\alpha}}{-\alpha}\log x\right]_{1}^{e^{\frac{1}{\alpha}}}-\int_{1}^{e^{\frac{1}{\alpha}}}\frac{x^{-\alpha}}{-\alpha}\cdot\frac{1}{x}dx$$

$$=-\frac{1}{e\alpha^{2}}+\frac{1}{\alpha}\int_{1}^{e^{\frac{1}{\alpha}}}x^{-\alpha-1}dx$$

$$= -\frac{1}{e\alpha^2} + \frac{1}{\alpha}\left[\frac{x^{-\alpha}}{-\alpha}\right]_1^{e^{\frac{1}{\alpha}}}$$

$$= \frac{e-2}{e\alpha^2}$$

また $\quad \displaystyle\int_1^{e^{\frac{1}{\alpha}}} \frac{\log x}{x} dx = \left[\frac{(\log x)^2}{2}\right]_1^{e^{\frac{1}{\alpha}}}$

$$= \frac{1}{2\alpha^2}$$

よって $\quad S = \dfrac{e-2}{\alpha^2} - \dfrac{1}{2\alpha^2} = \dfrac{2e-5}{2\alpha^2}$ ……(答)

〔注〕 $t = \log x$ とおくと，$\dfrac{dt}{dx} = \dfrac{1}{x}$，$x = e^t$ より

$$S = \int_1^{e^{\frac{1}{\alpha}}} \left(\frac{e}{x^\alpha} - 1\right) \frac{\log x}{x} dx$$

$$= \int_0^{\frac{1}{\alpha}} \left(\frac{e}{e^{\alpha t}} - 1\right) t\, dt$$

$$= \int_0^{\frac{1}{\alpha}} t e^{1-\alpha t} dt - \int_0^{\frac{1}{\alpha}} t\, dt$$

$$= \left[t\left(-\frac{1}{\alpha}e^{1-\alpha t}\right)\right]_0^{\frac{1}{\alpha}} + \int_0^{\frac{1}{\alpha}} \frac{1}{\alpha} e^{1-\alpha t} dt - \left[\frac{t^2}{2}\right]_0^{\frac{1}{\alpha}}$$

$$= -\frac{1}{\alpha^2} - \frac{1}{\alpha^2}\left[e^{1-\alpha t}\right]_0^{\frac{1}{\alpha}} - \frac{1}{2\alpha^2}$$

$$= -\frac{1}{\alpha^2} - \frac{1}{\alpha^2}(1-e) - \frac{1}{2\alpha^2}$$

$$= \frac{2e-5}{2\alpha^2}$$

となり，$\dfrac{\log x}{x}$ の積分や部分積分の見通しが少し楽になる。

147

2002 年度 〔4〕   Level B

ポイント (2) 極方程式 $r=f(\theta)$ とは $x=r\cos\theta$, $y=r\sin\theta$ として点 $\mathrm{P}(x, y)$ を表したときに $r(=\mathrm{OP})$ を θ の関数で表したものである。ここで，θ は x 軸正方向を始線としたときの動径 OP の回転角である。よって，$r=\theta$ より $x=\theta\cos\theta$, $y=\theta\sin\theta$ である。

$\int\sqrt{1+\theta^2}\,d\theta$ が現れるが，これを $\int\theta'\sqrt{1+\theta^2}\,d\theta$ とみて部分積分にもちこむ。

解 法

(1) $f(x)=\log(x+\sqrt{1+x^2})$ より

$$f'(x)=\frac{1}{x+\sqrt{1+x^2}}\left(1+\frac{x}{\sqrt{1+x^2}}\right)=\frac{1}{\sqrt{1+x^2}} \quad \cdots\cdots(答)$$

(2) 曲線 $r=\theta$ $(\theta\geqq0)$ 上の点の座標は

$x=\theta\cos\theta$, $y=\theta\sin\theta$ （極方程式の定義による。）

よって $\left(\dfrac{dx}{d\theta}\right)^2+\left(\dfrac{dy}{d\theta}\right)^2=(\cos\theta-\theta\sin\theta)^2+(\sin\theta+\theta\cos\theta)^2=1+\theta^2$

ゆえに，この曲線の $0\leqq\theta\leqq\pi$ の部分の長さ L は

$$L=\int_0^\pi\sqrt{\left(\frac{dx}{d\theta}\right)^2+\left(\frac{dy}{d\theta}\right)^2}\,d\theta$$

$$=\int_0^\pi\sqrt{1+\theta^2}\,d\theta=\int_0^\pi\theta'\sqrt{1+\theta^2}\,d\theta$$

$$=\left[\theta\sqrt{1+\theta^2}\right]_0^\pi-\int_0^\pi\frac{\theta^2}{\sqrt{1+\theta^2}}\,d\theta$$

$$=\pi\sqrt{1+\pi^2}-\int_0^\pi\left(\sqrt{1+\theta^2}-\frac{1}{\sqrt{1+\theta^2}}\right)d\theta$$

$$=\pi\sqrt{1+\pi^2}-\int_0^\pi\sqrt{1+\theta^2}\,d\theta+\int_0^\pi\frac{1}{\sqrt{1+\theta^2}}\,d\theta$$

$$=\pi\sqrt{1+\pi^2}-L+\left[\log(\theta+\sqrt{1+\theta^2})\right]_0^\pi$$

$$=\pi\sqrt{1+\pi^2}-L+\log(\pi+\sqrt{1+\pi^2})$$

$\therefore\quad L=\dfrac{1}{2}\{\pi\sqrt{1+\pi^2}+\log(\pi+\sqrt{1+\pi^2})\} \quad \cdots\cdots(答)$

〔注〕 (1)の誘導がなくても，(2)は次のように計算できる。

$$\int_0^\pi\sqrt{1+\theta^2}\,d\theta$$

$$=\frac{1}{4}\int_{1}^{\pi+\sqrt{1+\pi^2}}\Big(t+\frac{1}{t}\Big)\Big(1+\frac{1}{t^2}\Big)dt \quad \Big(\text{変数変換 } \theta=\frac{1}{2}\Big(t-\frac{1}{t}\Big), \ t>0 \text{ による。}\Big)$$

$$=\frac{1}{4}\int_{1}^{\alpha}\Big(t+\frac{2}{t}+\frac{1}{t^3}\Big)dt \quad (\alpha=\pi+\sqrt{1+\pi^2} \text{ とおく})$$

$$=\frac{1}{4}\Big[\frac{t^2}{2}+2\log t-\frac{1}{2t^2}\Big]_{1}^{\alpha}$$

$$=\frac{1}{8}(\alpha^2-1)+\frac{1}{2}\log\alpha-\frac{1}{8}\Big(\frac{1}{\alpha^2}-1\Big)$$

$$=\frac{1}{4}(\pi^2+\pi\sqrt{1+\pi^2})+\frac{1}{2}\log(\pi+\sqrt{1+\pi^2})-\frac{1}{4}(\pi^2-\pi\sqrt{1+\pi^2})$$

$$=\frac{1}{2}\{\pi\sqrt{1+\pi^2}+\log(\pi+\sqrt{1+\pi^2})\}$$

なお，ここで用いた変数変換，および設問(1)で与えられた積分については次の 研究 を参照のこと。

研究 (1) ≪$\int\sqrt{1+x^2}\,dx$ の計算で有効な変数変換 $x=\frac{1}{2}\Big(t-\frac{1}{t}\Big)$ の図形的意味≫

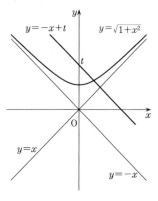

$y=\sqrt{1+x^2}$（これは，$y^2=1+x^2$ すなわち双曲線 $x^2-y^2=-1$ の $y>0$ の部分である）のグラフと直線 $y=-x+t$（$t>0$）との交点の座標は

$$x=\frac{1}{2}\Big(t-\frac{1}{t}\Big), \ y=\frac{1}{2}\Big(t+\frac{1}{t}\Big) \quad\cdots\cdots(*)$$

このとき，$\dfrac{dx}{dt}=\dfrac{1}{2}\Big(1+\dfrac{1}{t^2}\Big)$ であるから，C を積分定数として

$$\int\sqrt{1+x^2}\,dx=\int y\,dx$$

$$=\frac{1}{4}\int\Big(t+\frac{1}{t}\Big)\Big(1+\frac{1}{t^2}\Big)dt$$

$$=\frac{1}{4}\int\Big(t+\frac{2}{t}+\frac{1}{t^3}\Big)dt$$

$$=\frac{1}{8}t^2+\frac{1}{2}\log|t|-\frac{1}{8t^2}+C$$

これを $t=x+y=x+\sqrt{1+x^2}$ を用いて書き換えると

$$\frac{1}{2}\{x\sqrt{1+x^2}+\log(x+\sqrt{1+x^2})\}+C$$

また，同じ媒介変数表示（*）を用いると

$$\int\frac{dx}{\sqrt{1+x^2}}=\int\frac{1}{y}dx=\int\frac{1+\frac{1}{t^2}}{t+\frac{1}{t}}dt=\int\frac{t^2+1}{t^3+t}dt=\int\frac{1}{t}dt$$

$$=\log|t|+C=\log(x+\sqrt{1+x^2})+C$$

$$((*) \text{ より} \quad t=x+y=x+\sqrt{1+x^2}>0)$$

このように，$y=\sqrt{1+x^2}$ 上の任意の点を直線 $y=-x+t$ との交点とみて，その座標を媒介変数 t で表すことによって，$\displaystyle\int\sqrt{1+x^2}\,dx$ や $\displaystyle\int\frac{dx}{\sqrt{1+x^2}}$ は t の分数関数の積分に帰着する。その結果を再び x を用いて表現することによって，積分を得るという手法は興味深いものである。

(2)　《曲線の長さ》

　一般に，媒介変数を用いて $x=f(\theta)$，$y=g(\theta)$ と表される曲線があるとき，この曲線の $\alpha\leqq\theta\leqq\beta$ の部分の長さ l は

$$l=\int_{\alpha}^{\beta}\sqrt{\left(\frac{dx}{d\theta}\right)^2+\left(\frac{dy}{d\theta}\right)^2}\,d\theta$$

また，$r=f(\theta)$ という極方程式で曲線が表されている場合には，これは，さらに次のように変形できる。

$x=r\cos\theta$，$y=r\sin\theta$ より

$$\frac{dx}{d\theta}=\frac{dr}{d\theta}\cos\theta-r\sin\theta,\quad \frac{dy}{d\theta}=\frac{dr}{d\theta}\sin\theta+r\cos\theta$$

$$\therefore\quad \left(\frac{dx}{d\theta}\right)^2+\left(\frac{dy}{d\theta}\right)^2=\left(\frac{dr}{d\theta}\cos\theta-r\sin\theta\right)^2+\left(\frac{dr}{d\theta}\sin\theta+r\cos\theta\right)^2$$

$$=r^2+\left(\frac{dr}{d\theta}\right)^2=\{f(\theta)\}^2+\{f'(\theta)\}^2$$

よって　　　$\displaystyle l=\int_{\alpha}^{\beta}\sqrt{\{f(\theta)\}^2+\{f'(\theta)\}^2}\,d\theta$

本問の場合，これを用いれば直ちに

$$l=\int_{0}^{\pi}\sqrt{1+\theta^2}\,d\theta$$

しかし，これは頻繁に用いられる公式ではないので，［解法］では念のため具体的に導いた。

148

2001 年度 〔6〕   Level B

ポイント 変数変換 $t = nx$ によって積分区間 $0 \leq x \leq n\pi$ を $0 \leq t \leq n^2\pi$ に変え，これを幅 π の n^2 個の区間に分割して積分する。

[解法1] $k\pi \leq t \leq (k+1)\pi$ において $e^{-\frac{k+1}{n}\pi} \leq e^{-\frac{t}{n}} \leq e^{-\frac{k}{n}\pi}$ であることを利用し，はさみうちの原理による。

[解法2] 部分積分を2回用いる。

解 法 1

$nx = t$ とおくと

$$\int_0^{n\pi} e^{-x} |\sin nx| \, dx = \int_0^{n^2\pi} e^{-\frac{t}{n}} |\sin t| \frac{1}{n} \, dt$$

$$= \frac{1}{n} \sum_{k=0}^{n^2-1} \int_{k\pi}^{k\pi+\pi} e^{-\frac{t}{n}} |\sin t| \, dt \quad (= I_n \text{ とおく。})$$

$k\pi \leq t \leq (k+1)\pi$ の範囲では $e^{-\frac{k+1}{n}\pi} \leq e^{-\frac{t}{n}} \leq e^{-\frac{k}{n}\pi}$ が成り立つから

$$e^{-\frac{k+1}{n}\pi} \int_{k\pi}^{(k+1)\pi} |\sin t| \, dt \leq \int_{k\pi}^{(k+1)\pi} e^{-\frac{t}{n}} |\sin t| \, dt \leq e^{-\frac{k}{n}\pi} \int_{k\pi}^{(k+1)\pi} |\sin t| \, dt$$

ここで

$$\int_{k\pi}^{(k+1)\pi} |\sin t| \, dt = \left| \int_{k\pi}^{(k+1)\pi} \sin t \, dt \right|$$

$$= \left| -\Big[\cos t \Big]_{k\pi}^{(k+1)\pi} \right|$$

$$= | -\{ (-1)^{k+1} - (-1)^k \} |$$

$$= 2$$

よって $\quad \dfrac{2}{n} \displaystyle\sum_{k=0}^{n^2-1} e^{-\frac{k+1}{n}\pi} \leq I_n \leq \dfrac{2}{n} \displaystyle\sum_{k=0}^{n^2-1} e^{-\frac{k}{n}\pi}$

ここで

$$\sum_{k=0}^{n^2-1} e^{-\frac{k+1}{n}\pi} = \frac{e^{-\frac{\pi}{n}} \{ 1 - (e^{-\frac{\pi}{n}})^{n^2} \}}{1 - e^{-\frac{\pi}{n}}} = \frac{1 - e^{-n\pi}}{e^{\frac{\pi}{n}} - 1}$$

$$\sum_{k=0}^{n^2-1} e^{-\frac{k}{n}\pi} = \frac{1 - (e^{-\frac{\pi}{n}})^{n^2}}{1 - e^{-\frac{\pi}{n}}} = \frac{1 - e^{-n\pi}}{e^{-\frac{\pi}{n}}(e^{\frac{\pi}{n}} - 1)}$$

$$\lim_{n \to \infty} e^{-\frac{\pi}{n}} = e^0 = 1, \quad \lim_{n \to \infty} e^{-n\pi} = 0$$

$$\frac{1}{n(e^{\frac{\pi}{n}}-1)}=\frac{1}{\frac{e^{\frac{\pi}{n}}-1}{\frac{\pi}{n}}}\cdot\frac{1}{\pi}\rightarrow\frac{1}{\pi}\quad(n\rightarrow\infty\text{ のとき})$$

$$\left(\because\quad\lim_{n\to\infty}\frac{e^{\frac{\pi}{n}}-1}{\frac{\pi}{n}}=\lim_{n\to\infty}\frac{e^{\frac{\pi}{n}}-e^0}{\frac{\pi}{n}-0}=\frac{d}{dx}e^x\Big|_{x=0}=e^0=1\right)$$

であるから，はさみうちの原理によって

$$\lim_{n\to\infty}I_n=\frac{2}{\pi}\quad\cdots\cdots(\text{答})$$

解法 2

$I_n=\displaystyle\int_0^{n\pi}e^{-x}|\sin nx|\,dx$ とおく。$nx=t$ と置換すると

$$I_n=\int_0^{n^2\pi}e^{-\frac{t}{n}}|\sin t|\cdot\frac{1}{n}\,dt$$

$$=\frac{1}{n}\sum_{k=0}^{n^2-1}\int_{k\pi}^{(k+1)\pi}e^{-\frac{t}{n}}|\sin t|\,dt\quad(\text{積分区間を分割})$$

$$=\frac{1}{n}\sum_{k=0}^{n^2-1}\left|\int_{k\pi}^{(k+1)\pi}e^{-\frac{t}{n}}\sin t\,dt\right|\quad(k\pi\leqq t\leqq(k+1)\pi\text{ では }\sin t\text{ の符号は一定})$$

ここで，$J=\displaystyle\int_{k\pi}^{(k+1)\pi}e^{-\frac{t}{n}}\sin t\,dt$ とおくと

$$J=\left[-ne^{-\frac{t}{n}}\sin t\right]_{k\pi}^{(k+1)\pi}-\int_{k\pi}^{(k+1)\pi}(-n)e^{-\frac{t}{n}}\cos t\,dt$$

$$=n\left\{\left[-ne^{-\frac{t}{n}}\cos t\right]_{k\pi}^{(k+1)\pi}-\int_{k\pi}^{(k+1)\pi}(-n)e^{-\frac{t}{n}}(-\sin t)\,dt\right\}$$

$$=-n^2\{e^{-\frac{k+1}{n}\pi}(-1)^{k+1}-e^{-\frac{k}{n}\pi}(-1)^k+J\}$$

$$=-n^2\{(-1)^{k+1}e^{-\frac{k}{n}\pi}(1+e^{-\frac{\pi}{n}})+J\}$$

$$\therefore\quad J=\frac{n^2}{n^2+1}(-1)^k e^{-\frac{k}{n}\pi}(1+e^{-\frac{\pi}{n}})$$

ゆえに

$$I_n=\frac{1}{n}\sum_{k=0}^{n^2-1}\frac{n^2}{n^2+1}e^{-\frac{k}{n}\pi}(1+e^{-\frac{\pi}{n}})$$

$$=\frac{n}{n^2+1}(1+e^{-\frac{\pi}{n}})\sum_{k=0}^{n^2-1}e^{-\frac{k}{n}\pi}$$

$$=\frac{n}{n^2+1}(1+e^{-\frac{\pi}{n}})\cdot\frac{1-(e^{-\frac{\pi}{n}})^{n^2}}{1-e^{-\frac{\pi}{n}}}$$

$$= \frac{n}{n^2+1} \cdot \frac{\left(1+e^{-\frac{\pi}{n}}\right)\left(1-e^{-n\pi}\right)}{e^{-\frac{\pi}{n}}\left(e^{\frac{\pi}{n}}-1\right)}$$

$$= \frac{1}{1+\dfrac{1}{n^2}} \cdot \frac{\left(1+e^{-\frac{\pi}{n}}\right)\left(1-e^{-n\pi}\right)}{e^{-\frac{\pi}{n}} \cdot \dfrac{e^{\frac{\pi}{n}}-e^0}{\dfrac{\pi}{n}} \cdot \pi}$$

ここで，平均値の定理より

$$\frac{e^{\frac{\pi}{n}}-e^0}{\dfrac{\pi}{n}} = e^c \quad \left(0<c<\frac{\pi}{n}\right)$$

なる実数 c が存在し，$n \to \infty$ のとき，$\dfrac{\pi}{n} \to 0$ より $c \to 0$ である。よって

$$\lim_{n\to\infty} \frac{e^{\frac{\pi}{n}}-e^0}{\dfrac{\pi}{n}} = \lim_{c\to 0} e^c = 1$$

ゆえに

$$\lim_{n\to\infty} I_n = \frac{1}{1+0} \cdot \frac{(1+1)\cdot(1-0)}{1\cdot 1\cdot \pi} = \frac{2}{\pi}$$

すなわち

$$\lim_{n\to\infty} \int_0^{n\pi} e^{-x}|\sin nx|\,dx = \frac{2}{\pi} \quad \cdots\cdots (\text{答})$$

149

ポイント (1) 部分積分を 2 回繰り返す。

(2) $|c_n| \leqq 1$ を示す。このためには一般に $\alpha \leqq \beta$ のとき

$$\left| \int_\alpha^\beta f(x)\, dx \right| \leqq \int_\alpha^\beta |f(x)|\, dx$$

であることを用いるか,$0 \leqq x \leqq 1$ では $-x^n \leqq x^n \cos \pi x \leqq x^n$ より $-1 \leqq c_n \leqq 1$ であることを用いる。この後,(1)を用いて $|c_n + 1|$ を評価する。

(3) (1)より $\dfrac{c_{n+1}+1}{c_n+1} = \dfrac{(n+2)\, c_{n+3}}{(n+4)\, c_{n+2}}$

であることを用いる。

解 法

(1) 部分積分により

$$c_{n+2} = (n+3) \int_0^1 x^{n+2} \cos \pi x\, dx$$

$$= (n+3) \left\{ \left[x^{n+2} \cdot \frac{1}{\pi} \sin \pi x \right]_0^1 - \int_0^1 (n+2)\, x^{n+1} \cdot \frac{1}{\pi} \sin \pi x\, dx \right\}$$

$$= -\frac{1}{\pi} (n+2)(n+3) \int_0^1 x^{n+1} \sin \pi x\, dx$$

$$= -\frac{1}{\pi} (n+2)(n+3) \left\{ \left[x^{n+1} \cdot \left(-\frac{1}{\pi} \right) \cos \pi x \right]_0^1 - \int_0^1 (n+1)\, x^n \left(-\frac{1}{\pi} \right) \cos \pi x\, dx \right\}$$

$$= -\frac{1}{\pi} (n+2)(n+3) \left\{ \frac{1}{\pi} + \frac{1}{\pi} (n+1) \int_0^1 x^n \cos \pi x\, dx \right\}$$

$$= -\frac{1}{\pi^2} (n+2)(n+3)(1+c_n) \quad \cdots\cdots (\text{答})$$

(2) 与式より,すべての自然数 n に対して

$$|c_n| = (n+1) \left| \int_0^1 x^n \cos \pi x\, dx \right|$$

$$\leqq (n+1) \int_0^1 |x^n \cos \pi x|\, dx$$

$$= (n+1) \int_0^1 x^n |\cos \pi x|\, dx$$

$$\leqq (n+1) \int_0^1 x^n\, dx = \left[x^{n+1} \right]_0^1 = 1$$

よって,(1)より

$$\frac{(n+2)(n+3)}{\pi^2} |c_n + 1| = |c_{n+2}| \leqq 1$$

$$\therefore \quad 0 \leqq |c_n + 1| \leqq \frac{\pi^2}{(n+2)(n+3)}$$

$\displaystyle\lim_{n \to \infty} \frac{\pi^2}{(n+2)(n+3)} = 0$ であるから，はさみうちの原理によって

$$\lim_{n \to \infty} |c_n + 1| = 0$$

$$\therefore \quad \lim_{n \to \infty} c_n = -1 \quad \cdots\cdots (答)$$

(3) (2)より

$$c = \lim_{n \to \infty} c_n = -1$$

であるから

$$\begin{aligned}
\lim_{n \to \infty} \frac{c_{n+1} - c}{c_n - c} &= \lim_{n \to \infty} \frac{c_{n+1} + 1}{c_n + 1} \\
&= \lim_{n \to \infty} \frac{-\dfrac{\pi^2 c_{n+3}}{(n+3)(n+4)}}{-\dfrac{\pi^2 c_{n+2}}{(n+2)(n+3)}} \quad ((1)より) \\
&= \lim_{n \to \infty} \left(\frac{n+2}{n+4} \cdot \frac{c_{n+3}}{c_{n+2}} \right) \\
&= \lim_{n \to \infty} \left(\frac{1 + \dfrac{2}{n}}{1 + \dfrac{4}{n}} \cdot \frac{c_{n+3}}{c_{n+2}} \right) \\
&= \frac{1}{1} \cdot \frac{-1}{-1} \\
&= 1 \quad \cdots\cdots (答)
\end{aligned}$$

150

ポイント x, y の増減を調べる。$y \geqq x$ となる t の範囲は $y = tx$ から $tx \geqq x$ により求めるか，直接 $\dfrac{3t^2 - t^3}{t+1} \geqq \dfrac{3t - t^2}{t+1}$ を解く。面積計算に現れる $\displaystyle\int_0^1 y\,dx$ は変数変換（置換積分）によって求める。

解 法

$x = \dfrac{3t - t^2}{t+1}$, $y = \dfrac{3t^2 - t^3}{t+1}$ より

$$\frac{dx}{dt} = \frac{(3-2t)(t+1) - (3t - t^2)}{(t+1)^2}$$

$$= -\frac{(t+3)(t-1)}{(t+1)^2}$$

$$\frac{dy}{dt} = \frac{(6t - 3t^2)(t+1) - (3t^2 - t^3)}{(t+1)^2}$$

$$= -\frac{2t(t^2 - 3)}{(t+1)^2}$$

であるから，$0 \leqq t \leqq 3$ における x, y の増減表は次のようになる。

t	0	$\cdots$	1	$\cdots$	3
$\dfrac{dx}{dt}$	(3)	+	0	−	$\left(-\dfrac{3}{4}\right)$
x	0	↗	1	↘	0

t	0	$\cdots$	$\sqrt{3}$	$\cdots$	3
$\dfrac{dy}{dt}$	(0)	+	0	−	$\left(-\dfrac{9}{4}\right)$
y	0	↗	$6\sqrt{3} - 9$	↘	0

よって，t が $0 \leqq t \leqq 3$ を動くとき，x と y の動く範囲は

$$0 \leqq x \leqq 1, \quad 0 \leqq y \leqq 6\sqrt{3} - 9 \quad \cdots\cdots(\text{答})$$

$y = \dfrac{t(3t - t^2)}{t+1} = tx$ であるから $y \geqq x$ となるのは $tx \geqq x$ より

$$x = 0 \quad \text{または} \quad t \geqq 1 \quad (\because \quad x \geqq 0)$$

のときである。

$x = 0$ のとき，$t = 0$, 3 であるから，t が $0 \leqq t \leqq 3$ を動くとき $y \geqq x$ となるのは，$t = 0$, $1 \leqq t \leqq 3$ のときである。

したがって，$1 \le t \le 3$ における (x, y) が描くグ
ラフと $y=x$ とで囲まれる部分（右図の斜線部分）
の面積 S を求めればよい。

$y = \dfrac{3t^2 - t^3}{t+1}$ $(1 \le t \le 3)$ を用いて

$$S = \int_0^1 (y-x)\, dx$$

$$= \int_0^1 y\, dx - \int_0^1 x\, dx$$

$$= \int_3^1 y \dfrac{dx}{dt}\, dt - \dfrac{1}{2} \qquad \left(\begin{array}{c|c} x & 0 \to 1 \\ \hline t & 3 \to 1 \end{array} \right)$$

$$= \int_3^1 \dfrac{3t^2 - t^3}{t+1} \cdot \left\{ -\dfrac{(t+3)(t-1)}{(t+1)^2} \right\} dt - \dfrac{1}{2}$$

$$= -\int_1^3 \dfrac{t^2 (t+3)(t-1)(t-3)}{(t+1)^3}\, dt - \dfrac{1}{2}$$

ここで $t+1 = u$ とおくと，$t = u-1$ で

$\dfrac{dt}{du} = 1,$ $\begin{array}{c|c} t & 1 \to 3 \\ \hline u & 2 \to 4 \end{array}$ より

$$S = -\int_2^4 \dfrac{(u-1)^2 (u+2)(u-2)(u-4)}{u^3}\, du - \dfrac{1}{2}$$

$$= -\int_2^4 \left(u^2 - 6u + 5 + \dfrac{20}{u} - \dfrac{36}{u^2} + \dfrac{16}{u^3} \right) du - \dfrac{1}{2}$$

$$= -\left[\dfrac{1}{3} u^3 - 3u^2 + 5u + 20 \log|u| + \dfrac{36}{u} - \dfrac{8}{u^2} \right]_2^4 - \dfrac{1}{2}$$

$$= -\left\{ \dfrac{1}{3}(4^3 - 2^3) - 3(4^2 - 2^2) + 5(4-2) + 20\,(\log 4 - \log 2) \right.$$

$$\left. + 36 \left(\dfrac{1}{4} - \dfrac{1}{2} \right) - 8 \left(\dfrac{1}{4^2} - \dfrac{1}{2^2} \right) \right\} - \dfrac{1}{2}$$

$$= \dfrac{43}{3} - 20 \log 2 \quad \cdots\cdots \text{(答)}$$

§12 積分と体積

151

ポイント　$z=\sqrt{\log(1+x)}$ $(0\leqq x\leqq1)$ は $x=e^{z^2}-1$ $(0\leqq z\leqq\sqrt{\log2})$ となるので，S の平面 $z=u$ $(0\leqq u\leqq\sqrt{\log2})$ による断面は円 $x^2+y^2=(e^{u^2}-1)^2$，$z=u$ となる。これより，S の方程式 $x^2+y^2=(e^{z^2}-1)^2$ $(0\leqq z\leqq\sqrt{\log2})$ を得る。この式で $x=t$ とすると，S の平面 $x=t$ による断面（曲線）の方程式を得る。この曲線を x 軸のまわりに1回転したものは円環となる。その面積を t で表し，$0\leqq t\leqq1$ で積分したものが $\dfrac{V}{2}$ である。

解 法

$z=\sqrt{\log(1+x)}$ $(0\leqq x\leqq1)$ より

$\qquad x=e^{z^2}-1$ $(0\leqq z\leqq\sqrt{\log2})$

よって，図形 S を平面 $z=u$ $(0\leqq u\leqq\sqrt{\log2})$ で切ったときの断面は

$\qquad 0<u\leqq\sqrt{\log2}$ のとき，点 $(0,\ 0,\ u)$ を中心とする半径 $e^{u^2}-1$ の円

$\qquad u=0$ のとき，点 $(0,\ 0,\ 0)$

であるから

$\qquad x^2+y^2=(e^{u^2}-1)^2$ $(0\leqq u\leqq\sqrt{\log2})$

である。したがって，S は

$\qquad x^2+y^2=(e^{z^2}-1)^2$ $(0\leqq z\leqq\sqrt{\log2})$

で表される。

S は yz 平面に関して対称 ……① であるから，

$0\leqq t\leqq1$ として，S を平面 $x=t$ で切ったときの断面 S_t の方程式は

$\qquad t^2+y^2=(e^{z^2}-1)^2$，$x=t$ $(0\leqq z\leqq\sqrt{\log2}$，$0\leqq t\leqq1)$

ここで，これを満たす実数 y が存在するような z のとりうる値の範囲は，$y^2\geqq0$ から

$\qquad t^2\leqq(e^{z^2}-1)^2$

を満たす z $(z\leqq\sqrt{\log2})$ の範囲となる。

$t\geqq0$，$e^{z^2}-1\geqq0$ $(z\geqq0$ より$)$ から，これは

$\qquad t\leqq e^{z^2}-1$ すなわち $\sqrt{\log(t+1)}\leqq z\leqq\sqrt{\log2}$

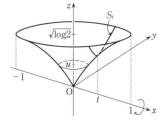

となり，S_t の方程式は

$$S_t : y^2 = (e^{z^2}-1)^2 - t^2, \quad x = t$$
$$(\sqrt{\log(t+1)} \leqq z \leqq \sqrt{\log 2} \quad \cdots\cdots②, \quad 0 \leqq t \leqq 1)$$

である。

S_t 上の点 (t, y, z) と点 $O_t(t, 0, 0)$ の距離を d とすると

$$d = \sqrt{y^2 + z^2} = \sqrt{(e^{z^2}-1)^2 - t^2 + z^2}$$

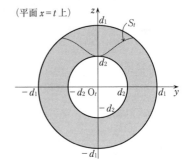

（平面 $x=t$ 上）

で，d は z が②の範囲のとき単調に増加するから，d は

$z = \sqrt{\log 2}$ で最大値

$$d_1 = \sqrt{\log 2 + 1 - t^2}$$

$z = \sqrt{\log(t+1)}$ で最小値

$$d_2 = \sqrt{\log(t+1)}$$

をとる。

立体 V を平面 $x=t$ （$0 \leqq t \leqq 1$）で切ったときの断面 V_t は，S_t を x 軸のまわりに 1 回転させるとき，S_t が通過した部分であるから，$0 < t \leqq 1$ のとき，V_t は点 $O_t(t, 0, 0)$ を中心とする半径 d_1 と d_2 の同心円に挟まれた部分で，その面積は

$$\pi d_1^2 - \pi d_2^2 = \pi\{\log 2 + 1 - t^2 - \log(t+1)\}$$

これは $t=0$ のときも成り立つ。

①より，V も yz 平面に関して対称であるから，V の体積は

$$2\int_0^1 \pi\{\log 2 + 1 - t^2 - \log(t+1)\}\,dt$$
$$= 2\pi\left[(\log 2 + 1)\,t - \frac{t^2}{3} - (t+1)\log(t+1) + t\right]_0^1$$
$$= 2\pi\left(\frac{5}{3} - \log 2\right) \quad \cdots\cdots（答）$$

152

2016 年度 〔4〕 Level B

ポイント D の平面 $y=t$ による断面は，x 軸に平行な線分となる。これを y 軸のまわりに 1 回転させたものが，体積を求める立体の断面となる。

解法

図形 D を平面 $y=t$（$0 \leqq t \leqq \log a$）で切断すると，切り口は

$$y=t, \quad z=t, \quad -\frac{e^t+e^{-t}}{2}+1 \leqq x \leqq \frac{e^t+e^{-t}}{2}-1$$

の線分（$t=0$ のときは原点）となる。$t>0$ のとき

$$P\left(\frac{e^t+e^{-t}}{2}-1, \ t, \ t\right), \ Q(0, \ t, \ t), \ R\left(-\frac{e^t+e^{-t}}{2}+1, \ t, \ t\right),$$

$$T(0, \ t, \ 0)$$

とすると，線分 PR を y 軸のまわりに 1 回転させた図形は，T を中心とし半径が TP の円から，T を中心とし半径が TQ の円を切り取った円環部分（右下図の網かけ部分）となる。

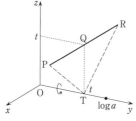
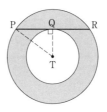

この面積を $S(t)$ とすると

$$
\begin{aligned}
S(t) &= \pi(TP^2 - TQ^2) \\
&= \pi PQ^2 \quad (\text{三平方の定理より}) \\
&= \pi\left(\frac{e^t+e^{-t}}{2}-1\right)^2
\end{aligned}
$$

よって，求める体積を V とすると

$$
\begin{aligned}
V &= \int_0^{\log a} S(t)\,dt \\
&= \pi \int_0^{\log a} \left(\frac{e^t+e^{-t}}{2}-1\right)^2 dt \\
&= \pi \int_0^{\log a} \left(\frac{e^{2t}+2+e^{-2t}}{4}-e^t-e^{-t}+1\right) dt \\
&= \pi \left[\frac{1}{4}\left(\frac{1}{2}e^{2t}+2t-\frac{1}{2}e^{-2t}\right)-e^t+e^{-t}+t\right]_0^{\log a}
\end{aligned}
$$

$$= \pi \left\{ \frac{1}{4}\left(\frac{1}{2}a^2 + 2\log a - \frac{1}{2}a^{-2} \right) - a + a^{-1} + \log a - \frac{1}{4}\left(\frac{1}{2} + 0 - \frac{1}{2} \right) + 1 - 1 - 0 \right\}$$

$$= \pi \left(\frac{a^2}{8} - \frac{1}{8a^2} - a + \frac{1}{a} + \frac{3}{2}\log a \right) \quad \cdots\cdots (\text{答})$$

153

2015 年度 〔1〕 Level A

ポイント $0 \le \alpha \le \pi$ かつ $0 \le \beta \le \pi$ のとき，$\sin \alpha = \sin \beta \iff \alpha = \beta$ または $\alpha + \beta = \pi$ を用いて 2 曲線の交点の x 座標を求める。積分では半角の公式を用いて次数を下げる工夫を行う。

解 法

$y = \sin\left(x + \dfrac{\pi}{8}\right)$ と $y = \sin 2x$ の $0 \le x \le \dfrac{\pi}{2}$ における共有点の x 座標を求める。

$$\sin\left(x + \frac{\pi}{8}\right) = \sin 2x \qquad かつ \qquad \frac{\pi}{8} \le x + \frac{\pi}{8} \le \frac{5\pi}{8}, \ 0 \le 2x \le \pi$$

より

$$2x = x + \frac{\pi}{8} \qquad または \qquad 2x + \left(x + \frac{\pi}{8}\right) = \pi$$

よって

$$x = \frac{\pi}{8}, \ \frac{7}{24}\pi$$

ゆえに，囲まれる領域は右図の網かけ部分であり，求める体積は

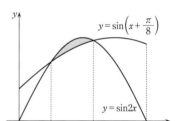

$$\int_{\frac{\pi}{8}}^{\frac{7}{24}\pi} \pi \left\{ \sin^2 2x - \sin^2\left(x + \frac{\pi}{8}\right) \right\} dx$$

$$= \pi \int_{\frac{\pi}{8}}^{\frac{7}{24}\pi} \left\{ \frac{1 - \cos 4x}{2} - \frac{1 - \cos\left(2x + \frac{\pi}{4}\right)}{2} \right\} dx$$

$$= \frac{\pi}{2} \int_{\frac{\pi}{8}}^{\frac{7}{24}\pi} \left\{ \cos\left(2x + \frac{\pi}{4}\right) - \cos 4x \right\} dx$$

$$= \frac{\pi}{2} \left[\frac{1}{2} \sin\left(2x + \frac{\pi}{4}\right) - \frac{1}{4} \sin 4x \right]_{\frac{\pi}{8}}^{\frac{7}{24}\pi}$$

$$= \frac{\pi}{2} \left(\frac{1}{2} \sin\frac{5}{6}\pi - \frac{1}{4} \sin\frac{7}{6}\pi - \frac{1}{2} \sin\frac{\pi}{2} + \frac{1}{4} \sin\frac{\pi}{2} \right)$$

$$= \frac{\pi}{2} \left(\frac{1}{4} + \frac{1}{8} - \frac{1}{2} + \frac{1}{4} \right)$$

$$= \frac{\pi}{16} \quad \cdots\cdots (答)$$

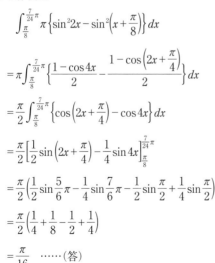

〔注1〕 2 曲線の交点の x 座標は次のようにしても求まる。

$$\sin 2x - \sin\left(x + \frac{\pi}{8}\right) = 0$$

$$2\cos\frac{3x+\frac{\pi}{8}}{2}\sin\frac{x-\frac{\pi}{8}}{2}=0$$

$$\cos\left(\frac{3}{2}x+\frac{\pi}{16}\right)\sin\left(\frac{x}{2}-\frac{\pi}{16}\right)=0$$

ここで，$0\le x\le\frac{\pi}{2}$ より $\frac{\pi}{16}\le\frac{3}{2}x+\frac{\pi}{16}\le\frac{13}{16}\pi$ であるから

$\cos\left(\frac{3}{2}x+\frac{\pi}{16}\right)=0$ のとき　　$\frac{3}{2}x+\frac{\pi}{16}=\frac{\pi}{2}$　　よって　　$x=\frac{7}{24}\pi$

同様に，$-\frac{\pi}{16}\le\frac{x}{2}-\frac{\pi}{16}\le\frac{3}{16}\pi$ であるから

$\sin\left(\frac{x}{2}-\frac{\pi}{16}\right)=0$ のとき　　$\frac{x}{2}-\frac{\pi}{16}=0$　　よって　　$x=\frac{\pi}{8}$

〔注2〕　一般に，n を整数として

・$\sin\alpha=\sin\beta\Longleftrightarrow\begin{cases}\alpha=\beta+2n\pi\\ \text{または}\\ \alpha=\pi-\beta+2n\pi\end{cases}$

・$\cos\alpha=\cos\beta\Longleftrightarrow\alpha=\pm\beta+2n\pi$

である。

154

ポイント 曲線 C の媒介変数 (θ) 表示を利用し, $\pi \displaystyle\int_{-1}^{3} y^2 dx$ を計算する。

解 法

曲線 C の媒介変数 (θ) 表示は

$$x = r\cos\theta = (2 + \cos\theta)\cos\theta, \quad y = r\sin\theta = (2 + \cos\theta)\sin\theta$$

となる。ここで

$$\frac{dx}{d\theta} = -\sin\theta\cos\theta + (2 + \cos\theta)(-\sin\theta)$$

$$= -2(1 + \cos\theta)\sin\theta \leqq 0 \quad (\because \quad 0 \leqq \theta \leqq \pi)$$

であるから, θ が 0 から π まで変化したとき, x 座標は 3 から -1 まで単調に減少する。よって, グラフは右図のようになる。

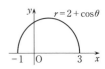

求める体積を V とすると

$$V = \pi \int_{-1}^{3} y^2 dx = \pi \int_{\pi}^{0} (2 + \cos\theta)^2 \sin^2\theta \cdot (-2\sin\theta)(1 + \cos\theta)\, d\theta$$

$$= 2\pi \int_{0}^{\pi} (2 + \cos\theta)^2 (1 - \cos^2\theta)(1 + \cos\theta)\sin\theta\, d\theta$$

ここで, $\cos\theta = t$ とおくと $\quad dt = -\sin\theta\, d\theta,$

θ	$0 \longrightarrow \pi$
t	$1 \longrightarrow -1$

であるから

$$V = 2\pi \int_{1}^{-1} (2 + t)^2 (1 - t^2)(1 + t)(-dt)$$

$$= 2\pi \int_{-1}^{1} (-t^5 - 5t^4 - 7t^3 + t^2 + 8t + 4)\, dt$$

$$= 4\pi \int_{0}^{1} (-5t^4 + t^2 + 4)\, dt = 4\pi \left[-t^5 + \frac{1}{3} t^3 + 4t \right]_{0}^{1} = \frac{40}{3}\pi \quad \cdots\cdots (\text{答})$$

155

2008 年度　甲乙〔5〕
Level A

ポイント　［解法1］　x 軸に垂直な平面 $x=t$ による断面積を利用する。

［解法2］　y 軸に垂直な平面 $y=t$ による断面積を利用する。

［解法3］　z 軸に垂直な平面 $z=t$ による断面積を利用する。

解 法 1

求める体積を V とする。

$x^2+y^2=4$ で $y=1$ とすると　　$x=\pm\sqrt{3}$

よって，平面 $x=t$（$-\sqrt{3}\leqq t\leqq\sqrt{3}$）による立体の
断面を考えると，図1の直角二等辺三角形 PQR
（$t=\pm\sqrt{3}$ のときは1点）である。

また，$\mathrm{QR}=\mathrm{PR}=\sqrt{4-t^2}-1$ からその面積は

$$\frac{1}{2}(\sqrt{4-t^2}-1)^2=\frac{1}{2}(5-t^2-2\sqrt{4-t^2})$$

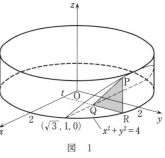

図　1

ゆえに

$$V=2\int_0^{\sqrt{3}}\frac{1}{2}(5-t^2-2\sqrt{4-t^2})\,dt$$

$$=\left[5t-\frac{t^3}{3}\right]_0^{\sqrt{3}}-2\int_0^{\sqrt{3}}\sqrt{4-t^2}\,dt$$

$$=4\sqrt{3}-2\int_0^{\sqrt{3}}\sqrt{4-t^2}\,dt$$

ここで，$s=\sqrt{4-t^2}$ のグラフは半円 $s^2+t^2=4$（$s\geqq0$）で
あるから，図2の網かけ部分の面積を考えて

$$\int_0^{\sqrt{3}}\sqrt{4-t^2}\,dt=\frac{1}{2}\cdot\sqrt{3}\cdot1+\frac{1}{6}\cdot\pi\cdot2^2$$

$$=\frac{\sqrt{3}}{2}+\frac{2}{3}\pi$$

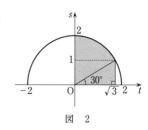

図　2

ゆえに　　$V=4\sqrt{3}-2\left(\dfrac{\sqrt{3}}{2}+\dfrac{2}{3}\pi\right)$

$$=3\sqrt{3}-\frac{4}{3}\pi \quad \cdots\cdots(\text{答})$$

解法 2

平面 $y=t$ （$1\leq t\leq 2$）による立体の断面は図 3
の長方形 PQRS （$t=1$, 2 のときは線分）であり，
PQ $=t-1$, QR $=2\sqrt{4-t^2}$ から，その面積は

$$2(t-1)\sqrt{4-t^2}$$

よって

$$V=2\int_1^2(t-1)\sqrt{4-t^2}\,dt$$
$$=2\int_1^2(t\sqrt{4-t^2}-\sqrt{4-t^2})\,dt$$

ここで $\displaystyle\int_1^2 t\sqrt{4-t^2}\,dt=-\frac{1}{2}\int_1^2(4-t^2)^{\frac{1}{2}}(4-t^2)'\,dt$

$$=-\frac{1}{2}\left[\frac{(4-t^2)^{\frac{3}{2}}}{\frac{3}{2}}\right]_1^2=\sqrt{3}$$

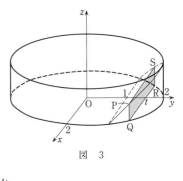

図　3

であり，$\displaystyle\int_1^2\sqrt{4-t^2}\,dt$ は図 4 の網かけ部分の面積だから

$$\int_1^2\sqrt{4-t^2}\,dt=\pi\cdot2^2\cdot\frac{60}{360}-\frac{1}{2}\cdot1\cdot\sqrt{3}$$
$$=\frac{2}{3}\pi-\frac{\sqrt{3}}{2}$$

ゆえに $V=2\left(\sqrt{3}-\frac{2}{3}\pi+\frac{\sqrt{3}}{2}\right)$

$$=3\sqrt{3}-\frac{4}{3}\pi\quad\cdots\cdots(\text{答})$$

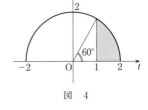

図　4

解法 3

平面 $z=t$ （$0\leq t\leq1$）による立体の断面は図
5 （あるいは図 6 ）の網かけ部分の図形となり，
図 6 の角 θ を用いて，その面積 S は

$$S=2\left(\pi\cdot2^2\cdot\frac{\theta}{2\pi}-\frac{1}{2}\cdot2\cos\theta\cdot2\sin\theta\right)$$
$$=4(\theta-\sin\theta\cos\theta)$$

ここで，$1+t=2\cos\theta$ より $t=2\cos\theta-1$ なので

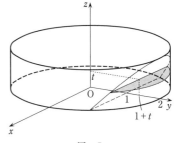

図　5

$$dt = -2\sin\theta\,d\theta,$$

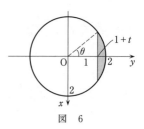

t	$0 \to 1$
θ	$\dfrac{\pi}{3} \to 0$

図　6

よって，求める体積 V は

$$V = \int_0^1 S\,dt = \int_{\frac{\pi}{3}}^0 4\,(\theta - \sin\theta\cos\theta)\cdot(-2\sin\theta)\,d\theta$$

$$= 8\int_0^{\frac{\pi}{3}} (\theta\sin\theta - \sin^2\theta\cos\theta)\,d\theta$$

ここで　　$\displaystyle\int_0^{\frac{\pi}{3}}\theta\sin\theta\,d\theta = \Big[-\theta\cos\theta\Big]_0^{\frac{\pi}{3}} - \int_0^{\frac{\pi}{3}}(-\cos\theta)\,d\theta$

$$= -\frac{\pi}{6} + \Big[\sin\theta\Big]_0^{\frac{\pi}{3}}$$

$$= -\frac{\pi}{6} + \frac{\sqrt{3}}{2}$$

また　　$\displaystyle\int_0^{\frac{\pi}{3}}\sin^2\theta\cos\theta\,d\theta = \Big[\frac{\sin^3\theta}{3}\Big]_0^{\frac{\pi}{3}} = \frac{\sqrt{3}}{8}$

ゆえに　　$V = 8\left(-\dfrac{\pi}{6} + \dfrac{\sqrt{3}}{2} - \dfrac{\sqrt{3}}{8}\right) = 3\sqrt{3} - \dfrac{4}{3}\pi$ ……(答)

156

ポイント　グラフの概形を描き，部分積分を正確に行う。

解 法

$y = xe^{1-x}$ について

$$y' = e^{1-x} - xe^{1-x} = (1-x)\,e^{1-x}$$

x	$\cdots$	1	$\cdots$
y'	+	0	−
y	↗	1	↘

$y' = 0$ となるのは $x=1$ のときで，このとき $y=1$ であるから，増減表は右のようになる。

直線 $y=x$ との交点は，$xe^{1-x} - x = 0$ より

$$x\,(e^{1-x} - 1) = 0$$
$$x = 0,\ 1$$

であるから　　$(0,\ 0),\ (1,\ 1)$

また，$0 \le x \le 1$ において $xe^{1-x} \ge x$ である。

以上より，グラフは右のようになり，求める体積を V とすると

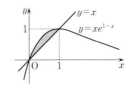

$$V = \pi \int_0^1 \{(xe^{1-x})^2 - x^2\}\, dx$$

ここで

$$\int_0^1 x^2 e^{2(1-x)}\, dx = \left[x^2 \cdot \frac{e^{2(1-x)}}{-2}\right]_0^1 - \int_0^1 2x \cdot \frac{e^{2(1-x)}}{-2}\, dx$$

$$= -\frac{1}{2} + \left[x \cdot \frac{e^{2(1-x)}}{-2}\right]_0^1 - \int_0^1 \frac{e^{2(1-x)}}{-2}\, dx = -\frac{1}{2} - \frac{1}{2} + \frac{1}{2}\left[\frac{e^{2(1-x)}}{-2}\right]_0^1$$

$$= -1 - \frac{1}{4}\,(1 - e^2) = \frac{e^2 - 5}{4}$$

また

$$\int_0^1 x^2 dx = \left[\frac{x^3}{3}\right]_0^1 = \frac{1}{3}$$

よって

$$V = \pi\left(\frac{e^2 - 5}{4} - \frac{1}{3}\right) = \frac{3e^2 - 19}{12}\pi \quad \cdots\cdots (\text{答})$$

157

Level A

ポイント　グラフの概形をとらえる。部分積分を繰り返す。

解 法

$0 \leqq x \leqq \dfrac{\pi}{2}$ では，x，$\sin x$ とも 0 以上の値をとり，単調増加だから，$f(x) = x\sin x$ も
その範囲で単調増加となる。
ゆえに，グラフは右図のようになる。
また

$$f'(x) = \sin x + x\cos x$$

$$\therefore \quad f'\left(\frac{\pi}{2}\right) = 1$$

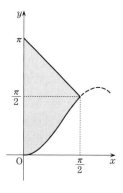

よって，点 $\left(\dfrac{\pi}{2}, \ \dfrac{\pi}{2}\right)$ での法線の傾きは -1 である。

ゆえに，回転される図形は右図の網かけ部分となる。

$0 \leqq x \leqq \dfrac{\pi}{2}$ における直線 $y = -x + \pi$ および曲線 $y = f(x)$ を x
軸のまわりに回転させたときの回転体の体積をそれぞれ
V_1，V_2 とし，求める体積を V とする。

$$V_1 = \pi \int_0^{\frac{\pi}{2}} (\pi - x)^2 dx$$

$$= \pi \left[\frac{1}{3}(\pi - x)^3 \right]_0^{\frac{\pi}{2}}$$

$$= \frac{7}{24}\pi^4 \quad \cdots\cdots ①$$

$$V_2 = \pi \int_0^{\frac{\pi}{2}} (x\sin x)^2 dx$$

$$= \pi \int_0^{\frac{\pi}{2}} x^2 \cdot \frac{1 - \cos 2x}{2} dx$$

$$= \frac{\pi}{2} \left\{ \left[\frac{x^3}{3} \right]_0^{\frac{\pi}{2}} - \int_0^{\frac{\pi}{2}} x^2 \cos 2x \, dx \right\}$$

$$= \frac{\pi}{2} \left(\frac{\pi^3}{24} - \int_0^{\frac{\pi}{2}} x^2 \cos 2x \, dx \right)$$

ここで

$$\int_0^{\frac{\pi}{2}} x^2 \cos 2x\, dx = \left[x^2 \cdot \frac{1}{2} \sin 2x \right]_0^{\frac{\pi}{2}} - \int_0^{\frac{\pi}{2}} 2x \cdot \frac{1}{2} \sin 2x\, dx$$

$$= -\int_0^{\frac{\pi}{2}} x \sin 2x\, dx$$

$$= -\left[x \cdot \left(-\frac{1}{2} \right) \cos 2x \right]_0^{\frac{\pi}{2}} + \int_0^{\frac{\pi}{2}} \left(-\frac{1}{2} \right) \cos 2x\, dx$$

$$= -\frac{\pi}{4} - \frac{1}{4} \left[\sin 2x \right]_0^{\frac{\pi}{2}}$$

$$= -\frac{\pi}{4}$$

よって

$$V_2 = \frac{\pi}{2} \left(\frac{\pi^3}{24} + \frac{\pi}{4} \right) = \frac{\pi^4}{48} + \frac{\pi^2}{8} \quad \cdots\cdots ②$$

①，②より

$$V = V_1 - V_2 = \frac{7}{24} \pi^4 - \left(\frac{\pi^4}{48} + \frac{\pi^2}{8} \right)$$

$$= \frac{13}{48} \pi^4 - \frac{\pi^2}{8} \quad \cdots\cdots (答)$$

〔注〕 底面の半径 a，上面の半径 b，高さ h の円錐台の体積は $\frac{\pi}{3} h (a^2 + ab + b^2)$ である。
V_1 はこれを用いて求めることもできる。

158

ポイント (1) $V(a) = \pi \int_1^3 \{\log(x-a)\}^2 dx$ であるから，積分は変数変換 $X = x - a$ による。

$$\int (\log X)^2 dX = \int X' (\log X)^2 dX$$

$$\int \log X dX = \int X' (\log X) dX$$

に注意して部分積分を行う。

(2) $V(a) = \pi \int_{1-a}^{3-a} (\log X)^2 dX$ の両辺を a で微分し，増減を調べる。

最小値の計算では $\sqrt{2} - 1 = \dfrac{1}{\sqrt{2}+1}$ を利用する。

解法

(1) $V(a)$ は右図の斜線部分を x 軸のまわりに回転した回転体の体積であるから

$$V(a) = \pi \int_1^3 \{\log(x-a)\}^2 dx$$

$$= \pi \int_{1-a}^{3-a} (\log X)^2 dX$$

$$(x - a = X \text{ と置換した})$$

$$= \pi \int_{1-a}^{3-a} X' \cdot (\log X)^2 dX$$

$$= \pi \Big[X(\log X)^2 \Big]_{1-a}^{3-a} - \pi \int_{1-a}^{3-a} X \cdot 2\log X \cdot \frac{1}{X} dX$$

$$= \pi \Big[X(\log X)^2 \Big]_{1-a}^{3-a} - 2\pi \left(\Big[X\log X \Big]_{1-a}^{3-a} - \int_{1-a}^{3-a} X \cdot \frac{1}{X} dX \right)$$

$$= \pi \Big[X(\log X)^2 - 2X\log X + 2X \Big]_{1-a}^{3-a}$$

$$= \pi(3-a)\{\{\log(3-a)\}^2 - 2\log(3-a)\}$$

$$\qquad\qquad - \pi(1-a)\{\{\log(1-a)\}^2 - 2\log(1-a)\} + 4\pi \quad \cdots\cdots \text{(答)}$$

(2) $$V'(a) = \pi \frac{d}{da} \int_{1-a}^{3-a} (\log X)^2 dX$$

$$= \pi \{\{\log(1-a)\}^2 - \{\log(3-a)\}^2\}$$

$$= \pi \{\log(1-a) + \log(3-a)\}\{\log(1-a) - \log(3-a)\}$$

ここで，$1 - a < 3 - a$ だから

$$\log(1-a)-\log(3-a)<0$$

よって，$V'(a)=0$ となるとき

$$0=\log(1-a)+\log(3-a)$$
$$=\log(1-a)(3-a)$$

これより

$$(1-a)(3-a)=1$$
$$a^2-4a+2=0 \qquad \therefore \quad a=2\pm\sqrt{2}$$

$0<a<1$ より $\quad a=2-\sqrt{2}$

ゆえに，$V(a)$ の増減表は右のようになる。

a	0	$\cdots$	$2-\sqrt{2}$	$\cdots$	1
$V'(a)$		$-$	0	$+$	
$V(a)$		↘	最小	↗	

したがって，$V(a)$ の最小値は $V(2-\sqrt{2})$ である。$a=2-\sqrt{2}$ のとき

$$3-a=\sqrt{2}+1, \quad 1-a=\sqrt{2}-1$$

さらに

$$\sqrt{2}-1=\frac{1}{\sqrt{2}+1} \qquad \therefore \quad \log(\sqrt{2}-1)=-\log(\sqrt{2}+1)$$

これらを用いると，求める最小値は

$$V(2-\sqrt{2})$$
$$=\pi(\sqrt{2}+1)\{\{\log(\sqrt{2}+1)\}^2-2\log(\sqrt{2}+1)\}$$
$$\qquad\qquad -\pi(\sqrt{2}-1)\{\{-\log(\sqrt{2}+1)\}^2+2\log(\sqrt{2}+1)\}+4\pi$$
$$=\pi\{2\{\log(\sqrt{2}+1)\}^2-4\sqrt{2}\log(\sqrt{2}+1)+4\}$$
$$=2\pi\{\log(\sqrt{2}+1)-\sqrt{2}\}^2 \quad \cdots\cdots(\text{答})$$

§13 複素数と複素数平面

159 2021年度〔3〕 Level B

ポイント ［解法1］ $\alpha = \dfrac{1}{2}\left(\cos\dfrac{\pi}{6} + i\sin\dfrac{\pi}{6}\right)$ とおくと，$\left(\dfrac{1}{2}\right)^k \cos\dfrac{k\pi}{6} = \dfrac{1}{2}(\alpha^k + \overline{\alpha}^k)$ である

から，$\displaystyle\sum_{k=0}^{n}\left(\dfrac{1}{2}\right)^k \cos\dfrac{k\pi}{6} = \dfrac{1}{2}\left(\displaystyle\sum_{k=0}^{n}\alpha^k + \displaystyle\sum_{k=0}^{n}\overline{\alpha}^k\right)$ となる。$\displaystyle\sum_{k=0}^{n}\alpha^k$，$\displaystyle\sum_{k=0}^{n}\overline{\alpha}^k$ を求め，

$\displaystyle\lim_{n\to\infty}|\alpha^{n+1}| = \lim_{n\to\infty}|\overline{\alpha}^{n+1}| = 0$ から $\displaystyle\lim_{n\to\infty}\alpha^{n+1} = \lim_{n\to\infty}\overline{\alpha}^{n+1} = 0$ となることを利用して，

$\displaystyle\lim_{n\to\infty}\left\{\sum_{k=0}^{n}\left(\dfrac{1}{2}\right)^k \cos\dfrac{k\pi}{6}\right\}$ を求める。

［解法2］ まず，$a_k = \left(\dfrac{1}{2}\right)^k \cos\dfrac{k\pi}{6}$，$S_n = \displaystyle\sum_{k=0}^{n-1}a_k$ とおき，$\displaystyle\sum_{k=0}^{5}a_k$ を求める。次いで，整数

$m \geq 1$，k $(0 \leq k \leq 5)$ に対して，$a_{6m+k} = \left(-\dfrac{1}{64}\right)^m a_k$ であることを示し，

$S_{6m} = S_6 \displaystyle\sum_{l=0}^{m-1}\left(-\dfrac{1}{64}\right)^l$ を示す。さらに，$\displaystyle\lim_{m\to\infty}S_{6m+1} = \lim_{m\to\infty}S_{6m+2} = \lim_{m\to\infty}S_{6m+3} = \lim_{m\to\infty}S_{6m+4}$

$= \displaystyle\lim_{m\to\infty}S_{6m+5} = \lim_{m\to\infty}S_{6m}$ を示す。

解法1

$$\sum_{n=0}^{\infty}\left(\dfrac{1}{2}\right)^n \cos\dfrac{n\pi}{6} = \lim_{n\to\infty}\left\{\sum_{k=0}^{n}\left(\dfrac{1}{2}\right)^k \cos\dfrac{k\pi}{6}\right\} \quad \cdots\cdots①$$

である。

$\alpha = \dfrac{1}{2}\left(\cos\dfrac{\pi}{6} + i\sin\dfrac{\pi}{6}\right)$ とおくと，0以上の整数 k に対して

$$\alpha^k = \left(\dfrac{1}{2}\right)^k\left(\cos\dfrac{k\pi}{6} + i\sin\dfrac{k\pi}{6}\right)$$

よって，$\left(\dfrac{1}{2}\right)^k \cos\dfrac{k\pi}{6} = \dfrac{1}{2}(\alpha^k + \overline{\alpha}^k)$ となり

$$\sum_{k=0}^{n}\left(\dfrac{1}{2}\right)^k \cos\dfrac{k\pi}{6} = \sum_{k=0}^{n}\dfrac{1}{2}(\alpha^k + \overline{\alpha}^k)$$

$$= \dfrac{1}{2}\left(\sum_{k=0}^{n}\alpha^k + \sum_{k=0}^{n}\overline{\alpha}^k\right)$$

$$= \dfrac{1}{2}\left(\dfrac{1-\alpha^{n+1}}{1-\alpha} + \dfrac{1-\overline{\alpha}^{n+1}}{1-\overline{\alpha}}\right) \quad \cdots\cdots②$$

ここで，$|\alpha^{n+1}| = |\overline{\alpha}^{n+1}| = \dfrac{1}{2^{n+1}}$ なので，$\displaystyle\lim_{n\to\infty}|\alpha^{n+1}| = \lim_{n\to\infty}|\overline{\alpha}^{n+1}| = 0$ となり

$$\lim_{n\to\infty}\alpha^{n+1} = \lim_{n\to\infty}\overline{\alpha}^{n+1} = 0 \quad \cdots\cdots ③$$

②，③から

$$\lim_{n\to\infty}\left\{\sum_{k=0}^{n}\left(\frac{1}{2}\right)^k\cos\frac{k\pi}{6}\right\} = \lim_{n\to\infty}\frac{1}{2}\left(\frac{1-\alpha^{n+1}}{1-\alpha} + \frac{1-\overline{\alpha}^{n+1}}{1-\overline{\alpha}}\right)$$

$$= \frac{1}{2}\left(\frac{1}{1-\alpha} + \frac{1}{1-\overline{\alpha}}\right)$$

$$= \frac{1}{2}\left\{\frac{2-(\alpha+\overline{\alpha})}{(1-\alpha)(1-\overline{\alpha})}\right\}$$

$$= \frac{1}{2}\left\{\frac{2-(\alpha+\overline{\alpha})}{1-(\alpha+\overline{\alpha})+\alpha\overline{\alpha}}\right\}$$

ここで，$\alpha+\overline{\alpha} = \cos\dfrac{\pi}{6} = \dfrac{\sqrt{3}}{2}$，$\alpha\overline{\alpha} = |\alpha|^2 = \dfrac{1}{4}$ なので

$$\lim_{n\to\infty}\left\{\sum_{k=0}^{n}\left(\frac{1}{2}\right)^k\cos\frac{k\pi}{6}\right\} = \frac{1}{2}\cdot\frac{2-\dfrac{\sqrt{3}}{2}}{1-\dfrac{\sqrt{3}}{2}+\dfrac{1}{4}} = \frac{1}{2}\cdot\frac{8-2\sqrt{3}}{5-2\sqrt{3}}$$

$$= \frac{4-\sqrt{3}}{5-2\sqrt{3}} = \frac{14+3\sqrt{3}}{13} \quad \cdots\cdots ④$$

①，④から

$$\sum_{n=0}^{\infty}\left(\frac{1}{2}\right)^n\cos\frac{n\pi}{6} = \frac{14+3\sqrt{3}}{13} \quad \cdots\cdots(答)$$

〔注1〕 ［解法1］③では，一般に複素数列 $\{z_n\}$ について，$\displaystyle\lim_{n\to\infty}|z_n| = 0$ ならば，$\displaystyle\lim_{n\to\infty}z_n = 0$ であることを用いている。これは複素数平面上での点列 z_0，z_1，z_2，$\cdots$ を考えれば明らかであるが，次のように考えると，実数の極限に帰着させて理解することもできる。ただし，ここまでは記さなくてもよいであろう。$z_n = a_n + b_n i$ $(a_n$，b_n は実数$)$ とおくと，$0 \leqq |a_n| \leqq |z_n|$，$0 \leqq |b_n| \leqq |z_n|$ である。ここで，$\displaystyle\lim_{n\to\infty}|z_n| = 0$ であるから，はさみうちの原理から，$\displaystyle\lim_{n\to\infty}|a_n| = \lim_{n\to\infty}|b_n| = 0$ となり，$\displaystyle\lim_{n\to\infty}z_n = 0$ である。

〔注2〕 ［解法1］③の複素数列の極限を避けるなら，②以降を次のようにする記述が考えられるが，少し煩雑となる。

$$\frac{1-\alpha^{n+1}}{1-\alpha} + \frac{1-\overline{\alpha}^{n+1}}{1-\overline{\alpha}} = \frac{(1-\alpha^{n+1})(1-\overline{\alpha}) + (1-\overline{\alpha}^{n+1})(1-\alpha)}{(1-\alpha)(1-\overline{\alpha})}$$

$$= \frac{2-(\alpha+\overline{\alpha})-(\alpha^{n+1}+\overline{\alpha}^{n+1})+\alpha\overline{\alpha}(\alpha^n+\overline{\alpha}^n)}{1-(\alpha+\overline{\alpha})+\alpha\overline{\alpha}}$$

ここで，$\alpha^{n+1}+\overline{\alpha}^{n+1} = 2\cdot\dfrac{1}{2^{n+1}}\cos\dfrac{(n+1)\pi}{6}$ と $\left|\cos\dfrac{(n+1)\pi}{6}\right| \leqq 1$ から，

$\lim_{n \to \infty} (\alpha^{n+1} + \bar{\alpha}^{n+1}) = 0$ となる。同様に，$\lim_{n \to \infty} (\alpha^n + \bar{\alpha}^n) = 0$ である。

よって，$\lim_{n \to \infty} \dfrac{1}{2} \left(\dfrac{1 - \alpha^{n+1}}{1 - \alpha} + \dfrac{1 - \bar{\alpha}^{n+1}}{1 - \bar{\alpha}} \right) = \dfrac{1}{2} \left\{ \dfrac{2 - (\alpha + \bar{\alpha})}{1 - (\alpha + \bar{\alpha}) + \alpha \bar{\alpha}} \right\}$ となる。

（以下，［解法1］に同じ）

（この記述では，$\alpha^{n+1} + \bar{\alpha}^{n+1}$，$\alpha^n + \bar{\alpha}^n$ が実数なので，実数の極限のみを用いていることに注意。）

解 法 2

0 以上の整数 k に対して，$a_k = \left(\dfrac{1}{2} \right)^k \cos \dfrac{k\pi}{6}$ とおき，$S_n = \sum_{k=0}^{n-1} a_k$ とすると，求める値は $\lim_{n \to \infty} S_n$ である。

$$S_6 = \sum_{k=0}^{5} a_k = \frac{1}{2^0} \cdot 1 + \frac{1}{2^1} \cdot \frac{\sqrt{3}}{2} + \frac{1}{2^2} \cdot \frac{1}{2} + \frac{1}{2^3} \cdot 0 + \frac{1}{2^4} \cdot \left(-\frac{1}{2} \right) + \frac{1}{2^5} \cdot \left(-\frac{\sqrt{3}}{2} \right)$$

$$= \frac{1}{2^6} (70 + 15\sqrt{3})$$

$$= \frac{5}{64} (14 + 3\sqrt{3}) \quad \cdots\cdots①$$

m を 1 以上の整数とすると，$k = 0, 1, 2, 3, 4, 5$ のいずれに対しても

$$a_{6m+k} = \left(\frac{1}{2} \right)^{6m+k} \cos \frac{(6m+k)\pi}{6}$$

$$= \left(\frac{1}{64} \right)^m \left(\frac{1}{2} \right)^k \cos \left(\frac{k\pi}{6} + m\pi \right)$$

$$= \left(\frac{1}{64} \right)^m \left(\frac{1}{2} \right)^k \cdot (-1)^m \cos \frac{k\pi}{6}$$

$$= \left(-\frac{1}{64} \right)^m a_k \quad \cdots\cdots②$$

よって

$$S_{6m} = (a_0 + a_1 + \cdots + a_5) + (a_6 + a_7 + \cdots + a_{11}) + \cdots$$
$$+ \{a_{6(m-1)} + a_{6(m-1)+1} + \cdots + a_{6(m-1)+5}\}$$

$$= S_6 + \left(-\frac{1}{64} \right) S_6 + \left(-\frac{1}{64} \right)^2 S_6 + \cdots + \left(-\frac{1}{64} \right)^{m-1} S_6 \quad （②より）$$

$$= S_6 \sum_{l=0}^{m-1} \left(-\frac{1}{64} \right)^l$$

$$\lim_{m \to \infty} S_{6m} = S_6 \lim_{m \to \infty} \left\{ \sum_{l=0}^{m-1} \left(-\frac{1}{64} \right)^l \right\}$$

$$= \frac{5}{64} (14 + 3\sqrt{3}) \cdot \frac{1}{1 + \dfrac{1}{64}} \quad （①より）$$

$$= \frac{14 + 3\sqrt{3}}{13} \quad \cdots\cdots③$$

さらに

$$
\begin{cases}
S_{6m+1} = S_{6m} + a_{6m} \\
S_{6m+2} = S_{6m} + a_{6m} + a_{6m+1} \\
S_{6m+3} = S_{6m} + a_{6m} + a_{6m+1} + a_{6m+2} \\
S_{6m+4} = S_{6m} + a_{6m} + a_{6m+1} + a_{6m+2} + a_{6m+3} \\
S_{6m+5} = S_{6m} + a_{6m} + a_{6m+1} + a_{6m+2} + a_{6m+3} + a_{6m+4}
\end{cases}
\quad \cdots\cdots④
$$

である。ここで，$0 \leqq |a_n| \leqq \left| \left(\dfrac{1}{2} \right)^n \right|$ から，はさみうちの原理により

$$\lim_{n \to \infty} |a_n| = 0$$

すなわち

$$\lim_{n \to \infty} a_n = 0 \quad \cdots\cdots⑤$$

③，④，⑤から

$$\lim_{m \to \infty} S_{6m+1} = \lim_{m \to \infty} S_{6m+2} = \lim_{m \to \infty} S_{6m+3} = \lim_{m \to \infty} S_{6m+4} = \lim_{m \to \infty} S_{6m+5} = \lim_{m \to \infty} S_{6m} = \frac{14 + 3\sqrt{3}}{13}$$

よって，$\displaystyle \lim_{n \to \infty} S_n = \frac{14 + 3\sqrt{3}}{13}$ となり

$$\sum_{n=0}^{\infty} \left(\frac{1}{2} \right)^n \cos \frac{n\pi}{6} = \lim_{n \to \infty} S_n = \frac{14 + 3\sqrt{3}}{13} \quad \cdots\cdots(答)$$

160

2020 年度 〔1〕

Level B

ポイント 解と係数の関係を用いる。重心が $-a$, 中線の長さが $\frac{3}{2}a$ となることを用いて，実数解が $-2a$ となることを導く。次いで，a の値を求める。その後の処理で 2 つの解法が考えられる。

[解法 1] 　3 解を p, α, $\bar{\alpha}$ （p は実数，α は虚数）とおき，$\alpha = -a + a\left(\cos\frac{\pi}{3} + i\sin\frac{\pi}{3}\right)$ としてよいことを用いる。

[解法 2] 　3 解を p, $q+ri$, $q-ri$ （p, q, r は実数，$r>0$）とおき，いくつかの線分の長さを用いて，p, q, r を a で表すことを考える。

解法 1

（＊）は実数係数の 3 次方程式で，3 解が三角形の頂点となることから，3 解を p, α, $\bar{\alpha}$ （p は実数，α は虚数）とおくことができる。それぞれが表す点を順に P，Q，R とおき，三角形 PQR の重心を G とする。解と係数の関係から，$\dfrac{p+\alpha+\bar{\alpha}}{3} = -a$ なので，G $(-a)$ である。P は実軸上にあり，Q と R は実軸に関して対称である。

三角形 PQR は一辺の長さが $\sqrt{3}a$ の正三角形なので，中線の長さは $\frac{3}{2}a$ であり

$$\text{GP} = \text{GQ} = \text{GR} = \frac{2}{3}\cdot\frac{3}{2}a = a \quad \cdots\cdots①$$

$p > -a$ のとき，GP $= p-(-a) = p+a$ と①から，$p=0$ だが，（＊）は 0 を解にもたないので不適。

よって，$p < -a$ であり

$$p = -a - a = -2a \quad \cdots\cdots②$$

また，$\beta = \cos\frac{\pi}{3} + i\sin\frac{\pi}{3} = \frac{1}{2} + \frac{\sqrt{3}}{2}i$ とおくと

$$\begin{cases} \alpha = -a + a\beta = -a(1-\beta) \\ \bar{\alpha} = -a + a\bar{\beta} = -a(1-\bar{\beta}) \end{cases} \quad \cdots\cdots③$$

としてよい。

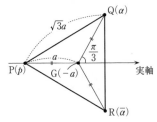

いま，解と係数の関係から $p\alpha\bar{\alpha} = -1$ なので，②，③より

$$-2a^3(1-\beta)(1-\bar{\beta}) = -1$$

ここで，$(1-\beta)(1-\bar{\beta}) = 1-(\beta+\bar{\beta})+\beta\bar{\beta} = 1-1+1 = 1$ なので，$2a^3 = 1$ となり

$$a = \frac{1}{\sqrt[3]{2}}$$

これと②, ③から

$$p = -\frac{2}{\sqrt[3]{2}} \ (=-\sqrt[3]{4}), \quad \alpha = -\frac{1}{\sqrt[3]{2}}\left(\frac{1}{2} - \frac{\sqrt{3}}{2}i\right) = \frac{-1+\sqrt{3}\,i}{2\sqrt[3]{2}}, \quad \bar{\alpha} = \frac{-1-\sqrt{3}\,i}{2\sqrt[3]{2}}$$

再び, 解と係数の関係から

$$b = p(\alpha + \bar{\alpha}) + \alpha\bar{\alpha}$$

$$= -\frac{2}{\sqrt[3]{2}}\left(-\frac{1}{\sqrt[3]{2}}\right) + \frac{1}{\sqrt[3]{4}} \quad \left(\alpha + \bar{\alpha} = -\frac{1}{\sqrt[3]{2}}, \quad \alpha\bar{\alpha} = \frac{1}{\sqrt[3]{4}} \ \text{より}\right)$$

$$= \frac{3}{\sqrt[3]{4}}$$

ゆえに

$$\left.\begin{array}{l} a = \dfrac{1}{\sqrt[3]{2}}, \quad b = \dfrac{3}{\sqrt[3]{4}} \\[2mm] 3\ \text{解は} -\dfrac{2}{\sqrt[3]{2}} \ (=-\sqrt[3]{4}), \quad \dfrac{-1\pm\sqrt{3}\,i}{2\sqrt[3]{2}} \end{array}\right\} \quad \cdots\cdots\text{(答)}$$

解法 2

(∗)は実数係数の3次方程式で, その3解が三角形の頂点となることから, 3解を

$$p, \quad q+ri, \quad q-ri \quad (p,\ q,\ r \text{ は実数}, \ r>0)$$

とおくことができる。それぞれが表す点を順にP, Q, Rとおき, 三角形PQRの重心をG, 辺QRの中点をMとおく。

解と係数の関係

$$\begin{cases} \dfrac{p+(q+ri)+(q-ri)}{3} = -a \\[2mm] p(q+ri)+p(q-ri)+(q+ri)(q-ri) = b \\[2mm] p(q+ri)(q-ri) = -1 \end{cases}$$

から

$$\begin{cases} \dfrac{p+2q}{3} = -a & \cdots\cdots① \\[2mm] 2pq+q^2+r^2 = b & \cdots\cdots② \\[2mm] p(q^2+r^2) = -1 & \cdots\cdots③ \end{cases}$$

①からG$(-a)$, また, $\dfrac{(q+ri)+(q-ri)}{2} = q$ からM(q) である。

正三角形PQRは一辺の長さが$\sqrt{3}\,a$なので, PM$=\dfrac{3}{2}a$であり

$$\text{GP} = a, \quad \text{GM} = \frac{a}{2}, \quad \text{QM} = \frac{\sqrt{3}}{2}a$$

である。

$p > -a$ のとき，GP $= a$ より，$p-(-a)=a$ すなわち $p=0$ だが，(＊)は 0 を解にもたないので不適。

よって，$p < -a$ である。

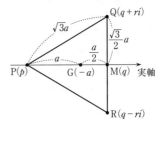

GP $= a$ から

$$p = -2a \quad \cdots\cdots④$$

GM $= \dfrac{a}{2}$，QM $= \dfrac{\sqrt{3}}{2}a$ から

$$q = -a + \dfrac{a}{2} = -\dfrac{a}{2} \quad \cdots\cdots⑤$$

$$r = \dfrac{\sqrt{3}}{2}a \quad \cdots\cdots⑥$$

③，④，⑤，⑥から，$-2a\left(\dfrac{a^2}{4}+\dfrac{3a^2}{4}\right) = -1$ となり，これより

$$a = \dfrac{1}{\sqrt[3]{2}} \quad \cdots\cdots⑦$$

②，④，⑤，⑥，⑦から　　$b = 2(-2a)\left(-\dfrac{a}{2}\right) + \dfrac{a^2}{4}+\dfrac{3a^2}{4} = 3a^2 = \dfrac{3}{\sqrt[3]{4}}$

④，⑤，⑥，⑦から　　$p = -\dfrac{2}{\sqrt[3]{2}}\ \ (= -\sqrt[3]{4})$，$q = -\dfrac{1}{2\sqrt[3]{2}}$，$r = \dfrac{\sqrt{3}}{2\sqrt[3]{2}}$

ゆえに

$$\left. \begin{array}{l} a = \dfrac{1}{\sqrt[3]{2}}, \ \ b = \dfrac{3}{\sqrt[3]{4}} \\[4mm] 3\text{解は} -\dfrac{2}{\sqrt[3]{2}}\ \ (=-\sqrt[3]{4}),\ \ \dfrac{-1\pm\sqrt{3}\,i}{2\sqrt[3]{2}} \end{array} \right\} \quad \cdots\cdots(\text{答})$$

161

　Level B

ポイント　$1 \pm i = \sqrt{2}\left(\cos\dfrac{\pi}{4} \pm i\sin\dfrac{\pi}{4}\right)$（複号同順）として，ド・モアブルの定理を用いて与式を変形する。次いで，$\cos\dfrac{n\pi}{4} \leqq 1$ から必要条件としての $2^{\frac{n}{2}+1} > 10^{10}$ を求める。これの常用対数を考え，対数表からの $0.30095 \leqq \log_{10}2 < 0.30105$ を用いて $n \geqq 65$ という絞り込みを行う。最後にこの範囲の n で条件を満たす最小の n を求める。

解 法

ド・モアブルの定理より

$(1+i)^n + (1-i)^n$

$= \left\{\sqrt{2}\left(\cos\dfrac{\pi}{4} + i\sin\dfrac{\pi}{4}\right)\right\}^n + \left[\sqrt{2}\left\{\cos\left(-\dfrac{\pi}{4}\right) + i\sin\left(-\dfrac{\pi}{4}\right)\right\}\right]^n$

$= (\sqrt{2})^n\left(\cos\dfrac{n\pi}{4} + i\sin\dfrac{n\pi}{4}\right) + (\sqrt{2})^n\left\{\cos\left(-\dfrac{n\pi}{4}\right) + i\sin\left(-\dfrac{n\pi}{4}\right)\right\}$

$= (\sqrt{2})^n\left\{\left(\cos\dfrac{n\pi}{4} + i\sin\dfrac{n\pi}{4}\right) + \left(\cos\dfrac{n\pi}{4} - i\sin\dfrac{n\pi}{4}\right)\right\}$

$= (\sqrt{2})^n \cdot 2\cos\dfrac{n\pi}{4}$

$= 2^{\frac{n}{2}+1}\cos\dfrac{n\pi}{4}$

よって，求める n は

$2^{\frac{n}{2}+1}\cos\dfrac{n\pi}{4} > 10^{10}$　……①

を満たす最小の正の整数 n である。

$\cos\dfrac{n\pi}{4} \leqq 1$ より　　$2^{\frac{n}{2}+1}\cos\dfrac{n\pi}{4} \leqq 2^{\frac{n}{2}+1}$

これと①より，$2^{\frac{n}{2}+1} > 10^{10}$ が必要。

この式の両辺は正であるから，常用対数をとって

$\left(\dfrac{n}{2}+1\right)\log_{10}2 > 10$

常用対数表より，$0.30095 \leqq \log_{10}2 < 0.30105$　……②であるから

$n+2 > \dfrac{20}{\log_{10}2} > \dfrac{20}{0.30105} = 66.4\cdots$　より　　$n > 64.4$

n は正の整数であるから，$n \geqq 65$ でなければならない。

$n=65$ のとき　　$2^{\frac{n}{2}+1}\cos\dfrac{n\pi}{4}=2^{\frac{67}{2}}\cdot\dfrac{1}{\sqrt{2}}=2^{33}$

　　　　$\log_{10}2^{33}=33\log_{10}2<33\times0.30105=9.93465<10=\log_{10}10^{10}$　　（②より）

すなわち，$2^{33}<10^{10}$ であるから，①を満たさない。

$66\leqq n\leqq70$ のとき，$\cos\dfrac{n\pi}{4}\leqq0$ であるから，①を満たさない。

$n=71$ のとき　　$2^{\frac{n}{2}+1}\cos\dfrac{n\pi}{4}=2^{\frac{73}{2}}\cdot\dfrac{1}{\sqrt{2}}=2^{36}$

　　　　$\log_{10}2^{36}=36\log_{10}2\geqq36\times0.30095=10.8342>10=\log_{10}10^{10}$　　（②より）

すなわち，$2^{36}>10^{10}$ であるから，①を満たす。

ゆえに，求める n の値は　　$n=71$　……（答）

〔注1〕　①は次のようにして求めることもできる。

　　$\alpha=1+i$ とおくと　　　　$\alpha^n=\left\{\sqrt{2}\left(\cos\dfrac{\pi}{4}+i\sin\dfrac{\pi}{4}\right)\right\}^n=(\sqrt{2})^n\left(\cos\dfrac{n\pi}{4}+i\sin\dfrac{n\pi}{4}\right)$

　　　　$(1+i)^n+(1-i)^n=\alpha^n+(\bar{\alpha})^n=\alpha^n+\overline{\alpha^n}$

　　$\overline{(\alpha^n+\overline{\alpha^n})}=\overline{\alpha^n}+\alpha^n$ なので，$\alpha^n+\overline{\alpha^n}$ は実数であり

　　　　$\alpha^n+\overline{\alpha^n}=\mathrm{Re}\,(\alpha^n+\overline{\alpha^n})=\mathrm{Re}\,(\alpha^n)+\mathrm{Re}\,(\overline{\alpha^n})=2\,(\sqrt{2})^n\cos\dfrac{n\pi}{4}>10^{10}$

　　　　　　　　　　　　　　　　　　　　　　　　　　（Re は実部を表す）

〔注2〕　$0.300<\log_{10}2<0.302$ としても

　　　　$\dfrac{20}{\log_{10}2}>\dfrac{20}{0.302}=66.2\cdots$

　　　　$33\log_{10}2<33\times0.302=9.966$　　　$36\log_{10}2>36\times0.300=10.8$

であるから，〔解法〕と同じ結果を導くことができる。

〔注3〕　常用対数表を見て，$\log_{10}2=0.3010$ としてはいけない。ただし書きに注意して，$\log_{10}2$ を不等式で評価しなければならない。

〔注4〕　〔解法〕では $\cos\dfrac{n\pi}{4}\leqq1$ を用いて計算を進めたが，①より $\cos\dfrac{n\pi}{4}>0$ であるから，少し手間はかかるが，$n=8k$，$8k\pm1$（k は整数）の場合を考えてもよい。

　　$n=8k$ のときは $\cos\dfrac{n\pi}{4}=1$ であるから，〔解法〕と同様にして

　　　　$8k=n>64.4$　より　　$k\geqq9$　　すなわち　　　$n\geqq72$

　　$n=8k\pm1$ のときは $\cos\dfrac{n\pi}{4}=\dfrac{1}{\sqrt{2}}$ であるから，〔解法〕と同様にして

　　　　$2^{\frac{n+1}{2}}>10^{10}$　より　　$n+1>66.4\cdots$　　よって　　　$n>65.4$

　　$n=8k+1$，$8k-1$ のいずれのときも $k\geqq9$ となり

　　　　$n=8k+1$ のとき $n\geqq73$，$n=8k-1$ のとき $n\geqq71$

したがって，$n=71$ のときを確認することになる。

162

　　　　　　　　　　　　　　　　Level B

ポイント　(1)　[解法1]　$w = R(\cos\theta + i\sin\theta)$ とおき，$w + \dfrac{1}{w}$ を計算し，$x,\ y$ を R

と θ で表した後，θ を消去する。

[解法2]　$w + \dfrac{1}{w} = x + yi$ と $\overline{w} + \dfrac{1}{\overline{w}} = x - yi$ および $w\overline{w} = R^2$ から，$2x$ と $2yi$ を $w,\ \overline{w},$

R で表し，$\left(\dfrac{2x}{1 + \dfrac{1}{R^2}}\right)^2 - \left(\dfrac{2yi}{1 - \dfrac{1}{R^2}}\right)^2$ を計算する。

(2)　$w = r(\cos\alpha + i\sin\alpha)$　$(r > 0)$ とおき，$w + \dfrac{1}{w}$ を計算し，$x,\ y$ を r と α で表した

後，r を消去する。$r > 0$ から，限定された領域内の軌跡となることに注意する。

解法 1

(1)　$|w| = R$　$(R > 1)$ であるから
$$w = R(\cos\theta + i\sin\theta)\quad(0 \le \theta < 2\pi)\quad\cdots\cdots①$$
と表される。このとき

$$w + \frac{1}{w} = R(\cos\theta + i\sin\theta) + \frac{1}{R(\cos\theta + i\sin\theta)}\quad(w \ne 0\ \text{より})$$

$$= R(\cos\theta + i\sin\theta) + \frac{1}{R}(\cos\theta - i\sin\theta)$$

$$= \left(R + \frac{1}{R}\right)\cos\theta + i\left(R - \frac{1}{R}\right)\sin\theta$$

であるから，$w + \dfrac{1}{w} = x + yi$（$x,\ y$ は実数）より

$$x = \left(R + \frac{1}{R}\right)\cos\theta,\ y = \left(R - \frac{1}{R}\right)\sin\theta\quad\cdots\cdots②$$

$R > 1$ より，$R + \dfrac{1}{R} \ne 0$，$R - \dfrac{1}{R} \ne 0$ であるから

$$\cos\theta = \frac{x}{R + \dfrac{1}{R}},\ \sin\theta = \frac{y}{R - \dfrac{1}{R}}\quad\cdots\cdots③$$

よって

$$\frac{x^2}{\left(R + \dfrac{1}{R}\right)^2} + \frac{y^2}{\left(R - \dfrac{1}{R}\right)^2} = 1\quad\cdots\cdots④$$

したがって，条件を満たす点 (x, y) は楕円④上にあり，逆に，楕円④上の任意の点 (x, y) に対して③すなわち②を満たす θ が存在し，この θ を用いて①で定まる w をとると $w+\dfrac{1}{w}=x+yi$ かつ $|w|=R$ が成り立つ。

ゆえに，求める軌跡は，楕円 $\dfrac{x^2}{\left(R+\dfrac{1}{R}\right)^2}+\dfrac{y^2}{\left(R-\dfrac{1}{R}\right)^2}=1$ ……(答)

(2) w の偏角が α であるから

$$w=r(\cos\alpha+i\sin\alpha) \quad (r>0)$$

と表される。このとき

$$w+\dfrac{1}{w}=\left(r+\dfrac{1}{r}\right)\cos\alpha+i\left(r-\dfrac{1}{r}\right)\sin\alpha$$

であるから，$w+\dfrac{1}{w}=x+yi$ $(x, y$ は実数$)$ より

$$x=\left(r+\dfrac{1}{r}\right)\cos\alpha, \quad y=\left(r-\dfrac{1}{r}\right)\sin\alpha$$

$0<\alpha<\dfrac{\pi}{2}$ より，$\cos\alpha>0$，$\sin\alpha>0$ ……⑤ であるから

$$r+\dfrac{1}{r}=\dfrac{x}{\cos\alpha}, \quad r-\dfrac{1}{r}=\dfrac{y}{\sin\alpha}$$

よって

$$\dfrac{x}{\cos\alpha}+\dfrac{y}{\sin\alpha}=2r \quad ……⑥$$

$$\dfrac{x}{\cos\alpha}-\dfrac{y}{\sin\alpha}=\dfrac{2}{r} \quad ……⑦$$

より

$$\left(\dfrac{x}{\cos\alpha}+\dfrac{y}{\sin\alpha}\right)\left(\dfrac{x}{\cos\alpha}-\dfrac{y}{\sin\alpha}\right)=4$$

したがって

$$\dfrac{x^2}{4\cos^2\alpha}-\dfrac{y^2}{4\sin^2\alpha}=1 \quad ……⑧$$

また，$r>0$ であるから，⑥，⑦より

$$\dfrac{x}{\cos\alpha}+\dfrac{y}{\sin\alpha}>0, \quad \dfrac{x}{\cos\alpha}-\dfrac{y}{\sin\alpha}>0 \quad ……⑨$$

⑤より，⑨は右図の網かけ部分（境界は含まない）である。

よって (x, y) は双曲線⑧の $x>0$ の部分にある。逆にこの部分の (x, y) に対して⑥で r を与えると，⑨より $r>0$ であり，$w=r(\cos\alpha+i\sin\alpha)$ で定まる w に対して $w+\dfrac{1}{w}=x+yi$ かつ $\arg w=\alpha$ が成り立つ。

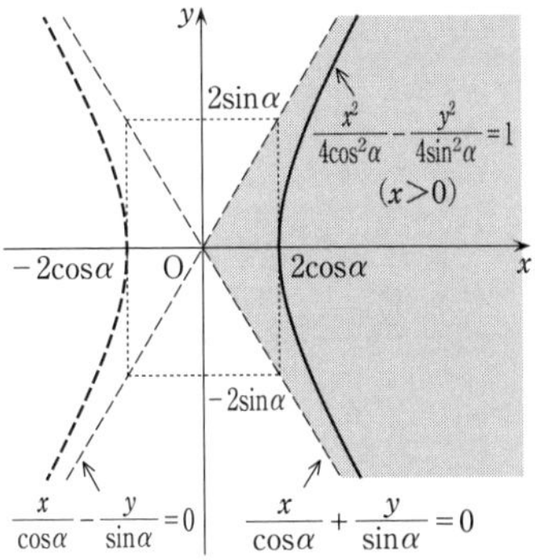

ゆえに，求める軌跡は

$$双曲線 \frac{x^2}{4\cos^2\alpha}-\frac{y^2}{4\sin^2\alpha}=1 \ の \ x>0 \ の部分$$

……(答)

〔注1〕 ⑧のもとで，$r>0$ であるための条件は，⑥からの $\dfrac{x}{\cos\alpha}+\dfrac{y}{\sin\alpha}>0$，または⑦からの $\dfrac{x}{\cos\alpha}-\dfrac{y}{\sin\alpha}>0$ のどちらかのみでよい（曲線⑧についてはこれらの一方の領域にあれば他方の領域にもある）が，［解法1］では両方を満たす領域に限定したものにしてある。もちろん，片方のみからでも正解となる。

解法 2

(1) $w+\dfrac{1}{w}=x+yi$ （x, y は実数）より

$$\overline{w+\frac{1}{w}}=x-yi \quad すなわち \quad \overline{w}+\frac{1}{\overline{w}}=x-yi$$

よって

$$2x=\left(w+\frac{1}{w}\right)+\left(\overline{w}+\frac{1}{\overline{w}}\right)$$
$$=w+\overline{w}+\frac{w+\overline{w}}{w\overline{w}}$$
$$=(w+\overline{w})\left(1+\frac{1}{|w|^2}\right)$$
$$=(w+\overline{w})\left(1+\frac{1}{R^2}\right)$$

$1+\dfrac{1}{R^2}\neq0$ であるから

$$\frac{2x}{1+\dfrac{1}{R^2}}=w+\overline{w}$$

また

$$2yi = \left(w + \frac{1}{w}\right) - \left(\overline{w} + \frac{1}{\overline{w}}\right) = (w - \overline{w})\left(1 - \frac{1}{R^2}\right)$$

$R > 1$ より，$1 - \dfrac{1}{R^2} \neq 0$ であるから

$$\frac{2yi}{1 - \dfrac{1}{R^2}} = w - \overline{w}$$

したがって

$$\left(\frac{2x}{1 + \dfrac{1}{R^2}}\right)^2 - \left(\frac{2yi}{1 - \dfrac{1}{R^2}}\right)^2 = (w + \overline{w})^2 - (w - \overline{w})^2$$

$$\frac{4x^2}{\left(1 + \dfrac{1}{R^2}\right)^2} + \frac{4y^2}{\left(1 - \dfrac{1}{R^2}\right)^2} = 4w\overline{w} = 4R^2$$

ゆえに

$$\frac{x^2}{\left(R + \dfrac{1}{R}\right)^2} + \frac{y^2}{\left(R - \dfrac{1}{R}\right)^2} = 1 \quad \cdots\cdots(\mathcal{P})$$

よって，条件を満たす点 $(x,\ y)$ は楕円(ア)上にある。

逆に，楕円(ア)上の任意の点 $(x,\ y)$ に対して

$$w = \frac{Rx}{R + \dfrac{1}{R}} + \frac{Ry}{R - \dfrac{1}{R}}i$$

とおくと

$$|w| = \sqrt{\left(\frac{Rx}{R + \dfrac{1}{R}}\right)^2 + \left(\frac{Ry}{R - \dfrac{1}{R}}\right)^2} = R \quad \cdots\cdots(\mathcal{A}) \quad ((\mathcal{P})\text{より})$$

$$w + \frac{1}{w} = w + \frac{\overline{w}}{|w|^2} = \frac{Rx}{R + \dfrac{1}{R}} + \frac{Ry}{R - \dfrac{1}{R}}i + \frac{\dfrac{1}{R}x}{R + \dfrac{1}{R}} - \frac{\dfrac{1}{R}y}{R - \dfrac{1}{R}}i \quad ((\mathcal{A})\text{より})$$

$$= x + yi$$

となり，条件 $w + \dfrac{1}{w} = x + yi$ かつ $|w| = R$ を満たす w が存在する。

ゆえに，求める軌跡は，楕円 $\dfrac{x^2}{\left(R + \dfrac{1}{R}\right)^2} + \dfrac{y^2}{\left(R - \dfrac{1}{R}\right)^2} = 1 \quad \cdots\cdots(\text{答})$

〔注2〕 軌跡を求める際には，条件を満たす点がある図形上に存在すること（必要条件）を導いた後に，その図形上の任意の点が条件を満たすこと（十分条件）を示すことが大切。[解法1]・[解法2]ではこのことに配慮した記述にしてある。慣れないと難しいかもしれないが，理解することが望まれる。なお，これとは異なる記述として，[解法1]では，以下のようにはじめから平面上の点 (x, y) が求める軌跡に属するための必要十分条件を明記する記述も考えられる。

(1) （③以降）

平面上の点 (x, y) が求める軌跡に属するための条件は，③を満たす実数 θ が存在することである。これは④が成り立つことであり，求める軌跡は④である。

(2) （⑥，⑦以降）

平面上の点 (x, y) が求める軌跡に属するための条件は，⑥かつ⑦を満たす正の実数 r が存在することである。⑥かつ⑦は，⑥かつ⑧と同値であり，⑧を満たす (x, y) から⑥で r を与えると，⑥かつ⑦を満たす r が得られる。ゆえに，求める軌跡は ⑧かつ $\dfrac{x}{\cos\alpha}+\dfrac{y}{\sin\alpha}>0$ である。

163

ポイント 〔解法1〕 3次方程式の解と係数の関係を利用する。

〔解法2〕 γ を消去し，α と β の関係を調べる。同様に β と γ，γ と α の関係を調べる。

解法 1

条件より

$$\alpha+\beta+\gamma=0, \quad \alpha\beta+\beta\gamma+\gamma\alpha=\frac{1}{2}\{(\alpha+\beta+\gamma)^2-(\alpha^2+\beta^2+\gamma^2)\}=0$$

$\alpha\beta\gamma=c$（c は複素数の定数）とすると，3次方程式の解と係数の関係より，α，β，γ は

$$z^3-c=0 \quad \text{すなわち} \quad z^3=c$$

の相異なる3つの解である。つまり，α，β，γ は，c の相異なる3乗根である（$c=0$ とすると $\alpha=\beta=\gamma$（$=0$）となるから，$c\neq0$ である）。ゆえに，α，β，γ は，原点を中心とする半径 $\sqrt[3]{|c|}$ の円周を3等分する点を表す複素数となる。すなわち，α，β，γ でできる三角形は，原点を外心（重心）とする正三角形である。 ……(答)

解法 2

条件より $\gamma=-(\alpha+\beta)$ であるから

$$\alpha^2+\beta^2+\gamma^2=\alpha^2+\beta^2+(\alpha+\beta)^2$$
$$=2(\alpha^2+\alpha\beta+\beta^2)$$

よって，条件 $\alpha^2+\beta^2+\gamma^2=0$ より

$$\beta^2+\alpha\beta+\alpha^2=0$$

これを β について解くと

$$\beta=\frac{-1\pm\sqrt{3}i}{2}\alpha$$

$$=\left\{\cos\left(\pm\frac{2}{3}\pi\right)+i\sin\left(\pm\frac{2}{3}\pi\right)\right\}\alpha \quad \text{（複号同順）}$$

（ここで，$\alpha\neq\beta$ より $\alpha\neq0$）

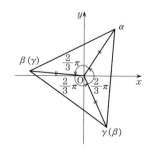

よって，α と β の絶対値は等しく，偏角の差は $\frac{2}{3}\pi$ である。β と γ，γ と α についても同様だから，α，β，γ の各々の偏角の差はすべて $\frac{2}{3}\pi$ となり，さらに α，β，γ は絶対値がすべて等しく，かつ相異なるので，α，β，γ は原点を中心とする同一円周の3

等分点である。ゆえに，α，β，γ でできる三角形は，原点を外心（重心）とする正三角形である。 ……(答)

164

ポイント [解法1] 偏角を計算し，円周角の相等を示す。

[解法2] 方べきの定理の逆を利用する。

[解法3] $\alpha = p + qi$ とおき，xy 平面上で考える。

解 法 1

$\beta = -\dfrac{1}{\alpha}$ とすると

$$\beta = -\frac{1}{\bar{\alpha}} = -\frac{\alpha}{\alpha \bar{\alpha}} = -\frac{\alpha}{|\alpha|^2}$$

より，3点 α，O，β はこの順に同一直線上にある。また α は実数ではないから，α，β，1，-1 は互いに異なる点である。

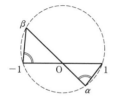 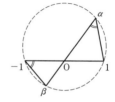

よって，本問を証明するためには，4点 1，α，-1，β が（この順に）同一円周上にあることを示せばよい。すなわち，角の向きをも考慮して，$\angle 1\alpha 0 = \angle 0(-1)\beta$ を示せばよい。

$$\angle 1\alpha 0 - \angle 0(-1)\beta = \arg\frac{0-\alpha}{1-\alpha} - \arg\frac{-\dfrac{1}{\bar{\alpha}}-(-1)}{0-(-1)} = \arg\frac{\alpha}{\alpha-1} - \arg\frac{\bar{\alpha}-1}{\bar{\alpha}}$$

$$= \arg\frac{\dfrac{\alpha}{\alpha-1}}{\dfrac{\bar{\alpha}-1}{\bar{\alpha}}} = \arg\frac{\alpha\bar{\alpha}}{(\alpha-1)(\bar{\alpha}-1)} = \arg\frac{|\alpha|^2}{|\alpha-1|^2}$$

$$= 0 \quad \left(\because \ \ \frac{|\alpha|^2}{|\alpha-1|^2} \ \text{は正の実数} \right)$$

$$\therefore \quad \angle 1\alpha 0 = \angle 0(-1)\beta$$

ゆえに，4点 1，-1，α，$-\dfrac{1}{\bar{\alpha}}$ は同一円周上にある。   （証明終）

解法 2

A(1), B(-1), P(α), Q$\left(-\dfrac{1}{\bar{\alpha}}\right)$ とすると, $-\dfrac{1}{\bar{\alpha}}=-\dfrac{\alpha}{|\alpha|^2}$ より, P と Q は原点 O をはさんで反対側にあるから, 線分 AB と線分 PQ は O で交わっている。また

$$\text{AO}\cdot\text{BO}=1\cdot 1=1, \quad \text{PO}\cdot\text{QO}=|\alpha|\cdot\left|-\dfrac{1}{\bar{\alpha}}\right|=|\alpha|\cdot\dfrac{1}{|\alpha|}=1$$

ゆえに, AO$\cdot$BO$=$PO$\cdot$QO が成り立つ。よって, 方べきの定理の逆より, 4 点 A, B, P, Q は同一円周上にある。   (証明終)

解法 3

$\alpha=p+qi$ (p, q は実数) とすると

$$-\dfrac{1}{\bar{\alpha}}=-\dfrac{\alpha}{|\alpha|^2}=-\dfrac{p+qi}{p^2+q^2}$$

そこで, 複素数平面を xy 座標平面に読みかえて

$$\text{A}(1,\ 0),\ \text{B}(-1,\ 0),\ \text{P}(p,\ q),\ \text{Q}\left(-\dfrac{p}{p^2+q^2},\ -\dfrac{q}{p^2+q^2}\right)$$

とする。この 4 点が同一円周上にあることを示せばよい。まず, 3 点 A, B, P を通る円の中心は, AB の垂直 2 等分線である y 軸上にあるから, A, B, P を通る円を

$$x^2+(y-a)^2=r^2 \quad \cdots\cdots①$$

とおくことができる。これに A, P の座標を代入すると

$$1+a^2=r^2 \quad \cdots\cdots②, \quad p^2+(q-a)^2=r^2 \quad \cdots\cdots③$$

③$-$② より

$$p^2+q^2-2aq-1=0 \quad \text{よって} \quad p^2+q^2=2aq+1 \quad \cdots\cdots④$$

Q の座標を①の左辺に代入すると

$$\left(-\dfrac{p}{p^2+q^2}\right)^2+\left(-\dfrac{q}{p^2+q^2}-a\right)^2=\dfrac{p^2+q^2}{(p^2+q^2)^2}+\dfrac{2aq}{p^2+q^2}+a^2=\dfrac{1+2aq}{p^2+q^2}+a^2$$

$$=1+a^2 \quad (\because \ ④)$$

$$=r^2 \quad (\because \ ②)$$

となり, たしかに Q も円①上の点である。ゆえに, 4 点 A, B, P, Q が同一円周上にあることが示された。   (証明終)

〔注〕 対角の和が $180°$ になることを示すと次のようになる。

A (1), B (-1), P (α), Q $\left(-\dfrac{1}{\bar{\alpha}}\right)$ とすると

$$\angle\text{APB} + \angle\text{BQA} = \arg\frac{-1-\alpha}{1-\alpha} + \arg\frac{1-\left(-\dfrac{1}{\bar{\alpha}}\right)}{-1-\left(-\dfrac{1}{\bar{\alpha}}\right)}$$

$$= \arg\frac{\alpha+1}{\alpha-1} + \arg\frac{\bar{\alpha}+1}{-\bar{\alpha}+1}$$

$$= \arg\frac{(\alpha+1)(\bar{\alpha}+1)}{-(\alpha-1)(\bar{\alpha}-1)} = \arg\left(-\frac{|\alpha+1|^2}{|\alpha-1|^2}\right)$$

$$= 180° \quad \left(\because \quad -\frac{|\alpha+1|^2}{|\alpha-1|^2} \text{ は負の実数}\right)$$

165

2002 年度 〔6〕 Level A

ポイント $\alpha = \cos\theta° + i\sin\theta°$ とおき，α を用いて z_n の漸化式を求めると，z_n の一般項を α で表すことができる。内容は難しくないので，必要十分条件についてきちんと記述することに留意する。

解 法

$\alpha = \cos\theta° + i\sin\theta°$ $(0 < \theta < 90)$ とおくと，$n \geq 1$ に対して

$$\left.\begin{array}{l} z_2 - z_1 = \alpha(z_1 - z_0) \\ z_3 - z_2 = \alpha(z_2 - z_1) \\ \quad\vdots \\ z_{n+1} - z_n = \alpha(z_n - z_{n-1}) \end{array}\right\} \quad \cdots\cdots(*)$$

$(*)$ の式を逐次代入すると $\quad z_{n+1} - z_n = \alpha^n(z_1 - z_0)$

これと $z_0 = 0,\ z_1 = a$ より $\quad z_{n+1} = z_n + a\alpha^n \quad \cdots\cdots$①

$(*)$ の式を辺々加えると

$$z_{n+1} - z_1 = \alpha(z_n - z_0) \quad \text{よって} \quad z_{n+1} = \alpha z_n + a \quad \cdots\cdots②$$

①，②より $\quad z_n = \dfrac{1 - \alpha^n}{1 - \alpha} a \quad (0 < \theta < 90 \text{ より} \quad \alpha \neq 1)$

よって，$z_n = z_0 (= 0)$ となる n が存在するための条件は $\alpha^n = 1$，すなわち $\cos n\theta° + i\sin n\theta° = 1$ となる n が存在することである。これはさらに

$n\theta = 360m$ となる自然数 n と m が存在する $\quad \cdots\cdots(**)$

ことと同値である。

$(**)$ が成り立つならば $\theta = \dfrac{360m}{n}$ であるから，θ は有理数である。逆に θ が有理数ならば $\theta = \dfrac{q}{p}$ となる自然数 p と q が存在するから，$n = 360p,\ m = q$ とすると，$n,\ m$ は自然数であって $n\theta = 360m$ となり，$(**)$ が成り立つ。

ゆえに，求める必要十分条件は，θ が有理数であることである。 (証明終)

166

Level　C

ポイント （1）　条件 2 から，△ABC の重心（したがって外心）を表す複素数は 1 で あることを用いる。

（2）　(1)から，$\alpha\beta\gamma$ を z を用いた式で表す。条件 1 から△ABC の外接円の半径は 1 で ある。

[解法 1]　$z = \cos\theta + i\sin\theta$ とおき，$\alpha\beta\gamma = 1 + z^3 = (1 + \cos 3\theta) + i(\sin 3\theta)$ を導く。そ の大きさを計算し θ を求める。

[解法 2]　（2）　$\alpha\beta\gamma = 1 + z^3$ を導き，$|z^3| = 1$ と $|z^3 + 1| = |z^3 - (-1)| = 1$ から 2 円の交 点として z^3 を求める。θ を求めた後，半角の公式を用いて得られる式

$$1 + \cos\theta + i\sin\theta = 2\cos\frac{\theta}{2}\left(\cos\frac{\theta}{2} + i\sin\frac{\theta}{2}\right)$$

を利用して，$\arg\alpha$，$\arg\beta$，$\arg\gamma$ を求める。

解法 1

（1）　条件 2 より

$$\frac{\alpha + \beta + \gamma}{3} = 1$$

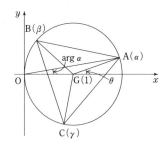

であるから，△ABC の重心を G とすると，G を表 す複素数は 1 である。

条件 1 より △ABC は正三角形であるから，外心と 重心 G は一致し，頂点 B，C は点 G を中心とし頂 点 A を ±120° 回転させたものである。

よって

$$\beta - 1 = (\alpha - 1)\{\cos(\pm 120°) + i\sin(\pm 120°)\},$$
$$\gamma - 1 = (\alpha - 1)\{\cos(\mp 120°) + i\sin(\mp 120°)\}$$

よって　$\beta = 1 + \dfrac{-1 \pm \sqrt{3}i}{2}z$，$\gamma = 1 + \dfrac{-1 \mp \sqrt{3}i}{2}z$　（複号同順）　……（答）

（2）　$\omega = \dfrac{-1 \pm \sqrt{3}i}{2}$ とおくと

$$\omega^2 = \frac{-1 \mp \sqrt{3}i}{2}\text{ （複号同順）},\quad \omega^3 = 1,\quad \omega^2 + \omega + 1 = 0$$

であるから

$$\alpha\beta\gamma = (1 + z)(1 + \omega z)(1 + \omega^2 z)\quad (\because \ (1))$$
$$= 1 + (\omega^2 + \omega + 1)z + \omega(\omega^2 + \omega + 1)z^2 + \omega^3 z^3$$

$$= 1 + z^3 \quad \cdots\cdots ①$$

ここで条件1より，正三角形 ABC の辺の長さが $\sqrt{3}$ であるから，$\triangle$ABC の外接円の半径は1である。

ゆえに

$$\mathrm{GA} = |\alpha - 1| = |z| = 1$$

これより，$z = \cos\theta + i\sin\theta \quad (0° \leqq \theta < 360°)$ とおける。

①より

$$\alpha\beta\gamma = 1 + (\cos\theta + i\sin\theta)^3$$
$$= 1 + \cos 3\theta + i\sin 3\theta$$

よって

$$|\alpha\beta\gamma|^2 = (1 + \cos 3\theta)^2 + \sin^2 3\theta$$
$$= 2 + 2\cos 3\theta$$

条件3より $|\alpha\beta\gamma| = 1$ なので

$$2 + 2\cos 3\theta = 1$$
$$\cos 3\theta = -\frac{1}{2} \quad \cdots\cdots ②$$

条件3より，$\alpha\beta\gamma$ の虚数部分が正であるから

$$\sin 3\theta > 0 \quad \cdots\cdots ③$$

②，③より

$$3\theta = 120° + 360°n \quad (n : 整数) \qquad \therefore \quad \theta = 40° + 120°n$$

$0° \leqq \theta < 360°$ より

$$\theta = 40°, \ 160°, \ 280°$$

ここで，$0° \leqq \arg\alpha \leqq \arg\beta \leqq \arg\gamma < 360°$ より

$$0° \leqq \theta < 120° \qquad \therefore \quad \theta = 40°$$

このとき，前ページの図より

$$\arg\alpha = \frac{\theta}{2} = 20°$$

$$\arg\beta = \frac{\theta + 120°}{2} = 80° \quad (円周角と中心角の関係より)$$

$$\arg\gamma = 360° - \frac{120° - \theta}{2} = 320° \quad (同上と \ 0° \leqq \arg\gamma < 360° \ より)$$

ゆえに　　$\arg\alpha = 20°, \ \arg\beta = 80°, \ \arg\gamma = 320° \quad \cdots\cdots(答)$

解法 2

(2)　(GA $= |z| = 1$ を導くところまでは［解法1］に同じ)

$|z^3| = |z|^3 = 1$ から z^3 は単位円周上にある。　$\cdots\cdots②$

また，①と $|\alpha\beta\gamma|=1$ から

$$|z^3-(-1)|=|z^3+1|=1$$

よって，z^3 は点 -1 を中心とする半径 1 の円周上にある。　……③

さらに z^3+1 と z^3 の虚数部分は同じであることと $z^3+1=\alpha\beta\gamma$ の虚数部分が正であることから z^3 の虚数部分は正である。　……④

②，③，④から，z^3 が表す点は図の点 P である。

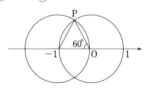

ゆえに　　　$z^3=\cos120°+i\sin120°$

よって，$z=\cos\theta+i\sin\theta$　$(0°\leqq\theta<360°)$ とすると

$$3\theta=120°+360°n\quad(n：整数)$$

$$\theta=40°,\ 160°,\ 280°$$

$$\alpha=1+z=1+\cos\theta+i\sin\theta$$

$$=2\cos^2\frac{\theta}{2}+2i\sin\frac{\theta}{2}\cos\frac{\theta}{2}$$

$$=2\cos\frac{\theta}{2}\left(\cos\frac{\theta}{2}+i\sin\frac{\theta}{2}\right)$$

(1)より β と γ は

$$1+\cos(\theta\pm120°)+i\sin(\theta\pm120°)\quad（複号同順）$$

のいずれかであるから同様の変形ができて，$\theta=40°,\ 160°,\ 280°$ のいずれの場合を考えても，$\alpha,\ \beta,\ \gamma$ は

$$1+\cos40°+i\sin40°=2\cos20°(\cos20°+i\sin20°)$$

$$1+\cos160°+i\sin160°=2\cos80°(\cos80°+i\sin80°)$$

$$1+\cos280°+i\sin280°=2\cos140°(\cos140°+i\sin140°)$$

$$=2|\cos140°|(\cos320°+i\sin320°)\quad(\because\ \ \cos140°<0)$$

のいずれかになる。

ここで，$\alpha,\ \beta,\ \gamma$ は互いに異なり，しかも $0°\leqq\arg\alpha\leqq\arg\beta\leqq\arg\gamma<360°$ であることより

$$\arg\alpha=20°,\ \arg\beta=80°,\ \arg\gamma=320°\quad\cdots\cdots（答）$$

§14 行　列

167　2011 年度〔2〕　Level A

ポイント　条件(i)から T を c のみで表し，条件(ii)から c を決定する。

解法

条件(i)より

$$\begin{pmatrix} a & 1 \\ b & c \end{pmatrix}\begin{pmatrix} 1 \\ 2 \end{pmatrix}=\begin{pmatrix} 1 \\ 2 \end{pmatrix}$$　すなわち　$\begin{cases} a+2=1 \\ b+2c=2 \end{cases}$

よって，$\begin{cases} a=-1 \\ b=2-2c \end{cases}$ ……① であるから，$T=\begin{pmatrix} -1 & 1 \\ 2-2c & c \end{pmatrix}$ である。

したがって，条件(ii)から

$$\begin{pmatrix} -1 & 1 \\ 2-2c & c \end{pmatrix}\begin{pmatrix} 1 & 0 \\ 0 & 1 \end{pmatrix}=\begin{pmatrix} -1 & 1 \\ 2-2c & c \end{pmatrix}$$

となり，A $(-1,\ 2-2c)$，B $(1,\ c)$ である。

$\triangle \text{OAB}=\dfrac{1}{2}$ より

$$\frac{1}{2}|-c-(2-2c)|=\frac{1}{2}$$

$$|c-2|=1$$

よって　$c=1,\ 3$

ゆえに，①から

$$(a,\ b,\ c)=(-1,\ 0,\ 1),\ (-1,\ -4,\ 3)\ \cdots\cdots(答)$$

168

169

ポイント　条件を用いて，a, b, c, d の間の関係式を求める。場合分けを丹念に行う。問題 **168** と **169** は本質的に同じ問題なので，以下には問題 **168** の解法を示す。

解 法

E を 2 次の単位行列，$t = a + d$ とすると，$ad - bc = 1$ とケーリー・ハミルトンの定理から

$$A^2 = tA - E \quad \cdots\cdots ①$$

正の整数 n に対して，$\vec{p_n} = \begin{pmatrix} x_n \\ y_n \end{pmatrix}$ とおくと，$A^0 = E$ として $\vec{p_n} = A^{n-1}\vec{p_1}$ $(n \geq 1)$ である。

$$\vec{p_2} = A\begin{pmatrix} 1 \\ 0 \end{pmatrix} = \begin{pmatrix} a \\ c \end{pmatrix}$$

$$\vec{p_3} = A^2\begin{pmatrix} 1 \\ 0 \end{pmatrix} = tA\begin{pmatrix} 1 \\ 0 \end{pmatrix} - E\begin{pmatrix} 1 \\ 0 \end{pmatrix} \quad (①より)$$

$$= t\begin{pmatrix} a \\ c \end{pmatrix} - \begin{pmatrix} 1 \\ 0 \end{pmatrix}$$

$$= \begin{pmatrix} ta - 1 \\ tc \end{pmatrix}$$

$|\vec{p_2}|^2 = 1$ より　　$a^2 + c^2 = 1$　$\cdots\cdots ②$

$|\vec{p_3}|^2 = 1$ より

$$(ta - 1)^2 + t^2c^2 = 1$$

$$t^2(a^2 + c^2) - 2ta = 0$$

$$t^2 - 2ta = 0 \quad (②より)$$

$$t(t - 2a) = 0$$

よって　　$t = 0$　または　$t = 2a$

(i)　$t = 0$ $(a + d = 0)$ のとき

　①より $A^2 = -E$ となり，順次

$$A^n = \begin{cases} E \text{ または } -E & (n \text{ が偶数}) \\ A \text{ または } -A & (n \text{ が奇数, } n=1 \text{ も含む}) \end{cases}$$

となる。よって，$|\vec{p_n}|^2 = |A^{n-1}\vec{p_1}|^2 = |\vec{p_1}|^2$ または $|\vec{p_2}|^2$ となり，$|\vec{p_1}|^2 = |\vec{p_2}|^2 = 1$ より，すべての n に対して $|\vec{p_n}|^2 = 1$ である。

(ii) $t = 2a\ (a = d)$ のとき

$a = d$ と $ad - bc = 1$ から　　$a^2 - bc = 1$

これと②から $c^2 + bc = 0$ となり　　$c = 0$　または　$c = -b$

(ア) $c = 0$ のとき

②から $a = \pm 1$ となり

$$\vec{p_2} = \begin{pmatrix} a \\ c \end{pmatrix} = \pm \begin{pmatrix} 1 \\ 0 \end{pmatrix} = \pm \vec{p_1}$$

$$\vec{p_3} = A\vec{p_2} = \pm A\vec{p_1} = \pm (\pm \vec{p_1}) = \vec{p_1}$$

$$\vec{p_4} = A\vec{p_3} = A\vec{p_1} = \pm \vec{p_1}$$

以後，順次 $\vec{p_n} = \begin{cases} \vec{p_1} \text{ または } -\vec{p_1} & (n \text{ が偶数}) \\ \vec{p_1} & (n \text{ が奇数}) \end{cases}$　となる。

$|\vec{p_1}|^2 = 1$ なので，すべての n に対して　　$|\vec{p_n}|^2 = 1$

(イ) $b = -c$ のとき

$A = \begin{pmatrix} a & -c \\ c & a \end{pmatrix}$，$a^2 + c^2 = 1$（②）から $\begin{pmatrix} a \\ c \end{pmatrix} = \begin{pmatrix} \cos\theta \\ \sin\theta \end{pmatrix}$ とおけて

$$A = \begin{pmatrix} \cos\theta & -\sin\theta \\ \sin\theta & \cos\theta \end{pmatrix}$$

よって，A は原点のまわりの角 θ の回転となる 1 次変換を表す。

ゆえに，すべての n に対して　　$|\vec{p_n}|^2 = |\vec{p_1}|^2 = 1$

以上(i)，(ii)より，すべての n に対して $|\vec{p_n}|^2 = 1$ すなわち $x_n{}^2 + y_n{}^2 = 1$ である。

(証明終)

〔注〕 問題 **169** では点 P_n の位置ベクトルを $\vec{p_n} = \begin{pmatrix} x_n \\ y_n \end{pmatrix}$ とおいたとき

$$\vec{p_1} = \begin{pmatrix} a \\ c \end{pmatrix}, \quad \vec{p_2} = \begin{pmatrix} ta-1 \\ tc \end{pmatrix}$$

となり，添字の数字が 1 つずれる。これ以外は問題 **168** とまったく同様に証明できる。

研究 実は，出発点の (x_1, y_1) が本問のように $(1, 0)$ でなくても，原点からの距離が
1 である点ならどの点から出発しても本問は成立する。参考までにそれを示しておく。
そのために，出発点を P_1（単位円上の任意の点）とし，$\overrightarrow{OP_1} = \overrightarrow{p_1}$ とする。

$$A = \begin{pmatrix} a & b \\ c & d \end{pmatrix}, \quad ad - bc = 1, \quad |\overrightarrow{p_1}| = 1, \quad \overrightarrow{p_2} = A\overrightarrow{p_1}, \quad \overrightarrow{p_3} = A^2\overrightarrow{p_1}$$

としたとき

$$|\overrightarrow{p_2}| = 1, \quad |\overrightarrow{p_3}| = 1$$

が成り立つ，というのが条件である。この条件のもとで，$|\overrightarrow{p_n}| = 1$ を示せばよい。ただし，
そのためには $|\overrightarrow{p_4}| = 1$ を示すことで十分である。なぜなら，次には $\overrightarrow{p_2}$ を出発点とみるこ
とによって，同じ論理で $|\overrightarrow{p_5}| = 1$ が示され，$\overrightarrow{p_3}$ を出発点とみることによって $|\overrightarrow{p_6}| = 1$ が示
される。これを繰り返すことによって，一般の n に対して $|\overrightarrow{p_n}| = 1$ が示されるからであ
る（厳密には数学的帰納法を用いる）。すなわち，原点からの距離が 1 であるかぎり，
いかなる点を出発点 P_1 としても $|\overrightarrow{p_4}| = 1$ になるということが，この論理の背景にあるこ
とになる。出発点を $(1, 0)$ に限定してしまうと，$|\overrightarrow{p_4}| = 1$ から自動的に $|\overrightarrow{p_n}| = 1$ がいえ
ることにはならない。

以下，$|\overrightarrow{p_4}| = 1$ を示す。
ケーリー・ハミルトンの定理より

$$A^2 = (a+d)A - E \quad (\because \quad ad - bc = 1) \quad \cdots\cdots \text{Ⓐ}$$

であるから

$$\overrightarrow{p_3} = A^2\overrightarrow{p_1} = (a+d)A\overrightarrow{p_1} - \overrightarrow{p_1} = (a+d)\overrightarrow{p_2} - \overrightarrow{p_1}$$

よって

$$|\overrightarrow{p_3}|^2 = |(a+d)\overrightarrow{p_2} - \overrightarrow{p_1}|^2$$
$$= (a+d)^2|\overrightarrow{p_2}|^2 - 2(a+d)\overrightarrow{p_2}\cdot\overrightarrow{p_1} + |\overrightarrow{p_1}|^2 \quad \cdots\cdots \text{Ⓑ}$$

ここで，仮定より $|\overrightarrow{p_1}|^2 = |\overrightarrow{p_2}|^2 = 1$ であり，また，$\overrightarrow{p_2}\cdot\overrightarrow{p_1} = k$ とすると，k は $\overrightarrow{p_1}$ と A によっ
て定まる定数である。このとき，Ⓑより

$$|\overrightarrow{p_3}|^2 = (a+d)^2 - 2k(a+d) + 1$$

仮定より，$|\overrightarrow{p_3}|^2 = 1$ だから

$$(a+d)^2 - 2k(a+d) = 0$$
$$(a+d)(a+d-2k) = 0$$

よって　　$a+d = 0$ 　または　 $a+d = 2k$

(i) $a+d = 0$ のとき，Ⓐに代入すると

$$A^2 = -E$$

よって　　$A^3 = -A$

ゆえに　　$\overrightarrow{p_4} = A^3\overrightarrow{p_1} = -A\overrightarrow{p_1} = -\overrightarrow{p_2}$

したがって　　$|\overrightarrow{p_4}| = 1$

(ii) $a+d = 2k$ のとき，Ⓐより

$$A^2 = 2kA - E$$

よって　　$A^3 = 2kA^2 - A = 2k(2kA - E) - A$
$$= (4k^2 - 1)A - 2kE$$

したがって　　$\vec{p_4} = A^3\vec{p_1} = (4k^2-1)A\vec{p_1} - 2k\vec{p_1}$

$\qquad\qquad\qquad = (4k^2-1)\vec{p_2} - 2k\vec{p_1}$

ゆえに

$\quad |\vec{p_4}|^2 = (4k^2-1)^2|\vec{p_2}|^2 - 4k(4k^2-1)\vec{p_2}\cdot\vec{p_1} + 4k^2|\vec{p_1}|^2$

$\qquad\quad = (4k^2-1)^2 - 4k(4k^2-1)\cdot k + 4k^2$

$\qquad\quad = 1$

となり，$|\vec{p_4}| = 1$ である。

170

ポイント　ケーリー・ハミルトンの定理により次数を下げ，与式を A と E の1次式で表す。

解 法

ケーリー・ハミルトンの定理より

$A^2 - (2-1)A + (-2+4)E = O$

$A^2 - A + 2E = O$

よって

$A^6 + 2A^4 + 2A^3 + 2A^2 + 2A + 3E$

$= (A^2 - A + 2E)(A^4 + A^3 + A^2 + A + E) + A + E$

$= A + E \quad (\because \quad A^2 - A + 2E = O)$

$= \begin{pmatrix} 2 & 4 \\ -1 & -1 \end{pmatrix} + \begin{pmatrix} 1 & 0 \\ 0 & 1 \end{pmatrix} = \begin{pmatrix} 3 & 4 \\ -1 & 0 \end{pmatrix}$　……(答)

〔注〕　次のように次々に次数を下げていくことで求めてもよい。

$A^2 = A - 2E, \quad A^3 = A^2 - 2A = (A - 2E) - 2A = -A - 2E$

$A^4 = -A^2 - 2A = -(A - 2E) - 2A = -3A + 2E$

$A^5 = -3A^2 + 2A = -3(A - 2E) + 2A = -A + 6E$

$A^6 = -A^2 + 6A = -(A - 2E) + 6A = 5A + 2E$

171

2007 年度　甲〔5〕   Level　A

ポイント　x 軸について対称移動する 1 次変換を h とする。f と g の 1 次変換を表す行列の積が h を表す行列と等しくなるように α を定める。

[解法 1]　上記の方針による。

[解法 2]　$f^{-1}\circ h$ による原点と点 $(1,\ 0)$ の像を求める。これらは $y=(\tan\alpha)x$ に関する対称移動による像であることから，α の値を求める。

解　法　1

1 次変換 f を表す行列を F，1 次変換 g を表す行列を G，x 軸についての対称移動を表す行列を H とすると

$$F=\begin{pmatrix}\cos\dfrac{\pi}{3} & -\sin\dfrac{\pi}{3}\\[2mm]\sin\dfrac{\pi}{3} & \cos\dfrac{\pi}{3}\end{pmatrix},\ \ G=\begin{pmatrix}\cos2\alpha & \sin2\alpha\\\sin2\alpha & -\cos2\alpha\end{pmatrix},\ \ H=\begin{pmatrix}1 & 0\\0 & -1\end{pmatrix}$$

である。条件より　　$FG=H$

$$G=F^{-1}H=\begin{pmatrix}\cos\left(-\dfrac{\pi}{3}\right) & -\sin\left(-\dfrac{\pi}{3}\right)\\[2mm]\sin\left(-\dfrac{\pi}{3}\right) & \cos\left(-\dfrac{\pi}{3}\right)\end{pmatrix}\begin{pmatrix}1 & 0\\0 & -1\end{pmatrix}$$

$$=\begin{pmatrix}\cos\left(-\dfrac{\pi}{3}\right) & \sin\left(-\dfrac{\pi}{3}\right)\\[2mm]\sin\left(-\dfrac{\pi}{3}\right) & -\cos\left(-\dfrac{\pi}{3}\right)\end{pmatrix}$$

これが $\begin{pmatrix}\cos2\alpha & \sin2\alpha\\\sin2\alpha & -\cos2\alpha\end{pmatrix}$ に一致する条件は，$-\pi<2\alpha<\pi$ から

$$2\alpha=-\frac{\pi}{3}\qquad\therefore\quad \alpha=-\frac{\pi}{6}\ \ \cdots\cdots(\text{答})$$

解　法　2

x 軸について対称移動する 1 次変換を h とすると，条件より

$$f\circ g=h\qquad\therefore\quad g=f^{-1}\circ h$$

原点 O は明らかに $f^{-1}\circ h$ によって原点 O に移る。

点 A $(1,\ 0)=(\cos0,\ \sin0)$ を考える。A は h によって A に移り，続いてその A は $f^{-1}\left(-\dfrac{\pi}{3}\text{ の回転}\right)$ によって A$'\left(\cos\left(-\dfrac{\pi}{3}\right),\ \sin\left(-\dfrac{\pi}{3}\right)\right)=\left(\dfrac{1}{2},\ -\dfrac{\sqrt{3}}{2}\right)$ に移る。

すなわち，A は 1 次変換 $f^{-1} \circ h$ によって $A'\left(\cos\left(-\dfrac{\pi}{3}\right),\ \sin\left(-\dfrac{\pi}{3}\right)\right)$ に移る。

O を O に，A を A′ に移す線対称移動の対称軸は，原点を通り x 軸の正の向きと

$-\dfrac{\pi}{3} \div 2 = -\dfrac{\pi}{6}$ の角をなす直線である。よって，$\alpha = -\dfrac{\pi}{6}$ である。　……(答)

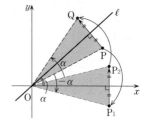

研究　直線 $y = (\tan\alpha)x$（原点を通り，x 軸の正の向きと
α の角をなす直線）に関する対称移動を表す行列は

$$\begin{pmatrix} \cos 2\alpha & \sin 2\alpha \\ \sin 2\alpha & -\cos 2\alpha \end{pmatrix}$$

である。証明は次のようになる。
点 P が直線 $l : y = \tan\alpha \cdot x$ に関する対称移動によって
点 Q に移るとする。△OPQ および対称軸 l を原点の
まわりに $-\alpha$ だけ回転すると，l は x 軸になり，
△OPQ は図のように△OP_1P_2 になる。P_1 と P_2 は x 軸に関して対称である。そこで原点
のまわりに角 α 回転する 1 次変換を f_α，角 $-\alpha$ 回転する 1 次変換を $f_{-\alpha}$，x 軸に関する対
称移動を表す 1 次変換を h とすると，P を Q に移す変換は

$$P \xrightarrow{f_{-\alpha}} P_1 \xrightarrow{h} P_2 \xrightarrow{f_\alpha} Q$$

より，合成変換 $f_\alpha \circ h \circ f_{-\alpha}$ で表される。

$f_\alpha,\ h,\ f_{-\alpha}$ を表す行列はそれぞれ

$$\begin{pmatrix} \cos\alpha & -\sin\alpha \\ \sin\alpha & \cos\alpha \end{pmatrix},\ \begin{pmatrix} 1 & 0 \\ 0 & -1 \end{pmatrix},\ \begin{pmatrix} \cos\alpha & \sin\alpha \\ -\sin\alpha & \cos\alpha \end{pmatrix}$$

であるから，合成変換 $f_\alpha \circ h \circ f_{-\alpha}$ を表す行列は

$$\begin{pmatrix} \cos\alpha & -\sin\alpha \\ \sin\alpha & \cos\alpha \end{pmatrix}\begin{pmatrix} 1 & 0 \\ 0 & -1 \end{pmatrix}\begin{pmatrix} \cos\alpha & \sin\alpha \\ -\sin\alpha & \cos\alpha \end{pmatrix}$$

$$= \begin{pmatrix} \cos\alpha & \sin\alpha \\ \sin\alpha & -\cos\alpha \end{pmatrix}\begin{pmatrix} \cos\alpha & \sin\alpha \\ -\sin\alpha & \cos\alpha \end{pmatrix}$$

$$= \begin{pmatrix} \cos^2\alpha - \sin^2\alpha & 2\sin\alpha\cos\alpha \\ 2\sin\alpha\cos\alpha & \sin^2\alpha - \cos^2\alpha \end{pmatrix}$$

$$= \begin{pmatrix} \cos 2\alpha & \sin 2\alpha \\ \sin 2\alpha & -\cos 2\alpha \end{pmatrix}$$
　　　　　　　　　　　　　　　　　　　　　　　　　　　　　　　（証明終）

〔注〕　与えられた変換が 1 次変換であることが前提とされている（問題ですでに認めてい
る）場合，この変換を表す行列 A を求めるには，「2 点 $(1,\ 0)$，$(0,\ 1)$ の像をそれ
ぞれ点 $(p,\ q)$，$(r,\ s)$ とすると，$A = \begin{pmatrix} p & r \\ q & s \end{pmatrix}$ と表される」ことを用いて次のように各
行列を求めることもできる。

(i)　x 軸に関する対称移動を表す行列は

$$(1,\ 0) \longrightarrow (1,\ 0),\ (0,\ 1) \longrightarrow (0,\ -1)$$

より　　$\begin{pmatrix} 1 & 0 \\ 0 & -1 \end{pmatrix}$

(ii)　原点のまわりに角 θ 回転する移動を表す行列 は

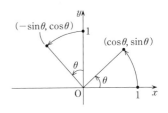

$$(1,\ 0) \longrightarrow (\cos\theta,\ \sin\theta)$$

$$(0,\ 1) \longrightarrow \left(\cos\left(\frac{\pi}{2}+\theta\right),\ \sin\left(\frac{\pi}{2}+\theta\right)\right)$$

$$= (-\sin\theta,\ \cos\theta)$$

より　　$\begin{pmatrix} \cos\theta & -\sin\theta \\ \sin\theta & \cos\theta \end{pmatrix}$

(iii)　直線 $y=(\tan\alpha)\,x$ に関する対称移動を表す行列 は

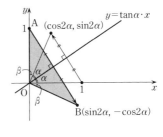

$$(1,\ 0) \longrightarrow (\cos 2\alpha,\ \sin 2\alpha)$$

右図において

$$\angle \mathrm{AOB} = 2\,(\alpha+\beta)$$

$$= 2\left\{\alpha + \left(\frac{\pi}{2} - 2\alpha\right)\right\}$$

$$= \pi - 2\alpha$$

より

$$(0,\ 1) \longrightarrow \left(\cos\left\{\frac{\pi}{2} - (\pi - 2\alpha)\right\},\ \sin\left\{\frac{\pi}{2} - (\pi - 2\alpha)\right\}\right) = (\sin 2\alpha,\ -\cos 2\alpha)$$

であるから　　$\begin{pmatrix} \cos 2\alpha & \sin 2\alpha \\ \sin 2\alpha & -\cos 2\alpha \end{pmatrix}$

172

ポイント　$A^m\vec{x_0}=\vec{x_0}$ より $A^m\vec{x_1}=\vec{x_1}$ を導き，$B=(\vec{x_0},\ \vec{x_1})$ とおけば $A^m B=B$ となることを導く。B^{-1} が存在しないとすると $\vec{x_1}=k\vec{x_0}$ となることを示し，矛盾を導く。

[解法 1]　上記の方針による。

[解法 2]　ケーリー・ハミルトンの定理により，次数を下げて $A^m=p_m A+q_m E$ とし，$(p_m A+q_m E)\vec{x_0}=\vec{x_0}$ を用いて $p_m=0$，$q_m=1$ を示す。

解法 1

$\vec{x}_{n+1}=A\vec{x_n}$ より

$$\vec{x_m}=A\vec{x}_{m-1}=A^2\vec{x}_{m-2}=\cdots\cdots=A^m\vec{x_0}$$

これと，$\vec{x_m}=\vec{x_0}$ より　　$A^m\vec{x_0}=\vec{x_0}$　……①

また，$\vec{x_1}=A\vec{x_0}$ より

$$A^m\vec{x_1}=A^m\cdot A\vec{x_0}=A\cdot A^m\vec{x_0}=A\vec{x_0}=\vec{x_1}\qquad\therefore\quad A^m\vec{x_1}=\vec{x_1}\quad\cdots\cdots②$$

①，②より，$\vec{x_0}$ を 1 列目，$\vec{x_1}$ を 2 列目とする行列 B を考えたとき

$$A^m B=B\quad\cdots\cdots③$$

が成り立つ。ここで，$\vec{x_1}=\vec{0}$ とすると，$\vec{x_m}=A^{m-1}\vec{x_1}=\vec{0}$ となり，$\vec{x_m}=\vec{x_0}\neq\vec{0}$ に反する。よって，$\vec{x_1}\neq\vec{0}$ である。

$\vec{x_0}=\begin{pmatrix}p\\q\end{pmatrix}$，$\vec{x_1}=\begin{pmatrix}r\\s\end{pmatrix}$ とおくと $B=\begin{pmatrix}p&r\\q&s\end{pmatrix}$ である。B^{-1} が存在しないとすると

$$ps-qr=0\quad\cdots\cdots④$$

(i) $p=0$ のとき，④と $q\neq0$ から　　$r=0$

　　よって　　$s\neq0$

　　$\dfrac{s}{q}=k$ とおくと

$$\vec{x_1}=\begin{pmatrix}0\\s\end{pmatrix}=k\begin{pmatrix}0\\q\end{pmatrix}=k\vec{x_0}$$

(ii) $q=0$ のときも同様に $\vec{x_1}=k\vec{x_0}$ となる k が存在する。

(iii) $pq\neq0$ のときは④から $\dfrac{r}{p}=\dfrac{s}{q}$ であり，この値を k とすると　　$\vec{x_1}=k\vec{x_0}$

いずれにしても，B^{-1} が存在しないならば $\vec{x_1}=k\vec{x_0}$ となる実数 k が存在する。このとき

$$\vec{x_2}=A\vec{x_1}=A(k\vec{x_0})=kA\vec{x_0}=k\vec{x_1}=k^2\vec{x_0}$$

$$\vec{x}_3 = A\vec{x}_2 = A(k^2\vec{x}_0) = k^2 A\vec{x}_0 = k^2\vec{x}_1 = k^3\vec{x}_0$$

$$\vdots$$

$$\vec{x}_m = k^m\vec{x}_0$$

となり，$k^m\vec{x}_0 = \vec{x}_0$ である。ここで，$\vec{x}_0 \neq \vec{0}$ であるから

$$k^m = 1$$

よって，$|k| = 1$ となり　　$k^2 = 1$

ゆえに　　$\vec{x}_2 = k^2\vec{x}_0 = \vec{x}_0$

これは，$\vec{x}_m = \vec{x}_0$ を満たす最初の自然数 m が 3 以上であるという仮定に反する。ゆえに B^{-1} が存在し，③の両辺に右から B^{-1} をかけて，$A^m = E$ となる。　　　　（証明終）

解 法 2

$\vec{x}_{n+1} = A\vec{x}_n$（$n$ は自然数）より

$$\vec{x}_n = A\vec{x}_{n-1} = A^2\vec{x}_{n-2} = \cdots\cdots = A^n\vec{x}_0$$

ここで，ケーリー・ハミルトンの定理より，$A = \begin{pmatrix} a & b \\ c & d \end{pmatrix}$，$a+d = p$，$ad-bc = -q$ とおくと，$A^2 = pA + qE$ ……① が成り立つ。

さらに，$A^n = p_n A + q_n E$ を満たす実数 p_n，q_n が存在する ……② ことを数学的帰納法によって示す。

(i) $n = 1$ のとき，$p_1 = 1$，$q_1 = 0$ とおけば成り立つ。

(ii) $n = k$（k は自然数）のとき，$A^k = p_k A + q_k E$ が成り立つと仮定すると，$n = k+1$ のとき

$$\begin{aligned} A^{k+1} &= A^k \cdot A = (p_k A + q_k E)A \\ &= p_k A^2 + q_k A \\ &= p_k(pA + qE) + q_k A \quad (\text{①より}) \\ &= (pp_k + q_k)A + qp_k E \end{aligned}$$

であるから，$p_{k+1} = pp_k + q_k$，$q_{k+1} = qp_k$ とおくことにより $n = k+1$ でも②が成り立つ。

よって，すべての自然数 n について②が成り立つ。

さて，$\vec{x}_m = \vec{x}_0$ より $A^m\vec{x}_0 = \vec{x}_0$（m は 3 以上の自然数）……③ であるから

$$(p_m A + q_m E)\vec{x}_0 = \vec{x}_0$$

$$p_m A\vec{x}_0 + q_m\vec{x}_0 = \vec{x}_0$$

$$p_m A\vec{x}_0 = (1 - q_m)\vec{x}_0 \quad\cdots\cdots④$$

$p_m \neq 0$ とすると　　$A\vec{x}_0 = \dfrac{1 - q_m}{p_m}\vec{x}_0$

$\dfrac{1-q_m}{p_m}=r$ とおくと，$A\vec{x_0}=r\vec{x_0}$ より　　　$A^m\vec{x_0}=r^m\vec{x_0}$　……⑤

③，⑤より　　　$r^m\vec{x_0}=\vec{x_0}$

$\vec{x_0}\neq\vec{0}$ であるから $r^m=1$ であり $|r|=1$。よって，$r^2=1$ となり，⑤より $A^2\vec{x_0}=\vec{x_0}$ すなわち $\vec{x_2}=\vec{x_0}$ となって，与えられた条件に反する。

したがって，$p_m=0$ であるから，④より　　　$(1-q_m)\vec{x_0}=\vec{0}$

$\vec{x_0}\neq\vec{0}$ より　　　$q_m=1$

ゆえに　　　$A^m=p_mA+q_mE=E$　　　　　　　　　　　　　　（証明終）

> 〔注〕［解法 1］においては，$B=(\vec{x_0},\ \vec{x_1})$ として③を得た後，$\vec{x_1}=k\vec{x_0}$ とすると矛盾が出ることを示し，その後「$\vec{x_0}$ と $\vec{x_1}$ が 1 次独立であるから B^{-1} が存在する」ということを証明抜きで用いても可であると思われるが［解法 1］ではこのことも示す記述とした。
>
> 　また，［解法 2］においては，次数下げを帰納法で示したが単に「ケーリー・ハミルトンの定理から帰納的に $A^m=p_mA+q_mE$ となる p_m，q_m が存在する」としても可と思われるが，念のためこのことを導く過程も記す解法とした。

173

ポイント　$X = \begin{pmatrix} p & q \\ r & s \end{pmatrix}$, $Y = \begin{pmatrix} x & y \\ z & w \end{pmatrix}$ とおき，$AX - XB = Y$ が任意の (x, y, z, w) で成り立つような (p, q, r, s) が存在するための α, β の条件を求める。

解 法

$X = \begin{pmatrix} p & q \\ r & s \end{pmatrix}$ とおくと

$$AX - XB = \begin{pmatrix} 2 & 0 \\ 1 & 1 \end{pmatrix}\begin{pmatrix} p & q \\ r & s \end{pmatrix} - \begin{pmatrix} p & q \\ r & s \end{pmatrix}\begin{pmatrix} \alpha & 0 \\ 0 & \beta \end{pmatrix} = \begin{pmatrix} (2-\alpha)p & (2-\beta)q \\ p+(1-\alpha)r & q+(1-\beta)s \end{pmatrix}$$

ゆえに，任意の $Y = \begin{pmatrix} x & y \\ z & w \end{pmatrix}$ に対して，$AX - XB = Y$ となる X が存在するための α,

β の必要十分条件は，p, q, r, s についての連立方程式

$$\begin{cases} (2-\alpha)p = x & \cdots\cdots① \\ (2-\beta)q = y & \cdots\cdots② \\ p+(1-\alpha)r = z & \cdots\cdots③ \\ q+(1-\beta)s = w & \cdots\cdots④ \end{cases}$$

が，任意の x, y, z, w に対して，解をもつことである。

任意の x, y に対して，①，②をみたす p, q が存在するための α, β の条件は

$\alpha \neq 2$　かつ　$\beta \neq 2$

この条件のもとで，①，②の解 p, q と任意の z, w に対して，③，④をみたす r, s が存在するための α, β の条件は

$\alpha \neq 1$　かつ　$\beta \neq 1$

ゆえに，α, β についての必要十分条件は

$\alpha \neq 1$　かつ　$\alpha \neq 2$　かつ　$\beta \neq 1$　かつ　$\beta \neq 2$　$\cdots\cdots$(答)

〔注〕　論理的で正確な記述を行わなければならない。

174

2003 年度 〔5〕 　　　　　　　　　　　　　　　　　Level　C

ポイント　$s=0$ に対する $L(A)$ の要素について条件(＊)は必ず成り立つので，$s\neq0$ に対する $L(A)$ の要素について条件(＊)が成り立つための $a,\ b,\ c,\ d$ の条件を見出せばよい。

[解法1]　上記のことを明記した上で，A が単位行列の実数倍のときと，そうでないときに分けて考える。

[解法2]　特別な B についての必要条件から絞って，十分条件であることを示す。

解法 1

$s=0$ で得られる $L(A)$ の要素 B は
$$B=rE+sA=rE$$
よって，B が零行列でなければ
$$r\neq0,\quad (rE)^{-1}=\frac{1}{r}E$$
となって，$B=rE$ に逆行列が存在する。ゆえに，$s=0$ に対する $L(A)$ の部分集合に対しては条件(＊)は $a,\ b,\ c,\ d$ の値にかかわらず成り立つ。そこで，$s\neq0$ で得られる $L(A)$ の部分集合について条件(＊)が成り立つための $a,\ b,\ c,\ d$ の条件を求めるとよい。

(i)　A が単位行列の実数倍のとき，$L(A)$ の任意の要素 B は
$$rE+sA=tE\quad（t は実数）$$
と表されるので，$L(A)$ の零行列でない要素 B は $tE\ (t\neq0)$ となり，$\frac{1}{t}E$ は B の逆行列である。

よって，条件(＊)は確かに成り立つ。

すなわち $b=c=0,\ a=d$ のときは，条件(＊)は成り立つ。

(ii)　A が単位行列の実数倍でないとき，$rE+sA=O$ となることはない（$rE+sA=O$ だと，$s\neq0$ より $A=-\frac{r}{s}E$ となって，A が単位行列の実数倍でないことに反する）。

よって，$r,\ s$（ただし，$s\neq0$）にかかわらず
$$B=rE+sA=\begin{pmatrix} r+sa & sb \\ sc & r+sd \end{pmatrix}$$
に逆行列が存在するための $a,\ b,\ c,\ d$ の条件は，任意の実数 $r,\ s\ (s\neq0)$ に対して
$$(r+sa)(r+sd)-s^2bc=r^2+(a+d)rs+(ad-bc)s^2$$

$$= s^2\left\{\left(\frac{r}{s}\right)^2 + (a+d)\cdot\frac{r}{s} + ad - bc\right\}$$

$$\neq 0$$

となることである。

$r,\ s\ (s\neq0)$ が任意の実数値をとるとき，$\dfrac{r}{s}$ はすべての実数値をとるから，求める

条件は，x についての 2 次方程式

$$x^2 + (a+d)\,x + ad - bc = 0$$

が実数解をもたないこと，すなわち

$$(a+d)^2 - 4\,(ad-bc) < 0 \qquad \therefore\quad (a-d)^2 + 4bc < 0$$

以上(i)，(ii)より，求める条件は

「$b=c=0,\ a=d$」　または　「$(a-d)^2 + 4bc < 0$」　……(答)

解 法 2

条件(*)が成り立つとする。特に $r=-a,\ s=1$ で与えられる B は，零行列である
……(i)，または逆行列をもつ　……(ii)。

$B=\begin{pmatrix} 0 & b \\ c & d-a \end{pmatrix}$ であるから

(i)のとき，$a=d$ かつ $b=c=0$ である。　……①

(ii)のとき，$b\neq0$ かつ $c\neq0$ である（$b=0$ または $c=0$ ならば，$\Delta B=0$ となり，B は逆
行列をもたないことになる）。

このとき，任意の実数 r に対して $rE + (-1)A = \begin{pmatrix} r-a & -b \\ -c & r-d \end{pmatrix}$ は零行列ではないから，

逆行列をもつことになり

$$(r-a)\,(r-d) - bc \neq 0$$

$$r^2 - (a+d)\,r + ad - bc \neq 0 \quad ……②$$

②が任意の実数 r に対して成り立つから，x の 2 次方程式 $x^2 - (a+d)\,x + ad - bc = 0$
は実数解をもたない。

したがって

$$(a+d)^2 - 4\,(ad-bc) < 0$$

$$\therefore\quad (a-d)^2 + 4bc < 0 \quad ……③$$

以上より，必要条件として，①または③が得られる。

逆に，①または③が成り立つとする。

①が成り立つとき

$$L\,(A) = \{rE + sA\,|\,r,\ s\ \text{は実数}\} = \{tE\,|\,t\ \text{は実数}\}$$

tE が零行列でないとき，$t \neq 0$ であるから，tE は逆行列 $\left(\dfrac{1}{t}E\right)$ をもつ。

ゆえに，条件 (＊) が成り立つ。

③が成り立つとき，$x^2 - (a+d)x + ad - bc = 0$ は実数解をもたない。　　……(＊＊)

$L(A)$ の零行列ではない要素 $B = rE + sA$ に対して

(ア) $s = 0$ のとき，$r \neq 0$ である（$r = 0$ ならば，B は零行列となるので）。

　　よって，B は $\left(\dfrac{1}{r}E\right)$ を逆行列にもつ。

(イ) $s \neq 0$ のとき，(＊＊) より

$$\left(-\frac{r}{s}\right)^2 - (a+d)\left(-\frac{r}{s}\right) + ad - bc \neq 0$$

$$\left(-\frac{r}{s} - a\right)\left(-\frac{r}{s} - d\right) - bc \neq 0$$

$$(r + sa)(r + sd) - s^2 bc \neq 0 \quad ……④$$

　　ここで，$B = \begin{pmatrix} r+sa & sb \\ sc & r+sd \end{pmatrix}$ であるから，④より，B は逆行列をもつ。

以上より，①または③は条件 (＊) が成り立つための十分条件である。

ゆえに，(＊) が成り立つための必要十分条件は

　　「$a = d$ かつ $b = c = 0$」　または　「$(a-d)^2 + 4bc < 0$」　……(答)

付　録

付録1　整数の基礎といくつかの有名定理

　幾何同様，整数のエッセンスは論理配列にあり，繊細です。たとえば整数の定理の中で最重要な定理の一つに「素因数分解の一意性の定理」があります。それは
　　　「2以上のどのような整数も素数のみの有限個の積に一意的に表される」
という定理です。すなわち
　　　「2以上のどのような整数も素数のみの有限個の積に書けて，しかも，どのような方法（理由）のもとで素数のみの積に表したとしてもそこに現れる素数の種類と各素数の個数はもとの数ごとに一通りである」
という定理です。一見，あたりまえに思えるこの定理は多くの整数の問題を考えるときに，商と余りの一意性の定理とともに，それらの解答の根拠として横たわっています。例として，$\sqrt{2}$ は無理数であることの証明を考えてみます。教科書や参考書によく見られる証明でもよいのですが，より簡潔な証明に次のものがあります。

（証明）　$\sqrt{2}$ が有理数であるとすると，適当な自然数 a, b を用いて $\sqrt{2} = \dfrac{a}{b}$ とおくことができる。

　両辺を平方し分母を払うと　　$2b^2 = a^2$ ……（＊）

　a^2, b^2 を素因数分解して現れる各素因数の個数はどちらも偶数なので，（＊）の左辺の素因数2の個数は奇数。一方，右辺のどの素因数の個数も偶数。これは矛盾である。ゆえに，$\sqrt{2}$ は無理数である。　　　　　　　　　　　　　　　（証明終）

（＊）の両辺が表す数の素因数分解の一意性が保証されなければ，この証明が根拠を失うことは明らかです。同じようなことは他の証明でもよく現れます。

　ユークリッドはこの「素因数分解の一意性の定理」を導くために，有名な「ユークリッドの互除法」から始まるほんの僅かな定理による実に印象的な物語を残しました。互除法を2数の最大公約数を求めるアルゴリズムととらえるだけではその真価を理解することにはなりません。「ユークリッドの互除法」から，「2数の最大公約数はもとの2数の整数倍の和で表される」ことを導き，次いで，「a と b が互いに素で，a が bc を割り切るならば a は c を割り切る」こと，さらに，「素数 p が ab を割り切るならば，p は a または b を割り切る」ことを導き，これを用いて「素因数分解の一意性の定理」を導くというストーリーが大切なのです。この流れが整数の基礎の要諦です。

　§1では，これを導くユークリッドの論理と高木貞治の論理を紹介します。現在の日本の学校教育では前者によっていますが，2000年頃までは後者が用いられていました。§2では，いくつかの易しめの有名な定理を取り上げます。§3では，初等整

数論の基本的な有名定理ですが，§2より進んだ定理を取り上げます。特に，互いに素な2数についての「重要定理B」からその後の4つの有名な定理のすべてが一挙に，しかも独立に得られることを味わってください。

　なお，整数 m, n に対して，m が n を割り切ることを $m|n$ と表すことがあります。また，整数 a と b の最大公約数（*the greatest common divisor, G. C. D.*）を (a, b) で表すこともあります。いずれも学習指導要領外の記号ですが，整数論では一般的な記号であり，記述が簡略化される利点もあるので用いることとします。

§1　≪互除法からの帰結≫

> **互除法の原理**：整数 a, b, c, d について $a = bc + d$ が成り立つとき，a と b の最大公約数と b と d の最大公約数は一致する。

　この証明にはいくつかのバリエーションがありますが，「p が a と b の公約数」$\Longleftrightarrow$「p が b と d の公約数」を示すことで解決します。

（証明）　・p が a と b の公約数なら，$a = pa'$, $b = pb'$ となる整数 a', b' が存在し，$d = a - bc = p(a' - b'c)$ となり，$p|d$ である。一方で，$p|b$ であるから，p は b と d の公約数である。

　　　　　・p が b と d の公約数なら，$b = pb'$, $d = pd'$ となる整数 b', d' が存在し，$a = bc + d = p(b'c + d')$ となり，$p|a$ である。一方で，$p|b$ であるから，p は a と b の公約数である。

以上から，a と b の公約数の集合と b と d の公約数の集合は一致する。ゆえに，それらの（有限）集合の要素の最大値である最大公約数は一致する。　　（証明終）

この「互除法の原理」から，次の定理が導かれます。

> **ユークリッドの互除法**：a と b を自然数とし，$r_0 = b$ とおく。
> 　　$r_1 = 0$ または $r_0 > r_1 > \cdots > r_n > 0$ となる整数 r_1, $\cdots$, r_n と q_0, $\cdots$, q_n が存在し，次式が成り立つ。
> $$a = q_0 r_0 + r_1$$
> $$r_0 = q_1 r_1 + r_2$$
> $$r_1 = q_2 r_2 + r_3$$
> $$\vdots$$
> $$r_{n-2} = q_{n-1} r_{n-1} + r_n$$
> $$r_{n-1} = q_n r_n$$
> 　　このとき，a と b の最大公約数 g について，$r_1 = 0$ のときは $g = b$，$r_1 \neq 0$ のときは $g = r_n$ である。

（証明）　a を b で割ったときの商を q_0，余りを r_1 として，$r_1 = 0$ のときは第1式で終

わり，$r_1 \neq 0$ のときは r_0 を r_1 で割ったときの商を q_1，余りを r_2 とする。同様のことを繰り返していくと，$r_1 \neq 0$ のときには $r_0 > r_1 > \cdots > r_n > 0$ かつ $r_{n-1} = q_n r_n$ となる自然数 n が存在する。

このとき，「互除法の原理」により

$$g = (a,\ b) = (r_0,\ r_1) = \cdots = (r_{n-1},\ r_n) = (r_n,\ 0) = r_n$$

となる。　　　　　　　　　　　　　　　　　　　　　　　　　　　（証明終）

次いで，最大公約数 $g = (a,\ b)$ に対して，$g = xa + yb$ となる整数 x, y が存在することを示します。これは少し一般化した次の命題の形で証明します。ここでは，a を b で割った商が q_0，余りが r_1 のような設定は必要ないことに注意してください。単に整数からなる一連の関係式が並んでいれば成り立つように一般化してあります。

準備命題A：整数からなる一連の関係式

$$a = q_0 r_0 + r_1$$
$$r_0 = q_1 r_1 + r_2$$
$$r_1 = q_2 r_2 + r_3$$
$$\vdots$$
$$r_{n-2} = q_{n-1} r_{n-1} + r_n$$

が与えられたとき，$b = r_0$ として，任意の自然数 $m\,(1 \leq m \leq n)$ に対して，$r_m = x_m a + y_m b$ となる整数 x_m, y_m が存在する。

証明は m についての帰納法によります。

（証明）（I）・$m = 1$ のとき，$r_1 = 1 \cdot a + (-q_0)\,b$ なので，$x_1 = 1$，$y_1 = -q_0$ とするとよい。

・$m = 2$ のとき，$r_2 = r_0 - q_1 r_1 = b - q_1(a - q_0 b) = (-q_1)\,a + (1 + q_1 q_0)\,b$ なので，$x_2 = -q_1$，$y_2 = 1 + q_1 q_0$ とするとよい。

（II）$m = k$，$k-1\,(2 \leq k \leq n-1)$ のとき主張が正しいと仮定する。すると，$r_k = x_k a + y_k b$，$r_{k-1} = x_{k-1} a + y_{k-1} b$ となる整数 x_k, y_k, x_{k-1}, y_{k-1} が存在する。これを $r_{k-1} = q_k r_k + r_{k+1}$ に代入すると，$r_{k+1} = r_{k-1} - q_k r_k = (x_{k-1} a + y_{k-1} b) - q_k(x_k a + y_k b) = (x_{k-1} - q_k x_k)\,a + (y_{k-1} - q_k y_k)\,b$ となる。

よって，$x_{k+1} = x_{k-1} - q_k x_k$，$y_{k+1} = y_{k-1} - q_k y_k$ とすれば，$m = k+1$ に対しても主張は成り立つ。

（I），（II）より，任意の自然数 $m\,(1 \leq m \leq n)$ に対して，$r_m = x_m a + y_m b$ となる整数 x_m，y_m が存在する。　　　　　　　　　　　　　　　　　　　（証明終）

この「準備命題A」と「ユークリッドの互除法」によって，次の定理が導かれたことになります。

> **最大公約数の生成定理**：a と b の最大公約数 g に対して，$g = xa + yb$ となる整数 x，y が存在する。

特に a と b が互いに素（正の公約数が 1 のみの自然数）のときには $g = 1$ であるから，次の定理が成り立ちます。

> **1の生成定理**：a と b が互いに素のとき，$1 = xa + yb$ となる整数 x，y が存在する。

この「1の生成定理」から，次の「重要定理A」が得られます。

> **重要定理A**：(1)　互いに素な自然数 a，b について，a が bc を割り切るならば，a は c を割り切る。
> (2)　p を素数，a，b を自然数とする。p が ab を割り切るならば，p は a，b の少なくとも一方を割り切る。

(証明)　(1)　a と b が互いに素であるから，最大公約数は 1 である。よって，$xa + yb = 1$ となる整数 x，y が存在する。

両辺に c を乗じて，$xac + ybc = c$ であり，ac，bc は a で割り切れるから，左辺は a で割り切れる。ゆえに，a は c を割り切る。　　　　　　　　　　(証明終)

(2)　素数 p が a の約数でないならば，p と a は互いに素であるから，(1)によって，b が p で割り切れる。また，p が a の約数のときは a が p で割り切れる。

ゆえに，p は a，b の少なくとも一方を割り切る。　　　　　(証明終)

以上の「重要定理A」に至る論理が「ユークリッドの互除法」の真骨頂であり，見事です。

さて，この「重要定理A」から素因数分解の一意性が導かれますが，その前に，ユークリッドはまず，2以上のどのような整数も有限個の素数のみの積に書けるという「素因数分解の可能性」を準備します。これは論理配列として不可欠であり，その証明も実に鮮やかなのでこれを紹介します。まず，次の「準備命題B」を用意します。

> **準備命題B**：2以上の任意の自然数 N に対して，N の 1 以外の正の約数のうち最小のものを n とすると，n は素数である。

(証明)　n が素数でないとすると，n は 1 でも n でもない正の約数をもつ。その1つを m とすると

$$1 < m < n \leqq N \quad \cdots\cdots①$$

また，$m | n$ かつ $n | N$ より　　$m | N$ $\quad \cdots\cdots②$

①，②から，m は 1 以外の N の約数で n より小となる。これは n の最小性に矛盾する。ゆえに，n は素数である。　　　　　　　　　(証明終)

> **素因数分解の可能性**：2以上のどのような自然数もそれ自身が素数であるか，または2個以上の有限個の素数のみの積に書ける。

（証明）　素数でもなく，2個以上の有限個の素数のみの積にも書けないような2以上の自然数があったとする。そのような自然数のうちの最小のものを N とする。このとき，$N \geqq 4$ としてよい。

「準備命題B」により，$N = pN'$ となる素数 p と自然数 N' がある。N は素数ではないので，$2 \leqq N' < N$ である。

N の最小性により，N' は素数であるか，または2個以上の有限個の素数のみの積に書ける。すると，$N = pN'$ より，N は2個以上の有限個の素数のみの積に書ける。これは矛盾である。　　　　　　　　　　　　　　　　　　　　　　　　　　（証明終）

この証明も初めて触れると新鮮です。次いで，目標だった素因数分解の一意性の証明を行います。

> **素因数分解の一意性の定理**：素数からなる有限集合 $S = \{p_1, \cdots, p_s\}$，
> $S' = \{q_1, \cdots, q_t\}$ と自然数 $\alpha_1, \alpha_2, \cdots, \alpha_s, \beta_1, \beta_2, \cdots, \beta_t$ があって，$p_1{}^{\alpha_1} p_2{}^{\alpha_2} \cdots p_s{}^{\alpha_s} = q_1{}^{\beta_1} q_2{}^{\beta_2} \cdots q_t{}^{\beta_t}$ が成り立つならば，$S = S'$ である。このとき，$s = t$ で，$\alpha_k = \beta_k$ $(k = 1, 2, \cdots, s)$ となる。

（証明）　$q_1 | p_1{}^{\alpha_1} p_2{}^{\alpha_2} \cdots p_s{}^{\alpha_s}$ であるから，「重要定理A」の(2)により，q_1 は $p_1, \cdots, p_s$ のいずれかを割り切る。

それを p_1 としても一般性を失わない。q_1, p_1 が素数であることから，$q_1 = p_1$ となり，$q_1 \in S$ である。他の $q_2, \cdots, q_t$ についても同様なので，$S' \subset S$ である。同様に $S \subset S'$ であるから，$S = S'$ である。特に，$s = t$ であり，$p_1{}^{\alpha_1} p_2{}^{\alpha_2} \cdots p_s{}^{\alpha_s} = p_1{}^{\beta_1} p_2{}^{\beta_2} \cdots p_s{}^{\beta_s}$ ……(*) となる。ここで，$\alpha_1 < \beta_1$ とすると，$s = 1$ のときは(*)から，$1 = p_1{}^{\beta_1 - \alpha_1}$ となり矛盾。$s \geqq 2$ のときは，約分により，$p_2{}^{\alpha_2} \cdots p_s{}^{\alpha_s} = p_1{}^{\beta_1 - \alpha_1} p_2{}^{\beta_2} \cdots p_s{}^{\beta_s}$ となり，最初と同様に，p_1 は $p_2, \cdots, p_s$ のいずれかに一致するが，これは矛盾。

$\alpha_1 > \beta_1$ としても同じく矛盾が出るので　　　$\alpha_1 = \beta_1$

他の α_k, β_k についても同様である。　　　　　　　　　　　　　　　（証明終）

「重要定理A」から，$S = S'$ を導くことが上の証明の要です。

この一連のユークリッドの論法とは別に，高木貞治（1875〜1960）は著書『初等整数論講義』において，次のように互除法を準備しない論理で「重要定理A」を導いています。これも見事なので以下に紹介しておきます。

【高木貞治の方法】（事前の準備が約数，倍数，最小公倍数，最大公約数の定義だけであることに注意）

> **定理Ⅰ**：自然数 a, b の任意の公倍数 l は最小公倍数 L の倍数である。

（証明）　l を L で割ったときの商を q, 余りを r とする。$l = Lq + r$, $0 \leq r < L$ である。$r = l - Lq$ と, l も L も a と b の公倍数であることから, r も a と b の公倍数である。$r \neq 0$ とすると, $0 < r < L$ であるから, r は L よりも小さい正の整数である。これは L が最小公倍数であることに反する。ゆえに, $r = 0$ となり, l は L の倍数である。

（証明終）

> **定理Ⅱ**：自然数 a, b の任意の公約数 g は最大公約数 G の約数である。

（証明）　G と g の最小公倍数を L として, L が G であることを示す。すると, g は $G\,(=L)$ の約数であることになる。

a, b はどちらも G と g の公倍数なので,「定理Ⅰ」から, L の倍数である。すなわち, L は a と b の公約数である。よって, $L \leq G$ である。一方, L は G の倍数なので $L \geq G$ でもある。ゆえに, $L = G$ である。　　　　　（証明終）

> **定理Ⅲ**：2つの自然数 a, b の積 ab は, 最大公約数 G と最小公倍数 L の積 GL に等しい。

（証明）　$L = aa'$, $L = bb'$（a', b' は自然数）　……①と書ける。ab は a と b の公倍数なので,「定理Ⅰ」から, L の倍数である。

よって, $ab = Lc$（c は自然数）　……②と書け, ①を②に代入して

$$\begin{cases} ab = aa'c \\ ab = bb'c \end{cases} \quad \text{から} \quad \begin{cases} b = a'c \\ a = b'c \end{cases} \quad \cdots\cdots③$$

したがって, c は a, b の公約数で,「定理Ⅱ」から, $G = cd$（d は自然数）　……④と書ける。

a, b は $G = cd$ で割り切れるので, ③から, a', b' は d で割り切れる。

そこで, $a' = a''d$, $b' = b''d$（a'', b'' は自然数）とおいて, ①に代入すると

$$L = aa''d, \quad L = bb''d$$

よって, $\dfrac{L}{d}$ は a, b の公倍数だが, L は a, b の最小公倍数であることから

$$d = 1$$

したがって, ④から　　　$G = c$

ゆえに, ②から, $ab = LG$ である。　　　　　（証明終）

> **定理Ⅳ（＝重要定理A）**：互いに素な自然数 a, b について, a が bc を割り切るならば a は c を割り切る。

（証明）　a と b は互いに素なので, a と b の最大公約数は1であり,「定理Ⅲ」により a と b の最小公倍数は ab である。bc が a で割り切れることから, bc は a と b の公

倍数である。よって，「定理 I」から，bc は ab で割り切れる。

ゆえに，c は a で割り切れる。 （証明終）

〔注1〕 「定理 II」はユークリッドの「最大公約数の生成定理」を用いて次のように示すことができる。

（証明） $a=a'g$, $b=b'g$ $(a', b'$ は自然数$)$ とする。$G=xa+yb$ となる整数 x, y が存在し，$G=(xa'+yb')g$ となり，$g|G$ である。 （証明終）

〔注2〕 「定理 III」の高木の証明は少しわかりにくい。少し工夫して，よく知られた次の命題（＊）を準備してから導くほうがわかりやすいかもしれない。

（＊） 2つの自然数 a, b とその最大公約数 G に対して，$a=a'G$, $b=b'G$ であるならば，$a'b'G$ は a, b の最小公倍数 L に等しい。

（（＊）の証明） $a'b'G=l$ とおく。$l=ab'=a'b$ から，l は a, b の公倍数であり，「定理 I」より，$l=Lq$ ……① $(q$ は自然数$)$ とおける。$L=am$, $L=bn$ $(m$, n は整数$)$ とおけるから

$$a'b'G=l=Lq=\begin{cases} amq=a'Gmq & ……② \\ bnq=b'Gnq & ……③ \end{cases}$$

②より　　$b'=mq$ ……②′

③より　　$a'=nq$ ……③′

a', b' が互いに素であることと，②′，③′から，$q=1$ となり，①から，$l=L$ である。 （証明終）

この命題（＊）を用いると，$ab=LG$ が次のように得られる。

命題（＊）と $a=a'G$, $b=b'G$ から

$$ab=a'G \cdot b'G=a'b'G \cdot G=LG$$ （証明終）

§2 ≪いくつかの易しい有名定理≫

まず，主に素数に関する基礎的な有名定理で，高校生にも易しく理解できるものを紹介します。

> **素数の無限定理（ユークリッド）**：どんな有限個の相異なる素数が与えられても，それらと異なる素数が存在する（素数は無限に存在する）。

（証明） 有限個の相異なる素数 a, b, …, c が与えられたとする。$N=a×b×…×c+1$ という数 N を考える。

N は a, b, …, c のどれよりも大きいから，これらのいずれとも異なる。

・N が素数のとき，N 自身が a, b, …, c と異なる素数である。

・N が素数ではないとき，N の任意の素因数 d（この存在はすでに示してある）は a, b, …, c とは異なる。

なぜなら，たとえば $d=a$ とすると，$N=a×b×…×c+1$ において，N も $a×b×…×c$ も a で割り切れるので，1 も素数 a で割り切れることになり，矛盾。

よって，d は a, b, …, c とは異なる素数である。

以上から，素数が有限個となることはない。 （証明終）

〔注〕　この証明を紹介すると，ときどき「素数を小さいほうから順に有限個乗じたものに 1 を加えたものは素数である」と勘違いする生徒がいるが，これは誤り。$2+1=3$，$2 \cdot 3+1=7$，$2 \cdot 3 \cdot 5+1=31$，$2 \cdot 3 \cdot 5 \cdot 7+1=211$，$2 \cdot 3 \cdot 5 \cdot 7 \cdot 11+1=2311$ は素数であるが，$2 \cdot 3 \cdot 5 \cdot 7 \cdot 11 \cdot 13+1=30031=59 \cdot 509$ は素数ではない。また，$3 \cdot 5 \cdot 7+1=106=2 \cdot 53$ などの例もある。ユークリッドの証明の優れた点は，$a \times b \times \cdots \times c+1$ という数から，与えられた素数 a, b, $\cdots$, c とは異なる素数の存在を示したことである。なお，上の証明を若干変更した次のような証明もある。

（別証明）　素数の個数が有限であるとして，それらすべてを a, b, $\cdots$, c とする。$N=a \times b \times \cdots \times c+1$ という数 N を考える。N は a, b, $\cdots$, c のどれよりも大きいから，これらのいずれとも異なり，したがって，素数ではない。一方，N には素因数が存在し，それは a, b, $\cdots$, c のいずれかに一致しなければならない。それを a としてもよく，$N=aN'$（N' は自然数）とすると，$1=a(N'-b \times \cdots \times c)$ から，1 が 2 以上の約数 a をもつことになり，矛盾。ゆえに，素数の個数は有限ではない。　　　　　（証明終）

> **完全数（ユークリッド）**：n を自然数とし，$p=1+2+2^2+\cdots+2^{n-1}+2^n$，$N=2^np$ とおく。p が素数のとき，N 以外の N の正の約数すべての和を S とすると，$S=N$ である。

（証明）　p は素数であるから，$N=2^np$ の約数は

$$1, \quad 2, \quad 2^2, \quad \cdots, \quad 2^{n-1}, \quad 2^n, \quad p, \quad 2p, \quad 2^2p, \quad \cdots, \quad 2^{n-1}p, \quad 2^np \,(=N)$$

よって

$$S=(1+2+2^2+\cdots+2^{n-1}+2^n)+p(1+2+2^2+\cdots+2^{n-1})$$

$$=p+p \cdot \frac{2^n-1}{2-1}=2^np=N \qquad\qquad （証明終）$$

〔注〕　一般に正の整数 N について，N 以外の N の正の約数すべての和が N となるとき，N を完全数という。完全数に関する本定理は高校生にちょうどよいレベルの内容であるが，これはユークリッドの『原論』第 9 巻の最終定理でもある。

また，$p=1+2+\cdots+2^{n-1}+2^n=\dfrac{2^{n+1}-1}{2-1}=2^{n+1}-1$ であるが，一般に 2^k-1（k は自然数）の形の素数をメルセンヌ素数という。メルセンヌ（1588〜1648）はフランスの神父で，この形の素数の研究で有名である。メルセンヌ素数とそれから得られる完全数の例として，次のものがある。

- $k=2$ のときの 3（$=1+2$）
  このとき，$2 \cdot 3=6$ の正の約数は 1, 2, 3, 6 で　　$1+2+3=6$
- $k=3$ のときの 7（$=1+2+4$）
  このとき，$4 \cdot 7=28$ の正の約数は 1, 2, 4, 7, 14, 28 で　　$1+2+4+7+14=28$
- $k=5$ のときの 31（$=1+2+4+8+16$）
  このとき，$16 \cdot 31=496$ の正の約数は 1, 2, 4, 8, 16, 31, 62, 124, 248, 496 で
  　　$1+2+4+8+16+31+62+124+248=496$

> **メルセンヌ素数**：$n(\geqq 2)$ を自然数とする。$2^n - 1$ が素数ならば，n は素数である。

（証明）　$n(\geqq 2)$ が素数ではないとする。$n = ab$（a, b は 2 以上の自然数）と書ける。よって

$$2^n - 1 = 2^{ab} - 1 = (2^a)^b - 1 = X^b - 1 \quad (2^a = X \text{ とおく})$$
$$= (X - 1)(X^{b-1} + X^{b-2} + \cdots + X + 1) \quad \cdots\cdots①$$

$a \geqq 2$, $b \geqq 2$ より，①の 2 つの因数は 2 以上の自然数であり，$2^n - 1$ が素数という仮定に矛盾する。ゆえに，n は素数である。　　　　　　　　　　　　（証明終）

〔注〕　n が素数だからといって，$2^n - 1$ が素数とは限らない。$2^2 - 1 = 3$, $2^3 - 1 = 7$, $2^5 - 1 = 31$, $2^7 - 1 = 127$ は素数だが，$2^{11} - 1 = 2047 = 23 \cdot 89$ は素数ではない。

$2^{2^r} + 1$ の形の素数をフェルマー素数といいます。次は，これに関する命題です。

> **フェルマー素数**：自然数 k に対して，$2^k + 1$ が素数であれば，$k = 2^r$ となる 0 以上の整数 r が存在する。

（証明）　$k = 2^r m$（r は 0 以上の整数，m は正の奇数）とすると，$2^k = 2^{2^r m} = (2^{2^r})^m$ となる（k に含まれる素因数 2 の個数を r とすると，k は必ず $2^r m$ の形で表現できる）。$a = 2^{2^r}(\geqq 2)$ とおくと，$2^k = a^m$ と表され

$$2^k + 1 = a^m + 1 = a^m - (-1)^m$$
$$= (a + 1)(a^{m-1} - a^{m-2} + a^{m-3} - \cdots + a^2 - a + 1) \quad \cdots\cdots(*)$$

ここで，$m \geqq 3$ とすると

$$(*)\text{の第 2 因数} = a^{m-2}(a - 1) + a^{m-4}(a - 1) + \cdots + a(a - 1) + 1 \geqq 2$$

また，$a + 1$ は 3 以上の整数である。これは $2^k + 1$ が素数という条件に矛盾する。ゆえに，奇数 m は 1 となり，$k = 2^r$ である。　　　　　　　　　　　　（証明終）

〔注〕　①　$(*)$ の各因数が 2 以上であることの確認を忘れないこと。
　　　　②　$2^{2^r} + 1$ の形の数が素数になるとは限らない。実際，$2^1 + 1 = 3$, $2^2 + 1 = 5$, $2^4 + 1 = 17$, $2^8 + 1 = 257$, $2^{16} + 1 = 65537$ は素数だが，$2^{32} + 1 = 4294967297 = 641 \times 6700417$ は素数ではない。$r \geqq 5$ ではすべて合成数である，すなわちフェルマー素数は最初の 5 個のみであると思われているが，まだ証明されていない。

§3　≪いくつかの少し進んだ有名定理≫

　このセクションはユークリッドから離れて，互いに素な 2 数についての「重要定理 B」と，それから得られる 4 つの有名な定理（「フェルマーの小定理」，「孫子の定理」，「オイラー関数の乗法性の定理」，「ウィルソンの定理」）を取り上げます。この「重要定理 B」は「素因数分解の一意性の定理」と同様に，§1 の「重要定理 A」から簡単に導かれます。しかも「素因数分解の一意性の定理」と同じようにかなり強力で，例えば，上記の 4 つの定理を独立に一気に導くことができます。

> **重要定理B**：自然数 a $(\geqq 2)$ と b が互いに素のとき，b，$2b$，$3b$，$\cdots$，$(a-1)b$，ab の a 個の数を a で割った余りはすべて異なる。

（証明）　a で割ったときの余りが等しいような ib と jb (i, j は $1 \leqq i < j \leqq a$ をみたす整数) が (1組でも) 存在したとする。

このとき，$a|jb-ib$ から，$a|(j-i)b$ となる。ここで，a と b は互いに素なので，「重要定理A」の(1)から，$a|j-i$ であるが，一方で，$1 \leqq j-i \leqq a-1$ であるから，$j-i$ が a の倍数とはなり得ないので矛盾。ゆえに，余りはすべて異なる。

（証明終）

〔注〕　a で割った余りは 0 から $a-1$ まで a 個あるから，この定理から，b，$2b$，$\cdots$，$(a-1)b$，ab を a で割ると，順序を無視して，0 から $a-1$ までのすべての余りがちょうど 1 個ずつ現れる。特に余りが 0 となるのは ab だけなので，b，$2b$，$\cdots$，$(a-1)b$ を a で割った余りは全体として 1，2，$\cdots$，$a-1$ に一致することになる。

また，c を任意の整数として，$b+c$，$2b+c$，$\cdots$，$(a-1)b+c$，$ab+c$ の a 個の数を a で割るとすべての余りが 1 個ずつ現れるという事実もまったく同様に導かれる。

> **フェルマーの小定理**：自然数 a と素数 p が互いに素のとき，a^{p-1} を p で割った余りは常に 1 である。

（証明）　a と p は互いに素なので，「重要定理B」から，a, $2a$, $\cdots$, $(p-1)a$ を p で割った余りは全体として，1, 2, $\cdots$, $p-1$ に等しい。よって，適当な整数 t_1, t_2, $\cdots$, t_{p-1} を用いて

$$a \cdot 2a \cdot \ \cdots \ \cdot (p-1)a = (1+t_1 p)(2+t_2 p)\cdots(p-1+t_{p-1}p) \quad \cdots\cdots ①$$

となる。両辺をそれぞれ変形すると

$$1 \cdot 2 \cdot \ \cdots \ \cdot (p-1)a^{p-1} = 1 \cdot 2 \cdot \ \cdots \ \cdot (p-1) + (p \text{ の倍数})$$

となる。この右辺の第 1 項を移項すると，$1 \cdot 2 \cdot 3 \cdot \ \cdots \ \cdot (p-1)(a^{p-1}-1) = (p \text{ の倍数})$ となる。

よって，$1 \cdot 2 \cdot 3 \cdot \ \cdots \ \cdot (p-1)(a^{p-1}-1)$ は p で割り切れる。ここで，p は素数なので，$1 \cdot 2 \cdot \ \cdots \ \cdot (p-1)$ は p と互いに素であり，「重要定理A」の(1)から，$a^{p-1}-1$ が p で割り切れなければならない。ゆえに，a^{p-1} を p で割ったときの余りは 1 である。

（証明終）

〔注 1 〕　p が素数であることは証明の最後のほうで効いていることに注意。

〔注 2 〕　合同式を使うと記述は簡潔になる。すなわち，上の証明中の①以下を次のようにする。

$$1 \cdot 2 \cdot \ \cdots \ \cdot (p-1)a^{p-1} \equiv 1 \cdot 2 \cdot \ \cdots \ \cdot (p-1) \pmod{p}$$

ここで，p は素数であるから，$1 \cdot 2 \cdot \ \cdots \ \cdot (p-1)$ は p と互いに素である。

ゆえに　　$a^{p-1} \equiv 1 \pmod{p}$

（証明終）

〔注3〕　この定理の証明をフェルマー（1607〜1665）が残したわけではない。オイラー（1707〜1783）が少し拡張した命題に直して証明している。その証明は数学的帰納法を明確に意識した最初の例とも言われている。それをそのまま問題にしたものが，京都大学の入試で出題されているので，以下に紹介する。

[問題（京大1977年度文系，原文通り）]

　p が素数であれば，どんな自然数 n についても $n^p - n$ は p で割り切れる。このことを，n についての数学的帰納法で証明せよ。

（解答）　(I)　$n=1$ のとき，明らかに $p \mid n^p - n$ である。

(II)　1以上のある自然数 k に対して，$p \mid k^p - k$　……① と仮定する。

　　二項定理から，$(k+1)^p = k^p + \sum_{i=1}^{p-1} C_i k^i + 1$ なので

$$(k+1)^p - (k+1) = (k^p - k) + \sum_{i=1}^{p-1} C_i k^i \quad ……②$$

　　ここで，p は素数なので，$i=1, 2, \cdots, p-1$ に対して

　　　　$p \mid {}_p C_i$　……③

　　①，③より，②の右辺は p で割り切れ，したがって，$p \mid (k+1)^p - (k+1)$ である。

(I)，(II)から，数学的帰納法により，任意の自然数 n に対して，$p \mid n^p - n$ である。

（証明終）

　　この問題の命題を用いると，素数 p と任意の正の整数 a に対して，$p \mid a^p - a$ すなわち $p \mid a(a^{p-1} - 1)$ が成り立つ。

ここで，a と p が互いに素であるとき $p \mid a^{p-1} - 1$ となり，a^{p-1} を p で割った余りは1である（フェルマーの小定理）。

孫子の定理：2以上の自然数 a, b が互いに素ならば，a で割って r 余り，b で割って s 余るような自然数で ab 以下のものがただ1つ存在する。

（証明）　下表を利用する。

1	2	$\cdots$	s	$\cdots$	$b-2$	$b-1$	b
$1+b$	$2+b$	$\cdots$	$s+b$	$\cdots$	$(b-2)+b$	$(b-1)+b$	$2b$
$1+2b$	$2+2b$	$\cdots$	$s+2b$	$\cdots$	$(b-2)+2b$	$(b-1)+2b$	$3b$
$\vdots$	$\vdots$	$\vdots$	$\vdots$	$\vdots$	$\vdots$	$\vdots$	$\vdots$
$1+(a-1)b$	$2+(a-1)b$	$\cdots$	$s+(a-1)b$	$\cdots$	$(b-2)+(a-1)b$	$(b-1)+(a-1)b$	ab

[I]　表中の数で，b で割って s 余る数は，$s+kb$（$k=0, 1, 2, \cdots, a-1$）（表中の囲みの数）の形の数に限る（明らか）。

[II]　一般に任意の自然数 c を固定するごとに，$c, c+b, c+2b, \cdots, c+(a-1)b$（各列の数）の a 個の数を a で割った余りは，順序を無視して，0から $a-1$ までがすべて1個ずつ現れる（「重要定理B」の〔注〕）。よって，表の各列の中には a で割って r 余る数はただ1つ存在する。

[I]，[II]より，表中の数で，a で割って r 余り，b で割って s 余るような自然数で ab 以下のものがただ1つ存在する。　（証明終）

　2以上の整数 N に対して，N より小さな自然数で N と互いに素なものの個数をオイラー関数と言い，$\varphi(N)$ と表します。これについては次の定理が基本的です。

> **オイラー関数の乗法性の定理**：2以上の自然数 a, b が互いに素ならば，
> 　　$\varphi(ab) = \varphi(a)\varphi(b)$ である。

（証明）　（次の(A)と(B)は容易なので証明省略）
　(A)　a, b, c を自然数とするとき，「c と ab が互いに素 $\Longleftrightarrow$ c と a が互いに素かつ c と b が互いに素」である。
　(B)　k, b を自然数，m を0以上の整数とするとき，「$k+mb$ と b が互いに素 $\Longleftrightarrow$ k と b が互いに素」である。
　次いで，下表を利用する。

1	2	$\cdots$	k	$\cdots$	$b-2$	$b-1$	b
$1+b$	$2+b$	$\cdots$	$k+b$	$\cdots$	$(b-2)+b$	$(b-1)+b$	$2b$
$1+2b$	$2+2b$	$\cdots$	$k+2b$	$\cdots$	$(b-2)+2b$	$(b-1)+2b$	$3b$
$\vdots$	$\vdots$		$\vdots$	$\vdots$	$\vdots$	$\vdots$	$\vdots$
$1+(a-1)b$	$2+(a-1)b$	$\cdots$	$k+(a-1)b$	$\cdots$	$(b-2)+(a-1)b$	$(b-1)+(a-1)b$	ab

　[Ⅰ]　(B)から，上の表中の数で，b と互いに素な数は，b と互いに素な k ごとに，k を含む縦の列の数（表中の囲みの数）のすべてに限る。このような列はちょうど $\varphi(b)$ 列ある。
　[Ⅱ]　一般に任意の自然数 c を固定するごとに，c, $c+b$, $c+2b$, $\cdots$, $c+(a-1)b$ （各列の数）の a 個の数を a で割った余りは，順序を無視して，0から $a-1$ までがすべて1個ずつ現れる（「重要定理B」の〔注〕）。よって，表の各列の中には a と互いに素な数がちょうど $\varphi(a)$ 個ある。
　[Ⅰ]，[Ⅱ]より，表中の数で b と互いに素かつ a と互いに素な数は $\varphi(a)\varphi(b)$ 個ある。このことと(A)から，$\varphi(ab)=\varphi(a)\varphi(b)$ である。　　　（証明終）
最後は次の定理です。

> **ウィルソンの定理**：p を素数とすると，$(p-1)!$ を p で割った余りは $p-1$ である。
> 　　（合同式を用いると，$(p-1)! \equiv -1 \pmod{p}$）

（証明）　（合同式を用いた記述で行う）
　$p=2$ のときは明らかなので，$p \geqq 3$ とする。k を1, 2, $\cdots$, $p-1$ のいずれにとっても，k は p と互いに素なので，$jk \equiv 1 \pmod{p}$ となる j が1, 2, $\cdots$, $p-1$ の中にただ1つ存在する（「重要定理B」）。このとき
　[Ⅰ]　$k=1$ なら $j=1$, $k=p-1$ なら $j=p-1$ である（$(p-1)(p-1)=p^2-2p+1 \equiv 1 \pmod{p}$ より）。
　[Ⅱ]　$2 \leqq k \leqq p-2$ なら，$2 \leqq j \leqq p-2$ かつ $j \neq k$ である。

なぜなら，$j=1$，$p-1$ なら［Ⅰ］で k と j の役割を入れかえて考えると，それぞれ $k=1$，$p-1$ となってしまうことと，$j=k$ なら $k^2 \equiv 1 \pmod{p}$ から，
$(k-1)(k+1) \equiv 0 \pmod{p}$ より，$k \equiv 1 \pmod{p}$ または $k \equiv -1 \pmod{p}$ となり，$k=1$ または $k=p-1$ となってしまうからである。

［Ⅰ］と［Ⅱ］によって，$k \neq 1$，$k \neq p-1$ なら，k 毎に $jk \equiv 1 \pmod{p}$ となる j を k とペアにして，$(p-1)!$ を書き直してみると

$$(p-1)! \equiv 1 \cdot (1)^{\frac{p-3}{2}} \cdot (p-1) \equiv p-1 \equiv -1 \pmod{p} \qquad \text{（証明終）}$$

〔注〕　例として，$p=11$ では
$$(p-1)! = 10! = 1 \cdot (2 \cdot 6) \cdot (3 \cdot 4) \cdot (5 \cdot 9) \cdot (7 \cdot 8) \cdot 10 \equiv 10 \equiv -1 \pmod{11}$$
実はこの定理は 2 以上の自然数 p について，p が素数であるための十分条件にもなっている。それが次である。

> **ウィルソンの定理の逆**：自然数 $p\,(\geqq 2)$ について，$(p-1)! \equiv -1 \pmod{p}$ ならば，p は素数である。

（証明）　p が素数でないとすると，$p=ab$ かつ $1 < a \leqq b < p$ となる自然数 a，b が存在する。$a=b$ のときと $a<b$ のときで場合を分けて考える。
- $a=b=2$ ならば，$p=4$ なので，$(p-1)! = 3! = 6 \equiv 2 \pmod{4}$ となり，$(p-1)! \equiv -1 \pmod{p}$ に反する。
- $a=b>2$ ならば，$a<2a<a^2=p$ から，$(p-1)! \equiv 1 \cdot \cdots \cdot a \cdot \cdots \cdot 2a \cdot \cdots \cdot (a^2-1) \equiv 0 \pmod{p}$ となり，$(p-1)! \equiv -1 \pmod{p}$ に反する。
- $a<b$ ならば，$a<b<ab=p$ から，$(p-1)! \equiv 1 \cdot \cdots \cdot a \cdot \cdots \cdot b \cdot \cdots \cdot (ab-1) \equiv 0 \pmod{p}$ となり，$(p-1)! \equiv -1 \pmod{p}$ に反する。

いずれのときも矛盾が生じるので，p は素数でなければならない。 （証明終）

付録 2　空間の公理と基礎定理集

　空間図形を扱ううえでの基礎的な事項を紹介します。各定理についている *Question* は定理の証明の一部分ですが，易しいレベルのものです。必要なものについては最後に略解を付してあります。時間がない場合には略解に目を通しながら読み進めてください。

　まず，最初に必要な最小限の公理をまとめておきます。

空間の公理

> Ⅰ．同一直線上にない 3 点を通る平面が唯 1 つ存在する。
>
> 　　　　　　　　　　　　　　　　　　　　　　　（点と平面の関係の規定）
>
> Ⅱ．1 つの直線上の 2 点が 1 つの平面上にあれば，その直線上のすべての点がその平面上にある。　　　　　　　　　　　　（直線と平面の関係の規定）
>
> Ⅲ．2 つの平面が 1 点を共有するなら，少なくとも別の 1 点を共有する。
>
> 　　　　　　　　　　　　　　　　　　　　　　　（平面と平面の関係の規定）
>
> Ⅳ．4 つ以上の点で 1 つの平面上にはないような 4 点の組が存在する。
>
> 　　　　　　　　　　　　　　　　　　　　（平面を超える存在―空間―の保障）
>
> Ⅴ．空間においても三角形の合同定理が成り立つ。

　これらの諸公理を組み合わせると次のようなことがらを導くことができます。これは難しいことではないので各自で確認してみてください。

> ・1 つの直線とその上にない 1 点を含む平面が唯 1 つ存在する。　　（公理Ⅰ＆Ⅱ）
>
> ・交わる 2 直線を含む平面が唯 1 つ存在する。　　　　　　　　　（公理Ⅰ＆Ⅱ）
>
> ・異なる 2 平面が共有点をもつなら，共有点の全体は直線である。
>
> 　　　　　　　　　　　　　　　　　　　　　　　　　　（公理Ⅰ＆Ⅱ＆Ⅲ）

さて，空間の幾何の要諦は平面の幾何と同様に垂直・平行・合同・線分の比などです。直線と平面の垂直の定義は次のように与えられます。

定義1　直線と平面の垂直の定義

直線 h が平面 α に垂直であるとは，α 上にあって h と交わる任意の直線と h が垂直であることである。

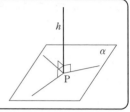

これがユークリッドの与えた定義です。実は平面 α と点 P を共有する直線 h が，P を通る α 上の異なる2本の直線と垂直でありさえすれば，P を通る α 上の他の任意の直線と垂直であることを導くことができます（**基礎定理1**）。この基礎定理1によって，直線 h が平面 α と垂直であるための判定条件は

　　　　「**P を通る異なる2本の直線と垂直である**」

こととなります。

さらに現在では，（α 上の）P を通らない直線 m について，m と平行で P を通る直線 m' が h と垂直であるとき，$m \perp h$ と約束することもあります。このように約束しておくと，直線 h が平面 α と垂直であるための判定条件は

　　　　「**α 上の平行ではない2本の直線と垂直である**」

こととなります。

それでは基礎定理の紹介に移ります。

基礎定理1：1つの直線 h が，交わる2直線 l, m に垂直ならば，その2直線を含む平面に垂直である。

この証明のためには，l, m の交点を P として，l, m で定まる平面上の P を通る任意の直線 n に対して，$h \perp n$ となることを示します。

PQ＝PR となる異なる2点 Q, R を直線 h 上にとり，右図で

　　　$\triangle$APQ $\equiv$ $\triangle$APR，　$\triangle$CPQ $\equiv$ $\triangle$CPR，

　　　$\triangle$ACQ $\equiv$ $\triangle$ACR，　$\triangle$ABQ $\equiv$ $\triangle$ABR，

　　　$\triangle$BPQ $\equiv$ $\triangle$BPR

を順次示し，最後に $\angle$BPQ ＝ $\angle$BPR ＝ 90° を導く。

【*Q1*】これを示せ。

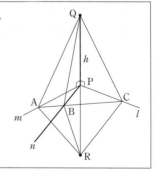

基礎定理2：1つの直線に1点で直交する3直線は同一平面上にある。

　点Pで直線gと直交する3直線をl, m, nとして，l, m, nが同一平面上にあることを示します。この証明は少々テクニカルです。

　l, mで定まる平面をαとし，g, nで定まる平面をβとします。$n \not\in \alpha$と仮定して矛盾を導きます。

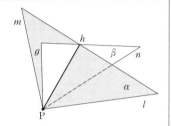

$n \not\in \alpha$, $n \in \beta$よりαとβは異なり，しかも点Pを共有するので，αとβの交線を考えることができる。これをhとする。

・$h \neq n$ ……① である（$h \in \alpha$なので，$h = n$なら$n \in \alpha$となってしまう）。

・仮定より，$n \perp g$ ……②

・$h \in \alpha$と$g \perp \alpha$より，$h \perp g$ ……③

（基礎定理1）

①，②，③から，平面β内の直線gにその上の点Pから平面β内で2本の垂線h，nが引けることになり，矛盾。ゆえに$n \in \alpha$である。

基礎定理3：1つの平面に垂直な2直線は平行である。

　「2直線が平行である」とは同一平面上にあって共有点をもたないことを意味します。$l \perp \alpha$かつ$m \perp \alpha \Longrightarrow l \, / \! / \, m$を示します（$l$, mが同一平面上にあることを示す。次頁の図も参照）。

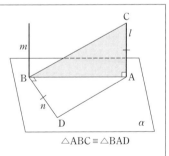

平行な2直線l, mと平面αの交点を各々A，Bとする。l上に点C（$\neq$A）をとり，α上にAB$\perp$DBかつAC＝BDとなる点Dをとる。

【Q2】

(1) $\triangle$ABC$\equiv\triangle$BADを確認せよ。

(2) $\triangle$ACD$\equiv\triangle$BDCを確認せよ。

(3) BD$\perp$BCを確認せよ。

(4) 基礎定理2により，m, lが同一平面上にあることを示せ。

$\triangle$ABC$\equiv\triangle$BAD

すると，この平面上で$l \perp$ABかつ$m \perp$ABであるから$l \, / \! / \, m$（lとmは共有点をもたない）となる。

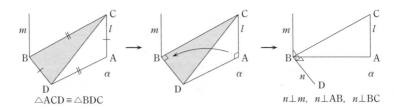

$\triangle ACD \equiv \triangle BDC$

$n \perp m,\ n \perp AB,\ n \perp BC$

基礎定理4：平行な2直線の一方が1つの平面に垂直ならば，他方もその平面に垂直である。

$l /\!/ m$ かつ $l \perp \alpha \Longrightarrow m \perp \alpha$ を示します。

$l,\ m$ で定まる平面を β とする。

α 上で AB$\perp$DB かつ AC＝BD となる点 D をとる。

【Q3】

(1)　$\triangle ABC \equiv \triangle BAD$ を確認せよ。

(2)　$\triangle ACD \equiv \triangle BDC$ を確認せよ。

(3)　BD$\perp$BC を確認せよ。

(4)　$n \perp \beta$，よって $m \perp n$ となることを確認せよ。

(5)　$m \perp \alpha$ を示せ。

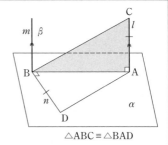

$\triangle ABC \equiv \triangle BAD$

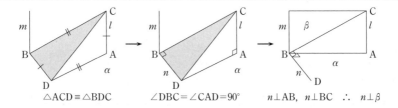

$\triangle ACD \equiv \triangle BDC$

$\angle DBC = \angle CAD = 90°$

$n \perp AB,\ n \perp BC$　∴　$n \perp \beta$

基礎定理5：1つの直線に平行な2直線は平行である。

　この定理は，3直線が同一平面上にあるときは平面の幾何で同位角（錯角）の利用から容易に導くことができます（中学）。3本の直線が同一平面上にあるわけではないときが問題であって，日本では昔から難問とされていますが，ユークリッドの論理に従うと今までの定理から自然に導かれます。結局は何を前提とするかという論理の問題です。

　$l /\!/ m$ かつ $n /\!/ m \Longrightarrow l /\!/ n$ を示します。

l, m で定まる平面上で m に垂線 AB を立てる。
n, m で定まる平面上で m に垂線 CB を立てる。
平面 ABC を α とする。

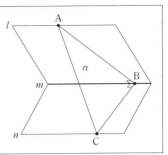

【Q4】

(1)　基礎定理 4 により，$l \perp \alpha$ と $n \perp \alpha$ を確認せよ。

(2)　基礎定理 3 により，$l /\!/ n$ を確認せよ。

基礎定理 6：平面 α とその上にない点 A に対して以下の手順で α 上の点 P をとる。

①　α 上で直線 l をとる。

②　A から l に垂線 AQ を下ろす。このとき，AQ $\perp \alpha$ ならば P＝Q とする。そうでないならば，

③　α 上で Q から直線 l の垂線 m を引く。

④　A から m に垂線 AP を下ろす。

このとき，AP $\perp \alpha$ である。

この定理の内容は，平面 α とその上にない点 A に対して A から α に垂線 AP を作図する方法で，**垂線 AP の存在証明**になっている重要な定理です。日本では**三垂線の定理**と呼ばれています。もちろん，平面上での垂線の作図は前提とします。

AP＝QB となる点 B を l 上にとる。

【Q5】

(1)　$\triangle$APQ ≡ $\triangle$BQP を確認せよ。

(2)　$\triangle$APB ≡ $\triangle$BQA を確認せよ。

(3)　AP $\perp$ BP を確認せよ。

(4)　AP $\perp \alpha$ を確認せよ。

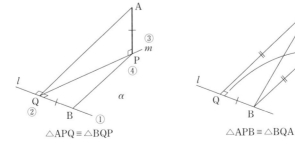

$\triangle$APQ ≡ $\triangle$BQP　　　　$\triangle$APB ≡ $\triangle$BQA

上の証明はユークリッドによるものですが，日本では次の証明が一般的です。

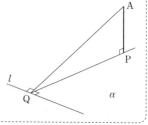

$l \perp$ AQ，$l \perp$ PQ から

　　　$l \perp$ 平面 APQ

　　∴　AP $\perp l$

これと AP $\perp$ PQ から

　　　AP $\perp \alpha$

三垂線の定理の本来の形と証明はユークリッドの通りですが，これを次のようにまとめ直すことができます。

平面 α とその上にない点A，および α 上の直線 l と
その上の点Q，および α 上の点Pに対して，次が
成り立つ。

　　AQ $\perp l$，PQ $\perp l$，AP $\perp$ PQ $\Longrightarrow$ AP $\perp \alpha$

現在ではこの他に仮定と結論を一部入れ替えた2つの命題とあわせ，すべてまとめて「三垂線の定理」と呼んでいます。それを次に記しておきます。

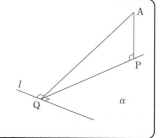

三垂線の定理
平面 α とその上にない点A，および α 上の直線
l とその上の点Q，および α 上の点Pに対して，
次が成り立つ。

　　AQ $\perp l$，PQ $\perp l$，AP $\perp$ PQ $\Longrightarrow$ AP $\perp \alpha$
　　AP $\perp \alpha$，AQ $\perp l$ $\Longrightarrow$ PQ $\perp l$
　　AP $\perp \alpha$，PQ $\perp l$ $\Longrightarrow$ AQ $\perp l$

第2・3の形の命題の証明も各自で考えてみてください。この第2・3の形の三垂線の定理のほうが応用としては多く用いられますので，記憶にとどめておくようにしてください。

基礎定理7：平行な2平面と第3の平面の交線は平行である。

「平行な2平面」とは共有点をもたない2平面のことです。平行な2平面を α，β，第3の平面を γ とし，α と γ の交線を l，β と γ の交線を m として，$l \mathbin{/\!/} m$ を示します。

【Q6】

右図を参考にしてこの定理を示せ。

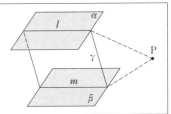

基礎定理8：1つの直線に垂直な2平面は平行である。

直線 AB に垂直な2平面 α, β が交わるとして矛盾を導きます。

【Q7】

右図を参考にしてこの定理を示せ。

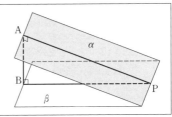

続いて，平面の成す角を取り上げます。

定義2　平面の成す角の定義

交わる2平面の成す角とは，交線上の点から各平面上
で立てた垂線の成す角である。

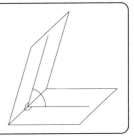

この角は交線上の点のとり方によらず一定です。

【Q8】

右図を参考にしてこの理由を示せ。

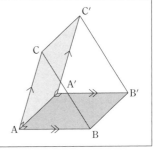

特にこの角が直角のとき，この **2平面は垂直である**といいます。

> **基礎定理 9**：ある平面に垂直な直線を含む平面はその平面に垂直である。

直線 l が平面 α に垂直であるとします。l を含む平面を β として $\alpha \perp \beta$ を示します。

【Q9】
右図を参考にしてこの定理を示せ。

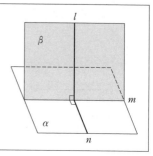

> **基礎定理 10**：交わる 2 平面が第 3 の平面に垂直ならば，その 2 平面の交線は第 3 の平面に垂直である。

平面 α と β が平面 γ に垂直であるとします。α と β の交線を l として，$l \perp \gamma$ を示します。次に α と γ の交線を m，β と γ の交線を n とし，l と γ の交点を P とします。$l \perp \gamma$ ではないとして矛盾を導きます。

この証明は少し立て込んでいますので以下に紹介します。

$l \perp \gamma$ ではないと仮定する。
・P から α 内で m に垂線 g を立て，β 内で n に垂線 h を立てる。
・$\alpha \perp \gamma$，$g \perp m$，定義 1 から $g \perp \gamma$
・$\beta \perp \gamma$，$h \perp n$，定義 1 から $h \perp \gamma$
・g と h は異なる（一致するなら l となり，$l \perp \gamma$）。
・γ に P から 2 本の垂線 g，h が存在することになり矛盾。
ゆえに $l \perp \gamma$ でなければならない。

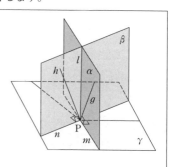

以上で，空間の幾何の基礎定理の紹介を終えます。

【*Q1* 解答】

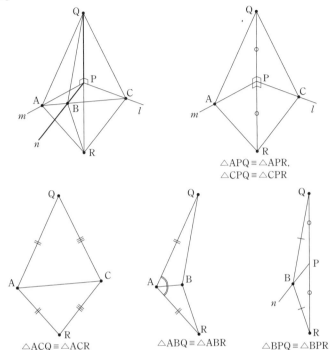

△APQ≡△APR,
△CPQ≡△CPR

△ACQ≡△ACR   △ABQ≡△ABR   △BPQ≡△BPR

【*Q2*⑷解答】

$n⊥m$, $n⊥AB$, $n⊥BC$ から直線 m, AB, BC は同一平面上にあるので m と AC(l)
はその平面上にある。

【*Q3*⑸解答】

$m/\!/l$ と $l⊥AB$ から $m⊥AB$

これと⑷の $m⊥n$ から $m⊥α$

【*Q6* 解答】

l と m は平面 $γ$ 上にある。いま、l と m が共有点Pをもつとする。

Pは l 上の点なので平面 $α$ 上の点である。

一方、Pは m 上の点なので平面 $β$ 上の点でもある。

これは $α/\!/β$ に矛盾する。

【*Q7* 解答】

$α$ と $β$ の共有点が存在するとして、その1点をPとする。

AB⊥AP と AB⊥BP から

　　　△ABP の内角の和 $> 2∠R$

三角形の内角の和は $180°$ なので、これは矛盾。

【Q8 解答】

交線上に A′ をとり，そこから交線に垂直な線分 A′B′，
A′C′ を A′B′ = AB，A′C′ = AC となるようにとる。

AB∥A′B′，AC∥A′C′ より四角形 ABB′A′，ACC′A′
は平行四辺形となるので

$\qquad$ AA′∥BB′ かつ AA′∥CC′

よって，基礎定理5により

$\qquad$ BB′∥CC′　……①

また$\qquad$ BB′ = CC′ (= AA′)　……②

①，②から$\qquad$ BC = B′C′

よって$\qquad$ △ABC ≡ △A′B′C′（三辺相等）

ゆえに$\qquad$ ∠BAC = ∠B′A′C′

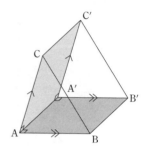

【Q9 解答】

l と α の交点から α 上で m に垂線 n を立てる。

$l \perp \alpha$ から$\qquad$ $l \perp n$

すなわち$\qquad$ $\alpha \perp \beta$

平面の方程式・点と平面の距離

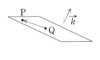

一般に空間の点 $Q(x_0, y_0, z_0)$ を通り，ベクトル $\vec{h}=(l, m, n)$ に垂直な平面 α 上の任意の点 $P(x, y, z)$ に対して，$\vec{h}\cdot\overrightarrow{QP}=0$ ……（＊）が成り立ち，逆に（＊）を満たす点 P は平面 α 上に存在する。

$$（＊）\iff l(x-x_0)+m(y-y_0)+n(z-z_0)=0 \quad ……（＊＊）$$

であることから，（＊＊）を平面 α の方程式という。

【（＊＊）で，$lx_0+my_0+nz_0=k$ とおくと $lx+my+nz=k$ ……（＊＊＊）

よって，平面の方程式は必ず（＊＊＊）の形に書ける。

逆に $\vec{h}=(l, m, n)\neq\vec{0}$ のとき，この式を満たす点の集合 S は，$\vec{h}$ に垂直な平面となることが次のように示される。

$l\neq0$ のとき（$m\neq0$, $n\neq0$ のときも同様），$\left(\dfrac{k}{l}, 0, 0\right)$ は（＊＊＊）を満たすから $S\neq\phi$ である。S の任意の点 $P(x_0, y_0, z_0)$ に対して

$$\vec{h}\cdot\overrightarrow{QP}=l\left(x_0-\frac{k}{l}\right)+my_0+nz_0=lx_0+my_0+nz_0-k=0$$

であるから $P=Q$ または $\vec{h}\perp\overrightarrow{PQ}$ となる。ゆえに，S は $\vec{h}$ に垂直な平面となる。】

平面の方程式は公式として用いてよい。

さらに，（＊＊＊）で与えられる平面と，空間内の点 $A(a, b, c)$ との距離を d とすると，$d=\dfrac{|la+mb+nc-k|}{\sqrt{l^2+m^2+n^2}}$ ……① となることが次のように示

される（これも公式として用いてよい）。

A から平面に下ろした垂線の足を $H(x_0, y_0, z_0)$ とする。

$\vec{h}_0=\dfrac{1}{\sqrt{l^2+m^2+n^2}}\vec{h}$ とおくと，$|\vec{h}_0|=1$ で，$\overrightarrow{AH}/\!/\vec{h}_0$ から $\overrightarrow{AH}=\pm d\vec{h}_0$ である（複号は向きが一致するとき＋，逆のとき－である。以下，複号同順）。

$l_0=\dfrac{l}{\sqrt{l^2+m^2+n^2}}$, $m_0=\dfrac{m}{\sqrt{l^2+m^2+n^2}}$, $n_0=\dfrac{n}{\sqrt{l^2+m^2+n^2}}$ とおくと

$$x_0=a\pm dl_0, \quad y_0=b\pm dm_0, \quad z_0=c\pm dn_0$$

これを（＊＊＊）に代入してまとめると

$$la+mb+nc-k=\mp d\sqrt{l^2+m^2+n^2}$$

これと $d\geqq0$ から①を得る。

（証明終）

京大の理系数学

25ヵ年［第12版］

別冊 問題編

教学社

京大の理系数学25ヵ年[第12版] 別冊 問題編

2

§1 整　　数

	内　　容	年度	レベル
1	3数の最大公約数	2022〔3〕	B
2	3^n-2^n が素数なら n も素数であることの証明	2021〔6〕問1	A
3	整数に含まれる素因数3の個数の最大値	2020〔4〕	B
4	$\|n^3+2n^2+2\|$ と $\|(n+1)^3+2(n+1)^2+2\|$ がともに素数となる n の値	2019〔2〕	A
5	整数 n の3次式が素数となるような n の値	2018〔2〕	A
6	三角関数の関係式が得られる不定方程式の自然数解	2017〔3〕	B
7	p^q+q^p $(p,\ q$ は素数$)$ と表される素数の決定	2016〔2〕	B
8	整式の剰余と分数式が整数値をとる条件	2015〔5〕	B
9	素因数3の個数と最小値	2014〔5〕	B
10	整式の割り算と余りの係数についての証明	2013〔3〕	A
11	$\sqrt[3]{2}$ の無理数性と $\sqrt[3]{2}$ を解にもつ有理係数の方程式についての論証	2012〔4〕	B
12	3^l-1 の形の数に含まれる素因数2の個数の論証	2010乙〔5〕	B
13	$(p^n)!$ が p で割り切れる回数	2009甲〔5〕	A
14	漸化式で与えられた2数が互いに素であることの証明	2009乙〔6〕	C
15	3条件を満たす4個の整数の決定	2007甲乙〔3〕	B
16	n と n^2+2 がともに素数となる n の条件	2006〔4〕	A
17	不定方程式・素因数分解	2005〔4〕	A
18	数列の周期	2001〔3〕	A
19	二項係数	2000〔4〕	B
20	無理数の判定	1999〔5〕	C
21	偶奇の場合分け	1998〔2〕	A
22	格子点	1998〔4〕	B

　この分野は倍数・約数といった整除の問題の他に，広い意味での数の理論としての有理数・無理数の判定に関する問題などからなります。

　本書ではより深めた内容の基礎付けを［付録1］に収録しましたので理解を深める一助としてください。

　整数の理論は幾何同様に，興味深く，感動をおぼえるものです。しかし，限られた時間，極度の緊張状態のもとでの試験問題になると，気づかないとできないという側面もあり，できたと思っても思い違いや根拠記述に飛躍があることも稀ではなく，正答率はみなさんが想像するより低いものです。勉強してもなかなか解けない時期もあると思いますが，粘り強く勉強されることを期待します。

1

2022 年度 〔3〕　　　　　　　　　　　　Level　B

n を自然数とする。3つの整数 $n^2+2,\ n^4+2,\ n^6+2$ の最大公約数 A_n を求めよ。

2

2021 年度 〔6〕 問1　　　　　　　　　　　Level　A

n を2以上の整数とする。3^n-2^n が素数ならば n も素数であることを示せ。

3

2020 年度 〔4〕　　　　　　　　　　　　Level　B

正の整数 a に対して,

$$a=3^b c \quad (b,\ c \text{ は整数で } c \text{ は3で割り切れない})$$

の形に書いたとき, $B(a)=b$ と定める。例えば, $B(3^2 \cdot 5)=2$ である。

$m,\ n$ は整数で, 次の条件を満たすとする。

(i)　$1 \leqq m \leqq 30$,

(ii)　$1 \leqq n \leqq 30$,

(iii)　n は3で割り切れない

このような $(m,\ n)$ について

$$f(m,\ n)=m^3+n^2+n+3$$

とするとき,

$$A(m,\ n)=B(f(m,\ n))$$

の最大値を求めよ。また, $A(m,\ n)$ の最大値を与えるような $(m,\ n)$ をすべて求めよ。

4

2019 年度 〔2〕　　　　　　　　　　　　Level　A

$f(x)=x^3+2x^2+2$ とする。$|f(n)|$ と $|f(n+1)|$ がともに素数となる整数 n をすべて求めよ。

5   2018 年度 〔2〕（文理共通）   Level A

$n^3 - 7n + 9$ が素数となるような整数 n をすべて求めよ。

6   2017 年度 〔3〕（文理共通（一部））   Level B

p, q を自然数, α, β を
$$\tan\alpha = \frac{1}{p}, \quad \tan\beta = \frac{1}{q}$$
を満たす実数とする。このとき
$$\tan(\alpha + 2\beta) = 2$$
を満たす p, q の組 (p, q) をすべて求めよ。

7   2016 年度 〔2〕   Level B

素数 p, q を用いて
$$p^q + q^p$$
と表される素数をすべて求めよ。

8   2015 年度 〔5〕   Level B

a, b, c, d, e を正の実数として整式
$$f(x) = ax^2 + bx + c$$
$$g(x) = dx + e$$
を考える。すべての正の整数 n に対して $\dfrac{f(n)}{g(n)}$ は整数であるとする。このとき, $f(x)$ は $g(x)$ で割り切れることを示せ。

9 2014 年度〔5〕 Level B

　自然数 a, b はどちらも 3 で割り切れないが，a^3+b^3 は 81 で割り切れる。このような a, b の組 (a, b) のうち，a^2+b^2 の値を最小にするものと，そのときの a^2+b^2 の値を求めよ。

10 2013 年度〔3〕 Level A

　n を自然数とし，整式 x^n を整式 x^2-2x-1 で割った余りを $ax+b$ とする。このとき a と b は整数であり，さらにそれらをともに割り切る素数は存在しないことを示せ。

11 2012 年度〔4〕 Level B

(1)　$\sqrt[3]{2}$ が無理数であることを証明せよ。
(2)　$P(x)$ は有理数を係数とする x の多項式で，$P(\sqrt[3]{2})=0$ を満たしているとする。このとき $P(x)$ は x^3-2 で割り切れることを証明せよ。

12 2010 年度 乙〔5〕 Level B

　次の問に答えよ。
(1)　n を正の整数，$a=2^n$ とする。3^a-1 は 2^{n+2} で割り切れるが 2^{n+3} では割り切れないことを示せ。
(2)　m を正の偶数とする。3^m-1 が 2^m で割り切れるならば $m=2$ または $m=4$ であることを示せ。

13 2009 年度 甲〔5〕（文理共通） Level A

　p を素数，n を正の整数とするとき，$(p^n)!$ は p で何回割り切れるか。

14 2009 年度　乙〔6〕 Level C

　a と b を互いに素，すなわち 1 以外の公約数を持たない正の整数とし，さらに a は奇数とする。正の整数 n に対して整数 a_n, b_n を $(a+b\sqrt{2})^n=a_n+b_n\sqrt{2}$ をみたすように定めるとき，次の(1), (2)を示せ。ただし $\sqrt{2}$ が無理数であることは証明なしに用いてよい。

(1)　a_2 は奇数であり，a_2 と b_2 は互いに素である。

(2)　すべての n に対して，a_n は奇数であり，a_n と b_n は互いに素である。

15 2007 年度　甲乙〔3〕（文理共通） Level B

　p を 3 以上の素数とする。4 個の整数 a, b, c, d が次の 3 条件
$$a+b+c+d=0,\ ad-bc+p=0,\ a\geqq b\geqq c\geqq d$$
を満たすとき，a, b, c, d を p を用いて表せ。

16 2006 年度　〔4〕 Level A

　2 以上の自然数 n に対し，n と n^2+2 がともに素数になるのは $n=3$ の場合に限ることを示せ。

17 2005 年度　〔4〕 Level A

$a^3-b^3=217$ を満たす整数の組 $(a,\ b)$ をすべて求めよ。

18　2001 年度〔3〕　　　　　　　　　　　　Level A

整数 n に対し $f(n) = \dfrac{n(n-1)}{2}$ とおき，$a_n = i^{f(n)}$ と定める。ただし，i は虚数単位を表す。このとき

$a_{n+k} = a_n$

が任意の整数 n に対して成り立つような正の整数 k をすべて求めよ。

19　2000 年度〔4〕　　　　　　　　　　　　Level B

p を素数，a, b を互いに素な正の整数とするとき，$(a+bi)^p$ は実数ではないことを示せ。ただし i は虚数単位を表す。

20　1999 年度〔5〕　　　　　　　　　　　　Level C

以下の問に答えよ。ただし $\sqrt{2}$, $\sqrt{3}$, $\sqrt{6}$ が無理数であることは使ってよい。

(1) 有理数 p, q, r について

$p + q\sqrt{2} + r\sqrt{3} = 0$

ならば，$p = q = r = 0$ であることを示せ。

(2) 実数係数の 2 次式

$f(x) = x^2 + ax + b$

について，$f(1)$, $f(1+\sqrt{2})$, $f(\sqrt{3})$ のいずれかは無理数であることを示せ。

21　1998 年度〔2〕　　　　　　　　　　　　Level A

$f(x) = x^2 + 7$ とおく。

(1) n は 3 以上の自然数で，ある自然数 a にたいして $f(a)$ は 2^n の倍数になっているとする。このとき $f(a)$ と $f(a+2^{n-1})$ のうち少なくとも一方は 2^{n+1} の倍数であることを示せ。

(2) 任意の自然数 n にたいして $f(a_n)$ が 2^n の倍数となるような自然数 a_n が存在することを示せ。

22

a, m は自然数で a は定数とする。xy 平面上の点 (a, m) を頂点とし，原点と点 $(2a, 0)$ を通る放物線を考える。この放物線と x 軸で囲まれる領域の面積を S_m，この領域の内部および境界線上にある格子点の数を L_m とする。このとき極限値 $\displaystyle \lim_{m \to \infty} \frac{L_m}{S_m}$ を求めよ。ただし xy 平面上の格子点とはその点の x 座標と y 座標がともに整数となる点のことである。

§2 図形と計量・図形と方程式

		内　　　容	年度	レベル
23		円に内接する三角形の垂心の軌跡	2021〔5〕	B
24		単位円に内接し，1つの内角が $\frac{\pi}{3}$ である鋭角三角形の内接円の半径	2017〔4〕	A
25		円に内接する四角形の面積の最小値	2015〔2〕	A
26		三角形についての2つの命題の真偽の判定と反例	2012〔5〕	B
27		見込む角の最大値	2010甲〔3〕乙〔2〕	A
28		鋭角三角形の外接円の半径と辺の関係	2010乙〔4〕	A
29		三角形の内角と面積	2009甲〔2〕	A
30		三角形の内心と外心	2009乙〔2〕	C
31		三角形の角の二等分線と辺の比	2008甲〔3〕	A
32		内心と垂心の関係	2007甲〔4〕	A
33		三角形の辺の2乗和の評価	2002〔2〕	B
34		直角三角形の内接円	1998〔1〕	B

　この分野は，平面上の点・直線・円および三角形について，図形と計量，図形と方程式の範囲で処理できる問題からなります。

　図形の問題設定やその処理には初等幾何・座標設定・三角関数・ベクトル・微積分など多くの手段が考えられます。本書の解答編でも，できるだけ複数の解法を示しましたので参考にしてください。問題設定や処理に必要な知識の観点から他の分野に分類した図形問題も数多くあります。

23 2021 年度 〔5〕 Level B

xy 平面において，2 点 B$(-\sqrt{3}, -1)$，C$(\sqrt{3}, -1)$ に対し，点 A は次の条件
($*$) を満たすとする。

($*$)　∠BAC$=\dfrac{\pi}{3}$ かつ点 A の y 座標は正。

次の各問に答えよ。

(1)　△ABC の外心の座標を求めよ。

(2)　点 A が条件($*$)を満たしながら動くとき，△ABC の垂心の軌跡を求めよ。

24 2017 年度 〔4〕 Level A

△ABC は鋭角三角形であり，∠A$=\dfrac{\pi}{3}$ であるとする。また△ABC の外接円の半径
は 1 であるとする。

(1)　△ABC の内心を P とするとき，∠BPC を求めよ。

(2)　△ABC の内接円の半径 r の取りうる値の範囲を求めよ。

25 2015 年度 〔2〕（文理共通） Level A

次の 2 つの条件を同時に満たす四角形のうち面積が最小のものの面積を求めよ。

(a)　少なくとも 2 つの内角は 90° である。

(b)　半径 1 の円が内接する。ただし，円が四角形に内接するとは，円が四角形の 4 つ
の辺すべてに接することをいう。

26 2012 年度 〔5〕（文理共通（一部）） Level B

次の命題(p), (q)のそれぞれについて，正しいかどうか答えよ。正しければ証明し，
正しくなければ反例を挙げて正しくないことを説明せよ。

(p)　正 n 角形の頂点から 3 点を選んで内角の 1 つが 60° である三角形を作ることが
できるならば，n は 3 の倍数である。

(q)　△ABC と△ABD において，AC<AD かつ BC<BD ならば，∠C>∠D である。

27

2010 年度　甲〔3〕乙〔2〕　　　　　　　　　　　Level A

x を正の実数とする。座標平面上の 3 点 A$(0,\ 1)$，B$(0,\ 2)$，P$(x,\ x)$ をとり，△APB を考える。x の値が変化するとき，∠APB の最大値を求めよ。

28

2010 年度　乙〔4〕　　　　　　　　　　　　Level A

$1<a<2$ とする。3 辺の長さが $\sqrt{3}$，a，b である鋭角三角形の外接円の半径が 1 であるとする。このとき a を用いて b を表せ。

29

2009 年度　甲〔2〕　　　　　　　　　　　　Level A

平面上に三角形△OA$_1$A$_2$ と点 A$_3$，A$_4$，A$_5$ を，$n=1,\ 2,\ 3$ に対して△OA$_n$A$_{n+1}$ と △OA$_{n+1}$A$_{n+2}$ が辺 OA$_{n+1}$ に関して対称になるようにとる。△OA$_2$A$_5$ の面積が △OA$_1$A$_2$ の面積の正の整数倍となるとき，∠A$_1$OA$_2$ の値を求めよ。

30

2009 年度　乙〔2〕　　　　　　　　　　　　Level C

平面上の鋭角三角形△ABC の内部（辺や頂点は含まない）に点 P をとり，A$'$ を B，C，P を通る円の中心，B$'$ を C，A，P を通る円の中心，C$'$ を A，B，P を通る円の中心とする。このとき A，B，C，A$'$，B$'$，C$'$ が同一円周上にあるための必要十分条件は P が△ABC の内心に一致することであることを示せ。

31

2008 年度　甲〔3〕（文理共通）　　　　　　　Level A

AB＝AC である二等辺三角形 ABC を考える。辺 AB の中点をMとし，辺 AB を延長した直線上に点 N を，AN：NB＝2：1 となるようにとる。このとき ∠BCM ＝∠BCN となることを示せ。ただし，点 N は辺 AB 上にはないものとする。

32 2007 年度　甲〔4〕 Level A

△ABC において，∠A の二等分線とこの三角形の外接円との交点で A と異なる点を A′ とする。同様に ∠B，∠C の二等分線とこの外接円との交点をそれぞれ B′，C′ とする。このとき 3 直線 AA′，BB′，CC′ は 1 点 H で交わり，この点 H は三角形 A′B′C′ の垂心と一致することを証明せよ。

33 2002 年度　〔2〕 Level B

半径 1 の円周上に相異なる 3 点 A，B，C がある。

(1)　$AB^2 + BC^2 + CA^2 > 8$ ならば△ABC は鋭角三角形であることを示せ。

(2)　$AB^2 + BC^2 + CA^2 \leqq 9$ が成立することを示せ。また，この等号が成立するのはどのような場合か。

34 1998 年度　〔1〕（文理共通） Level B

直角三角形に半径 r の円が内接していて，三角形の 3 辺の長さの和と円の直径との和が 2 となっている。このとき以下の問に答えよ。

(1)　この三角形の斜辺の長さを r で表せ。

(2)　r の値が問題の条件を満たしながら変化するとき，この三角形の面積の最大値を求めよ。

§3 方程式・不等式・領域

	内　　容	年度	レベル
35	$f(x^3)$ が $f(x)$ $(=x^2+ax+b)$ で割り切れるための条件	2016〔6〕	C
36	2次の対称式を満たす x, y に対する，別の対称式の値	2012〔3〕	A
37	4次方程式の実数解の個数	2008甲〔4〕	A
38	絶対値の付いた2つの2次関数のグラフの共有点の数	2008乙〔4〕	A
39	2次方程式が重解をもつことの証明	2006〔1〕	A
40	2次方程式の解の分離と領域	2005〔1〕	A
41	因数定理と1の虚数立方根	2003〔4〕	A
42	4次方程式の解	2002〔3〕	A
43	虚軸上に解が存在するための5次方程式の係数	2001〔2〕	A
44	2次方程式の虚数解の大きさ	2000〔2〕	C
45	n 個の数に関する不等式	1999〔3〕	C

§3

　この分野は微積分を用いずに処理ができる不等式（最大値・最小値問題も含む）の問題，2次方程式の解の分離と領域の問題，多項式・代数方程式の問題からなります。

　「条件Aを満たすようなBが存在するためのCの範囲（条件)」とか，「すべてのAに対して条件Bが成り立つためのCの範囲（条件)」という形の問題を論理的に正確にとらえて記述する作業を，限られた時間で処理するのは易しいことではありません。このような問題では，複数の変数（文字）が現れるわけですが，そのうちの1つの変数（例えば x）の取り得る値の範囲とは，「与えられた条件を満たす他の変数が実数として存在するためのその変数（x）の条件」として求められるということを明確に意識することも大切なことです。これに領域の図示が加わると，時間はたちまちのうちに経過することはよく経験することだと思います。いわゆる完答に至らない場合もあるとは思いますが，このような問題で論理的な思考と記述を訓練することは大切です。また n 個の数に関する不等式の問題については，それらの大小による順序や最大値・最小値を設定することが糸口となりますが，やはり根拠記述に配慮した答案作成を心がけてください。

35 2016 年度 〔6〕 Level C

複素数を係数とする 2 次式 $f(x) = x^2 + ax + b$ に対し，次の条件を考える。

(イ) $f(x^3)$ は $f(x)$ で割り切れる。

(ロ) $f(x)$ の係数 a，b の少なくとも一方は虚数である。

この 2 つの条件(イ)，(ロ)を同時に満たす 2 次式をすべて求めよ。

36 2012 年度 〔3〕 （文理共通） Level A

実数 x，y が条件 $x^2 + xy + y^2 = 6$ を満たしながら動くとき

$$x^2 y + xy^2 - x^2 - 2xy - y^2 + x + y$$

がとりうる値の範囲を求めよ。

37 2008 年度 甲〔4〕 （文理共通） Level A

定数 a は実数であるとする。方程式

$$(x^2 + ax + 1)(3x^2 + ax - 3) = 0$$

を満たす実数 x はいくつあるか。a の値によって分類せよ。

38 2008 年度 乙〔4〕 Level A

定数 a は実数であるとする。関数 $y = |x^2 - 2|$ と $y = |2x^2 + ax - 1|$ のグラフの共有点はいくつあるか。a の値によって分類せよ。

39 2006 年度 〔1〕 （文理共通） Level A

$Q(x)$ を 2 次式とする。整式 $P(x)$ は $Q(x)$ では割り切れないが，$\{P(x)\}^2$ は $Q(x)$ で割り切れるという。このとき 2 次方程式 $Q(x) = 0$ は重解を持つことを示せ。

40
2005 年度 〔1〕 （文理共通） Level A

xy 平面上の原点と点 $(1, 2)$ を結ぶ線分（両端を含む）を L とする。曲線 $y=x^2+ax+b$ が L と共有点を持つような実数の組 (a, b) の集合を ab 平面上に図示せよ。

41
2003 年度 〔4〕 Level A

多項式 $(x^{100}+1)^{100}+(x^2+1)^{100}+1$ は多項式 x^2+x+1 で割り切れるか。

42
2002 年度 〔3〕 （文理共通） Level A

$f(x)=x^4+ax^3+bx^2+cx+1$ は整数を係数とする x の 4 次式とする。4 次方程式 $f(x)=0$ の重複も込めた 4 つの解のうち，2 つは整数で残りの 2 つは虚数であるという。このとき a, b, c の値を求めよ。

43
2001 年度 〔2〕 Level A

未知数 x に関する方程式
$$x^5+x^4-x^3+x^2-(a+1)x+a=0$$
が，虚軸上の複素数を解に持つような実数 a をすべて求めよ。

16

44 2000年度 〔2〕 Level C

実数 a は $0 < a \leq 2$ の範囲を動くものとする。

(1) $y = \sqrt{x}$ と $y = \dfrac{2}{a}x + 1 - \dfrac{1}{a}$ のグラフが共有点をもつような a の範囲を求めよ。

(2) 2次方程式 $(2x + a - 1)^2 = a^2 x$ の複素数の範囲で考えた2つの解を α, β （ただし $|\alpha| \leq |\beta|$）とする。このとき，$|\beta|$ の最小値を求めよ。

45 1999年度 〔3〕 Level C

(1) $a_0 < b_0$, $a_1 < b_1$ を満たす正の実数 a_0, b_0, a_1, b_1 について，次の不等式が成り立つことを示せ。

$$\frac{b_1{}^2}{a_0{}^2 + 1} + \frac{a_1{}^2}{b_0{}^2 + 1} > \frac{a_1{}^2}{a_0{}^2 + 1} + \frac{b_1{}^2}{b_0{}^2 + 1}$$

(2) n 個の自然数 x_1, x_2, $\cdots$, x_n は互いに相異なり，$1 \leq x_k \leq n$ $(1 \leq k \leq n)$ を満たしているとする。このとき，次の不等式が成り立つことを示せ。

$$\sum_{k=1}^{n} \frac{x_k{}^2}{k^2 + 1} > n - \frac{8}{5}$$

§4 三角関数・対数関数

	内　　　容	年度	レベル
46	$5.4 < \log_4 2022 < 5.5$ の証明	2022〔1〕	A
47	$\cos\theta$ が無理数，$\cos 2\theta$，$\cos 3\theta$ が有理数となる θ の値	2019〔1〕問1	A
48	対数関数を含む不等式の表す領域	2009甲〔3〕	A
49	対数による数値の評価	2005〔2〕	A
50	三角関数の最大値・最小値	2004〔1〕	A
51	対数と数列の和	2003〔1〕	A

§4

　この分野は三角関数・対数関数に関する問題からなります。ただし，三角関数・対数関数を用いる問題で他分野に収録したものも多数あります。

　基本的な諸定理・公式はその導き方も含めて身につけてください。なお，問題の内容あるいはその与え方から，角はすべて弧度法で考えなければなりません。

46 2022 年度 〔1〕（文理共通） Level A

$5.4<\log_4 2022<5.5$ であることを示せ。ただし，$0.301<\log_{10}2<0.3011$ であることは用いてよい。

47 2019 年度 〔1〕 問1 Level A

$0<\theta<\dfrac{\pi}{2}$ とする。$\cos\theta$ は有理数ではないが，$\cos 2\theta$ と $\cos 3\theta$ がともに有理数となるような θ の値を求めよ。ただし，p が素数のとき，$\sqrt{p}$ が有理数でないことは証明なしに用いてよい。

48 2009 年度 甲〔3〕（文理共通） Level A

x, y は $x\neq 1$, $y\neq 1$ をみたす正の数で，不等式
$$\log_x y+\log_y x>2+(\log_x 2)(\log_y 2)$$
をみたすとする。このとき x, y の組 (x, y) の範囲を座標平面上に図示せよ。

49 2005 年度 〔2〕（文理共通） Level A

$2^{10}<\left(\dfrac{5}{4}\right)^n<2^{20}$ を満たす自然数 n は何個あるか。

ただし，$0.301<\log_{10}2<0.3011$ である。

50 2004 年度 〔1〕（文理共通（一部）） Level A

$$f(\theta)=\cos 4\theta-4\sin^2\theta$$
とする。$0\leqq\theta\leqq\dfrac{3\pi}{4}$ における $f(\theta)$ の最大値および最小値を求めよ。

51

正の数からなる数列 $\{a_n\}$ が次の条件(i), (ii)をみたすとき,$\displaystyle\sum_{k=1}^{n}a_k$ を求めよ。

(i) $a_1 = 1$

(ii) $\log a_n - \log a_{n-1} = \log(n-1) - \log(n+1)$ $(n \geqq 2)$

§5 平面図形・平面ベクトル

　この分野は平面図形・平面ベクトルの問題からなります。難易度は低めの問題が多いので，確実に解き進めてください。

　平面図形に関する問題は「図形と計量・図形と方程式」に分類したものも含め，数多く出題されています。

　図形処理にはベクトル・初等幾何・座標設定・三角比などいろいろな手法が考えられるので，解答編にはできるだけ複数の解法を載せてあります。自分の試みた解法だけでなく，別の観点からの解法も学んでみてください。

52
2018 年度 〔3〕   Level B

α は $0 < \alpha \leqq \dfrac{\pi}{2}$ を満たす定数とし，四角形 ABCD に関する次の 2 つの条件を考える。

(i) 四角形 ABCD は半径 1 の円に内接する。

(ii) $\angle ABC = \angle DAB = \alpha$

条件(i)と(ii)を満たす四角形のなかで，4 辺の長さの積

$\qquad k = AB \cdot BC \cdot CD \cdot DA$

が最大となるものについて，k の値を求めよ。

53
2013 年度 〔1〕 （文理共通）   Level A

平行四辺形 ABCD において，辺 AB を 1:1 に内分する点を E，辺 BC を 2:1 に内分する点を F，辺 CD を 3:1 に内分する点を G とする。線分 CE と線分 FG の交点を P とし，線分 AP を延長した直線と辺 BC の交点を Q とするとき，比 AP:PQ を求めよ。

54
2009 年度 乙〔1〕   Level A

xyz 空間で O$(0, 0, 0)$，A$(3, 0, 0)$，B$(3, 2, 0)$，C$(0, 2, 0)$，D$(0, 0, 4)$，E$(3, 0, 4)$，F$(3, 2, 4)$，G$(0, 2, 4)$ を頂点とする直方体 OABC-DEFG を考える。辺 AE を $s:1-s$ に内分する点を P，辺 CG を $t:1-t$ に内分する点を Q とおく。ただし $0<s<1$，$0<t<1$ とする。D を通り，O，P，Q を含む平面に垂直な直線が線分 AC（両端を含む）と交わるような s，t のみたす条件を求めよ。

55
2008 年度 乙〔3〕   Level B

空間の 1 点 O を通る 4 直線で，どの 3 直線も同一平面上にないようなものを考える。このとき，4 直線のいずれとも O 以外の点で交わる平面で，4 つの交点が平行四辺形の頂点になるようなものが存在することを示せ。

22

56 2007 年度　乙〔4〕　　　　　　　　　　　　　　　Level　A

点 O を中心とする円に内接する△ ABC の 3 辺 AB，BC，CA をそれぞれ 2：3 に内分する点を P，Q，R とする。△ PQR の外心が点 O と一致するとき，△ ABC はどのような三角形か。

57 2006 年度　〔5〕　　　　　　　　　　　　　　　　Level　B

△ABC に対し，辺 AB 上に点 P を，辺 BC 上に点 Q を，辺 CA 上に点 R を，頂点とは異なるようにとる。この 3 点がそれぞれの辺上を動くとき，この 3 点を頂点とする三角形の重心はどのような範囲を動くか図示せよ。

58 2000 年度　〔1〕　（文理共通）　　　　　　　　　　Level　A

円に内接する四角形 ABPC は次の条件(イ)，(ロ)を満たすとする。

(イ)　三角形 ABC は正三角形である。

(ロ)　AP と BC の交点は線分 BC を $p：1-p$ $(0<p<1)$ の比に内分する。

このときベクトル $\overrightarrow{AP}$ を $\overrightarrow{AB}$，$\overrightarrow{AC}$，p を用いて表せ。

59 1999 年度　〔2〕　　　　　　　　　　　　　　　　Level　B

平面上に 2 定点 A，B をとる。c は正の定数として，平面上の点 P が
$$|\overrightarrow{PA}||\overrightarrow{PB}| + \overrightarrow{PA}\cdot\overrightarrow{PB} = c$$
を満たすとき，点 P の軌跡を求めよ。

§6 空間図形・空間ベクトル

	内　　容	年度	レベル
60	四面体の対辺上の2点の距離の最小値	2022〔4〕	A
61	軸上の3点を通る平面に関して対称な2点	2021〔1〕問1	A
62	単位球面上の4点に関するベクトルと内積	2020〔3〕	B
63	単位球面上の5点を頂点とする四角錐の体積の最大値	2019〔5〕	A
64	2組の対辺の長さが等しい四面体を2分割したときの体積の等値性	2018〔6〕	C
65	正四面体と正八面体の関係	2017〔2〕	B
66	四面体の頂点から対面に下ろした垂線が外心となる四面体	2016〔3〕	A
67	正四面体の面上の2線分のなす角の最大値	2015〔4〕	A
68	空間の3直線上の3点を結ぶ線分の長さの平方和の最小値	2014〔1〕	A
69	正四面体の3辺上の3点を頂点とする三角形	2012〔2〕	A
70	球面と平面の交線上の点の座標の積の値の範囲	2011〔5〕	B
71	四面体の外接球の存在の証明	2011〔6〕	A
72	四面体の辺の直交，辺と平面の垂直	2010甲〔2〕乙〔1〕	A
73	平面に垂直な直線と直方体の辺との交点	2009甲〔1〕問1	A
74	平面による球面の切り口の円上の2点を結ぶ弧の長さ	2008甲〔6〕	A
75	地上を飛ぶ2つの経路の飛行距離の比較	2008乙〔6〕	B
76	空間内の2線分の交点	2006〔2〕	A
77	直稜四面体（垂心四面体）	2003〔3〕	B
78	有限個の点から生じるベクトルと定ベクトルの内積の符号	2001〔4〕	B
79	ベクトルの内積・三角不等式	2000〔3〕	C
80	四面体の4辺上に頂点をもつ平行四辺形の対角線の交点	1998〔3〕	A

§6

　この分野は微積分を利用せずに処理ができる空間図形・空間ベクトルの問題からなります。
　2014年度入試までの教育課程では，空間内の1点から，与えられた平面に立てた垂線の作図法である三垂線の定理をはじめ，空間の初等幾何の基本的な定理を学ぶ機会はありませんでしたが，2015年度入試からは三垂線の定理が復活しています。本書では空間の幾何の基本的な公理と定理を［付録2〕に収録してあります。そこで述べられていることは空間の問題を考える際にすべて前提として用いてよいことです。一通り目を通してください。
　「平面図形・平面ベクトル」の問題同様，初等幾何・ベクトル・三角比・座標設定などいろいろな処理が可能な問題が多く，複数の解法が考えられるので別解を含め検討してください。簡単な平面の方程式を用いる解法も入れてあります。

60 2022 年度 〔4〕（文理共通） Level A

四面体 OABC が

$$OA = 4, \quad OB = AB = BC = 3, \quad OC = AC = 2\sqrt{3}$$

を満たしているとする。P を辺 BC 上の点とし，△OAP の重心を G とする。このとき，次の各問に答えよ。

(1) $\overrightarrow{PG} \perp \overrightarrow{OA}$ を示せ。

(2) P が辺 BC 上を動くとき，PG の最小値を求めよ。

61 2021 年度 〔1〕 問1 Level A

xyz 空間の 3 点 A$(1, \ 0, \ 0)$，B$(0, \ -1, \ 0)$，C$(0, \ 0, \ 2)$ を通る平面 α に関して点 P$(1, \ 1, \ 1)$ と対称な点 Q の座標を求めよ。ただし，点 Q が平面 α に関して P と対称であるとは，線分 PQ の中点 M が平面 α 上にあり，直線 PM が P から平面 α に下ろした垂線となることである。

62 2020 年度 〔3〕（文理共通） Level B

k を正の実数とする。座標空間において，原点 O を中心とする半径 1 の球面上の 4 点 A，B，C，D が次の関係式を満たしている。

$$\overrightarrow{OA} \cdot \overrightarrow{OB} = \overrightarrow{OC} \cdot \overrightarrow{OD} = \frac{1}{2},$$

$$\overrightarrow{OA} \cdot \overrightarrow{OC} = \overrightarrow{OB} \cdot \overrightarrow{OC} = -\frac{\sqrt{6}}{4},$$

$$\overrightarrow{OA} \cdot \overrightarrow{OD} = \overrightarrow{OB} \cdot \overrightarrow{OD} = k$$

このとき，k の値を求めよ。ただし，座標空間の点 X，Y に対して，$\overrightarrow{OX} \cdot \overrightarrow{OY}$ は，$\overrightarrow{OX}$ と $\overrightarrow{OY}$ の内積を表す。

63 2019年度 〔5〕 (文理共通) Level A

半径1の球面上の5点A, B_1, B_2, B_3, B_4 は，正方形 $B_1B_2B_3B_4$ を底面とする四角錐をなしている。この5点が球面上を動くとき，四角錐 $AB_1B_2B_3B_4$ の体積の最大値を求めよ。

64 2018年度 〔6〕 (文理共通) Level C

四面体 ABCD は AC＝BD，AD＝BC を満たすとし，辺 AB の中点を P，辺 CD の中点をQとする。
⑴ 辺 AB と線分 PQ は垂直であることを示せ。
⑵ 線分 PQ を含む平面 α で四面体 ABCD を切って2つの部分に分ける。このとき，2つの部分の体積は等しいことを示せ。

65 2017年度 〔2〕 Level B

四面体 OABC を考える。点 D, E, F, G, H, I は，それぞれ辺 OA, AB, BC, CO, OB, AC 上にあり，頂点ではないとする。このとき，次の問に答えよ。
⑴ $\overrightarrow{DG}$ と $\overrightarrow{EF}$ が平行ならば AE：EB＝CF：FB であることを示せ。
⑵ D, E, F, G, H, I が正八面体の頂点となっているとき，これらの点は OABC の各辺の中点であり，OABC は正四面体であることを示せ。

66 2016年度 〔3〕 Level A

四面体 OABC が次の条件を満たすならば，それは正四面体であることを示せ。
　　条件：頂点A，B，Cからそれぞれの対面を含む平面へ下ろした垂線は
　　　　　対面の外心を通る。
ただし，四面体のある頂点の対面とは，その頂点を除く他の3つの頂点がなす三角形のことをいう。

67 2015 年度 〔4〕 Level A

一辺の長さが 1 の正四面体 ABCD において，P を辺 AB の中点とし，点 Q が辺 AC 上を動くとする。このとき，$\cos\angle PDQ$ の最大値を求めよ。

68 2014 年度 〔1〕（文理共通） Level A

座標空間における次の 3 つの直線 l，m，n を考える：

l は点 A$(1,\ 0,\ -2)$ を通り，ベクトル $\vec{u} = (2,\ 1,\ -1)$ に平行な直線である。

m は点 B$(1,\ 2,\ -3)$ を通り，ベクトル $\vec{v} = (1,\ -1,\ 1)$ に平行な直線である。

n は点 C$(1,\ -1,\ 0)$ を通り，ベクトル $\vec{w} = (1,\ 2,\ 1)$ に平行な直線である。

P を l 上の点として，P から m，n へ下ろした垂線の足をそれぞれ Q，R とする。このとき，$PQ^2 + PR^2$ を最小にするような P と，そのときの $PQ^2 + PR^2$ を求めよ。

69 2012 年度 〔2〕（文理共通） Level A

正四面体 OABC において，点 P，Q，R をそれぞれ辺 OA，OB，OC 上にとる。ただし P，Q，R は四面体 OABC の頂点とは異なるとする。△PQR が正三角形ならば，3 辺 PQ，QR，RP はそれぞれ 3 辺 AB，BC，CA に平行であることを証明せよ。

70 2011 年度 〔5〕 Level B

xyz 空間で，原点 O を中心とする半径 $\sqrt{6}$ の球面 S と 3 点 $(4,\ 0,\ 0)$，$(0,\ 4,\ 0)$，$(0,\ 0,\ 4)$ を通る平面 α が共有点を持つことを示し，点 $(x,\ y,\ z)$ がその共有点全体の集合を動くとき，積 xyz が取り得る値の範囲を求めよ。

71 2011 年度 〔6〕 Level A

空間内に四面体 ABCD を考える。このとき，4 つの頂点 A，B，C，D を同時に通る球面が存在することを示せ。

72 2010年度 甲〔2〕乙〔1〕 Level A

四面体 ABCD において $\overrightarrow{CA}$ と $\overrightarrow{CB}$, $\overrightarrow{DA}$ と $\overrightarrow{DB}$, $\overrightarrow{AB}$ と $\overrightarrow{CD}$ はそれぞれ垂直であるとする。このとき, 頂点A, 頂点Bおよび辺 CD の中点Mの3点を通る平面は辺 CD と直交することを示せ。

73 2009年度 甲〔1〕 問1 Level A

正 の 数 a に 対 し て xyz 空 間 で O $(0, 0, 0)$, A $(3, 0, 0)$, B $(3, 2, 0)$, C $(0, 2, 0)$, D $(0, 0, a)$, E $(3, 0, a)$, F $(3, 2, a)$, G $(0, 2, a)$ を頂点とする直方体 OABC-DEFG を考える。Dを通り, 3つの頂点O, E, Gを含む平面に垂直な直線が辺 BC（両端を含む）と点Pで交わるとき, a の値とPの座標を求めよ。

74 2008年度 甲〔6〕 Level A

空間内に原点Oを中心とし半径1の球面Sを考え, S上の2点をA$\left(\dfrac{1}{2}, 0, \dfrac{\sqrt{3}}{2}\right)$, B$\left(\dfrac{1}{4}, \dfrac{\sqrt{3}}{4}, \dfrac{\sqrt{3}}{2}\right)$ とする。$z = \dfrac{\sqrt{3}}{2}$ で与えられる平面でSを切った切り口の円において, AとBを結ぶ弧のうち短い方の長さを l_1 とする。また3点O, A, Bを通る平面でSを切った切り口の円において, AとBを結ぶ弧のうち短い方の長さを l_2 とする。このとき $l_1 > l_2$ を証明せよ。

75 2008年度 乙〔6〕 Level B

地球上の北緯 60°東経 135°の地点を A，北緯 60°東経 75°の地点を B とする。A から B に向かう 2 種類の飛行経路 R_1，R_2 を考える。R_1 は西に向かって同一緯度で飛ぶ経路とする。R_2 は地球の大円に沿った経路のうち飛行距離の短い方とする。R_1 に比べて R_2 は飛行距離が 3％以上短くなることを示せ。ただし地球は完全な球体であるとし，飛行機は高度 0 を飛ぶものとする。また必要があれば，30〜31 ページの三角関数表を用いよ。

注：大円とは，球を球の中心を通る平面で切ったとき，その切り口にできる円のことである。

76 2006年度 〔2〕 Level A

点 O を原点とする座標空間の 3 点を A$(0, 1, 2)$，B$(2, 3, 0)$，P$(5+t, 9+2t, 5+3t)$ とする。線分 OP と線分 AB が交点を持つような実数 t が存在することを示せ。またそのとき，交点の座標を求めよ。

77 2003年度 〔3〕（文理共通（一部）） Level B

四面体 OABC は次の 2 つの条件
(i) OA⊥BC，OB⊥AC，OC⊥AB
(ii) 4 つの面の面積がすべて等しい
をみたしている。このとき，この四面体は正四面体であることを示せ。

78 2001年度 〔4〕 Level B

xyz 空間内の正八面体の頂点 P_1，P_2，…，P_6 とベクトル $\vec{v}$ に対し，$k \neq m$ のとき $\overrightarrow{P_kP_m} \cdot \vec{v} \neq 0$ が成り立っているとする。このとき，k と異なるすべての m に対し $\overrightarrow{P_kP_m} \cdot \vec{v} < 0$ が成り立つような点 P_k が存在することを示せ。

79 2000年度〔3〕（文理共通（一部）） Level C

$\vec{a} = (1,\ 0,\ 0)$, $\vec{b} = \left(\cos\dfrac{\pi}{3},\ \sin\dfrac{\pi}{3},\ 0\right)$ とする。

(1) 長さ1の空間ベクトル $\vec{c}$ に対し

$$\cos\alpha = \vec{a}\cdot\vec{c},\ \cos\beta = \vec{b}\cdot\vec{c}$$

とおく。このとき次の不等式（＊）が成り立つことを示せ。

$$(\ast)\quad \cos^2\alpha - \cos\alpha\cos\beta + \cos^2\beta \leqq \frac{3}{4}$$

(2) 不等式（＊）を満たす $(\alpha,\ \beta)$ $(0\leqq\alpha\leqq\pi,\ 0\leqq\beta\leqq\pi)$ の範囲を図示せよ。

80 1998年度〔3〕 Level A

四面体 OABC の辺 OA 上に点 P，辺 AB 上に点 Q，辺 BC 上に点 R，辺 CO 上に点 S をとる。これらの4点をこの順序で結んで得られる図形が平行四辺形となるとき，この平行四辺形 PQRS の2つの対角線の交点は2つの線分 AC と OB のそれぞれの中点を結ぶ線分上にあることを示せ。

三角関数表(1)

角	正弦 (sin)	余弦 (cos)	正接 (tan)	角	正弦 (sin)	余弦 (cos)	正接 (tan)
0.0°	0.0000	1.0000	0.0000	22.5°	0.3827	0.9239	0.4142
0.5°	0.0087	1.0000	0.0087	23.0°	0.3907	0.9205	0.4245
1.0°	0.0175	0.9998	0.0175	23.5°	0.3987	0.9171	0.4348
1.5°	0.0262	0.9997	0.0262	24.0°	0.4067	0.9135	0.4452
2.0°	0.0349	0.9994	0.0349	24.5°	0.4147	0.9100	0.4557
2.5°	0.0436	0.9990	0.0437	25.0°	0.4226	0.9063	0.4663
3.0°	0.0523	0.9986	0.0524	25.5°	0.4305	0.9026	0.4770
3.5°	0.0610	0.9981	0.0612	26.0°	0.4384	0.8988	0.4877
4.0°	0.0698	0.9976	0.0699	26.5°	0.4462	0.8949	0.4986
4.5°	0.0785	0.9969	0.0787	27.0°	0.4540	0.8910	0.5095
5.0°	0.0872	0.9962	0.0875	27.5°	0.4617	0.8870	0.5206
5.5°	0.0958	0.9954	0.0963	28.0°	0.4695	0.8829	0.5317
6.0°	0.1045	0.9945	0.1051	28.5°	0.4772	0.8788	0.5430
6.5°	0.1132	0.9936	0.1139	29.0°	0.4848	0.8746	0.5543
7.0°	0.1219	0.9925	0.1228	29.5°	0.4924	0.8704	0.5658
7.5°	0.1305	0.9914	0.1317	30.0°	0.5000	0.8660	0.5774
8.0°	0.1392	0.9903	0.1405	30.5°	0.5075	0.8616	0.5890
8.5°	0.1478	0.9890	0.1495	31.0°	0.5150	0.8572	0.6009
9.0°	0.1564	0.9877	0.1584	31.5°	0.5225	0.8526	0.6128
9.5°	0.1650	0.9863	0.1673	32.0°	0.5299	0.8480	0.6249
10.0°	0.1736	0.9848	0.1763	32.5°	0.5373	0.8434	0.6371
10.5°	0.1822	0.9833	0.1853	33.0°	0.5446	0.8387	0.6494
11.0°	0.1908	0.9816	0.1944	33.5°	0.5519	0.8339	0.6619
11.5°	0.1994	0.9799	0.2035	34.0°	0.5592	0.8290	0.6745
12.0°	0.2079	0.9781	0.2126	34.5°	0.5664	0.8241	0.6873
12.5°	0.2164	0.9763	0.2217	35.0°	0.5736	0.8192	0.7002
13.0°	0.2250	0.9744	0.2309	35.5°	0.5807	0.8141	0.7133
13.5°	0.2334	0.9724	0.2401	36.0°	0.5878	0.8090	0.7265
14.0°	0.2419	0.9703	0.2493	36.5°	0.5948	0.8039	0.7400
14.5°	0.2504	0.9681	0.2586	37.0°	0.6018	0.7986	0.7536
15.0°	0.2588	0.9659	0.2679	37.5°	0.6088	0.7934	0.7673
15.5°	0.2672	0.9636	0.2773	38.0°	0.6157	0.7880	0.7813
16.0°	0.2756	0.9613	0.2867	38.5°	0.6225	0.7826	0.7954
16.5°	0.2840	0.9588	0.2962	39.0°	0.6293	0.7771	0.8098
17.0°	0.2924	0.9563	0.3057	39.5°	0.6361	0.7716	0.8243
17.5°	0.3007	0.9537	0.3153	40.0°	0.6428	0.7660	0.8391
18.0°	0.3090	0.9511	0.3249	40.5°	0.6494	0.7604	0.8541
18.5°	0.3173	0.9483	0.3346	41.0°	0.6561	0.7547	0.8693
19.0°	0.3256	0.9455	0.3443	41.5°	0.6626	0.7490	0.8847
19.5°	0.3338	0.9426	0.3541	42.0°	0.6691	0.7431	0.9004
20.0°	0.3420	0.9397	0.3640	42.5°	0.6756	0.7373	0.9163
20.5°	0.3502	0.9367	0.3739	43.0°	0.6820	0.7314	0.9325
21.0°	0.3584	0.9336	0.3839	43.5°	0.6884	0.7254	0.9490
21.5°	0.3665	0.9304	0.3939	44.0°	0.6947	0.7193	0.9657
22.0°	0.3746	0.9272	0.4040	44.5°	0.7009	0.7133	0.9827
22.5°	0.3827	0.9239	0.4142	45.0°	0.7071	0.7071	1.0000

三角関数表⑵

角	正弦 (sin)	余弦 (cos)	正接 (tan)	角	正弦 (sin)	余弦 (cos)	正接 (tan)
45.0°	0.7071	0.7071	1.0000	67.5°	0.9239	0.3827	2.4142
45.5°	0.7133	0.7009	1.0176	68.0°	0.9272	0.3746	2.4751
46.0°	0.7193	0.6947	1.0355	68.5°	0.9304	0.3665	2.5386
46.5°	0.7254	0.6884	1.0538	69.0°	0.9336	0.3584	2.6051
47.0°	0.7314	0.6820	1.0724	69.5°	0.9367	0.3502	2.6746
47.5°	0.7373	0.6756	1.0913	70.0°	0.9397	0.3420	2.7475
48.0°	0.7431	0.6691	1.1106	70.5°	0.9426	0.3338	2.8239
48.5°	0.7490	0.6626	1.1303	71.0°	0.9455	0.3256	2.9042
49.0°	0.7547	0.6561	1.1504	71.5°	0.9483	0.3173	2.9887
49.5°	0.7604	0.6494	1.1708	72.0°	0.9511	0.3090	3.0777
50.0°	0.7660	0.6428	1.1918	72.5°	0.9537	0.3007	3.1716
50.5°	0.7716	0.6361	1.2131	73.0°	0.9563	0.2924	3.2709
51.0°	0.7771	0.6293	1.2349	73.5°	0.9588	0.2840	3.3759
51.5°	0.7826	0.6225	1.2572	74.0°	0.9613	0.2756	3.4874
52.0°	0.7880	0.6157	1.2799	74.5°	0.9636	0.2672	3.6059
52.5°	0.7934	0.6088	1.3032	75.0°	0.9659	0.2588	3.7321
53.0°	0.7986	0.6018	1.3270	75.5°	0.9681	0.2504	3.8667
53.5°	0.8039	0.5948	1.3514	76.0°	0.9703	0.2419	4.0108
54.0°	0.8090	0.5878	1.3764	76.5°	0.9724	0.2334	4.1653
54.5°	0.8141	0.5807	1.4019	77.0°	0.9744	0.2250	4.3315
55.0°	0.8192	0.5736	1.4281	77.5°	0.9763	0.2164	4.5107
55.5°	0.8241	0.5664	1.4550	78.0°	0.9781	0.2079	4.7046
56.0°	0.8290	0.5592	1.4826	78.5°	0.9799	0.1994	4.9152
56.5°	0.8339	0.5519	1.5108	79.0°	0.9816	0.1908	5.1446
57.0°	0.8387	0.5446	1.5399	79.5°	0.9833	0.1822	5.3955
57.5°	0.8434	0.5373	1.5697	80.0°	0.9848	0.1736	5.6713
58.0°	0.8480	0.5299	1.6003	80.5°	0.9863	0.1650	5.9758
58.5°	0.8526	0.5225	1.6319	81.0°	0.9877	0.1564	6.3138
59.0°	0.8572	0.5150	1.6643	81.5°	0.9890	0.1478	6.6912
59.5°	0.8616	0.5075	1.6977	82.0°	0.9903	0.1392	7.1154
60.0°	0.8660	0.5000	1.7321	82.5°	0.9914	0.1305	7.5958
60.5°	0.8704	0.4924	1.7675	83.0°	0.9925	0.1219	8.1443
61.0°	0.8746	0.4848	1.8040	83.5°	0.9936	0.1132	8.7769
61.5°	0.8788	0.4772	1.8418	84.0°	0.9945	0.1045	9.5144
62.0°	0.8829	0.4695	1.8807	84.5°	0.9954	0.0958	10.385
62.5°	0.8870	0.4617	1.9210	85.0°	0.9962	0.0872	11.430
63.0°	0.8910	0.4540	1.9626	85.5°	0.9969	0.0785	12.706
63.5°	0.8949	0.4462	2.0057	86.0°	0.9976	0.0698	14.301
64.0°	0.8988	0.4384	2.0503	86.5°	0.9981	0.0610	16.350
64.5°	0.9026	0.4305	2.0965	87.0°	0.9986	0.0523	19.081
65.0°	0.9063	0.4226	2.1445	87.5°	0.9990	0.0436	22.904
65.5°	0.9100	0.4147	2.1943	88.0°	0.9994	0.0349	28.636
66.0°	0.9135	0.4067	2.2460	88.5°	0.9997	0.0262	38.188
66.5°	0.9171	0.3987	2.2998	89.0°	0.9998	0.0175	57.290
67.0°	0.9205	0.3907	2.3559	89.5°	1.0000	0.0087	114.59
67.5°	0.9239	0.3827	2.4142	90.0°	1.0000	0.0000	———

§7 数　列

	内　　　容	年度	レベル
81	数列の周期性・2つの数列の差から成る数列の一般項	2022〔6〕	C
82	数列の和と不等式	2013〔2〕	B
83	数列の和と不等式の証明	2011〔4〕	A
84	数列と不等式・論証	2010甲〔4〕	A
85	数列の漸化式と極限	2007甲乙〔2〕	B
86	数列の和と一般項	2002〔1〕	B

この分野は数列の問題からなります。

数列そのものの処理に関する問題はきわめて少なく，過去25カ年では6題出題されただけです。他は整数や確率（漸化式）および複素数の問題として§1や§8，§13に収録されています。

81　2022 年度　〔6〕　　　　　　　　　Level　C

数列 $\{x_n\}$, $\{y_n\}$ を次の式

$$x_1=0, \ x_{n+1}=x_n+n+2\cos\left(\frac{2\pi x_n}{3}\right) \quad (n=1, \ 2, \ 3, \ \cdots)$$

$$y_{3m+1}=3m, \ y_{3m+2}=3m+2, \ y_{3m+3}=3m+4 \quad (m=0, \ 1, \ 2, \ \cdots)$$

により定める。このとき，数列 $\{x_n-y_n\}$ の一般項を求めよ。

82
2013 年度〔2〕　　　　　　　　　　　　　Level　B

N を 2 以上の自然数とし，$a_n(n=1,\ 2,\cdots)$ を次の性質(i), (ii)をみたす数列とする。
(i)　$a_1=2^N-3$
(ii)　$n=1,\ 2,\cdots$ に対して

　　a_n が偶数のとき $a_{n+1}=\dfrac{a_n}{2}$，a_n が奇数のとき $a_{n+1}=\dfrac{a_n-1}{2}$。

このときどのような自然数 M に対しても

　　$\displaystyle\sum_{n=1}^{M} a_n \leqq 2^{N+1}-N-5$

が成り立つことを示せ。

83
2011 年度〔4〕　　　　　　　　　　　　　Level　A

n は 2 以上の整数であり，$\dfrac{1}{2}<a_j<1\ (j=1,\ 2,\ \cdots,\ n)$ であるとき，不等式

　　$(1-a_1)(1-a_2)\cdots(1-a_n)>1-\left(a_1+\dfrac{a_2}{2}+\cdots+\dfrac{a_n}{2^{n-1}}\right)$

が成立することを示せ。

84
2010 年度　甲〔4〕　　　　　　　　　　　Level　A

数列 $\{a_n\}$ は，すべての正の整数 n に対して $0\leqq 3a_n\leqq\displaystyle\sum_{k=1}^{n} a_k$ を満たしているとする。このとき，すべての n に対して $a_n=0$ であることを示せ。

85
2007 年度　甲乙〔2〕　　　　　　　　　　Level　B

$x,\ y$ を相異なる正の実数とする。数列 $\{a_n\}$ を
　　$a_1=0,\ a_{n+1}=xa_n+y^{n+1}\quad(n=1,\ 2,\ 3,\ \cdots)$
によって定めるとき，$\displaystyle\lim_{n\to\infty}a_n$ が有限の値に収束するような座標平面上の点 $(x,\ y)$ の範囲を図示せよ。

§7

34

86

数列 $\{a_n\}$ の初項 a_1 から第 n 項 a_n までの和を S_n と表す。この数列が

$a_1 = 1$, $\displaystyle\lim_{n \to \infty} S_n = 1$, $n(n-2)a_{n+1} = S_n$ $(n \geq 1)$

を満たすとき，一般項 a_n を求めよ。

§8 確率・個数の処理

	内　　容	年度	レベル
87	3枚の札の数字の不等式と確率	2022〔2〕	A
88	4色の玉の色がすべて記録される確率	2021〔1〕問2	A
89	4×4のラテン方陣の場合の数	2020〔5〕	B
90	さいころの目と確率	2019〔4〕	B
91	コインの裏表の出方で複素数を定める確率と漸化式	2018〔4〕	A
92	1〜5の数字を並べた数が3の倍数となる確率	2017〔6〕	A
93	座標平面上の点の移動と確率	2016〔5〕	A
94	漸化式で定義された数列の確率	2015〔6〕	B
95	三角形の頂点を移動する2つの粒子の確率	2014〔2〕	A
96	数直線上の石の移動の確率	2013〔6〕	B
97	連分数の値の条件と確率	2012〔6〕	C
98	2枚のカードの数の小さいほうについての確率	2011〔1〕(1)	A
99	5個の自然数の順列と確率	2010甲〔1〕	A
100	2色の球の取り出し方と確率	2009甲〔1〕問2	A
101	カードの山の一番下にあったカードが一番上にくる確率	2009乙〔3〕	B
102	正四面体の頂点を動く点が4頂点すべてに現れる確率	2008甲乙〔2〕	A
103	n個の数から1個の数を取り出す試行を3回反復するときの確率	2007甲〔1〕問2	A
104	15段の階段の昇り方の総数	2007乙〔1〕問2	B
105	n個の車両の3色による塗り方の総数	2005〔6〕	B
106	2色の玉の入った箱の選び方と確率	2004〔6〕	B
107	リーグ戦の1位チームの数の確率	2003〔6〕	B
108	不定方程式の整数解の個数	2001〔5〕	C
109	さいころの目と確率	2000〔6〕	B
110	3色の玉の取り出し方と確率・期待値　　　　★	1998〔5〕	C

　この分野は確率・個数の処理の問題からなります。2015〜2024年度の入試で範囲外となっている「期待値」の考え方を含む問題については★を付しています。

　与えられた規則が少し複雑になる（1998・2001・2012年度など）だけでも，場合分けの工夫など難度が増すことになります。誤った思い込みによる数え間違いもよくあることを考慮して，解答編ではできるだけ立式の根拠を記したので参考にしてください。

　また，2012・2015・2019・2022年度のように不等式を用いた問題設定では意味をとらえる上での難しさが加わります。

87

2022 年度 〔2〕 Level A

箱の中に 1 から n までの番号がついた n 枚の札がある。ただし $n \geqq 5$ とし，同じ番号の札はないとする。この箱から 3 枚の札を同時に取り出し，札の番号を小さい順に X，Y，Z とする。このとき，$Y-X \geqq 2$ かつ $Z-Y \geqq 2$ となる確率を求めよ。

88

2021 年度 〔1〕 問 2 Level A

赤玉，白玉，青玉，黄玉が 1 個ずつ入った袋がある。よくかきまぜた後に袋から玉を 1 個取り出し，その玉の色を記録してから袋に戻す。この試行を繰り返すとき，n 回目の試行で初めて赤玉が取り出されて 4 種類全ての色が記録済みとなる確率を求めよ。ただし n は 4 以上の整数とする。

89

2020 年度 〔5〕 （文理共通） Level B

縦 4 個，横 4 個のマス目のそれぞれに 1，2，3，4 の数字を入れていく。このマス目の横の並びを行といい，縦の並びを列という。どの行にも，どの列にも同じ数字が 1 回しか現れない入れ方は何通りあるか求めよ。下図はこのような入れ方の 1 例である。

1	2	3	4
3	4	1	2
4	1	2	3
2	3	4	1

90

2019 年度 〔4〕 (文理共通)　　　　　　　　　　Level B

1つのさいころを n 回続けて投げ，出た目を順に X_1, X_2, $\cdots$, X_n とする。このとき次の条件をみたす確率を n を用いて表せ。ただし $X_0=0$ としておく。

条件：$1\leqq k\leqq n$ をみたす k のうち，$X_{k-1}\leqq 4$ かつ $X_k\geqq 5$ が成立するような k の値はただ1つである。

91

2018 年度 〔4〕　　　　　　　　　　　　　　Level A

コインを n 回投げて複素数 z_1, z_2, $\cdots$, z_n を次のように定める。

(i)　1回目に表が出れば $z_1=\dfrac{-1+\sqrt{3}\,i}{2}$ とし，裏が出れば $z_1=1$ とする。

(ii)　$k=2$, 3, $\cdots$, n のとき，k 回目に表が出れば $z_k=\dfrac{-1+\sqrt{3}\,i}{2}z_{k-1}$ とし，裏が出れば $z_k=\overline{z_{k-1}}$ とする。ただし，$\overline{z_{k-1}}$ は z_{k-1} の共役複素数である。

このとき，$z_n=1$ となる確率を求めよ。

92

2017 年度 〔6〕　　　　　　　　　　　　　　Level A

n を自然数とする。n 個の箱すべてに，$\boxed{1}$, $\boxed{2}$, $\boxed{3}$, $\boxed{4}$, $\boxed{5}$ の5種類のカードがそれぞれ1枚ずつ計5枚入っている。各々の箱から1枚ずつカードを取り出し，取り出した順に左から並べて n 桁の数 X を作る。このとき，X が3で割り切れる確率を求めよ。

93 2016年度〔5〕 Level A

xy 平面上の6個の点 $(0, 0)$, $(0, 1)$, $(1, 0)$, $(1, 1)$, $(2, 0)$, $(2, 1)$ が図のように長さ1の線分で結ばれている。動点Xは，これらの点の上を次の規則に従って1秒ごとに移動する。

規則：動点Xは，そのときに位置する点から出る長さ1の線分によって
結ばれる図の点のいずれかに，等しい確率で移動する。

例えば，Xが $(2, 0)$ にいるときは，$(1, 0)$，$(2, 1)$ のいずれかに $\frac{1}{2}$ の確率で移動する。またXが $(1, 1)$ にいるときは，$(0, 1)$，$(1, 0)$，$(2, 1)$ のいずれかに $\frac{1}{3}$ の確率で移動する。

時刻0で動点XがO $= (0, 0)$ から出発するとき，n 秒後にXの x 座標が0である確率を求めよ。ただし n は0以上の整数とする。

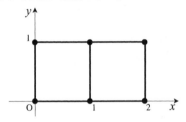

94 2015年度〔6〕 Level B

2つの関数を

$$f_0(x) = \frac{x}{2}, \ f_1(x) = \frac{x+1}{2}$$

とおく。$x_0 = \frac{1}{2}$ から始め，各 $n = 1, 2, \cdots$ について，それぞれ確率 $\frac{1}{2}$ で $x_n = f_0(x_{n-1})$ または $x_n = f_1(x_{n-1})$ と定める。このとき，$x_n < \frac{2}{3}$ となる確率 P_n を求めよ。

95

2014 年度 〔2〕　　　　　　　　　　　　　　　　　　　　　　Level A

2つの粒子が時刻0において△ABCの頂点Aに位置している。これらの粒子は独立に運動し，それぞれ1秒ごとに隣の頂点に等確率で移動していくとする。たとえば，ある時刻で点Cにいる粒子は，その1秒後には点Aまたは点Bにそれぞれ $\dfrac{1}{2}$ の確率で移動する。この2つの粒子が，時刻0の n 秒後に同じ点にいる確率 $p(n)$ を求めよ。

96

2013 年度 〔6〕　（文理共通(一部)）　　　　　　　　　　　　　　Level B

投げたとき表が出る確率と裏が出る確率が等しい硬貨を用意する。数直線上に石を置き，この硬貨を投げて表が出れば数直線上で原点に関して対称な点に石を移動し，裏が出れば数直線上で座標1の点に関して対称な点に石を移動する。

(1) 石が座標 x の点にあるとする。2回硬貨を投げたとき，石が座標 x の点にある確率を求めよ。

(2) 石が原点にあるとする。n を自然数とし，$2n$ 回硬貨を投げたとき，石が座標 $2n-2$ の点にある確率を求めよ。

97

2012 年度 〔6〕　　　　　　　　　　　　　　　　　　　　　　Level C

さいころを n 回投げて出た目を順に $X_1,\ X_2,\ \cdots,\ X_n$ とする。さらに

$$Y_1 = X_1,\quad Y_k = X_k + \frac{1}{Y_{k-1}}\quad (k=2,\ \cdots,\ n)$$

によって $Y_1,\ Y_2,\ \cdots,\ Y_n$ を定める。

$$\frac{1+\sqrt{3}}{2} \le Y_n \le 1+\sqrt{3}$$

となる確率 p_n を求めよ。

98 2011 年度 〔1〕⑴（文理共通） Level A

箱の中に，1 から 9 までの番号を 1 つずつ書いた 9 枚のカードが入っている。ただし，異なるカードには異なる番号が書かれているものとする。この箱から 2 枚のカードを同時に選び，小さいほうの数を X とする。これらのカードを箱に戻して，再び 2 枚のカードを同時に選び，小さいほうの数を Y とする。$X = Y$ である確率を求めよ。

99 2010 年度 甲〔1〕（文理共通） Level A

1 から 5 までの自然数を 1 列に並べる。どの並べかたも同様の確からしさで起こるものとする。このとき 1 番目と 2 番目と 3 番目の数の和と，3 番目と 4 番目と 5 番目の数の和が等しくなる確率を求めよ。ただし，各並べかたにおいて，それぞれの数字は重複なく 1 度ずつ用いるものとする。

100 2009 年度 甲〔1〕問 2 （文理共通） Level A

白球と赤球の入った袋から 2 個の球を同時に取り出すゲームを考える。取り出した 2 球がともに白球ならば「成功」でゲームを終了し，そうでないときは「失敗」とし，取り出した 2 球に赤球を 1 個加えた 3 個の球を袋にもどしてゲームを続けるものとする。最初に白球が 2 個，赤球が 1 個袋に入っていたとき，$n-1$ 回まで失敗し n 回目に成功する確率を求めよ。ただし $n \geqq 2$ とする。

101 2009 年度 乙〔3〕 Level B

n 枚のカードを積んだ山があり，各カードには上から順番に 1 から n まで番号がつけられている。ただし $n \geqq 2$ とする。このカードの山に対して次の試行を繰り返す。1 回の試行では，一番上のカードを取り，山の一番上にもどすか，あるいはいずれかのカードの下に入れるという操作を行う。これら n 通りの操作はすべて同じ確率であるとする。n 回の試行を終えたとき，最初一番下にあったカード（番号 n）が山の一番上にきている確率を求めよ。

102 2008年度 甲乙〔2〕 Level A

正四面体 ABCD を考える。点 P は時刻 0 では頂点 A に位置し，1 秒ごとにある頂点から他の 3 頂点のいずれかに，等しい確率で動くとする。このとき，時刻 0 から時刻 n までの間に，4 頂点 A，B，C，D のすべてに点 P が現れる確率を求めよ。ただし n は 1 以上の整数とする。

103 2007年度 甲〔1〕 問2 Level A

得点 1，2，$\cdots$，n が等しい確率で得られるゲームを独立に 3 回くり返す。このとき，2 回目の得点が 1 回目の得点以上であり，さらに 3 回目の得点が 2 回目の得点以上となる確率を求めよ。

104 2007年度 乙〔1〕 問2 Level B

1 歩で 1 段または 2 段のいずれかで階段を昇るとき，1 歩で 2 段昇ることは連続しないものとする。15 段の階段を昇る昇り方は何通りあるか。

105 2005年度 〔6〕 Level B

先頭車両から順に 1 から n までの番号のついた n 両編成の列車がある。ただし $n \geqq 2$ とする。各車両を赤色，青色，黄色のいずれか一色で塗るとき，隣り合った車両の少なくとも一方が赤色となるような色の塗り方は何通りか。

106 2004 年度 〔6〕 Level B

N を自然数とする。$N+1$ 個の箱があり，1 から $N+1$ までの番号が付いている。どの箱にも玉が 1 個入っている。番号 1 から N までの箱に入っている玉は白玉で，番号 $N+1$ の箱に入っている玉は赤玉である。次の操作($*$)を，おのおのの $k=1$, 2, $\cdots$, $N+1$ に対して，k が小さい方から順番に 1 回ずつ行う。

($*$) k 以外の番号の N 個の箱から 1 個の箱を選び，その箱の中身と番号 k の箱の中身を交換する。（ただし，N 個の箱から 1 個の箱を選ぶ事象は，どれも同様に確からしいとする。）

操作がすべて終了した後，赤玉が番号 $N+1$ の箱に入っている確率を求めよ。

107 2003 年度 〔6〕 Level B

n チームがリーグ戦を行う。すなわち，各チームは他のすべてのチームとそれぞれ 1 回ずつ対戦する。引き分けはないものとし，勝つ確率はすべて $\frac{1}{2}$ で，各回の勝敗は独立に決まるものとする。このとき，$(n-2)$ 勝 1 敗のチームがちょうど 2 チームである確率を求めよ。ただし，n は 3 以上とする。

108 2001 年度 〔5〕 Level C

p を 2 以上の整数とする。2 以上の整数 n に対し，次の条件(イ), (ロ)をみたす複素数の組 $(z_1, z_2, \cdots, z_n)$ の個数を a_n とする。

(イ) $k=1$, 2, $\cdots$, n に対し，$z_k{}^p=1$ かつ，$z_k \neq 1$

(ロ) $z_1 z_2 \cdots z_n = 1$

このとき，次の問いに答えよ。

(1) a_3 を求めよ。

(2) a_{n+2} を a_n, a_{n+1} の一方または両方を用いて表せ。

(3) a_n を求めよ。

109 2000年度〔6〕　　Level B

n, k は整数で，$n \geqq 2$，$0 \leqq k \leqq 4$ とする。サイコロを n 回投げて出た目の和を 5 で割ったときの余りが k に等しくなる確率を $p_n(k)$ とする。

(1) $p_{n+1}(0)$, $\cdots$, $p_{n+1}(4)$ を $p_n(0)$, $\cdots$, $p_n(4)$ を用いて表せ。

(2) $p_n(0)$, $\cdots$, $p_n(4)$ の最大値を M_n，最小値を m_n とするとき次の(イ)，(ロ)が成立することを示せ。

(イ) $m_n \leqq \dfrac{1}{5} \leqq M_n$

(ロ) 任意の k, l $(0 \leqq k,\ l \leqq 4)$ に対し

$$p_{n+1}(k) - p_{n+1}(l) \leqq \frac{1}{6}(M_n - m_n)$$

(3) $\displaystyle \lim_{n \to \infty} p_n(k)$ を求めよ。

110 1998年度〔5〕（文理共通）★　　Level C

袋の中に青色，赤色，白色の形の同じ玉がそれぞれ 3 個ずつ入っている。各色の 3 個の玉にはそれぞれ 1，2，3 の番号がついている。これら 9 個の玉をよくかきまぜて袋から同時に 3 個の玉を取り出す。取り出した 3 個のうちに同色のものが他になく，同番号のものも他にない玉の個数を得点とする。たとえば，青 1 番，赤 1 番，白 3 番を取り出したときの得点は 1 で，青 2 番，赤 2 番，赤 3 番を取り出したときの得点は 0 である。このとき以下の問に答えよ。

(1) 得点が n になるような取り出し方の数を $A(n)$ とするとき，$A(0)$, $A(1)$, $A(2)$, $A(3)$ を求めよ。

(2) 得点の期待値を求めよ。

§9 整式の微積分

	内　　　容	年度	レベル
111	放物線の接線上の線分の長さのとりうる値の範囲	2021〔2〕	A
112	接する2つの放物線の接点の存在範囲	2018〔1〕	A
113	絶対値つき2次関数と直線で囲まれる図形の面積	2011〔3〕	A
114	立方体の対角線を軸とする回転体の体積	2010甲〔6〕	B
115	2次関数の原点に関する対称移動・曲線と接線で囲まれる図形の面積	2006〔3〕	A
116	3次関数と直線の3交点の x 座標の範囲	2002〔5〕	B
117	3次関数と直線の交点の個数	2001〔1〕	B
118	放物線の弦と放物線が囲む面積と弦の中点の軌跡	1999〔1〕	A

　この分野は数学Ⅱで学ぶ整式の微積分に限定した問題からなります。

　出題数は多くありませんが，大部分が確実に解き切りたい問題です。

111

2021 年度 〔2〕

Level A

曲線 $y = \dfrac{1}{2}(x^2 + 1)$ 上の点 P における接線は x 軸と交わるとし、その交点を Q とおく。線分 PQ の長さを L とするとき、L が取りうる値の最小値を求めよ。

112

2018 年度 〔1〕

Level A

0 でない実数 a, b, c は次の条件(i)と(ii)を満たしながら動くものとする。

(i) $1 + c^2 \leqq 2a$

(ii) 2 つの放物線 $C_1 : y = ax^2$ と $C_2 : y = b(x-1)^2 + c$ は接している。

ただし、2 つの曲線が接するとは、ある共有点において共通の接線をもつことであり、その共有点を接点という。

(1) C_1 と C_2 の接点の座標を a と c を用いて表せ。

(2) C_1 と C_2 の接点が動く範囲を求め、その範囲を図示せよ。

113

2011 年度 〔3〕

Level A

xy 平面上で、$y = x$ のグラフと $y = \left| \dfrac{3}{4}x^2 - 3 \right| - 2$ のグラフによって囲まれる図形の面積を求めよ。

114

2010 年度 甲〔6〕（文理共通(一部)）

Level B

座標空間内で、O$(0, 0, 0)$, A$(1, 0, 0)$, B$(1, 1, 0)$, C$(0, 1, 0)$, D$(0, 0, 1)$, E$(1, 0, 1)$, F$(1, 1, 1)$, G$(0, 1, 1)$ を頂点にもつ立方体を考える。この立方体を対角線 OF を軸にして回転させて得られる回転体の体積を求めよ。

§9

115

2006 年度 〔3〕 (文理共通)　　　　　　　　　　　　　　　Level　A

　関数 $y=f(x)$ のグラフは，座標平面で原点に関して点対称である。さらにこのグラフの $x \leqq 0$ の部分は，軸が y 軸に平行で，点 $\left(-\dfrac{1}{2},\ \dfrac{1}{4}\right)$ を頂点とし，原点を通る放物線と一致している。このとき $x=-1$ におけるこの関数のグラフの接線とこの関数のグラフによって囲まれる図形の面積を求めよ。

116

2002 年度 〔5〕　　　　　　　　　　　　　　　　　　　　Level　B

　$a,\ b,\ c$ を実数とする。$y=x^3+3ax^2+3bx$ と $y=c$ のグラフが相異なる 3 つの交点を持つという。このとき $a^2>b$ が成立することを示し，さらにこれらの交点の x 座標のすべては開区間 $\left(-a-2\sqrt{a^2-b},\ -a+2\sqrt{a^2-b}\right)$ に含まれていることを示せ。

117

2001 年度 〔1〕　　　　　　　　　　　　　　　　　　　　Level　B

　xy 平面上の曲線 $C:y=x^3$ 上の点 P における接線を，P を中心にして反時計回りに 45° 回転して得られる直線を L とする。C と L が，相異なる 3 点で交わるような P の範囲を図示せよ。

118

1999 年度 〔1〕 (文理共通)　　　　　　　　　　　　　　　Level　A

　放物線 $y=x^2$ の上を動く 2 点 P，Q があって，この放物線と線分 PQ が囲む部分の面積が常に 1 であるとき，PQ の中点 R が描く図形の方程式を求めよ。

§10 極限・微分法

	内　容	年度	レベル
119	平均値の定理と存在証明	2021〔6〕問2	C
120	2次方程式の解を利用した三角関数の極限	2020〔2〕	A
121	関数の最大値・e を用いた極限値	2016〔1〕	B
122	指数関数の接線と極限	2015〔3〕	A
123	条件を満たす三角形の面積の最大値	2014〔3〕	A
124	分数関数の値域がある範囲に含まれる条件	2014〔4〕	B
125	三角関数＋整式の最大値	2013〔4〕	A
126	数列の極限	2012〔1〕(1)	A
127	直線と対数関数のグラフが共有点をもたない条件	2008甲乙〔1〕	A
128	条件式を満たす関数についての微分	2007乙〔6〕	C
129	関数の増減・接線	2005〔5〕	B
130	多項式の割り算・極限（自然対数の底）	2004〔3〕	B

　この分野は整式以外の関数の極限や微分法（数学Ⅲ）を利用した問題からなります。

　2000年度以前はほとんどの問題が図形処理にからむ最大・最小に関する問題でしたが，最近はいろいろな出題になっています。

§10

119 Level C

a を 1 より大きい定数とする。微分可能な関数 $f(x)$ が $f(a) = af(1)$ を満たすとき,曲線 $y = f(x)$ の接線で原点 $(0, 0)$ を通るものが存在することを示せ。

120 Level A

p を正の整数とする。α, β は x に関する方程式 $x^2 - 2px - 1 = 0$ の 2 つの解で,$|\alpha| > 1$ であるとする。

(1) すべての正の整数 n に対し,$\alpha^n + \beta^n$ は整数であり,さらに偶数であることを証明せよ。

(2) 極限 $\displaystyle\lim_{n \to \infty} (-\alpha)^n \sin(\alpha^n \pi)$ を求めよ。

121 Level B

(1) n を 2 以上の自然数とするとき,関数
$$f_n(\theta) = (1 + \cos\theta) \sin^{n-1}\theta$$
の $0 \leq \theta \leq \dfrac{\pi}{2}$ における最大値 M_n を求めよ。

(2) $\displaystyle\lim_{n \to \infty} (M_n)^n$ を求めよ。

122 Level A

(1) a を実数とするとき,$(a, 0)$ を通り,$y = e^x + 1$ に接する直線がただ 1 つ存在することを示せ。

(2) $a_1 = 1$ として,$n = 1, 2, \cdots$ について,$(a_n, 0)$ を通り,$y = e^x + 1$ に接する直線の接点の x 座標を a_{n+1} とする。このとき,$\displaystyle\lim_{n \to \infty} (a_{n+1} - a_n)$ を求めよ。

123　2014 年度〔3〕　Level A

　△ABC は，条件∠B＝2∠A，BC＝1 を満たす三角形のうちで面積が最大のもので
あるとする。このとき，cos∠B を求めよ。

124　2014 年度〔4〕　Level B

　実数の定数 a, b に対して，関数 $f(x)$ を
$$f(x)=\frac{ax+b}{x^2+x+1}$$
で定める。すべての実数 x で不等式
$$f(x)\leqq f(x)^3-2f(x)^2+2$$
が成り立つような点 (a, b) の範囲を図示せよ。

125　2013 年度〔4〕　Level A

　$-\dfrac{\pi}{2}\leqq x\leqq\dfrac{\pi}{2}$ における $\cos x+\dfrac{\sqrt{3}}{4}x^2$ の最大値を求めよ。ただし $\pi>3.1$ および
$\sqrt{3}>1.7$ が成り立つことは証明なしに用いてよい。

126　2012 年度〔1〕(1)　Level A

　a が正の実数のとき $\lim\limits_{n\to\infty}(1+a^n)^{\frac{1}{n}}$ を求めよ。

127　2008 年度　甲乙〔1〕　Level A

　直線 $y=px+q$ が関数 $y=\log x$ のグラフと共有点を持たないために p と q が満たす
べき必要十分条件を求めよ。

128 2007年度 乙〔6〕 Level C

すべての実数で定義され何回でも微分できる関数 $f(x)$ が $f(0)=0$, $f'(0)=1$ を満たし，さらに任意の実数 a, b に対して $1+f(a)f(b) \neq 0$ であって

$$f(a+b) = \frac{f(a)+f(b)}{1+f(a)f(b)}$$

を満たしている。

(1) 任意の実数 a に対して，$-1<f(a)<1$ であることを証明せよ。

(2) $y=f(x)$ のグラフは $x>0$ で上に凸であることを証明せよ。

129 2005年度 〔5〕 Level B

k を正の整数とし，$2k\pi \leqq x \leqq (2k+1)\pi$ の範囲で定義された2曲線

$$C_1 : y = \cos x, \quad C_2 : y = \frac{1-x^2}{1+x^2}$$

を考える。

(1) C_1 と C_2 は共有点を持つことを示し，その点における C_1 の接線は点 $(0, 1)$ を通ることを示せ。

(2) C_1 と C_2 の共有点はただ1つであることを証明せよ。

130 2004年度 〔3〕 Level B

n を2以上の自然数とする。x^{2n} を $x^2-x+\dfrac{n-1}{n^2}$ で割った余りを $a_n x + b_n$ とする。すなわち，x の多項式 $P_n(x)$ があって

$$x^{2n} = P_n(x)\left(x^2-x+\frac{n-1}{n^2}\right) + a_n x + b_n$$

が成り立っているとする。$\displaystyle\lim_{n\to\infty} a_n$, $\displaystyle\lim_{n\to\infty} b_n$ を求めよ。

§11 積分（体積除く）

	内　　容	年度	レベル
131	図形の面積，三角関数と最大値，不等式の証明	2022〔5〕	B
132	曲線の長さ	2021〔4〕	A
133	三角関数の定積分の計算	2019〔1〕問2	A
134	鋭角三角形内の分点比で与えられた点の軌跡と1つの辺で囲まれた図形の面積	2019〔3〕	A
135	法線上の点の媒介変数表示・曲線の長さと極限	2018〔5〕	B
136	曲線と直線で囲まれた図形の面積の最小値	2017〔5〕	C
137	双曲線と円のグラフで囲まれた図形の面積	2014〔6〕	B
138	円と対数関数のグラフで囲まれた図形の面積	2013〔5〕	A
139	部分積分と置換積分の計算	2012〔1〕(2)	A
140	置換積分の計算	2011〔1〕(2)	A
141	2つの三角関数のグラフとx軸で囲まれた図形の面積の比	2010甲〔5〕乙〔3〕	A
142	確率の極限と区分求積	2010乙〔6〕	A
143	極方程式で表される曲線の長さ	2009甲〔6〕	A
144	定積分・置換積分の計算	2007乙〔1〕問1	B
145	微積分の基本定理・部分積分	2006〔6〕	A
146	分数関数と対数関数の積の積分・部分積分・面積	2004〔2〕	B
147	曲線の長さ・無理関数の積分	2002〔4〕	B
148	三角関数の積分と積分区間の分割・指数関数と極限	2001〔6〕	B
149	多項式と三角関数の積の積分・部分積分	2000〔5〕	B
150	媒介変数表示の曲線と面積・分数関数の積分・置換積分	1999〔6〕	B

　この分野は数学Ⅲの範囲の積分法のうち，体積を除く問題からなります。

　曲線の長さ（道のり）は，2014年度以前の教育課程では扱われていませんでしたが，京大理系入試では出題範囲に含まれるという扱いでした。2015年度以降の入試では数学Ⅲの範囲内なので，いずれにせよ，学習する必要があります。

131 2022 年度 〔5〕 Level B

曲線 $C : y = \cos^3 x \left(0 \leqq x \leqq \dfrac{\pi}{2}\right)$, x 軸および y 軸で囲まれる図形の面積を S とする。

$0 < t < \dfrac{\pi}{2}$ とし，C 上の点 $Q(t, \cos^3 t)$ と原点 O，および $P(t, 0)$，$R(0, \cos^3 t)$ を頂点にもつ長方形 OPQR の面積を $f(t)$ とする。このとき，次の各問に答えよ。

(1) S を求めよ。

(2) $f(t)$ は最大値をただ1つの t でとることを示せ。そのときの t を α とすると，$f(\alpha) = \dfrac{\cos^4 \alpha}{3 \sin \alpha}$ であることを示せ。

(3) $\dfrac{f(\alpha)}{S} < \dfrac{9}{16}$ を示せ。

132 2021 年度 〔4〕 Level A

曲線 $y = \log(1 + \cos x)$ の $0 \leqq x \leqq \dfrac{\pi}{2}$ の部分の長さを求めよ。

133 2019 年度 〔1〕 問2 Level A

次の定積分の値を求めよ。

(1) $\displaystyle \int_0^{\frac{\pi}{4}} \dfrac{x}{\cos^2 x} dx$

(2) $\displaystyle \int_0^{\frac{\pi}{4}} \dfrac{dx}{\cos x}$

134 2019 年度 〔3〕 Level A

鋭角三角形 ABC を考え，その面積を S とする。$0 < t < 1$ をみたす実数 t に対し，線分 AC を $t : 1-t$ に内分する点を Q，線分 BQ を $t : 1-t$ に内分する点を P とする。実数 t がこの範囲を動くときに点 P の描く曲線と，線分 BC によって囲まれる部分の面積を，S を用いて表せ。

135 2018年度〔5〕　　　　　　　　　　Level B

曲線 $y=\log x$ 上の点 $A(t,\ \log t)$ における法線上に，点 B を AB＝1 となるように とる。ただし B の x 座標は t より大きいとする。

(1) 点 B の座標 $(u(t),\ v(t))$ を求めよ。また $\left(\dfrac{du}{dt},\ \dfrac{dv}{dt}\right)$ を求めよ。

(2) 実数 r は $0<r<1$ を満たすとし，t が r から 1 まで動くときに点 A と点 B が描く 曲線の長さをそれぞれ $L_1(r)$，$L_2(r)$ とする。このとき，極限 $\displaystyle\lim_{r\to+0}(L_1(r)-L_2(r))$ を求めよ。

136 2017年度〔5〕　　　　　　　　　　Level C

$a\geqq0$ とする。$0\leqq x\leqq\sqrt{2}$ の範囲で曲線 $y=xe^{-x}$，直線 $y=ax$，直線 $x=\sqrt{2}$ によって 囲まれた部分の面積を $S(a)$ とする。このとき，$S(a)$ の最小値を求めよ。 （ここで「囲まれた部分」とは，上の曲線または直線のうち 2 つ以上で囲まれた部分 を意味するものとする。）

137 2014年度〔6〕　　　　　　　　　　Level B

双曲線 $y=\dfrac{1}{x}$ の第 1 象限にある部分と，原点 O を中心とする円の第 1 象限にある部 分を，それぞれ C_1，C_2 とする。C_1 と C_2 は 2 つの異なる点 A，B で交わり，点 A に おける C_1 の接線 l と線分 OA のなす角は $\dfrac{\pi}{6}$ であるとする。このとき，C_1 と C_2 で囲 まれる図形の面積を求めよ。

138　2013年度〔5〕　Level A

xy 平面内で，y 軸上の点 P を中心とする円 C が 2 つの曲線
$$C_1 : y = \sqrt{3}\log(1+x), \quad C_2 : y = \sqrt{3}\log(1-x)$$
とそれぞれ点 A，点 B で接しているとする。さらに△PAB は A と B が y 軸に関して対称な位置にある正三角形であるとする。このとき 3 つの曲線 C，C_1，C_2 で囲まれた部分の面積を求めよ。ただし，2 つの曲線がある点で接するとは，その点を共有し，さらにその点において共通の接線をもつことである。

139　2012年度〔1〕(2)　Level A

定積分 $\displaystyle\int_1^{\sqrt{3}} \frac{1}{x^2}\log\sqrt{1+x^2}\,dx$ の値を求めよ。

140　2011年度〔1〕(2)　Level A

定積分 $\displaystyle\int_0^{\frac{1}{2}} (x+1)\sqrt{1-2x^2}\,dx$ を求めよ。

141　2010年度　甲〔5〕乙〔3〕　Level A

a を正の実数とする。座標平面において曲線 $y=\sin x$ $(0\leq x\leq\pi)$ と x 軸とで囲まれた図形の面積を S とし，曲線 $y=\sin x$ $\left(0\leq x\leq\frac{\pi}{2}\right)$，曲線 $y=a\cos x$ $\left(0\leq x\leq\frac{\pi}{2}\right)$ および x 軸で囲まれた図形の面積を T とする。このとき $S:T=3:1$ となるような a の値を求めよ。

142
2010 年度　乙〔6〕 Level A

n 個のボールを $2n$ 個の箱へ投げ入れる。各ボールはいずれかの箱に入るものとし，どの箱に入る確率も等しいとする。どの箱にも 1 個以下のボールしか入っていない確率を p_n とする。このとき，極限値 $\displaystyle\lim_{n\to\infty}\frac{\log p_n}{n}$ を求めよ。

143
2009 年度　甲〔6〕 Level A

極方程式 $r=1+\cos\theta$ $(0\leq\theta\leq\pi)$ で表される曲線の長さを求めよ。

144
2007 年度　乙〔1〕　問1 Level B

定積分 $\displaystyle\int_0^2\frac{2x+1}{\sqrt{x^2+4}}dx$ を求めよ。

145
2006 年度　〔6〕 Level A

$0<\alpha<\dfrac{\pi}{2}$ として，関数 F を

$$F(\theta)=\int_0^\theta x\cos(x+\alpha)\,dx$$

で定める。θ が $\left[0,\ \dfrac{\pi}{2}\right]$ の範囲を動くとき，F の最大値を求めよ。

146
2004 年度　〔2〕 Level B

$\alpha>0$ とし，$x>0$ で定義された関数

$$f(x)=\left(\frac{e}{x^\alpha}-1\right)\frac{\log x}{x}$$

を考える。$y=f(x)$ のグラフより下側で x 軸より上側の部分の面積を α であらわせ。ただし，e は自然対数の底である。

147 2002 年度 〔4〕 Level B

(1) $x \geqq 0$ で定義された関数 $f(x) = \log(x + \sqrt{1+x^2})$ について，導関数 $f'(x)$ を求めよ。

(2) 極方程式 $r = \theta$ $(\theta \geqq 0)$ で定義される曲線の，$0 \leqq \theta \leqq \pi$ の部分の長さを求めよ。

148 2001 年度 〔6〕 Level B

次の極限値を求めよ。

$$\lim_{n \to \infty} \int_0^{n\pi} e^{-x} |\sin nx| dx$$

149 2000 年度 〔5〕 Level B

数列 $\{c_n\}$ を次の式で定める。

$$c_n = (n+1) \int_0^1 x^n \cos \pi x \, dx \quad (n = 1, 2, \cdots)$$

このとき

(1) c_n と c_{n+2} の関係を求めよ。

(2) $\lim_{n \to \infty} c_n$ を求めよ。

(3) (2)で求めた極限値を c とするとき，

$$\lim_{n \to \infty} \frac{c_{n+1} - c}{c_n - c}$$

を求めよ。

150 1999年度 〔6〕 Level B

x, yはtを媒介変数として，次のように表示されているものとする。

$$x = \frac{3t - t^2}{t + 1}$$

$$y = \frac{3t^2 - t^3}{t + 1}$$

変数tが$0 \leq t \leq 3$を動くとき，xとyの動く範囲をそれぞれ求めよ。さらに，この(x, y)が描くグラフが囲む図形と領域$y \geq x$の共通部分の面積を求めよ。

§12 積分と体積

	内　　　容	年度	レベル
151	z軸のまわりの回転体をx軸のまわりに回転させた立体の体積	2020〔6〕	B
152	y軸のまわりの回転体の体積	2016〔4〕	B
153	回転体の体積・三角関数の積分	2015〔1〕	A
154	回転体の体積・極方程式・三角関数の積分	2009乙〔5〕	A
155	円柱を平面で二つに分けたときの体積・多項式の積分	2008甲乙〔5〕	A
156	回転体の体積・部分積分	2007甲〔6〕	A
157	回転体の体積・三角関数の積分	2003〔2〕	A
158	回転体の体積の最小値・対数関数の積分	1998〔6〕	B

　この分野は積分により体積を求める問題からなります。慎重に計算を進めてください。

151 2020 年度 〔6〕 Level B

x, y, z を座標とする空間において，xz 平面内の曲線
$$z=\sqrt{\log(1+x)}\quad(0\leqq x\leqq1)$$
を z 軸のまわりに1回転させるとき，この曲線が通過した部分よりなる図形を S とする。この S をさらに x 軸のまわりに1回転させるとき，S が通過した部分よりなる立体を V とする。このとき，V の体積を求めよ。

152 2016 年度 〔4〕 Level B

xyz 空間において，平面 $y=z$ の中で
$$|x|\leqq\frac{e^{y}+e^{-y}}{2}-1,\quad0\leqq y\leqq\log a$$
で与えられる図形 D を考える。ただし a は1より大きい定数とする。

この図形 D を y 軸のまわりに1回転させてできる立体の体積を求めよ。

153 2015 年度 〔1〕 Level A

2つの関数 $y=\sin\left(x+\dfrac{\pi}{8}\right)$ と $y=\sin2x$ のグラフの $0\leqq x\leqq\dfrac{\pi}{2}$ の部分で囲まれる領域を，x 軸のまわりに1回転させてできる立体の体積を求めよ。ただし，$x=0$ と $x=\dfrac{\pi}{2}$ は領域を囲む線とは考えない。

154 2009 年度 乙〔5〕 Level A

xy 平面上で原点を極，x 軸の正の部分を始線とする極座標に関して，極方程式 $r=2+\cos\theta$（$0\leqq\theta\leqq\pi$）により表される曲線を C とする。C と x 軸とで囲まれた図形を x 軸のまわりに1回転して得られる立体の体積を求めよ。

155 2008 年度　甲乙〔5〕　　　　　　　　　Level A

次の式で与えられる底面の半径が 2，高さが 1 の円柱 C を考える。

　　$C=\{(x,\ y,\ z)\,|\,x^2+y^2\leqq4,\ 0\leqq z\leqq1\}$

xy 平面上の直線 $y=1$ を含み，xy 平面と $45°$ の角をなす平面のうち，点 $(0,\ 2,\ 1)$ を通るものを H とする。円柱 C を平面 H で二つに分けるとき，点 $(0,\ 2,\ 0)$ を含む方の体積を求めよ。

156 2007 年度　甲〔6〕　　　　　　　　　Level A

$y=xe^{1-x}$ と $y=x$ のグラフで囲まれた部分を x 軸の周りに回転してできる立体の体積を求めよ。

157 2003 年度　〔2〕　　　　　　　　　Level A

$f(x)=x\sin x\ (x\geqq0)$ とする。点 $\left(\dfrac{\pi}{2},\ \dfrac{\pi}{2}\right)$ における $y=f(x)$ の法線と，$y=f(x)$ のグラフの $0\leqq x\leqq\dfrac{\pi}{2}$ の部分，および y 軸とで囲まれる図形を考える。この図形を x 軸の回りに回転して得られる回転体の体積を求めよ。

158 1998 年度　〔6〕　　　　　　　　　Level B

a を $0<a<1$ を満たす定数として，曲線 $y=\log(x-a)$ と x 軸と 2 直線 $x=1$，$x=3$ で囲まれる図形を x 軸のまわりに回転して得られる立体の体積を $V(a)$ とする。

(1)　$V(a)$ を求めよ。

(2)　a の値が $0<a<1$ の範囲で変化するとき，$V(a)$ の最小値を求めよ。

§13 複素数と複素数平面

	内　　　容	年度	レベル
159	複素数の実部の無限級数	2021〔3〕	B
160	3次方程式の3解と正三角形	2020〔1〕	B
161	$(1+i)^n+(1-i)^n>10^{10}$ を満たす最小の正の整数 n の値・常用対数の評価	2019〔6〕	B
162	複素数平面上の点の軌跡	2017〔1〕	B
163	三角形と複素数	2005〔3〕	A
164	円と複素数	2004〔5〕	A
165	点列の回転と回転角	2002〔6〕	A
166	点1を重心にもつ正三角形の頂点の偏角	1999〔4〕	C

§13

　この分野は複素数の処理や複素数平面が主題となる問題からなります。

　複素数平面は高校生の理解度・処理力と大学の先生方の認識が最も乖離している分野といえます。ベクトルと違い，乗法・除法ができる分だけ式変形の自由度が増えます。そのため，複素数平面は内容が豊富なのですが，入試の限られた時間で式変形と図形的意味のやりとりについていくのが難しいようです。

159 2021 年度 〔3〕 Level B

無限級数 $\sum\limits_{n=0}^{\infty}\left(\dfrac{1}{2}\right)^n \cos\dfrac{n\pi}{6}$ の和を求めよ。

160 2020 年度 〔1〕 Level B

a, b は実数で,$a>0$ とする。z に関する方程式

$$z^3 + 3az^2 + bz + 1 = 0 \qquad (*)$$

は 3 つの相異なる解を持ち,それらは複素数平面上で一辺の長さが $\sqrt{3}\,a$ の正三角形の頂点となっているとする。このとき,a, b と (*) の 3 つの解を求めよ。

161 2019 年度 〔6〕 Level B

i は虚数単位とする。$(1+i)^n + (1-i)^n > 10^{10}$ をみたす最小の正の整数 n を求めよ。解答に際して常用対数の値が必要なときは,65〜66 ページの常用対数表を利用すること。

162 2017 年度 〔1〕 Level B

w を 0 でない複素数,x, y を $w+\dfrac{1}{w}=x+yi$ を満たす実数とする。

(1) 実数 R は $R>1$ を満たす定数とする。w が絶対値 R の複素数全体を動くとき,xy 平面上の点 $(x,\ y)$ の軌跡を求めよ。

(2) 実数 α は $0<\alpha<\dfrac{\pi}{2}$ を満たす定数とする。w が偏角 α の複素数全体を動くとき,xy 平面上の点 $(x,\ y)$ の軌跡を求めよ。

163 2005 年度 〔3〕 Level A

α, β, γ は相異なる複素数で,

$$\alpha + \beta + \gamma = \alpha^2 + \beta^2 + \gamma^2 = 0$$

を満たすとする。このとき,α, β, γ の表す複素平面上の 3 点を結んで得られる三角形はどのような三角形か。

164 2004 年度 〔5〕 Level A

複素数 α に対してその共役複素数を $\overline{\alpha}$ であらわす。α を実数ではない複素数とする。複素平面内の円 C が 1,-1,α を通るならば,C は $-\dfrac{1}{\overline{\alpha}}$ も通ることを示せ。

165 2002 年度 〔6〕 Level A

$0 < \theta < 90$ とし,a は正の数とする。複素数平面上の点 z_0, z_1, z_2, $\cdots$ をつぎの条件 (i),(ii)を満たすように定める。

(i) $z_0 = 0$,$z_1 = a$

(ii) $n \geqq 1$ のとき,点 $z_n - z_{n-1}$ を原点のまわりに $\theta°$ 回転すると点 $z_{n+1} - z_n$ に一致する。

このとき点 z_n($n \geqq 1$)が点 z_0 と一致するような n が存在するための必要十分条件は,θ が有理数であることを示せ。

166   Level C

複素平面上で, △ABC の頂点を表す複素数を α, β, γ とする。α, β, γ が次の 3 条件を満たすとする。

1. △ABC は辺の長さ $\sqrt{3}$ の正三角形である
2. $\alpha + \beta + \gamma = 3$
3. $\alpha\beta\gamma$ は絶対値 1 で, 虚数部分は正

このとき, 次の問に答えよ。

(1) $z = \alpha - 1$ とおいて, β と γ を z を使って表せ。

(2) α, β, γ の偏角を求めよ。ただし $0° \leqq \arg\alpha \leqq \arg\beta \leqq \arg\gamma < 360°$ とする。

常用対数表（一）

数	0	1	2	3	4	5	6	7	8	9
1.0	.0000	.0043	.0086	.0128	.0170	.0212	.0253	.0294	.0334	.0374
1.1	.0414	.0453	.0492	.0531	.0569	.0607	.0645	.0682	.0719	.0755
1.2	.0792	.0828	.0864	.0899	.0934	.0969	.1004	.1038	.1072	.1106
1.3	.1139	.1173	.1206	.1239	.1271	.1303	.1335	.1367	.1399	.1430
1.4	.1461	.1492	.1523	.1553	.1584	.1614	.1644	.1673	.1703	.1732
1.5	.1761	.1790	.1818	.1847	.1875	.1903	.1931	.1959	.1987	.2014
1.6	.2041	.2068	.2095	.2122	.2148	.2175	.2201	.2227	.2253	.2279
1.7	.2304	.2330	.2355	.2380	.2405	.2430	.2455	.2480	.2504	.2529
1.8	.2553	.2577	.2601	.2625	.2648	.2672	.2695	.2718	.2742	.2765
1.9	.2788	.2810	.2833	.2856	.2878	.2900	.2923	.2945	.2967	.2989
2.0	.3010	.3032	.3054	.3075	.3096	.3118	.3139	.3160	.3181	.3201
2.1	.3222	.3243	.3263	.3284	.3304	.3324	.3345	.3365	.3385	.3404
2.2	.3424	.3444	.3464	.3483	.3502	.3522	.3541	.3560	.3579	.3598
2.3	.3617	.3636	.3655	.3674	.3692	.3711	.3729	.3747	.3766	.3784
2.4	.3802	.3820	.3838	.3856	.3874	.3892	.3909	.3927	.3945	.3962
2.5	.3979	.3997	.4014	.4031	.4048	.4065	.4082	.4099	.4116	.4133
2.6	.4150	.4166	.4183	.4200	.4216	.4232	.4249	.4265	.4281	.4298
2.7	.4314	.4330	.4346	.4362	.4378	.4393	.4409	.4425	.4440	.4456
2.8	.4472	.4487	.4502	.4518	.4533	.4548	.4564	.4579	.4594	.4609
2.9	.4624	.4639	.4654	.4669	.4683	.4698	.4713	.4728	.4742	.4757
3.0	.4771	.4786	.4800	.4814	.4829	.4843	.4857	.4871	.4886	.4900
3.1	.4914	.4928	.4942	.4955	.4969	.4983	.4997	.5011	.5024	.5038
3.2	.5051	.5065	.5079	.5092	.5105	.5119	.5132	.5145	.5159	.5172
3.3	.5185	.5198	.5211	.5224	.5237	.5250	.5263	.5276	.5289	.5302
3.4	.5315	.5328	.5340	.5353	.5366	.5378	.5391	.5403	.5416	.5428
3.5	.5441	.5453	.5465	.5478	.5490	.5502	.5514	.5527	.5539	.5551
3.6	.5563	.5575	.5587	.5599	.5611	.5623	.5635	.5647	.5658	.5670
3.7	.5682	.5694	.5705	.5717	.5729	.5740	.5752	.5763	.5775	.5786
3.8	.5798	.5809	.5821	.5832	.5843	.5855	.5866	.5877	.5888	.5899
3.9	.5911	.5922	.5933	.5944	.5955	.5966	.5977	.5988	.5999	.6010
4.0	.6021	.6031	.6042	.6053	.6064	.6075	.6085	.6096	.6107	.6117
4.1	.6128	.6138	.6149	.6160	.6170	.6180	.6191	.6201	.6212	.6222
4.2	.6232	.6243	.6253	.6263	.6274	.6284	.6294	.6304	.6314	.6325
4.3	.6335	.6345	.6355	.6365	.6375	.6385	.6395	.6405	.6415	.6425
4.4	.6435	.6444	.6454	.6464	.6474	.6484	.6493	.6503	.6513	.6522
4.5	.6532	.6542	.6551	.6561	.6571	.6580	.6590	.6599	.6609	.6618
4.6	.6628	.6637	.6646	.6656	.6665	.6675	.6684	.6693	.6702	.6712
4.7	.6721	.6730	.6739	.6749	.6758	.6767	.6776	.6785	.6794	.6803
4.8	.6812	.6821	.6830	.6839	.6848	.6857	.6866	.6875	.6884	.6893
4.9	.6902	.6911	.6920	.6928	.6937	.6946	.6955	.6964	.6972	.6981
5.0	.6990	.6998	.7007	.7016	.7024	.7033	.7042	.7050	.7059	.7067
5.1	.7076	.7084	.7093	.7101	.7110	.7118	.7126	.7135	.7143	.7152
5.2	.7160	.7168	.7177	.7185	.7193	.7202	.7210	.7218	.7226	.7235
5.3	.7243	.7251	.7259	.7267	.7275	.7284	.7292	.7300	.7308	.7316
5.4	.7324	.7332	.7340	.7348	.7356	.7364	.7372	.7380	.7388	.7396

小数第5位を四捨五入し，小数第4位まで掲載している。

常用対数表（二）

数	0	1	2	3	4	5	6	7	8	9
5.5	.7404	.7412	.7419	.7427	.7435	.7443	.7451	.7459	.7466	.7474
5.6	.7482	.7490	.7497	.7505	.7513	.7520	.7528	.7536	.7543	.7551
5.7	.7559	.7566	.7574	.7582	.7589	.7597	.7604	.7612	.7619	.7627
5.8	.7634	.7642	.7649	.7657	.7664	.7672	.7679	.7686	.7694	.7701
5.9	.7709	.7716	.7723	.7731	.7738	.7745	.7752	.7760	.7767	.7774
6.0	.7782	.7789	.7796	.7803	.7810	.7818	.7825	.7832	.7839	.7846
6.1	.7853	.7860	.7868	.7875	.7882	.7889	.7896	.7903	.7910	.7917
6.2	.7924	.7931	.7938	.7945	.7952	.7959	.7966	.7973	.7980	.7987
6.3	.7993	.8000	.8007	.8014	.8021	.8028	.8035	.8041	.8048	.8055
6.4	.8062	.8069	.8075	.8082	.8089	.8096	.8102	.8109	.8116	.8122
6.5	.8129	.8136	.8142	.8149	.8156	.8162	.8169	.8176	.8182	.8189
6.6	.8195	.8202	.8209	.8215	.8222	.8228	.8235	.8241	.8248	.8254
6.7	.8261	.8267	.8274	.8280	.8287	.8293	.8299	.8306	.8312	.8319
6.8	.8325	.8331	.8338	.8344	.8351	.8357	.8363	.8370	.8376	.8382
6.9	.8388	.8395	.8401	.8407	.8414	.8420	.8426	.8432	.8439	.8445
7.0	.8451	.8457	.8463	.8470	.8476	.8482	.8488	.8494	.8500	.8506
7.1	.8513	.8519	.8525	.8531	.8537	.8543	.8549	.8555	.8561	.8567
7.2	.8573	.8579	.8585	.8591	.8597	.8603	.8609	.8615	.8621	.8627
7.3	.8633	.8639	.8645	.8651	.8657	.8663	.8669	.8675	.8681	.8686
7.4	.8692	.8698	.8704	.8710	.8716	.8722	.8727	.8733	.8739	.8745
7.5	.8751	.8756	.8762	.8768	.8774	.8779	.8785	.8791	.8797	.8802
7.6	.8808	.8814	.8820	.8825	.8831	.8837	.8842	.8848	.8854	.8859
7.7	.8865	.8871	.8876	.8882	.8887	.8893	.8899	.8904	.8910	.8915
7.8	.8921	.8927	.8932	.8938	.8943	.8949	.8954	.8960	.8965	.8971
7.9	.8976	.8982	.8987	.8993	.8998	.9004	.9009	.9015	.9020	.9025
8.0	.9031	.9036	.9042	.9047	.9053	.9058	.9063	.9069	.9074	.9079
8.1	.9085	.9090	.9096	.9101	.9106	.9112	.9117	.9122	.9128	.9133
8.2	.9138	.9143	.9149	.9154	.9159	.9165	.9170	.9175	.9180	.9186
8.3	.9191	.9196	.9201	.9206	.9212	.9217	.9222	.9227	.9232	.9238
8.4	.9243	.9248	.9253	.9258	.9263	.9269	.9274	.9279	.9284	.9289
8.5	.9294	.9299	.9304	.9309	.9315	.9320	.9325	.9330	.9335	.9340
8.6	.9345	.9350	.9355	.9360	.9365	.9370	.9375	.9380	.9385	.9390
8.7	.9395	.9400	.9405	.9410	.9415	.9420	.9425	.9430	.9435	.9440
8.8	.9445	.9450	.9455	.9460	.9465	.9469	.9474	.9479	.9484	.9489
8.9	.9494	.9499	.9504	.9509	.9513	.9518	.9523	.9528	.9533	.9538
9.0	.9542	.9547	.9552	.9557	.9562	.9566	.9571	.9576	.9581	.9586
9.1	.9590	.9595	.9600	.9605	.9609	.9614	.9619	.9624	.9628	.9633
9.2	.9638	.9643	.9647	.9652	.9657	.9661	.9666	.9671	.9675	.9680
9.3	.9685	.9689	.9694	.9699	.9703	.9708	.9713	.9717	.9722	.9727
9.4	.9731	.9736	.9741	.9745	.9750	.9754	.9759	.9763	.9768	.9773
9.5	.9777	.9782	.9786	.9791	.9795	.9800	.9805	.9809	.9814	.9818
9.6	.9823	.9827	.9832	.9836	.9841	.9845	.9850	.9854	.9859	.9863
9.7	.9868	.9872	.9877	.9881	.9886	.9890	.9894	.9899	.9903	.9908
9.8	.9912	.9917	.9921	.9926	.9930	.9934	.9939	.9943	.9948	.9952
9.9	.9956	.9961	.9965	.9969	.9974	.9978	.9983	.9987	.9991	.9996

小数第5位を四捨五入し，小数第4位まで掲載している。

§14 行　列

	内　　　容	年度	レベル
167	点の移動と三角形の面積による1次変換の決定	2011〔2〕	A
168	行列 A^n が点（1，0）を単位円上に移すことの証明	2009甲〔4〕	C
169	行列 A^n が点（1，0）を単位円上に移すことの証明	2009乙〔4〕	C
170	行列の次数下げによる簡略化	2007甲〔1〕問1	A
171	回転および直線に関する対称移動を表す行列	2007甲〔5〕	A
172	A^m が単位行列であることの証明	2007乙〔5〕	C
173	行列の1次方程式が解行列をもつための必要十分条件	2004〔4〕	A
174	行列の集合の要素が逆行列をもつための必要十分条件	2003〔5〕	C

§14

　この分野は行列・1次変換の問題からなります。2015年度以降の入試では教育課程外でもあり出題範囲外となっています。

　行列は乗法に関して非可換で零因子が存在する代数ですが，一方でいわゆるケーリー・ハミルトンの定理（3次以上の正方行列では最小多項式と呼ばれる式）という特別な式が成り立つ代数です。

167

2011 年度 〔2〕   Level A

a, b, c を実数とし，O を原点とする座標平面上において，行列 $\begin{pmatrix} a & 1 \\ b & c \end{pmatrix}$ によって表される 1 次変換を T とする。この 1 次変換 T が 2 つの条件

(i) 点 $(1, 2)$ を点 $(1, 2)$ に移す

(ii) 点 $(1, 0)$ と点 $(0, 1)$ が T によって点 A，B にそれぞれ移るとき，$\triangle$OAB の面積が $\dfrac{1}{2}$ である

を満たすとき，a, b, c を求めよ。

168

2009 年度 甲〔4〕   Level C

$A = \begin{pmatrix} a & b \\ c & d \end{pmatrix}$ を $ad - bc = 1$ をみたす行列（a, b, c, d は実数）とし，

正の整数 n に対して

$$\begin{pmatrix} x_1 \\ y_1 \end{pmatrix} = \begin{pmatrix} 1 \\ 0 \end{pmatrix}, \quad \begin{pmatrix} x_{n+1} \\ y_{n+1} \end{pmatrix} = A \begin{pmatrix} x_n \\ y_n \end{pmatrix}$$

により x_n, y_n を定める。$x_2{}^2 + y_2{}^2 = x_3{}^2 + y_3{}^2 = 1$ ならばすべての n に対して $x_n{}^2 + y_n{}^2 = 1$ であることを示せ。

169

2009 年度 乙〔4〕   Level C

$A = \begin{pmatrix} a & b \\ c & d \end{pmatrix}$ を $ad - bc = 1$ をみたす行列とする（a, b, c, d は実数）。自然数 n に対して平面上の点 $P_n(x_n, y_n)$ を

$$\begin{pmatrix} x_n \\ y_n \end{pmatrix} = A^n \begin{pmatrix} 1 \\ 0 \end{pmatrix}$$

により定める。$\overrightarrow{OP_1}$ と $\overrightarrow{OP_2}$ の長さが 1 のとき，すべての n に対して $\overrightarrow{OP_n}$ の長さが 1 であることを示せ。ここで O は原点である。   （⇨解答は **168** と共通）

170

$A = \begin{pmatrix} 2 & 4 \\ -1 & -1 \end{pmatrix}$, $E = \begin{pmatrix} 1 & 0 \\ 0 & 1 \end{pmatrix}$ とするとき,

$A^6 + 2A^4 + 2A^3 + 2A^2 + 2A + 3E$ を求めよ。

171

$-\dfrac{\pi}{2} < \alpha < \dfrac{\pi}{2}$ とする。座標平面上で原点の周りに $\dfrac{\pi}{3}$ 回転する1次変換を f とし, 直線 $y = (\tan\alpha)x$ について対称移動する1次変換を g とする。合成変換 $f \circ g$ が x 軸について対称移動する1次変換と一致するとき, α の値を求めよ。

172

A を2次の正方行列とする。列ベクトル $\vec{x_0}$ に対し, 列ベクトル $\vec{x_1}$, $\vec{x_2}$, … を

$\vec{x_{n+1}} = A\vec{x_n}$ $(n = 0, 1, 2, \cdots)$

によって定める。ある零ベクトルではない $\vec{x_0}$ について, 3以上の自然数 m で初めて $\vec{x_m}$ が $\vec{x_0}$ と一致するとき, 行列 A^m は単位行列であることを示せ。

173

行列 A, B を

$A = \begin{pmatrix} 2 & 0 \\ 1 & 1 \end{pmatrix}$　　$B = \begin{pmatrix} \alpha & 0 \\ 0 & \beta \end{pmatrix}$

とする。次の(＊)が成り立つための実数 α, β についての必要十分条件を求めよ。

(＊)　どんな2次正方行列 Y に対しても, 2次正方行列 X で $AX - XB = Y$ となるものがある。

174

a, b, c, d を実数とする。2次の正方行列 $A = \begin{pmatrix} a & b \\ c & d \end{pmatrix}$ と2次の単位行列 E に対して, 集合 $L(A)$ を

$\qquad L(A) = \{rE + sA \,|\, r,\ s$ は実数 $\}$

とする。このとき次の条件(∗)が成立するための, a, b, c, d についての必要十分条件を求めよ。

(∗) $L(A)$ の要素 B は零行列でなければ逆行列をもつ

年度別出題リスト

年度			セクション	番号	レベル	問題編	解答編
2022年度	〔1〕	§4	三角関数・対数関数	46	A	18	107
	〔2〕	§8	確率・個数の処理	87	A	36	190
	〔3〕	§1	整数	1	B	3	8
	〔4〕	§6	空間図形・空間ベクトル	60	A	24	133
	〔5〕	§11	積分（体積除く）	131	B	52	277
	〔6〕	§7	数列	81	C	32	179
2021年度	〔1〕(1)	§6	空間図形・空間ベクトル	61	A	24	137
	(2)	§8	確率・個数の処理	88	A	36	194
	〔2〕	§9	整式の微積分	111	A	45	236
	〔3〕	§13	複素数と複素数平面	159	B	62	336
	〔4〕	§11	積分（体積除く）	132	A	52	280
	〔5〕	§2	図形と計量・図形と方程式	23	B	10	51
	〔6〕(1)	§1	整数	2	A	3	10
	(2)	§10	極限・微分法	119	C	48	252
2020年度	〔1〕	§13	複素数と複素数平面	160	B	62	340
	〔2〕	§10	極限・微分法	120	A	48	254
	〔3〕	§6	空間図形・空間ベクトル	62	B	24	139
	〔4〕	§1	整数	3	B	3	11
	〔5〕	§8	確率・個数の処理	89	B	36	196
	〔6〕	§12	積分と体積	151	B	59	321
2019年度	〔1〕(1)	§4	三角関数・対数関数	47	A	18	108
	(2)	§11	積分（体積除く）	133	A	52	282
	〔2〕	§1	整数	4	A	3	13
	〔3〕	§11	積分（体積除く）	134	A	52	284
	〔4〕	§8	確率・個数の処理	90	B	37	198
	〔5〕	§6	空間図形・空間ベクトル	63	A	25	143
	〔6〕	§13	複素数と複素数平面	161	B	62	343
2018年度	〔1〕	§9	整式の微積分	112	A	45	238
	〔2〕	§1	整数	5	A	4	14
	〔3〕	§5	平面図形・平面ベクトル	52	B	21	114
	〔4〕	§8	確率・個数の処理	91	A	37	199
	〔5〕	§11	積分（体積除く）	135	B	53	287

年度			セクション	番号	レベル	問題編	解答編
2005年度	〔1〕	§3	方程式・不等式・領域	40	A	15	92
	〔2〕	§4	三角関数・対数関数	49	A	18	110
	〔3〕	§13	複素数と複素数平面	163	A	63	350
	〔4〕	§1	整数	17	A	6	41
	〔5〕	§10	極限・微分法	129	B	50	272
	〔6〕	§8	確率・個数の処理	105	B	41	222
2004年度	〔1〕	§4	三角関数・対数関数	50	A	18	111
	〔2〕	§11	積分（体積除く）	146	B	55	309
	〔3〕	§10	極限・微分法	130	B	50	275
	〔4〕	§14	行列	173	A	69	371
	〔5〕	§13	複素数と複素数平面	164	A	63	352
	〔6〕	§8	確率・個数の処理	106	B	42	224
2003年度	〔1〕	§4	三角関数・対数関数	51	A	19	113
	〔2〕	§12	積分と体積	157	A	60	332
	〔3〕	§6	空間図形・空間ベクトル	77	B	28	169
	〔4〕	§3	方程式・不等式・領域	41	A	15	95
	〔5〕	§14	行列	174	C	70	372
	〔6〕	§8	確率・個数の処理	107	B	42	226
2002年度	〔1〕	§7	数列	86	B	34	188
	〔2〕	§2	図形と計量・図形と方程式	33	B	12	73
	〔3〕	§3	方程式・不等式・領域	42	A	15	96
	〔4〕	§11	積分（体積除く）	147	B	56	311
	〔5〕	§9	整式の微積分	116	B	46	246
	〔6〕	§13	複素数と複素数平面	165	A	63	355
2001年度	〔1〕	§9	整式の微積分	117	B	46	247
	〔2〕	§3	方程式・不等式・領域	43	A	15	98
	〔3〕	§1	整数	18	A	7	43
	〔4〕	§6	空間図形・空間ベクトル	78	B	28	171
	〔5〕	§8	確率・個数の処理	108	C	42	228
	〔6〕	§11	積分（体積除く）	148	B	56	314
2000年度	〔1〕	§5	平面図形・平面ベクトル	58	A	22	127
	〔2〕	§3	方程式・不等式・領域	44	C	16	100
	〔3〕	§6	空間図形・空間ベクトル	79	C	29	174
	〔4〕	§1	整数	19	B	7	44

MEMO

MEMO

MEMO